中国科学院规划教材

大学物理实验学

（第二版）

主　编　王青狮

副主编　李　坤　王建荣　张晓艳

科学出版社

北　京

内 容 简 介

本书是编者在多年实验讲义的基础上,增加了现代物理实验的内容编写而成的.全书共分三篇.第一篇着重讨论大学物理实验中常用的物理实验方法及实验数据处理理论;第二篇涵盖了力学、热学、电磁学、光学及近代物理中的基本物理实验;第三篇以传感器、计算机为主题,主要设计了计算机仿真实验、传感器实验的内容.

本书由理论到实验,由基础到应用,系统讲述了物理实验中的各个环节.本书可以作为高等学校普通物理实验的教材,也可以作为相近专业工程技术人员的参考书.

图书在版编目(CIP)数据

大学物理实验学/王青狮主编. —2 版. —北京:科学出版社,2014
中国科学院规划教材
ISBN 978-7-03-039534-4

Ⅰ.①大… Ⅱ.①王… Ⅲ.①物理学-实验-高等学校-教材 Ⅳ.①O4-33

中国版本图书馆 CIP 数据核字(2014)第 006732 号

责任编辑:任俊红 / 责任校对:刘亚琦
责任印制:赵 博 / 封面设计:华路天然工作室

科 学 出 版 社 出版
北京东黄城根北街 16 号
邮政编码:100717
http://www.sciencep.com

三河市骏杰印刷有限公司 印刷
科学出版社发行 各地新华书店经销

*

2011 年 1 月第 一 版 开本:787×1092 1/16
2014 年 1 月第 二 版 印张:20 1/2
2017 年 1 月第七次印刷 字数:525 000

定价:39.00 元
(如有印装质量问题,我社负责调换)

前　言

　　本书是编者在多年实验教学的基础上,依据当今科研项目开发对人才素质的基本要求编写而成的.作者在教学、科研实践中发现,即使对物理学原理掌握非常好的人,在实际工作中仍然不知道如何将理论付诸实践并取得所需结果.本书的目的就是使学生通过学习书中的实验方法、实验内容、实验设计直至应用开发而初步获得进行科学研究的动手能力.

　　本书共分三篇.第一篇重点讨论大学物理实验中常用的物理实验方法,尤其是对误差理论与数据处理等内容作了详细讨论,为基本物理实验打下理论基础.第二篇包括力学、热学、电磁学、光学及近代物理学中的基本物理实验,通过这部分实验,学生可以加深对物理实验方法和数据处理部分内容的理解,并掌握初步的物理实验技能.第三篇以传感器、计算机为主题,设计了计算机仿真实验、传感器实验以及应用物理实验,将传统的实验方法和技术与现代的实验手段结合起来.

　　本书由王青狮老师主持编写并最后统调、修改和定稿,书中第1～3章及第8章由李坤执笔,第4～7章由王建荣执笔,第9～11章由张晓艳执笔.本书在编写的过程中得到了太原科技大学物理系全体老师的热情帮助,在此表示衷心感谢.

　　由于我们水平有限,加之时间仓促,书中难免有不妥之处,敬请读者给予批评指正.

作　者

2013 年 10 月

目　　录

第三篇　应用物理实验

第一篇　物理实验方法论

第1章　物理实验方法的兴起与发展

在物理学发展的漫长历程中,有不少人做过许许多多的实验或观测,对这些实验或发展做出过各种各样的解释,也提出种种理论,还制造出不少仪器.例如,古巴比伦人发明了梁氏天平;古希腊人阿里斯托芬有过用玻璃点火熔化石蜡的记述;欧几里得记载过用凹面镜聚焦太阳光的实验;阿里斯塔克第一次测定了太阳、地球、月亮之间的相对距离……

早在公元前,阿基米德除了做杠杆、滑轮等实验以外,还做了浮力实验,建立了浮力定律.他在《浮体》一文中曾这样叙述:浸没在水中的物体所减少的重量等于它排开水的重量,浮体在本身的重量中排除了水的重量.这就是一个从实验总结为理论的定量实验,迄今仍被普遍使用的"阿基米德原理".

上述这些实验,无论从系统的观测和记录,或从确定量度标准和量度仪器方面,还是在人为的条件下重现物理现象、制造实验和观测仪器等方面来看,都能够称得上是物理实验,而且其中有些还是卓越的物理实验.但是这些实验毕竟还是零星的,定量的实验很少,而定性的实验较多,大多数实验没有提升概括出理论,而只是现象的描述;或者只做了一般的解释而没有形成系统的理论;或者即使形成了一些理论,也没有用实验去检验它.因此,这并不标志着物理学的真正开始.到16~17世纪,吉尔伯特和伽利略等一批科学家的出现,标志着物理学的真正开始.他们把实验方法与物理规律的研究结合起来,对物理学的发展做出了划时代的贡献,伽利略是其中的最杰出的代表之一.

伽利略做了摆的实验,说明了单摆的周期与摆长的平方根成正比,而与摆的质量和材料无关.他做了斜面实验,验证了物体在重力的作用下做等加速运动的性质,总结出物体从静止开始做等加速运动时,运动的距离与时间的平方成正比的普遍公式,并且利用几何关系,建立了等加速运动的平均速度与末速度关系的数学表达式.他还根据实验事实和演绎推理,得出了许多物理学的理论结论.他采取了一套对近代科学发展很有效、很具体的程序,即对现象的一般观察—实验观测—提出假设—运用数学和逻辑的手法演绎、推理得出推理—通过物理的实验对推论进行检验—对假设进行修正和推广等.伽利略的科学思想方法有以下几个特点.

1.运用科学推理和抽象分析

亚里士多德在他的著作《论天》中阐述:"两个不同质量的物体做自由落体运动时,较重的物体速率比较大,较轻的物体的速率较小."伽利略用著名的逻辑推理反驳了这个论述,他指出:"如果亚里士多德的论断成立,即重物比轻物下落的速度大,那么将一轻一重两个物体拴在一起,下落快的重物会由于被下落慢的轻物拖着而减速,而下落慢的轻物会由于被下落快的重物拖着而加速.因而两个拴在一起的物体其下落速度将比两个中较重的物体下落速度小.但两个物体拴在一起又要比原来较重的物体更重,下落速度应更大."这样,亚里士多德的论断陷于自相矛盾的困境.这个流传了千余年的落体运动的谬误终于被伽利略纠正.

亚里士多德的另一论断是:"作用于物体上的力一旦终止,物体就随即静止."伽利略经过独立思考、推理,用抽象方法针对消除摩擦的极限情况来说明惯性运动,发现了惯性原理,纠正了统治物理界两千年之久的"力是维持速度的原因"的谬误.

2. 重视观察和实验

以哥白尼为代表的地动论和以亚里士多德为代表的地静论争论的焦点是:地静论认为如果地球是在高速运动,为什么地面上的人一点也感觉不出来呢? 为此伽利略亲自到船上做了十分细致的观察、实验,揭示了一条极为重要的真理,即从一个做匀速直线运动的船中发生的任何一种现象,你是无法判断该船究竟是在运动还是停着不动的. 这就是说,地球本身的运动对居住在地球上的人们来说,是觉察不出来的. 这个结论从根本上否定了地静论对地动说的非难,现在人们便称这个论断为伽利略相对性原理,这个重要原理后来也成为狭义相对论的两个基本原理之一.

伽利略还用自身的脉搏跳动作为计时器(当时无计时工具)证明了摆的等时性,计算了摆的周期. 并证明了摆的周期与摆的长度的平方根成正比,而与摆锤的重量无关. 这个实验的结论纠正了亚里士多德的"摆幅小需时少"的错误说法.

此外,伽利略还用实验研究了匀加速运动,并用实验来验证他推出的公式——从静止开始的匀加速运动的距离和时间的平方成正比,还把这一结果推广到自由落体运动.

3. 把实验和逻辑(数学)有机地结合起来

伽利略所发现的许多最基本的定理,都是通过实验和逻辑(数学)的双重证明并把两者有机地结合起来,从而既克服了实验不精确和不定量的缺陷,又摒弃了"万物皆数"的唯心主义对科学研究的不良影响. 值得指出的是,在伽利略的著作里所描述的实验都是理想化的,他所写出的实验数据都同理论有很好的符合,这很可能是因为他对数据进行了筛选. 这表明伽利略并没有被实验的表面现象所束缚,能正确地对待和解释实验误差. 在他看来,实验结果与理想的简单规范之间的偏差,只是某些次要因素干扰的结果.

综上所述,伽利略把科学的实验方法发展到了一个完全新的高度. 从此,开始了物理学的一个新时代,使物理学走上了真正科学的道路.

1.1　物理实验在物理学发展中的作用

在物理学发展的历程中,实验和理论互为依赖,相辅相成,共同缔造着物理王国.下面,我们从它们的相互关系来讨论物理实验在物理学发展中的作用.

1. 物理学理论是实验事实的总结

有许多物理学的理论规律是直接从大量实验事实中总结概括出来的. 例如,经典物理学中的开普勒三定律是依据第谷·布拉赫所积累的大量观测资料,采纳了哥白尼体系,又把哥白尼的圆轨道修改为椭圆轨道而得到的. 牛顿是在伽利略、开普勒还有胡克、惠更斯等的工作基础上,总结归纳万有引力定律,完成经典力学体系的. 能量守恒及转换定律也是大量实验的归纳,其中包括很重要的焦耳的热功当量实验.

电磁学中的一系列定律,如库仑定律、欧姆定律、安培定律、毕奥·萨伐尔定律、法拉第电磁感应定律等,都是实验的总结.在有关实验规律和法拉第的"力线"及场的概念基础上,麦克斯韦总结出了经典电动力学方程组.

不仅经典物理的规律是这样,近代物理的发展中也不乏这种例子.例如,粒子物理中的奇异粒子就是1947年首先在宇宙射线中被观察到的.后来,20世纪50年代在加速器实验中发现了一批粒子,它们协同产生,非协同衰变,而且是快产生、慢衰变.经研究,需要引进一个新的守恒量来概括,于是提出了一个新的量子数——奇异数.普通粒子的奇异数为零,奇异粒子的奇异数不为零.这是完全从实验规律中总结而来的.

2. 用实验去判定物理学中的争论

物理学中常常发生一些不同意见,或以不同的理论解释同一个问题的争论.往往,实验会给某一种意见以有力的支持,而且最终还要靠实验作出判断.

在对光本质认识的历史过程中,微粒说和波动说的争论持续过很长一段时期.最初,由于光的成像和直线传播的事实,很自然地支持了微粒说.可是,光的独立传播,即两束光交叉后,还是各自按原来的方向和强度传播,又给惠更斯的波动说提供了有力的佐证.杨氏的双缝干涉实验显然证明光是一种波动,马吕斯发现光的偏振也证明光是一种横波.在光速的测定成为可能以后,光在空气中的速度大于还是小于水中速度的实验,曾经成为微粒说还是波动说的判据.列别捷夫的光压测定又利于光是一种粒子的学说,劳厄的X射线实验证实了X射线也是一种电磁波,具有波动的性质.还有,光电效应及康普顿效应又给爱因斯坦的光量子论以有力的支持.最后,以波粒二象性结束了这一场旷日持久的争论,解释了全部实验事实.

在争论电的本质、流动的电荷是什么以及是否有最小荷电单位等问题上,实验也给出了判定性的凭证.

至于"以太"学说,则是从另一个角度说明了实验的作用.17世纪以来,许多有卓越成就的科学家,提出了各种"以太"假说,从"机械以太"、"电磁以太"、"光以太"一直到"绝对以太"等.但是,任何一种"以太"学说都不能解释那些实验事实,于是最后只得以放弃"以太"学说而告终.

3. 实验是修正错误的依据和发展理论的起点

实验常常成为纠正错误理论的依据和发展理论的新起点.例如,古希腊的亚里士多德曾经断言:体积相等的两个物体,较重的下落较快.他认为,物体下落的快慢精确地与它们的重量成正比.这种理论曾经统治物理界1800多年.但以后的无数实验事实以及伽利略的逻辑分析,都无可争辩地否定了亚里士多德的观点.亚里士多德还有一个理论,即保持物体匀速运动是由力的持久作用而导致的,但这也被伽利略的斜面实验引出的惯性定律所否定.

1911年,卡末林-昂内斯在观察低温下水银的电导变化时,在4.2K附近突然发现电阻消失的现象,而后又观察到了许多金属在低温下的超导状态(即电阻率为0).随后,又发现了超流现象(即黏滞系数为0).由此产生了一个新的物理学分支领域——超导物理.

4. 物理学的发展模式

物理学任何一个分支的发展,都先是从某些物理现象或实验事实开始,或是受到某些事物的启发,提出一定的物理模型,以解释过去已有的实验事实,然后再用实验来进一步验证这个模型的合理性,并根据不断发展的实验结果修正和完善它.实验—理论—实验—理论—实验……是物理学发展的一般模式.电子被发现以后,就认定中性的原子是由正、负两部分带电荷的物体组成的.1902 年开尔文提出物质的原子是由带正电的均匀球组成的,整个物质原子里面负电是按分立电子的形式分布的.1904 年,J. J. 汤姆孙发展了这个模型,认为电子分布在直径约为 1×10^{-10} m 的带正电的均匀球体中,有如葡萄干撒在布丁点心上一样.1902 年,勒纳德根据薄金属片对于阴极射线几乎是完全透明的这一实验事实,提出不同物质的原子是由同一类型、不同数目的组元——"动力子"所构成的,原子直径约为 10^{-10} m(1Å)的数量级,"动力子"只占其中极微小的一部分."动力子"可能是电子和质量比电子大得多的带正电的物质的紧密结合体.1903 年,日本人长冈提出,原子中有一个很重的正电球体,电子围绕它并按一定间隔分布在周围,电子在平衡位置附近做微小振动,产生光的辐射.无疑,这是由原子光谱的事实引起的设想.1906 年,卢瑟福观察到 α 粒子实验又产生大角度散射.例如,用 α 粒子轰击 ZnS 薄片时,有八千分之一的概率要反射回来.于是卢瑟福提出了原子的有核模型,即处于原子中心的带正电的原子核,直径只有整个原子的万分之一,原子的大部分质量集中在这个中心上,电子围绕原子核旋转.

卢瑟福的模型无法解释复杂的光谱现象,也无法说明原子为何能发射出线光谱.因为,如果电子以一定频率围绕原子核转动而产生辐射,则辐射的结果必将导致能量的损失,并且引起光线频率的变化,于是玻尔提出了电子处于量子化圆轨道上,进行定态跃迁的模型.1914 年弗兰克-赫兹实验的结果很好地验证了玻尔的理论.

由于光谱精细结构的发现,1915 年索末菲把玻尔的圆轨道推广为椭圆轨道,由此引入了两个量子条件,在应用了相对论理论以后,斯塔克效应,即原子光谱在电场上的多重分裂,获得了完满的解释.

1922 年施特恩-格拉赫实验的结果证实了原子也有磁偶极子的性质,而且原子磁矩是空间量子化的,使原子模型又得到进一步发展.

发展的玻尔理论还是不能解释光谱的相对强度,于是,在德布罗意物质波的基础上,薛定谔提出了"波原子"的理论,解决了玻尔理论的困难.

5. 理论与实验的结合和统一

以上我们强调了实验在发展理论中的重要作用,但是,并没有丝毫轻视理论的意图.

在物理学的发展史上,理论的发展往往有其相对的独立性.在一个相当长的时期内,理论可以独立于实验而发展,而且这种独立的趋势还可能随着物理学的进一步发展而扩展.然而,归根结底,新理论的提出还是在一定实验事实的基础上,受实验事实的影响,并且绝不能违背已有的实验事实.相对论是思维和演绎的产物,但是,爱因斯坦自己也曾经说过:"当目的在揭示以假想的光以太为参照的特许运动状态的物理实验都失败以后,问题就应该反过来加以考虑了."

"直接引导我提出狭义相对论的,是由于我深信:物体在磁场上运动所感生的电动力,不过是一种电场罢了.但是我也受到了斐索实验结果以及光行差实验的指引.""还在学生时代,我就想这个问题了,当我知道迈克耳孙实验的奇怪结果时,我很快得出结论,如果我承认迈克耳孙的零结果是事实,那么地球相对于以太运动的想法就是错的,这是引导我走向狭义相对论的最早想法."

物理学发展到今天,在理论指导下进行实验就变得更加重要了.因为,除了天文现象以外,已经很少有在一般自然条件下或一般实验条件下就可以观察到的新的、具有前所未有的理论价值的实验现象了. 现代的实验往往要用大型或非常精密的仪器, 使用很多人力、物力和时间, 在一定的特殊条件下去探求, 经过大量数据处理, 才可能获得结果. 为了寻求某一个结果往往要制造专用的仪器. 因此, 只有在精确地进行了理论计算, 并在实验方案获得认可后才进行实验, 或者是在理论的指出方向后再进行实验. 例如, 探索高温超导是在理论指出可能以后, 经多年的反复试验, 得到意外的突破, 才形成热潮的.

但是, 也并不排除另一种可能, 就是首先发现新的实验现象. 例如, 切连科夫发现原子核反应堆有不同与已知发光行为的微光. 3 年后, 塔姆和弗兰克对此作出了理论解释.

事实上, 还有许多自然之谜, 有待我们去解决、去认识.

有些情况下, 理论高于实验, 实验结果可能是错的. 例如, 1901 年考夫曼用镭-溴化合物发生的 β 射线发现了电子质量随运动速度变化的事实. 阿布拉汉姆和补雪勒在 1903 年和 1904 年用经典理论作的解释要比洛伦兹-爱因斯坦公式更与实验结果相符合. 对此, 爱因斯坦在 1907 年曾写到: "阿布拉汉姆和补雪勒的电子运动理论所给出的曲线显然比相对论所得结果更符合于观测结果. 但是, 在我看来, 那些理论在很大程度上是由于偶然碰巧与实验结果相符的, 因为他们关于运动电子质量的基本假设不是在总结了大量现象的理论体系得出来的."

后来的实验, 包括布雪勒本人做的实验, 证明了洛伦兹-爱因斯坦理论的正确性.

1.2 物理试验方法的发展

物理学是一本基础科学, 它的发展会引起整个自然科学的变革, 导致生产技术的革命. 基于力学和热力学的纺织机械和蒸汽机的发明引起了产业革命; 基于发现电子、各种电学规律以及电磁波理论, 造就了当今电的世界和计算机的世界; 原子核裂变发现开始了原子时代; 热核聚变正预示着更新的能源的开发; 量子化效应把我们推到了一个更精细的世界; 高温超导的发现和利用为科技的发展展示了一片新的光明前景; 计算机系统和高能辐射武器、空间武器的结合又勾画出一片战争的可怕图像. 这些都是与物理实验方法和实验技术的发展密切联系的. 在物理实验方法和技术不断发展的今天, 物理实验也越来越成为大规模、集体的、综合的事业.

1. 物理实验的方法需要去搜索更大或更小

当今已不是伽利略、牛顿的时代, 也不是库仑、奥斯特和麦克斯韦的时代了. 也就是说, 从日常的生活或观察中, 用简陋的仪器和简单的实验方法几乎是不可能在物理学上有什么偶然的发现或找出什么显而易见的规律了. 物理学实验更加需要理论的指导, 在理论的预测和一定的范围内去进行, 实验与理论越来越紧密地结合, 是当前物理实验发展的特点之一.

常规的仪器和简单的方法已经不能满足当前进一步探索物理世界的需要. 因此实验要向更新的更加深入领域进军, 利用越来越大的加速器探索更细微的结构, 利用越来越大的射电望远镜来观察更远的距离, 从天体获得更高的温度、更大和更小的压强.

同时, 人们也再追求实验的更高精确度, 库仑定律的平方反比定律

$$F \propto \frac{1}{r^{2+\delta}}$$

的实验精确度在不断提高, 20 世纪的 60 年代达到了 $\delta < 10^{-12}$, 20 世纪的 70 年代达到了 $\delta < 10^{-16}$. 如果证明 $\delta \neq 0$, 则物理学又将会有新的变革.

总之, 实验要有更高的精度, 就需要有更先进的仪器和设备.

2. 物理实验方法是集体的综合事业

当代前沿的物理实验常常是一个综合性的巨大工程. 它的设计、建设、运转和使用都是许多一线科学家和二线工程技术人员集体的智慧和结晶. 另外还需要有许多辅助和配套工作. 比如一个大型的加速器、一个大风洞、一台望远镜、一个核反应堆,都相当于一个大型的特殊工厂,需要成百上千的工作人员和各方面的科学家、技术专家. 而运转它们就需要几十万千瓦的电力,相当于一个大型电站的发电功率.

3. 物理实验方法是各学科的结合、渗透和应用

物理实验方法与其他学科的结合、渗透以及新的方法和技术在应用领域的推广和使用是当前的一种趋势.

一方面,在物理实验中广泛地应用计算机是一个不可阻挡的潮流. 计算物理已经成为一门联系理论物理和实验物理纽带性的学科. 各种大型的实验基地无一例外地要有一个先进的计算中心进行(如处理亿万个数据、在几百万分之一的概率中寻找新粒子的踪迹、综合分析等)工作. 例如,计算机控制物理实验、计算机辅助设计实验、计算机辅助进行实验、计算机模拟实验. 用计算机进行最优化选择、用计算机对实验数据进行综合处理和系统分析都已被普遍采用.

另一方面,计算机从电子管到晶体管到集成电路到大规模、超大规模集成电路,以至预期的量子计算机,都是基于物理学的理论和技术发展并与之密切相联系的.

物理实验方法和仪器已被广泛地使用在各个自然科学部门,如物质结构分析或化学分析中使用的各种谱仪(光谱仪、X 射线谱仪、质谱仪、波谱仪、极谱仪、色谱仪等)都是一些物理仪器. 特别是新兴的前沿学科,如生命科学、信息科学、材料科学、环境科学等采用的都是大量的物理实验仪器和计算机.

第一类边缘学科是自然科学学科之间或自然科学与技术学科的结合. 而第二类边缘学科则是自然科学或技术科学与社会科学的结合. 在这些边缘学科里也大量使用了物理实验方法. 例如,音乐物理,它综合了物理学、音乐学、计算机科学、生理学、心理学以及美学等部门. 又如音乐的声谱分析、和弦的协调性与频率成分之间的关系,乐器的材料、结构与音的质量的关系,乐器发声的客观激励,入耳对音高分辨能力的统计分析,电声乐器和电子乐器的发音取样,计算机音乐中音的数字合成的模式等,这些都是同物理实验方法紧密相关的.

总之,对于新的科学发现,就需要有新的理论去解释. 出现一种新现象,就会有一种新的理论,从而就需要用新实验、新方法、新仪器去验证它、解释它. 科技的不断发展进步,也会给人们提供新的实验方法和新的实验手段.

第 2 章　物理实验中的实验方法

在物理学中,基本物理量包括长度、质量、时间、温度、电流强度与发光强度等.除此之外,电动势、电压及电阻,也是电学测量中十分重要的常用物理量.本章将分别介绍上述一些物理量的基本实验方法.

2.1　实 验 方 法

物理学是一门实验科学.包罗万象的物理规律,是通过对现象的观察分析,对各种物理量进行大量反复测量而建立的.物理量的测量方法种类繁多,在大学物理实验中究其共性,可以概括出一些基本实验方法,如比较法、模拟法、放大法、补偿法、混合法和仿真法等.

1. 比较法

对物理量的测量实验多采用比较的方法.比较的方法简称比较法,是将被测量与标准量进行比较而得出测量值的.例如,用米尺测量长度,就是将被测长度与标准长度(m,cm,mm 等)进行比较;用天平测质量,当指针指示达到平衡时,就是将被测质量与标准质量(kg,g,mg 等)进行比较;用时钟或电子秒表测时间,同样是用比较的方法进行测量的.又如测量光栅衍射的各级衍射角,也是用比较法通过已刻好分度的圆游标测出结果的.除上述诸例之外,用电桥平衡法测未知申阻,实质上也是一种比较法——电位比较法.

2. 模拟法

模拟法是一种间接的测量方法.这里,以电流场模拟静电场为例对模拟方法加以说明.

众所周知,研究静电场是十分重要的.但是,直接对静电场进行测量是相当困难的.为此,可联想到,电流场与静电场虽然是两种不同的场,然而它们所遵循的规律在形式上相似,那么,利用其相似性,对容易测量的电流场进行研究以代替对不容易进行测量的静电场的研究,这就是一种模拟的方法.用模拟法研究静电场时,必须注意到它的适用条件,即电流场中导电介质的分布必须相应于静电场中介质的分布.如果要模拟真空(空气)中的电场,则模拟场中的介质应是均匀分布的,如果要模拟的电场中的介质不是均匀分布的,则模拟场介质应有相应的电阻分布.若要模拟静电场中的带电导体,如果表面是等电位面,则电流场中的导体也应是等电位面.这就要求采用良导体制作电极,而且导电介质的电导率不宜太大,测定电介质中的电位时,必须保证探测电极支路中无电流流过.

3. 放大法

在物理量测量中,对那些难以用普通测量仪器进行准确测量的微小量,采用放大的方法将其放大,也是一种基本测量方法,称为放大法.例如,用光杠杆法测量钢丝在拉力作用下的微小伸长量,用光线的镜尺法取代电流表的指针测量小于 10^{-6} A 的微弱电流(即光点式灵敏电流计)皆采用了放大法.

4. 补偿法

补偿法是将因种种原因使测量状态受到的影响尽量加以弥补. 例如,可用电压补偿法弥补在用电压表直接测量电压时而引起被测支路工作电流的变化;用温度补偿法可弥补因某些物理量(如电阻)随温度变化而对测试状态带来的影响;用光程补偿法可弥补光路中光程的不对称等.

5. 混合法

在测量固体的比热容等时,往往用最基本的量热方法——混合法. 对温度不同的物体使之混合后,热量将由高温物体传给低温物体. 如果在混合的过程中与外界没有热量交换,混合后的物体最后将达到均匀稳定的平衡温度. 这一过程称为热平衡过程,这一方法称为混合法.

6. 仿真法

在现代的物理实验中,利用计算机进行仿真实验,是一种新兴的实验方法.

随着计算机的迅速发展与普及,计算机提供了强大的数学运算能力、绘图能力及存储空间,对于一些物理实验,可以先在计算机上进行模拟,快速调节各实验参数,综合数据进行结果分析,从而找出其中的一般规律.

2.2　基本物理量的测量方法

1. 长度的测量方法

长度的国际标准,从 1795 年法国颁布米制条例以来一直在不断地完善.

最早,科学家设想从自然界选取长度标准,把从北极通过巴黎到赤道的地球子午线长度的一千万分之一作为长度的基本单位,称为"米",并用纯铂制成了米的基准器. 显然,这种基准器(称为自然基准器)的准确度受到对地球子午线的测量程度的限制.

在 1889 年巴黎第 1 届国际计量大会上规定长度的国际标准是一根横截面呈 X 型的铂铱(90% 铂和 10% 铱)合金棒,保存于巴黎附近的塞弗尔市的国际计量局中,称作国际米原器. 把刻在棒两端附近金栓上的两条细线之间的距离(棒处在标准条件下)定义为 1m.

由于国际米原器及其复制品的长度可能由于外界的作用而随时间发生轻微的变化,所以对于极精密的测量工作来说,国际米原器不是理想的长度标准. 任何大块物质都不可能保持本身的物理性质永久不变,而单个原子的性质可以合理地假定为基本上不随时间变化. 所以许多年来,科学家们就试图把长度的标准和原子的性质联系起来. 由于实验技术的发展. 人们已经能够极精密地测定光的波长. 1960 年第 11 届国际计量大会决定,以氪的一种纯同位素——氪-86 原子的 $2p_{10}$ 和 $5d_5$ 能级间跃迁的辐射在真空中的波长作为长度的新标准,并规定 1m 等于该波长的 1650763.73 倍. 新标准一方面提高了测量的准确度,另一方面比旧标准方便得多,因为在任何设备比较完善的实验室中,都能够获得氪-86 发出的橙红色光.

用氪-86 波长复现长度单位"米"时,在最好的复现条件下,其准确度为 $\pm 4 \times 10^{-9}$,要继续提高存在着困难. 因为受激原子跃迁时,总要受外部电磁场作用和其他干扰的影响,使谱线偏移以及增加谱线的半值宽度. 后来,又发现氪-86 标准谱线不对称,其原因不清. 正是由于这些因素,限制了长度计量的测量精确度的进一步提高.

20 世纪 70 年代初,有些国家在研究光速方面投入了很大的力量. 因为当时的时间频率测量精度已经比较高了,如果能准确测量光速,则必然会提高长度测量的精度.

1983 年 10 月 7 日在巴黎召开的第 17 届国际计量大会上,审议并批准了米的新定义. 决定:

(1) 米是光在真空中在 1/299792458s 的时间间隔内行程的长度.

(2) 废除 1960 年以来使用的建立在氪-86 原子在 $2p_{10}$ 和 $5d_5$ 之间能级跃迁的米的定义.

新定义用词简单,含义明确、科学,又能够为广大非科技人员所理解. 这个定义带有开放性. 定义本身不限制单位量值的复现精度,随着科学技术的发展,复现精度可不断提高,定义复现方便,即使是经济不很发达的国家,也有能力复现,并有足够的准确度.

在国际单位制(SI 制,简称国际制)中,长度单位是"米"(m).

除了"米"以外,在国际制中还可用"米"的十进倍数或分数作长度单位.

符号及其与"米"的关系如下:

$$1 \text{ 千米(km)} = 10^3 \text{m}$$
$$1 \text{ 厘米(cm)} = 10^{-2} \text{m}$$
$$1 \text{ 毫米(mm)} = 10^{-3} \text{m}$$
$$1 \text{ 微米}(\mu\text{m}) = 10^{-6} \text{m}$$
$$1 \text{ 纳米(nm)} = 10^{-9} \text{m}$$

天文学中计量天体之间的距离时,常用"天文单位"及"光年"(l. y.)作为长度单位. 1 天文单位就是地球和太阳的平均距离,等于 $1.496 \times 10^8 \text{km}$. 1 l. y. 就是光在真空中 1 年时间所走过的路程. 1s 内光在真空中走过的路程约为 $3 \times 10^8 \text{m}$,所以 1 l. y. 等于 $9.46 \times 10^{15} \text{m}$.

在物理实验中常用的长度测量仪器有米尺、游标卡尺、螺旋测微计、读数显微镜、百分表等. 选用时要注意仪器的量程和分度值(一般分度值越小,仪器越精密).

在工程技术和科学研究中经常需要测量不同量值、不同精度要求的长度,针对不同情况需使用不同的长度测量仪器.

此外,有许多物理量的测量也经常转化为长度测量,如温度、压力、电流和电压等,因而掌握长度测量十分重要.

2. 质量的测量方法

物体的质量可以用两种不同的方法来测量.

一种方法是利用定义质量的关系式,即物体的质量是作用在该物体上的力与物体加速度的比值. 将一个已知力作用在一个物体上,测出该物体的加速度,那么用这个力除以此加速度,就可得到该物体的质量. 这种方法专门用来测量原子的质量.

另一种方法是与另一物体的质量相比较. 这另一物体的质量等于给定物体的质量,而且是已知的. 首先研究测定两个质量相等的方法. 我们知道,在地球表面的同一位置上. 任何物体都以同一加速度 g 自由下落. 因为物体的重量 P 等于它的质量 m 与加速度 g 的乘积. 由此可见,如果在同一位置上,两个物体的重量相等,那么它们的质量也相等,等臂天平就是这样一种仪器,能非常精确地测定两个物体重量相等,从而它们的质量也相等.

用来直接测量物体质量的仪器称为秤.

秤的种类繁多,结构形式各不相同,量限精度也相差很大.就其平衡原理来讲,有的是利用杠杆原理,有的是利用液压原理,有的利用牛顿第二定律和弹性理论,有的则是利用电磁原理.

在日常的质量计量工作中,遇到最多的是单杠杆秤,通常称天平.如果这种杠杆左右两臂相等,就称为等臂天平,否则就称为不等臂天平.

天平作为一种计量仪器,很早就出现在世界上了.我们勤劳、智慧的祖先在周朝时期已在我国不少地方利用天平做仪器进行称衡了.如果追溯我国第一次使用这种天平的时间,应当比这还早.我国是世界上使用天平最早的国家之一.

质量的国际单位,在1889年以前经历了与长度的国际单位相类似的完善过程.1795以后,把千克作为质量单位,它等于十分之一米长度的立方体的纯水在4℃时的质量.并且用纯铂制成了千克的基准器.随着测量技术的提高,经过反复的精确测量,发现质量为1kg的纯水,在4℃的体积并不是$1m^3$,而是1.00028,即千克基准器的质量和理论千克之间存在很大的差别.

1889年巴黎第1届国际计量大会规定了千克是质量单位,质量的国际标准是一个直径和长度均为39mm的铂铱合金柱体,称为国际千克原器.它放置在双层玻璃罩内的石英托盘上,与国际米原器一起,保存于国际计量局.

常用的质量单位及其换算关系如下:

$$1 克(g)=10^{-3}kg$$
$$1 毫克(mg)=10^{-6}kg$$
$$1 微克(\mu g)=10^{-9}kg$$

3. 时间的测量方法

关于时间的测量,可能碰到两类问题:第一类是测定某一现象开始的真正时刻,这主要是在天文和地球物理研究中有它的意义;第二类是测定两个时刻之间的时间间隔,如某一现象的开始和终止之间的时间间隔.在物理学的研究中经常遇到的问题.

1960年以前,国际上对时间的标准定义为太阳连续两次出现的时间间隔,取其一年中的平均值,称为平均太阳日.1960~1967年,时间的标准定义改为1900年的回归年,即1900年太阳从天空某一特定的位置出发回到同一点的经历的时间.1967年10月,第13界国际计量大会决定,把时间的标准改为铯-133原子基态的两个超精细能级之间的跃迁所对应的辐射周期.并规定1s等于该周期的9192631770倍.

用来定义标准时间的钟是铯钟,它是一个大型的、复杂的、昂贵的实验仪器.它的精度非常高,还可以用来校验其他高精度的钟,校验时间只需1h左右,而用回归的天文标准来校验,则需要几年的时间.

国际单位制中,时间的单位是"秒"(s).除"秒"以外,国际制还可使用其他的时间单位.常用的时间单位及其与"秒"的关系如下:

$$1 日(d)=86400s$$
$$1 时(h)=3600s$$
$$1 分(min)=60s$$
$$1 毫秒(ms)=10^{-3}s$$
$$1 微秒(\mu s)=10^{-6}s$$
$$1 纳秒(ns)=10^{-9}s$$

实验室中测量时间常用的仪器有停表(机械停表、电子停表)和数字毫秒计.

4. 温度的测量方法与仪器

温度是表征物体冷热程度的物理量. 当用手触摸物体时, 感觉越热, 温度就越高. 这种判断物体的温度高低的做法是非常粗略的, 只能用于定性讨论.

要定量地确定温度, 必须对不同的温度给以数量标志. 温度的数量表示方法称作温标. 为使温度的测量统一, 就必须建立统一的温标. 人们总结了生产和科学研究中测量温度的经验, 并经理论分析得出热力学温标是最科学的温标. 因此国际上规定热力学温标为基本温标. 热力学温度单位是国际单位制中的温度单位. 1954 年第 10 届国际计量大会, 对它的定义规定为选取水的三相点为基本点, 并定义其温度为 273.16K. 1967 年第 13 届国际计量大会通过以开尔文的名称(符号 K)代替"K 氏度"(符号 K), 并对热力学温度定义如下: "热力学温度单位开尔文是水的三相点热力学温度的 1/273.16."

除了开尔文表示的热力学温度(符号 T)外, 也使用由式 $t = T - T_0$ 所定义的摄氏温度. 按定义, 式中 $T_0 = 273.15K$ (T_0 是水的冰点的热力学温度, 它与水的三相点的热力学温度相差 0.01K). 摄氏温度单位用摄氏度表示. 单位摄氏度与单位开尔文相等, 而且摄氏温度间隔或温度差也可以用热力学温度开尔文来表示.

现代科学技术中要求的温度范围很大, 从接近于绝对零度的极低温度到几千摄氏度的高温, 这样大的范围需要各种不同的测温仪器, 即需要各种温度计. 这些温度计的准确度或应用范围都是有区别的. 基本仪器有气体温度计、水银温度计、电测温度计以及光测温度计.

5. 电流的测量方法与仪器

在国际单位制中, 电流是基本物理量之一. 电流的测量不仅是电学中其他物理量测量的基础, 也是许多非电量测量的基础.

电流的单位为安培(符号 A), 它是使强度相等的电流通过真空中相距 1m 的两根无限长平行导线, 如果电流在两导线间每米平均产生 2×10^{-7}N 的力时, 则称该电流为 1A.

利用电流的各种物理效应, 可以构成各种各样测量电流的仪器. 在实验中最常用的是磁电式电流表.

6. 电压的测量方法与仪器

电压与电动势是电学中极为重要的物理量. 在电学测量中, 经常测量的是电压.

电压的单位为伏特(符号 V), 当在一导线两点之间通过 1A 的电流时, 如果所耗的功率为 1W, 就称这两点间的电压为 1V.

电压的测量方法有多种. 实验上常使用的仪器有: 电压表(直流、交流)、电势差计、电子管或晶体管电压表、数字电压表与示波器等.

7. 电阻的测量方法

电阻是电学中很重要的物理量, 电阻的单位为欧姆(符号 Ω).

在实验中, 经常需要测量 $10^1 \sim 10^6$Ω 的电阻值(俗称中阻). 随着科学技术的发展, 还需要测量 $10^7 \sim 10^{13}$Ω 高阻与超高阻, 如一些高阻半导体、新型绝缘材料等; 也还需要测量低于 1Ω 乃至 10^{-7}Ω 的低阻与超低阻, 如金属材料的电阻、接触电阻、低温超导等.

测量电阻的常用方法有伏安法、电桥法、电容器充放电法等.

第3章 测量误差与数据处理

3.1 测量与误差

物理实验不仅要定性观察物理量的变化过程,更重要的是要定量地测定物理量的大小.

3.1.1 测量的基本概念

图 3-1-1 是用米尺测量 AB 的长度.这是一个最简单、最基本的测量.由此例可知,"测量"就是将待测量与选为单位的标准量进行比较的过程.

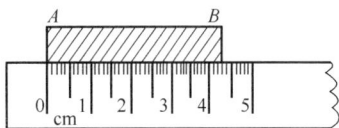

图 3-1-1 用米尺量 AB 的长度

此例中,AB 的长度就是待测量(更确切地说是"给定的测量目标"),米尺(测量设备)上每一分格的长度就是标准量(如以 cm 为单位,则一个大格长是标准量;以 mm 为单位,则一个小格长为标准量).比较的结果(测量所得的信息),即待测量与标准量比较所得的倍数(此倍数可能是整数、分数或无理数)称为"测得值"或"测定值".

图 3-1-1 中 AB 的长度是 4.30cm 或 43.0mm.

3.1.2 直接测量和间接测量

"直接测量"是指能用仪器或仪表直接测出测量值的测量过程.由直接测量所得的测量值为"直接测量值".例如,用米尺量得 AB 的长度是 4.25cm,用电压表测得电路中两点的电势差是 3.20V 等.

"间接测量"是指测量的最终结果(测得值)需由一些直接测量值代入一定的函数式,通过计算才能得出的测量过程.例如,圆柱体的密度 ρ 需由圆柱截面的直径 D、圆柱体的高 H 和质量 m 这三个直接测量值代入函数式 $\rho = 4m/(\pi D^2 H)$ 中计算才能得出.物理实验大都是由直接测量得出某些物理量的值,然后通过已确定的函数关系来求另一物理量的值,或通过对一些直接测量数据的分析研究来寻找或建立待测量间的函数关系.

3.1.3 真值、近真值与误差

1. 真值

物体有各种各样的性质,我们可以用一些物理量来表示这些性质.这些物理量所具有的客观真实值称为它的"真值".也可更确切、更具体地给真值下一个定义,即"当量(指待测量)和测量过程完全确定,且所有测量的不完善性可以排除时,由测量所获得的一个值"称为此量的真值.

测量的目的是力求得到待测量的真值,通过有限次测量能测得真值吗? 我们再来分析一下图 3-1-1 所示的测量. 我们把 AB 的一端 A 和米尺"0"刻线对齐,另一端 B 所对的米尺的位置即为 AB 的长度. 从图中可以看到 B 是在 $4.2\sim4.3\mathrm{cm}$. 但究竟是 $4.2\mathrm{cm}$ 还是 $4.3\mathrm{cm}$ 呢? 不同的人可以读出不同的数来(对同一个人,在不同的时候来测,读数也可能不同),如读成 $4.28\mathrm{cm}$,$4.27\mathrm{cm}$、$4.24\mathrm{cm}$ 等. 这些读数中,最后一位数是估计出来的,称为"估计数字"(也称为"可疑数字"、"欠准数字"等). 我们很难判断哪个读数更准,因而也就不能确定物长的真值是多少. 那么图 3-1-2 中所示的两个测量是否就很准了呢? 其实不然. 图 3-1-2(a)中 AB 应记为 $4.20\mathrm{cm}$,即 AB 的长度可能是 $4.19\mathrm{cm}$,$4.20\mathrm{cm}$,$4.21\mathrm{cm}$ 等. 而图 3-1-2(b)中 AB 应记为 $4.00\mathrm{cm}$,即它可能是 $4.01\mathrm{cm}$,$4.00\mathrm{cm}$ 或 $3.99\mathrm{cm}$ 等. 要注意的是,这两个读数中的"0",并不表示绝对正确,而是表示在我们测量时,边缘"B"似乎与米尺的某一刻线对齐了,即把估读的那位数估成"0"了. 还要注意的是:AB 测得值的最后一位应比米尺的最小分格还小一位. 例如,图 3-1-2(b)中 AB 一定要记为 $4.00\mathrm{cm}$,而不能记为 $4\mathrm{cm}$ 或 $4.0\mathrm{cm}$.

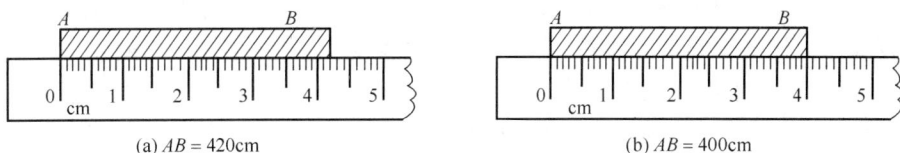

图 3-1-2　用米尺量 $\overline{AB}$ 长度

以上的例子是由于主观因素(估计读数不能确定)造成的测量值与真值有差异. 其实还有许多客观因素(例如,待测物与测量设备的材料不同,在温度变化时,它们的膨胀情况也不一样),以及难以预料的因素也会造成测量值与真值的差异. 所以,通过有限次测量是不能测得真值的.

2. 近真值

统计理论证明,对一物理量进行多次测量,则这些测量值的算术平均值最接近于真值称为"近真值"或"最佳测量值".

3. 误差

由以上分析可知,任何测量都包含欠佳成分(可疑成分),也就是说,任何测量值与真值之间都存在差异,这种差异就是测量的误差.

3.2　误差、不确定度的定义和分类

种种主观的、客观的、可以预见和不可预见的原因都对测量有影响,使测量值偏离了真值而造成误差. 为了能定量地估算这种偏离程度,人们定义了绝对误差和相对误差.

3.2.1　绝对误差和相对误差

绝对误差是测量值与真值之差,即

$$\Delta x = x - X \tag{3-2-1}$$

式中 x 为测量值,X 为待测量的真值,Δx 则为 x 的绝对误差. 注意:绝对误差可以取"+"或"−"(不是误差取绝对值),即 Δx 可表示测量值 x 偏离真值 X 的程度(即"大小"),也可表示

偏离的方向(如 $\Delta x > 0$,表示 x 偏大于 X;$\Delta x < 0$ 则表示 x 偏小于 X).

但是,绝对误差并不能反映测量的准确程度,即测量的好坏.例如,多级弹道火箭在射程为 12000km 时,能击中直径为 2km 的圆面积目标;而优秀射手在距离为 50m 远处,能准确地射中直径为 2cm 的圆形靶心.如只考虑绝对误差,则火箭的误差比射手的要大 10 万倍.但是,火箭的误差与射程之比为 0.01%,而射手的误差与射程之比却是 1/(50×1000)=0.02%,可见火箭集中目标的准确率还是比优秀射手要好.为了能正确地表达测量的好坏,还应引入相对误差的概念.

相对误差是绝对误差与测量值(对某一次测量而言)或近真值(对多次测量而言)之比(常用百分率来表示)即

$$E_x = \frac{\Delta x}{x} \times 100 \qquad (3\text{-}2\text{-}2)$$

从以上的讨论可以得知,"误差"这个词含有"差异"、"差别"、"错误"等意思,即误差的出现几乎是人为的,误差是用来表示这个差错的量.其实,测量值的不确定是客观事实,是不以人的意志为转移的.人们做实验可以测量,只能得出对待测物体的"不明确"、"模糊"、"不确定"的一个大概的认识.为了能够更正确、更科学地表达这一客观事实,国际上通过一系列的研究,在 1980 年基本上取得了一致意见,1986 年国际计量委员会又作了决定,并于 1989 年 10 月编制了 ISO/TAG4/WG3 文件,正式用"不确定度"来表达测量不确定程度的决定.

不确定度(uncertainty):所测数值的(未知)误差可能范围的测量.

根据定义,误差是测量值与真值之差,通常是无法得知的,而不确定度是表征被测量与真值之差的某个范围的一个评定.后者更能表示测量结果的性质.用不确定度取代误差来评价测量质量,在国内外已得到了普遍重视和采用.

3.2.2 误差的分类和不确定度的分类

传统的分类法就是着重于误差的产生原因和误差值的规律、性质,一般把误差可分为如下三类.

1. 系统误差

在同一测量条件下,多次测量同一值时,其误差的绝对值和符号恒定(定制系统误差),或按一般的规律变化(变质系统误差)的误差称为系统误差.系统误差产生的原因有如下几种.

(1)理论和实验方法方面——实验所依据的理论不够充分,或未考虑到影响所求结果的全部因素.例如,精度测定某物体的重量时,忽略了空气浮力产生的影响,计算真实气体的状态变化时,采用了理想气体状态方程;在简化运算公式时,略去的部分所占比例过大等.如果能充分探讨其理论,并将校正项引入到量度结果中去,这种误差可以部分地避免.

(2)仪器设备方面——仪器设备常由于制造不够精密或装置不妥,使数据不可能读得准确,如米尺的刻度不均匀或弯曲,天平的两臂不等距,螺旋测微计的螺距不均匀等.虽然仪器设备不可能绝对完好,但设法改进仪器的设计和制造,这种误差可以减到最低程度.

(3)个人原因——因观察者感觉的敏钝或生理上某些缺陷引起.这种误差往往因人而异,若矫正生理上的缺陷,并经过一定时期的实验技术训练,这种误差可以减少.

系统误差的特点是使测量的结果总是偏向一边,不是偏大,就是偏小.一般来说,这类误差有规律可循,往往可预先设法消除或减少.在物理实验中,前两个因素由实验室在设计和准备实验时加以考虑.第三个因素要靠实验者自己努力克服.

2．偶然误差

在相同条件下，对同一量进行多次重复测量时，在极力消除或修正一切明显的系统误差之后，每次测量值仍会出现一些随机起伏，由这些起伏所造成的误差称为偶然误差.

偶然误差产生的原因有以下几种.

（1）剩余的——系统误差虽然可以设法减少，但不能完全消除. 一般来讲，经过精心校正后的测量值，其误差残余已不再有系统误差的性质，而成为一种服从概率大小、多少不定的误差. 例如，对真实气体使用范德瓦耳斯方程比采用理想气体方程准确，但仍然只是近似准确的，在某些状态范围内它和真实气体之间仍有偏离.

（2）意外的——在测定过程中，观察者的生理状态以及外界条件，如温度、气流等情况发生变化（实际上总是在不断地改变着）都会引起相应的误差，而且这种影响往往不是人力所能控制或完全避免的.

偶然误差的特征是"随机性"，即每一个单独误差值的大小和正负的出现是没有一定规律性的，不固定的；而多次测量时，大量误差值的大小和正负的出现却是有规律的，即遵循统计规律，所以偶然误差又称为"随机误差".

偶然误差是无法消除的．我们只能研究它的分布情况，估算它的大小，并探讨它出现的概率.

3．过失误差和粗大误差

过失误差是指由于人为的事故所造成的误差. 粗大误差是指超出规定条件下预期的误差，这两类误差产生的原因均是由观察者的疏忽大意，或对仪器的使用方法不当，或对实验原理不甚理解或记错数据造成的. 这种误差毫无规律可循，有时可能造成极大的差错. 因此，这种误差可称为"错误"，但它是完全可以避免的，而且是能够应该避免的.

按照现代用不确定度来评价测量质量的观点，认为以上系统误差、粗大误差不应属于数据处理的内容，即在作不确定度估算之前系统误差就应修正，使其消除；粗大误差则应剔除，余下的全部误差（不确定度）再按数据处理方法分为两个分量，即可以用统计方法计算的 A 类分量和用其他方法估算的 B 类分量.

3.3　测量的准确度、精密度，仪器准确度与仪器误差

3.3.1　多次测量误差分布的直方图、分布曲线和分布函数

表 3-3-1 中所列的数据是测量某钢球直径所得的值. 表中列了两组数据，Ⅰ组总共做了 $N=150$ 次测量，ⅠA 组做了 $N=50$ 次测量. 为了便于比较，我们所列的数据是以测量值 S_i 为中心值，间隔 $\Delta S = 0.01$ 的出现次数. 例如，表中 7.320 出现的次数 $n_i = 3$（对应于 $N=150$），是指 S_i 的测量值在 $7.315 \sim 7.325$ 内出现的次数为 3. 表中的相对出现次数（n_i / N）统计学上称为频率. 当 $N \to \infty$ 时，频率的极限就是概率. 图 3-3-1 是以 n_i 为纵坐标，S_i 为横坐标所作的直方图（在横轴上依次按间隔 ΔS_i，截出各组距，并以此组距为底，以 ΔS_i 间隔中纵坐标的中心值为高作一

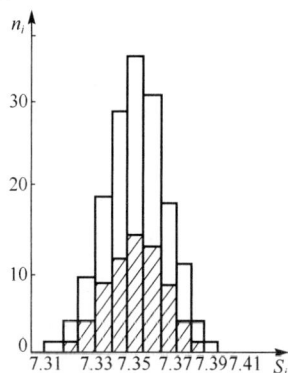

图 3-3-1

长方形.用这种方法所作的统计图,称为"直方图").图 3-3-2 是以 S_i 为横坐标,频率(n_i/N)为纵坐标的频率直方图.图 3-3-3 是以 S_i 为横坐标,以(n_i/N)×($1/\Delta S$)(此乘积称为"频率密度")为纵坐标的频率密度直方图.

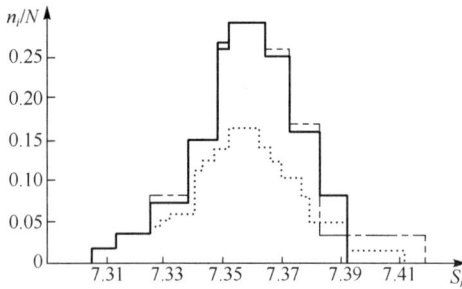

图 3-3-2 频率直方图

—— I 组($N=150,\Delta S=0.01$)

—·— I A($N=50,\Delta S=0.01$)

······ II($N=150,\Delta S=0.005$)

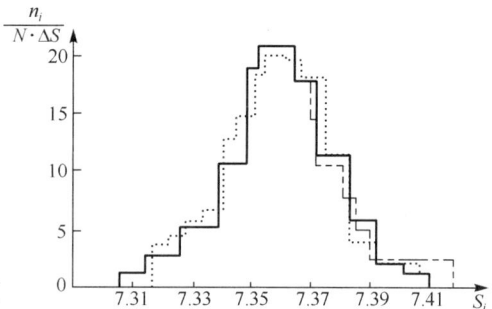

图 3-3-3 频率密度直方图

—— I 组($N=150,\Delta S=0.01$)

—·— I A($N=50,\Delta S=0.01$)

······ II($N=150,\Delta S=0.005$)

表 3-3-1 钢球直径测量数据表

测量值 (S_i)	出现次数		相对出现的次数	
	I 组 $N=150$	I A 组 $N=50$	I 组 $N=150$	I A 组 $N=50$
7.310	1	0	0.007	0
7.320	3	1	0.020	0.02
7.330	8	3	0.058	0.06
7.340	18	6	0.120	0.12
7.350	28	9	0.187	0.18
7.860	34	11	0.227	0.22
7.370	29	10	0.198	0.20
7.380	17	6	0.113	0.12
7.390	9	2	0.060	0.04
7.400	2	1	0.013	0.02
7.410	1	1	0.007	0.02

仔细分析以上各图,可得出以下结论:

(1)由图 3-3-1 可见,$N=150$ 次(图中无阴影部分)与 $N=50$ 次(阴影部分)此两组数据所对应的测量次数虽然不同,但它们的分布情况(直方图)却非常相似,这说明,对同一物理量进行相同的测量,不论测量次数多少(当然足够大),数据的分布基本相同.

(2)由图 3-3-2 可知,只是间隔分得一样,不论 $N=150$ 或 $N=50$,所得频率直方图(为了便于研究,图中有些直线未画)几乎重合,但间隔不同(图中 I 组与 II 组,虽 N 相同但 ΔS 不同,一个为 0.01,另一个为 0.005,虽总次数 N 相同,频率直方图也不能重合.可见,频率分布情况与间隔 ΔS 有关).

(3)图 3-3-3 表示,对于同一物理量作相同的测量,不论测量多少次(但是足够多),也不论取多大间隔,他们的频率直方图几乎是重合的.

(4)为了能较深刻地对频率密度与 S_i 作理论分析,我们可以设想把间隔 ΔS 分得无限小,即使它成为一微分量(无穷小量)dS,并没 $y_i = (1/N)(dn_i/dS)$,则图 3-3-4 即为 y-S 曲线,它是一条光滑的曲线.

（5）由以上讨论可知：在一组总测量次数为 N 的实验中，测量值在 $[S_i + (\Delta S/2), S_i - (\Delta S/2)]$ 之内的出现次数为 n_i，其出现频率为

$$n_i/N = (n_i/N \cdot \Delta S)\Delta S_i \tag{3-3-1}$$

如把 ΔS 无限取小，即 $\Delta S \rightarrow \mathrm{d}S$ 致使在 $(S, S+\mathrm{d}S)$ 内不多于一个测量值，那么上式就变为

$$p_i = \frac{\mathrm{d}n_i}{N} = \frac{1}{N}\left(\frac{\mathrm{d}n_i}{\mathrm{d}S}\right)\mathrm{d}S = y_i \mathrm{d}S \tag{3-3-2}$$

式中，p_i 就是测量值 S 在 N 次测量中出现的概率.

以上的讨论是对测量值而言的，由误差理论可以证明，偶然误差也有相同的规律，也像图 3-3-4 那样的曲线. 图 3-3-4 称为正态分布曲线或高斯分布曲线，所对应的函数称为正态分布函数. 由实验和理论证明，偶然误差服从正态分布，并具有以下一些特征：

（1）单峰性——绝对值小的误差出现概率比绝对大的出现概率大.

（2）对称性——绝对值相等的正负误差出现的概率相同.

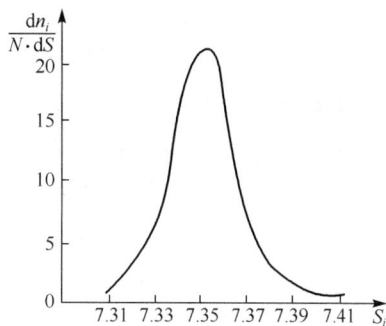

图 3-3-4 正态分布曲线

（3）有界性——在一定的测量条件下，误差的绝对值不会超过一定限度，即特别大的正负误差出现的概率都极小.

（4）抵偿性——偶然误差的算术平均值随着测量次数的增加而越来越趋于 0. 所以不能用绝对误差的算术平均值来估算多次测量的偶然误差，而应该先把各绝对误差取绝对值（都变成正的），然后再平均.

由误差理论可以证明，偶然误差的分布函数（即与图 3-3-4 相对应的正态分布函数）是

$$y = \frac{1}{\sqrt{2\pi}\sigma}\mathrm{e}^{-(x^2/2\sigma)} \tag{3-3-3}$$

或

$$y = \frac{h}{\sqrt{\pi}}\mathrm{e}^{-h^2 x^2} \tag{3-3-4}$$

式中 σ 称为均方根误差或标准误差，h 称为精密度常数. h 与 σ 的关系为

$$h = \frac{1}{\sqrt{2}\sigma} \tag{3-3-5}$$

式（3-3-3）、式（3-3-4）称为误差函数.

3.3.2 测量精密度、准确度和精度

测量精密度、准确度和精度是测量、实验、检验和工程技术中常用的，下面简单介绍它们的含义.

（1）精密度. 它是指重复测量所得结果的相互接近程度，是描述实验（或测量）重复性好坏的尺度，能反映偶然误差的大小. 图 3-3-5 是三条精密度不同的绝对误差的分布曲线图（为了能反映偶然误差的对称性，把 y 轴移到了曲线中央）. 由图可见，曲线 I 代表的测量精密度最高，因为误差为 0 或近于 0 的概率最大，即测量的误差都极小；而曲线 III 的精密度最差，因为误

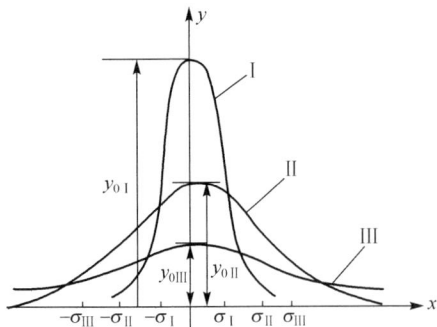

图 3-3-5 误差分布曲线

差较大的与较小的值出现的概率几乎相等,可见它的重复性很差. 因为正态分布曲线有"单峰性",如果不考虑系统误差,则 $x=0$ 时,y 有最大值 y_0. 又因曲线有"对称性",所以曲线两边应有拐点(反曲点). 由式(3-3-3)和式(3-3-4)可得(当 $x=0$ 时)

$$y_0 = \frac{1}{2\pi\sigma}e^0 = \frac{1}{2\pi\sigma}, \qquad y_0 = \frac{h}{\pi}e^0 = \frac{h}{\pi}$$

由此两式可知,$y_0 \propto \frac{1}{\sqrt{\sigma}}$,$y_0 \propto h$,即当 h 越大,σ 越小时,曲线中部分升得越高,由于曲线与横轴间围成的面积等于误差落在 $(-\infty, +\infty)$ 的概率,即等于 1,因此两侧曲线下降越快,曲线 I 就是这种情况;反之,h 越小,σ 越大,曲线中部就升得矮,两侧曲线下降得慢,曲线 III 就是这种情况;所以,可以用 h 来表示精密度,称"精密度常数". 另外,可以对式(3-3-3)求二次导数,并令其为 0,求出当 $x = \pm\sigma$ 时的分布曲线的拐点,即 $\pm\sigma$ 是对应于分布曲线的两个拐点的横坐标.

(2) 准确度. 准确度是实验所得结果(测量值)与真值的符合程度,它能反映系统误差的大小. 偶然误差和系统误差的综合效果,常用"精确度"这个词来表述.

(3) 精度. 精度是一个含义不统一的词,概括而言此词大致有以下四种含义:① 指仪器分辨能力的标志,通常用仪器的最小分度表示,如螺旋测微计的精度为 0.01mm 等. ② 它常概括地表示测量相对误差的大小. 如测量的相对误差为 0.1%,则说测量精度为 10^{-3},但这样表述与习惯不一致. 因为,相对误差越小,测量越好,精度也应越高. 为与习惯一致,常规定以测量精度的相对误差的导数来表达,则上述测量精度应为 10^3. ③ 有些仪器、仪表常用"精度级别"或"测量精度"来衡量产品的质量,此时,精度的含义应由部颁标准或国家标准来定义. ④ 精度有时是特指"精密度",是精密度的简称. 所以,在看到"精度"时,应先搞清它的含义.

3.3.3 一次测量的误差、仪器准确度与仪器误差

在实验中,我们用仪器对某量测量一次,读得一个数据,称为"一次测量". 这种测量的误差分布是均匀的,称为"均匀分布",即如在仪器的误差范围内,估读数的出现概率(或误差的概率)相等;如在仪器误差范围以外,概率为 0 不能出现. 例如,用米尺(最小分格是 mm)来测长度,则读数的最后一位即估计读数如与 0.1mm 同数量级,那么,不论你估成几(但误差不能超过 ± 0.5mm),均算对,机会均等;如估读数误差超过 ± 0.5mm,则影响到了正确数字,均算错. 也就是说,这种情况不能出现,或说"概率为 0".

由误差理论可以证明,均匀分布的最大绝对误差 Δx 为(下式中 a 是仪器误差范围)

$$\Delta x = \pm\frac{1}{2}a \tag{3-3-6}$$

标准误差(也称"均方根误差")为

$$\sigma = \pm\frac{a}{\sqrt{3}} \tag{3-3-7}$$

用仪器测量时,在仪器误差范围 a 以内估读一为数是必需的. 考虑到读数误差可能是止,也可能是负,所以估读数必须小于或等于 $\pm\frac{1}{2}$ 而且也只需读一位,不要多读.

由于不同仪器的准确度不一定相同,相应的误差范围 a 也不一样,估读数也有差别. 下面

对物理实验中常用仪器的误差范围作必要说明和约定.

（1）有刻度的仪器.如米尺、玻璃温度计、螺旋测微计等.这些仪器的最小分格(δ)就是误差范围 a,所以用它们测量时,读数的最大绝对误差是 $\pm\frac{1}{2}\delta$,即读数的最后一位应比 δ 还小一位(估读一位).估读数也应根据分格的实际情况来定,例如,最小分格是 1mm 的米尺,可以按 1/10mm 为最小单位来估读;而最小分格是 1/10℃ 的玻璃温度计,因为分格太小,如以 1/100℃ 为最小分格来估读,就显得不太可靠了.此时,可以按 0.05℃ 为最小单位来估读(与分格重合时读为 0.10℃,不重合时读为 0.05℃)比较恰当.

（2）游标卡尺.游标卡尺的误差范围可约定为 $\pm i(i$ 是游标卡尺精度).所以,用游标卡尺测量时,最后一位应与 i 同位,而不估读.例如,用 $i=0.02$mm 的游标卡尺测量时,读数的最后一位应与 i 同位(即读数以 mm 为单位时,小数点后应有两位),且应是0.02mm 的整倍数(包括"0").

（3）电表.电表的误差范围由它的准确度等级与量程的乘积来定.例如,0.5 级的电压表,量程是 3V,则最大误差 $\Delta U_{max}=\pm0.5\%\times3=\pm0.015\approx0.02$(V) 所以,用此电压表测量时,读数应估读到小数点后两位.

（4）数字式仪器、进位式仪器.如数字式计时器、便携式电桥等,这些仪器的读数只能按数字进位,而不能在两数字之间再估读.他们的仪器误差应是最后位数的一个最小单位,读数也只读到这一位.例如,单臂电桥的测量臂有四个旋盘.读数最小的盘是"×1",最小单位是"1".例如,比较臂取"1",则此时仪器误差应是 ±1 Ω,即读数的最后一位应与 1 Ω 同位.

3.3.4 有效数字的概念

在实验中数字有两类:一类是用来数"数目"的.例如,我们在一次测量中,对某量测了 10 次,这个"10"就是数目,不包含有估计的成分.另一类是用来表示测量结果的,它由精确读出的"准确数字"即在仪器的误差范围以内估计读得的"估计读数"两部分组成.所以,用仪器测得的"准确数字"与"一位估计数字"对测量结果而言,都是有效的,标为"有效数字".

有两点要注意:① 有效数字是指数据中能有效地表示大小的任意一个数(包括 0),而与单位有关的只表示小数点位置的 0 不能算是有效数字.例如,有以下五个数据:123cm,0.00123km,12.03cm,12.30cm,12.00cm,其中第二个数 0.00123km 中的三个"0"是表示小数点位置的,当把单位由 km 变成 cm 时,这三个"0"自动消失,而变成第一个数;后面三个数据的"0"均是有效的,不因单位变换而消失.可以概括地说,数据中的"0"如出现在第一非 0 数字之前(左),此"0"不是有效数字;如出现在第一个非 0 数字之后(右),此"0"均是有效数字.② 实验中的数据,如不标明误差范围,均可认为是一次测量值.

3.4 误差的估算、不确定度的概念与测量结果的表述

我们用表 3-3-1 中的 ⅠA 组的数据(用精度为 0.01mm 的螺旋测微计测量)作为例子来说明误差的估算和测量结果的正确描述.

为了测钢球直径,一次实验就测 50 次(或 150 次),取得 50 个数据(或 150 数据)进行数据处理,是不太现实,也不太经济的.一般来说,一次物理实验对某一量作了 5~10 次测量的结果就够了.为了取得更精确的实验结果,可对 n 次测量的结果再进行处理,我们把表 3-3-1 ⅠA 组的数据分成 5 列(认为五次实验所得)即

（Ⅰ）7.870 7.412 7.363 7.385 7.364 7.352 7.371 7.362 7.350 7.344

（Ⅱ）7.365 7.390 7.343 7.363 7.372 7.354 7.381 7.391 7.348 7.363

（Ⅲ）7.338 7.357 7.372 7.363 7.363 7.344 7.400 7.370 7.365 7.353

（Ⅳ）7.370 7.354 7.339 7.344 7.370 7.380 7.362 7.380 7.334 7.368

（Ⅴ）7.344 7.354 7.324 7.355 7.380 7.371 7.370 7.355 7.380 7.330

3.4.1　测量误差的估算

1. 一次测量的误差

由以上讨论可知,一次测量的最大绝对误差 $\Delta x = \pm \frac{1}{2} a$,螺旋测微计的 a 就是它的精度(最小分格值),为 0.01mm. 所以,每一次测量的最大绝对误差 $\Delta x = \pm \left(\frac{1}{2} \times 0.01\text{mm} \right) = \pm 0.05\text{mm}$,即每一读数的最后一位,应在小数点后第三位(以毫米单位). 如果没有读到这一位,则应用 0 补足(如 7.4 应写成 7.400mm). 一次测量的标准误差 $\sigma = a/\sqrt{3}$,即

$$\sigma = \pm (1/\sqrt{3} \times 0.01)\text{mm} \approx \pm 0.0058\text{mm} \approx 0.006\text{mm}$$

2. 直接测量的平均绝对误差 Δx 和均方根误差(标准误差)σ

设有一组测量值 $x_1, x_2, \cdots, x_n$ 共测了 n 次,其真值为 x,则

$$\overline{X} = \frac{1}{n}(x_1 + x_2 + \cdots + x_n) = \frac{1}{n} \sum_{i=1}^{n} x_i \tag{3-4-1}$$

为最佳测量值或近真值.

设每一组测量的误差(测量值 x_i 与真值 x 之差)为 Δx_i,偏差(测量值 x_i 与平均值 $\overline{X}$ 之差)为 V_i,则

$$\Delta x_1 = x_1 - x, \quad V_1 = x_1 - \overline{X}$$
$$\Delta x_2 = x_2 - x, \quad V_2 = x_2 - \overline{X}$$
$$\vdots$$
$$\Delta x_n = x_n - x, \quad V_n = x_n - \overline{X}$$

注意: Δx_i 与 V_i 是不相同的,V_i 称为"绝对偏差"或"误差". 当 $n \to \infty$ 时,V_i 的极限值是 Δx_i.

1) 平均绝对误差 $\Delta \overline{X}$ 和平均绝对偏差 $\overline{V}$

由于绝对误差服从正态分布,有对称性,所以不能用算术平均值作为此列测量绝对误差的评价标准,但可以先把每个绝对误差取绝对值(都变成"+"的)后,再平均,即

$$\overline{\Delta X} = \frac{(|\Delta x_1| + |\Delta x_2| + \cdots + |\Delta x_n|)}{n} = \frac{1}{n} \sum_{i=1}^{n} |\Delta x_n| \tag{3-4-2}$$

这样算得的误差称为"平均绝对误差". 由误差理论可以证明,在这组测量中,绝对误差的绝对值 $|\Delta x_i| \leqslant \overline{\Delta X}$ 的概率约为 57.6%,即约有 57.6% 的绝对误差比 $\overline{\Delta X}$ 小.

在实验中测量次数 n 不可能无限增多,实际上,n 取 10 次左右就足够了(误差理论可以证明,当 $n > 10$,再增加 n,测量精度几乎没有什么提高). 所以,平均绝对误差只有理论意义,实验测不到. 当测量次数为 n 时,平均绝对偏差 $\overline{V}$ 为

$$\overline{V} = \frac{\sum\limits_{i=1}^{n} |\Delta x_i|}{\sqrt{n(n-1)}} \tag{3-4-3}$$

2) 均方根误差(标准误差)σ

我们也可以先把各个绝对误差平方(变成"+"的),再加以平均,然后再开平方,即

$$\sigma = \sqrt{[(\Delta x_1)^2 + (\Delta x_2)^2 + \cdots + (\Delta x_n)^2]/n} \tag{3-4-4}$$

这样计算的误差称为"均方根误差",它就是式(3-3-3)中的标准误差σ. 由误差理论可以证明,绝对误差的绝对值 $|\Delta x_i| \leqslant \sigma$ 的概率约为 68.3%.

实际中,测量次数 n 是有限的,所以均方根误差(即当 $n \to \infty$ 时的 σ)是无法测得的,我们计算的只是均方根偏差. 由误差理论知,均方根偏差为

$$\sigma' = \sqrt{\frac{\sum\limits_{i=1}^{n} (x_i - \overline{X})^2}{n-1}} = \sqrt{\frac{\sum\limits_{i=1}^{n} V_i^2}{n-1}} \tag{3-4-5}$$

3) 极限误差

由误差理论可以证明,$|\Delta x_i| \leqslant 3\sigma$ 的概率为 99.7%(即 $|\Delta x_i| > 3\sigma$ 的概率小于 0.3%). 这就是说,在 1000 次测量中,有可能出现 3 次比 3σ 大的误差. 由于我们在做实验时,一般测量次数都不超过 10 次,所以,我们可以认为这种情况不会出现. 如果发现某一误差大于 3σ,则可认为所对应的测量值是疏失造成的,应舍去. 所以 3σ 也称为"极限误差".

根据以上讨论,我们可对所测钢球直径的 5 列数据进行处理,计算各列测量的近真值、平均绝对误差(或偏差)、均方根误差(或偏差)以及极限误差等,并把各值列于表 3-4-1 中.

由以上计算可知:误差是反映测量不准确程度的一个标志,可以认为它之中的数字都是可疑的、欠准的. 所以,误差(或偏差)均只要保留一个非 0 的数就可以了. 如按此原则来取舍 $\overline{\Delta X_i}$ 与 $\overline{V_i}$、σ_i 与 σ'_i 就没有什么差别. 因此在工科物理实验中,可不严格区别误差与偏差.

表 3-4-1　钢球直径测量数据处理表

i(列号)	I	II	III	IV	V
$\overline{X_i}$	7.3673	7.3670	7.3625	7.3601	7.3568
$\overline{\Delta X_i}$	0.01376	0.0132	0.0117	0.0139	0.0152
$\overline{V_i}$	0.01450	0.0139	0.0123	0.0146	0.0160
σ_i	0.0186	0.00851	0.0162	0.0157	0.0165
σ'_i	0.0196	0.00897	0.0171	0.0166	0.0195

3. 测量列的偏差和算术平均值的误差

由前面的讨论可知,对多次测量值(如表 3-3-1 中所列的 $N_{\mathrm{I}} = 150$,$N_{\mathrm{IA}} = 50$)的处理可以有两条途径:① 把这些数据看成是一次实验测得的,然后求 $\overline{x}$、$\overline{\Delta x}$ 或 σ;② 把这些数据分成若干个测量列(每列测量次数相同),即把它们看成是若干次实验测得的结果,分别计算各列的算术平均值 $\overline{x_i}$、误差 $\overline{\Delta x_i}$ 或 σ_i,然后,再求这些平均值 $\overline{x_i}$ 的平均值 $\overline{X}$、平均绝对误差 $\overline{\Delta x}$(用 T 表示)和标准误差 σ(用 S 表示). 显然,用第二个途径来处理多次测量比较现实.

设有已知标准误差为 σ_i、近真值为 $\overline{\Delta x_i}$ 的测量列,其任一测量值的误差 $\overline{\Delta x_i}$ 落在 $[-\sigma \quad \sigma]$ 区间内的概率为 68.3%,而它的算术平均值(近真值)$\overline{X_i}$ 的可靠性要高于任何测量值. 设 $\overline{X_i}$ 的误差有 68.3% 的可能性落在 $\pm S$ 区间内,则必定有 $S < \sigma_i$. 由误差理论可以证明一列测量

次数为 n 的测量值的标准误差 σ_i 与其算术平均值 $\overline{X_i}$ 的标准误差 S 之间的关系是

$$S = \frac{\sigma_i}{\sqrt{n}} \tag{3-4-6}$$

如有偏差 V_i 表示,则为

$$S = \sqrt{\frac{\sum\limits_{i=1}^{n} V_i^2}{n(n-1)}} \tag{3-4-7}$$

近真值 X_i 的平均误差 T 与测量列的平均绝对误差 $\overline{\Delta X_i}$ 的关系是

$$T = \frac{\overline{\Delta X_i}}{\sqrt{n}} \tag{3-4-8}$$

如用偏差 V_i 表示,则为

$$T = \frac{\sum\limits_{i=1}^{n} |V_i|}{n \sqrt{n-1}} \tag{3-4-9}$$

注意:按式(3-4-9)求出的 T 表示测量列的近真值 $\overline{X_i}$ 与待测量的真值 X 之误差,它落在 $[-T \quad T]$ 区间内的概率为 57.6%. 有时用

$$\Delta X = \frac{(|V_1| + |V_2| + \cdots + |V_n|)}{n} = \frac{\sum\limits_{i=1}^{n} |V_i|}{n} \tag{3-4-10}$$

(式中 $|V_i| = x_1 - \overline{X}$)的值来评价测量结果,并称其为"平均绝对误差". 但这和以上讨论的计算平均值的平均绝对误差含义是不同的. 我们可以粗略地认为式(3-4-10)算的是平均值的极限误差,即测量值的误差落在 $\pm\overline{\Delta X}$ 区间的概率约为 99.7%.

4. 相对误差

为了正确表达测量的好坏,应计算相对误差. 在物理实验中相对误差有三种算法. 要注意它们的区别.

(1)

$$E(X) = \left(\frac{\overline{\Delta X}}{\overline{X}}\right) \times 100\% \quad 或 \quad E(X) = \left(\frac{\sigma}{\overline{X}}\right) \times 100\% \tag{3-4-11}$$

这样计算的相对误差反映了多次测量数据的分散程度(统计学上称为"离散度"). $E(X)$ 大表示数据"离散"严重;反之,$E(X)$ 小表示数据彼此很接近.

(2)

$$E(X_公) = \frac{[\overline{X} - X(公认值)]}{X(公认值)} \tag{3-4-12}$$

这样计算所得的相对误差反映了我们所测得的结果(最佳测量值)与公认值(公认值是由国际上公认的,经权威实验室中有经验的人员用精密的仪器、严格的数据处理方法,经过长期的精心操作得出的. 这些公认值可在实验手册中查到)相差程度. $E(X_公)$ 大表示我们的测量与公认值相差甚远(测量水平较差). $E(X_公)$ 小,表示测量值与公认值相差不大(水平较高).

(3)

$$E(X_理) = \frac{[\overline{X} - X(理论值)]}{X(理论值)} \tag{3-4-13}$$

这样计算是为了用实验方法来验证理论. 如果 $E(X_理)$ 大,表示用我们的测量结果不能验证此理论. 这可能是我们的测量精度不高,也可能是理论不正确. 如果 $E(X_理)$ 小,则表示测量结果与理论计算非常符合. 可以说,用我们的实验数据已能较好地验证了理论.

在计算相对误差时,一定要分清这三种算法的区别,不可混淆.

3.4.2　不确定度概念、测量结果的正确表述

1. 不确定度

为了评价测量结果,为了能通过有限次测量,对测量结果与真值之差可能在哪一个范围内出现的概率是多少等有一个科学的表述. 国际上已取得了基本一致的意见,即用"测量不确定度"(简称不确定度)来表述.

根据定义,不确定度是对测量结果与真值之差可能出现范围的一个大概估计. 由前面的讨论可知,测量结果与真值之差可用式(3-4-7)讨论的 S 或用式(3-4-9)表示的 T 来表达. 由于用 S 有许多优越性,所以,国际上较一致的意见是用 S 来表示不确定度,即通过 n 次测量,可以认为在平均值 $\overline{X}$ 附近 $\pm S$ 区间内,测量结果与真值之差出现的概率是 68.3%.

2. 测量结果的正确表述

一般说来,测量结果的完整表达应包括五个内容,即测量近真值(算术平均值) $\overline{X}$ 、测量不确定度 S 、对应于不确定度的概率 P 、测量次数 n 和相对误差 $E(X)$. 前四部分表达的是一个内容,即测量值可能出现的范围;相对误差表达的是测量的好坏. 例如,某一待测量的真值是 X ,多次测量平均值是 $\overline{X}$,用式(3-4-10)计算的"平均绝对误差"(其实是最大误差)是 $\overline{\Delta X}$,则测量结果可写为

$$X = \overline{X} \pm S, \quad P = 68.3\%, \quad n = N \atop E(X) = \frac{S}{\overline{X}} \times 100 \Bigg\} \tag{3-4-14}$$

或

$$X = \overline{X} \pm T, \quad P = 57.6\%, \quad n = N \atop E(X) = \frac{T}{\overline{X}} \times 100 \Bigg\} \tag{3-4-15}$$

或

$$X = \overline{X} \pm \overline{\Delta X}, \quad P = 99.7\%, \quad n = N \atop E(X) = \frac{\overline{\Delta X}}{\overline{X}} \times 100 \Bigg\} \tag{3-4-16}$$

在物理实验中一般只用平均绝对误差和均方根误差. 所以,概率 P 一般可以不写,测量次数 N 一般取 5~10 次(N 太小,误差分布会偏离正态分布,要作修正),所以, n 也常省略. 在工科物理实验中,第三种表达式使用较多. 要注意:用式(3-4-10)计算的误差的概念是不确切的,只能粗略地认为它是极限误差,而式(3-4-16)表达的意思是,经过多次测量,我们可以很有把握地说,真值 X 是落在 $(\overline{X} - \overline{\Delta X}) \sim (\overline{X} + \overline{\Delta X})$ 这一区间内的.

例 3-4-1　为测量某一长度 AB ,做了两次实验,数据如下(单位:mm):

（Ⅰ）40.3　39.8　39.7　40.4　39.5　39.8　40.3　40.3　39.6　40.5

（Ⅱ）40.2　40.0　41.2　40.0　39.2　40.1　40.1　39.0　40.0　40.2

求此两组数据的平均值、平均绝对误差、均方根(标准)误差、最大误差和最后表达式.

解　用计算器直接计算,得

（Ⅰ）$\overline{X}_1 = 40.0$，　$S_1 = 0.124$，　$T_1 = 0.12$，　$\overline{\Delta X_1} = 0.36$

（Ⅱ）$\overline{X}_{11} = 40.0$，　$S_{11} = 0.124$，　$T_{11} = 0.12$，　$\overline{\Delta X_{11}} = 0.36$

测量结果为

（Ⅰ）

$$X_1 = \overline{X}_1 \pm S_1 = 40.0 \pm 0.124 \quad (n=10)$$

$$E(X)_1 = \frac{0.124}{40.0} \times 100 = 0.31\%$$

$$X_1 = \overline{X}_1 \pm T = 40.0 \pm 0.12 \quad (n=10)$$

$$E(X)_1 = \frac{0.12}{40.0} \times 100 = 0.30\%$$

$$X_1 = \overline{X}_1 \pm \overline{\Delta X_1} = 40.0 \pm 0.36 \quad (n=10)$$

$$E(X)_1 = \frac{0.36}{40.0} \times 100 = 0.90\%$$

（Ⅱ）

$$X_{11} = \overline{X}_{11} \pm S_{11} = 40.0 \pm 0.19 \quad (n=10)$$

$$E(X)_{11} = \frac{0.19}{40.0} \times 100 = 0.48\%$$

$$X_{11} = \overline{X}_{11} \pm T_{11} = 40.0 \pm 0.12 \quad (n=10)$$

$$E(X)_{11} = \frac{0.12}{40.0} \times 100 = 0.30\%$$

$$X_{11} = \overline{X}_{11} \pm \overline{\Delta X_{11}} = 40.0 \pm 0.36 \quad (n=10)$$

$$E(X)_{11} = \frac{0.36}{40.0} \times 100 = 0.90\%$$

注意:(1) 以上列出了测量结果的三种表达方式.在工科物理实验中,测量结果一般是用第三种方式,即式(3-4-16)表达,并在表达式中省略($P=0.997, n=10$).第Ⅰ数据的测量结果可表达为

$$X_1 = \overline{X}_1 \pm \overline{\Delta X_1} = (40.0 \pm 0.4)\text{mm}$$

$$E(X)_1 = \frac{\overline{\Delta X_1}}{\overline{\Delta X_{11}}} \times 100\% = (0.4/40.0) \times 100 = 1.0\%$$

(2) 比较此组数据,发现(Ⅱ)比(Ⅰ)的数据的"离散"性严重,因为(Ⅱ)中有三个误差很大的数据(41.2,39.2,39.0)严重偏离了平均值(40.0).如按式(3-4-3)来计算此列的平均绝对偏差,得 $V_1 = 0.38, V_{11} = 0.38, V_1 = V_{11}$；如按式(3-4-5)来计算均方根偏差,得 $\sigma'_1 = 0.39$, $\sigma'_{11} = 0.59, \sigma'_{11} > \sigma'_1$.可见,均方根偏差能对偏差平均值较大的数据作出反应,而平均绝对偏差则不能.由于平方根偏差由此重要特点,再加上它与正态分布函数的关系密切等特点,所以,现在国际上已普遍采用 σ(或 S)作为不确定度的标志.

3.5　间接测量的误差计算

所谓间接测量的误差计算,就是要确定直接测量误差是怎样影响间接测量的(称为"误差传递"),并从而得出间接测量误差的计算公式.

间接测量误差计算有三种任务:① 由直接测量误差来计算间接测量误差;② 在对间接测量误差的大小(范围)预先提出要求的情况下,来确定各直接测量的误差范围,从而确定测量值的取值范围;③ 确定最有利的测量条件.

3.5.1　误差传递的一般公式

设 N 是间接测量值,$A,B,\cdots,Z$ 是直接测量值,他们之间的函数关系是

$$N = f(A,B,C,\cdots,Z)$$

各直接测量值多次测量的结果可表达为 $\overline{A}\pm\overline{\Delta A},\overline{B}\pm\overline{\Delta B},\overline{C}\pm\overline{\Delta C},\cdots,\overline{Z}\pm\overline{\Delta Z}.$ 同样,间接测量值的结果也可表达 $\overline{N}\pm\overline{\Delta N}$,则

$$\overline{N}\pm\overline{\Delta N} = f(\overline{A}\pm\overline{\Delta A},\overline{B}\pm\overline{\Delta B},\overline{C}\pm\overline{\Delta C},\cdots,\overline{Z}\pm\overline{\Delta Z}) \tag{3-5-1}$$

将上式的右边按泰勒级数展开,且忽略二阶以上的无穷小量,则得

$$f(\overline{A}\pm\overline{\Delta A},\overline{B}\pm\overline{\Delta B},\overline{C}\pm\overline{\Delta C},\cdots,\overline{Z}\pm\overline{\Delta Z})$$

$$\approx f(\overline{A},\overline{B},\cdots,\overline{Z})\pm\frac{\partial f}{\partial A}\cdot\overline{\Delta A}\pm\frac{\partial f}{\partial B}\cdot\overline{\Delta B}\pm\cdots\pm\frac{\partial f}{\partial Z}\cdot\overline{\Delta Z} \tag{3-5-2}$$

比较式(3-5-1)和式(3-5-2),可得

$$N = f(\overline{A},\overline{B},\cdots,\overline{Z}) \tag{3-5-3}$$

$$\overline{\Delta N} = \left(\frac{\partial f}{\partial A}\right)\cdot\overline{\Delta A}+\left(\frac{\partial f}{\partial B}\right)\cdot\overline{\Delta B}+\cdots+\left(\frac{\partial f}{\partial Z}\right)\cdot\overline{\Delta Z} \tag{3-5-4}$$

1.间接测量的平均绝对误差

对式(3-5-4)右边的各项先取绝对值(变成"+"),再相加,即得平均绝对误差,即

$$\overline{\Delta N} = \left|\left(\frac{\partial f}{\partial A}\right)\cdot\overline{\Delta A}\right|+\left|\left(\frac{\partial f}{\partial B}\right)\cdot\overline{\Delta B}\right|+\cdots+\left|\left(\frac{\partial f}{\partial Z}\right)\cdot\overline{\Delta Z}\right| \tag{3-5-5}$$

2.间接测量的均方根误差、方差合成

把式(3-5-4)两边平方,即

$$(\overline{\Delta N_i})^2 = \left(\frac{\partial f}{\partial A}\right)^2\cdot(\overline{\Delta A_i})^2+\left(\frac{\partial f}{\partial B}\right)^2\cdot(\overline{\Delta B_i})^2+\cdots$$

$$+\left(\frac{\partial f}{\partial Z}\right)^2\cdot(\overline{\Delta Z_i})^2+2\left(\frac{\partial f}{\partial A}\cdot\left(\frac{\partial f}{\partial B}\right)\cdot(\overline{\Delta A_i})(\overline{\Delta B_i})\right)+\cdots$$

这是对各直接测量中某一次(第 i 次)测得到的 $(\overline{\Delta N_i})^2$,如果把 $i=1,2,\cdots$ 的各次测量相加,得

$$\sum_{i=1}^{n}(\overline{\Delta N_i})^2 = \left(\frac{\partial f}{\partial A}\right)^2\sum_{i=1}^{n}(\overline{\Delta A_i})^2+\left(\frac{\partial f}{\partial B}\right)^2\sum_{i=1}^{n}(\overline{\Delta B_i})^2+\cdots$$

$$+\left(\frac{\partial f}{\partial Z}\right)^2\sum_{i=1}^{n}(\overline{\Delta Z_i})^2+2\left(\frac{\partial f}{\partial A}\right)\cdot\left(\frac{\partial f}{\partial B}\right)\cdot\sum_{i=1}^{n}(\overline{\Delta A_i})(\overline{\Delta B_i})+\cdots$$

因为偶然误差服从正态分布,即当 n 足够大时,正、负误差出现的概率相同,上式中非平方项会相互抵消,而平方项已都变成正数,与符号无关.把上式两边在除以 n,即得

$$\frac{\sum_{i=1}^{n}(\overline{\Delta N_i})^2}{n} = \left(\frac{\partial f}{\partial A}\right)^2\frac{\sum_{i=1}^{n}(\overline{\Delta A_i})^2}{n}+\left(\frac{\partial f}{\partial B}\right)^2\frac{\sum_{i=1}^{n}(\overline{\Delta B_i})^2}{n}-\cdots+\left(\frac{\partial f}{\partial Z}\right)^2\frac{\sum_{i=1}^{n}(\overline{\Delta Z_i})^2}{n}$$

即

$$\sigma^2 = \left(\frac{\partial f}{\partial \overline{A}}\right)^2 \sigma_A^2 + \left(\frac{\partial f}{\partial \overline{B}}\right)^2 \sigma_B^2 + \cdots + \left(\frac{\partial f}{\partial \overline{Z}}\right)^2 \sigma_Z^2$$

或

$$\sigma = \sqrt{\left(\frac{\partial f}{\partial \overline{A}}\right)^2 \sigma_A^2 + \left(\frac{\partial f}{\partial \overline{B}}\right)^2 \sigma_B^2 + \cdots + \left(\frac{\partial f}{\partial \overline{Z}}\right)^2 \sigma_Z^2} \qquad (3\text{-}5\text{-}6)$$

可见,求间接测量的均方根误差时,须将各直接测量的方差(均方根误差的平方)乘以相应的系数,然后相加,再开平方.这一计算"方差合成"原理,式(3-5-6)可称为方程合成公式.

3.5.2 误差传递在基本运算中的应用

1. 加减法(和、差)

设 $N = A \pm B$,$N = f(A, B) = A \pm B$,$\partial f/\partial A = 1$,$\partial f/\partial B = \pm 1$,由式(3-5-3)可得

$$\overline{\Delta N} = \left| \left(\frac{\partial f}{\partial A}\right) \cdot \overline{\Delta A} \right| + \left| \left(\frac{\partial f}{\partial B}\right) \cdot \overline{\Delta B} \right| = |\overline{\Delta A}| + |\overline{\Delta B}| \qquad (3\text{-}5\text{-}7)$$

由式(3-5-6)可得

$$\left(\frac{\partial f}{\partial A}\right)^2 = 1, \quad \left(\frac{\partial f}{\partial B}\right)^2 = (\pm 1)^2 = 1$$

$$\sigma_N^2 = (1)\sigma_A^2 + (\pm 1)^2 \sigma_B^2, \quad \sigma_N^2 = \sigma_A^2 + \sigma_B^2 \qquad (3\text{-}5\text{-}8)$$

可见,间接测量如果是由各直接测量相加减所组成的,则间接测量的平均绝对误差是各直接测量平均绝对误差之和;均方根误差是由各直接测量的均方根误差按方差合成所得.

2. 乘除法(积、商)

设 $N = A \cdot B \cdot C \cdots$ 此时显然应先算相对误差,先对上式两边求对数,即

$$\ln N = \ln A + \ln B + \ln C + \cdots$$

再两边求微分(用增量代替微分量):

$$E_N = \left| \frac{(\Delta N)}{\overline{N}} \right| = \left| \frac{(\Delta A)}{\overline{A}} \right| + \left| \frac{(\Delta B)}{\overline{B}} \right| + \left| \frac{(\Delta C)}{\overline{C}} \right| + \cdots \qquad (3\text{-}5\text{-}9)$$

如 $\overline{N} = \overline{A}/\overline{B}$,也可以同样求得上式.由此可见,间接测量的相对误差(不论是直接测量值相乘或相除组成)应是各直接测量的相对误差的绝对值之和.

积(商)的均方根误差可按以下方法计算:设 $\overline{N} = k \cdot \overline{A} \cdot \overline{B}$,$k$ 是常数,因为

$$\left(\frac{\partial f}{\partial \overline{A}}\right)^2 = \left[\left(\frac{\partial}{\partial \overline{A}}\right)(k\overline{A} \cdot \overline{B}) \right]^2 = (k\overline{B})^2$$

$$\left(\frac{\partial f}{\partial \overline{B}}\right)^2 = \left[\left(\frac{\partial}{\partial \overline{B}}\right)(k\overline{A} \cdot \overline{B}) \right]^2 = (k\overline{A})^2$$

所以

$$\sigma_N = \sqrt{(k\overline{B})^2 \sigma_A^2 + (k\overline{A})^2 \sigma_B^2} = k\sqrt{\overline{B}^2 \sigma_A^2 + \overline{A}^2 \sigma_B^2} \qquad (3\text{-}5\text{-}10)$$

如求相对误差,有

$$E_{\sigma_N} = \frac{\sigma_N}{N} = \frac{k\sqrt{\overline{B}^2 \sigma_A^2 + \overline{A}^2 \sigma_B^2}}{k\overline{A} \cdot \overline{B}} = \sqrt{\left(\frac{\sigma_A}{\overline{A}}\right)^2 + \left(\frac{\sigma_B}{\overline{B}}\right)^2}$$

所以

$$E_{\sigma_N} = \sqrt{E_{\sigma_A}^2 + E_{\sigma_A}^2} \qquad (3\text{-}5\text{-}11)$$

用同样的方法可以证明,间接测量如果由直接测量相除而得,则可按式(3-5-9)计算相对误差,即间接测量如由直接测量相乘除组成,则它的相对误差等于直接测量值的相对误差按方差合成.

3. 方幂与根

设 $N = x^m$（m 为常数, $m \in \mathbf{R}$）求它的平均误差时应先求对数,即

$$\ln N = m \ln x$$

在微分即得

$$E_N = \left| \frac{\Delta N}{N} \right| = m \left| \frac{\Delta x}{x} \right| \tag{3-5-12}$$

求它的均方根误差时,可先求 $(\partial f / \partial \overline{A})^2 = (mx^{m-1})^2$,然后带入式(3-5-6),可得

$$\sigma_N = \sqrt{(mx^{m-1})^2 \sigma_x^2} = mx^{m-1} \sigma_x \tag{3-5-13}$$

相对误差为

$$E_{\sigma_N} = \frac{\sigma_N}{N} = \frac{mx^{m-1} \sigma_x}{x^m} = m \frac{\sigma_x}{x} = m E_{\sigma_N} \tag{3-5-14}$$

4. 对数

设 $N = \log_a x = \ln x / \ln a$,如 N 不是自然对数,必须把它先用换底换算成自然对数. 如 $a = 10$,即 N 是常用对数,求误差时先把它换算成自然对数, $N = \ln x / \ln 10 = 0.43429 \ln x$,然后再微分,得

$$\overline{\Delta N} = \left(\frac{\partial f}{\partial x} \right) \cdot \overline{\Delta x} \approx 0.43429 \frac{\Delta x}{x} \approx 0.5 E_x \tag{3-5-15}$$

可见,常用对数的绝对误差等于它相对误差的一半.

5. 三角运算

设 $\sin x$ 可直接利用式(3-5-5)计算平均绝对误差,则

$$\overline{\Delta N} = \left| \left(\frac{\partial f}{\partial x} \right) \cdot \overline{\Delta x} \right| = | \cos \overline{x} \cdot \overline{\Delta x} | \tag{3-5-16}$$

3.5.3　间接测量误差计算的三项基本任务

1. 由直接测量误差来计算间接测量误差

下面用几个例子来说明间接测量误差计算的三项基本任务.

例 3-5-1　圆球的体积 $V = (4/3) \pi R^3$. 今测得球的半径 $R = \overline{R} \pm \overline{\Delta R} = (5.012 \pm 0.005)$cm,求球的体积 $\overline{V}$,绝对误差 $\overline{\Delta V}$,相对误差 E_V,并把 V 写成正确表达式.

解　因为 V 和 R 是立方关系,所以应先算相对误差 E_V,即

$$E_V = 3 \times \left(\frac{\overline{\Delta R}}{\overline{R}} \right) = 3 \times \left(\frac{0.005}{5.012} \right) = 0.00299 \approx 0.30\%$$

球的体积 $\overline{V}$ 等于

$$\overline{V} = \left(\frac{4}{3} \right) \pi \overline{R}^3 = \left(\frac{4}{3} \right) \pi \times 5.012^3 = 527.37773 (\text{cm}^3)$$

球的相对误差 $\overline{\Delta V}$ 为

$$\overline{\Delta V} = \bar{V} \cdot E_V = 527.37773 \times 0.00299 = 1.57 \approx 2(\text{cm}^3)$$

V 测量结果的正确的表达式为 $V = \bar{V} \pm \overline{\Delta V} = (527 \pm 2)(\text{cm}^3)$

$$E_V = 0.30\%$$

注意：(1) 在写测量结果时,应先定绝对误差的位数,因为误差中各数均是"欠准"的,所以误差只保留一位非 0 数字,多余的可按只进不舍处理;其次确定近真值的位数,它的最后一位效应与误差的非 0 数字对齐.

(2) 球的半径的相对误差 $E_R \approx 0.10\%$,而体积的相对误差 $E_V = 0.30\%$;E_V 比 E_R 大了 3 倍. 可见,由直接测量的高次幂出现的间接测量,误差会增加几倍. 当然,此时直接测量值应尽量测量准些.

2. 由已定间接测量的误差范围来确定直接测量值的范围

例 3-5-2　设一电源,电动势为 6V,用分压器分压;电压表(伏特计)有三个量程:1.5V,3V 和 7.5V;电流表(安培计)也有三个量程:200mA,100mA 和 25mA. 电压表与电流表均是 0.5 级(即电表的最大误差与量程之比不超过 0.5%).

现要用伏安法来测量两个电阻 R_1 (约为 300 Ω)和 R_2 (约 30 Ω),并要求测量精度不超过 1.5%. 问:应怎样正确选择电流表和电压表的量程和测量范围?

解　首先应选择电压表. 因为电源电动势 6V,为了安全起见,电压表选 7.5V 挡. 因为 R 是由电压 U 与电流 I 相除($R = U/I$)所得的间接测量值,所以 $E_R = E_U + E_I$,即 E_R 同时受 E_U,E_I 的影响. 现在我们并不知道 U 与电流 I 哪个对 R 的测量影响大,可先假设他们的影响相等(等作用原理),即 $E_R \leqslant 1.5\%$

$$\rightarrow \begin{cases} E_U \leqslant 0.75\% \\ E_I \leqslant 0.75\% \end{cases}$$

由电表准确等级的定义

$$\frac{\Delta U_{\max}}{U_{\text{量程}}} \leqslant 0.5\% \quad (0.5 \text{ 级电压表})$$

可得($U_{\text{量程}} = 7.5\text{V}$)

$$\Delta U_{\max} \leqslant 7.5 \times 0.005 = 0.0375(\text{V})$$

有因 $E_U \leqslant 0.75\%$,可得

$$\frac{\Delta U_{\max}}{U_{\text{量程}}} \leqslant 0.75, \quad \frac{0.0375}{U_{\text{mix}}} \leqslant 0.75\%$$

所以

$$U_{\text{mix}} \geqslant 0.0375/0.0075 = 5(\text{V})$$

即为了在测量电压时,既保证安全(不损坏电表)又要使测量精度不超过 0.75%,则电压的量程应选 7.5V 挡,并在 5V 以上测量.

再选电流表. 在选电流表时,应先估计一下电流的大小,以此作为选量程得依据.

当 $R_1 \approx 300\Omega$ 时,$I_1 = \dfrac{U}{R_1} \approx \dfrac{6\text{V}}{300\Omega} \approx 20\text{mA}$. 应选 25mA 挡. 由 $\Delta I_{\min}/25\text{mA} \leqslant 0.5\%$ 可得 $\Delta I_{\max} \leqslant 25\text{mA} \times 0.005 = 0.125\text{mA}$;由 $\Delta I_{\max}/I_{\min} \leqslant 0.75\%$,可得 $I_{\min} \geqslant \Delta I_{\max}/0.75\% = 0.125/0.0075 \approx 16.7(\text{mA})$. 用同样的方法可以求得,当 $R_2 \approx 30$ Ω,电流表应选 200 mA 挡,电流必须大于 133mA.

3. 确定有利的测试条件

图 3-5-1 是滑线变阻器电桥的原理图. 图中 R_x 是待测电阻, R 是标准电阻, L 是电阻丝总长度, x 是电桥平衡时读得的电阻丝长(从 A 点算起). 由电桥平衡条件得

$$R_x = \frac{xR}{L-x} \tag{3-5-17}$$

$$E_{R_x} = \frac{\Delta R_x}{R_x} = \frac{L\Delta x}{x(L-x)} \tag{3-5-18}$$

其中 Δx 为 D 点坐标度读数误差. 要确定测量的最有利条件, 就是指 x 应取什么样的值时, R_x 的误差最小, 要使(3-5-18)最小条件是分母最大. 可利用对分母 $x(L-x)$ 求一次微分并令其为 0 的方法来求最大值. 令 $A = x(L-x)$, 则 $dA/dx = L - 2x = 0$, 所以 $x = L/2$.

为了证明此时 A 有最大值, 可再求一次微分, 得 $d^2A/dx^2 = -2 < 0$. 所以, 当 $x = L/2$ 时, 式(3-5-18)中的分母有极大值, 即 E_{R_x} 极小, 所以用滑线变阻器测电阻时, 应先把滑线变阻器 L 放在 L 的中点, 设 R 使检流计指针指向最小值(基本指 0), 在适当调一下滑键, 使检流计指针完全指 0, 读出 R, x 和 $L-x$, 并将其带入式(3-5-17)计算 R_x, 这样测的 R_x 误差最小.

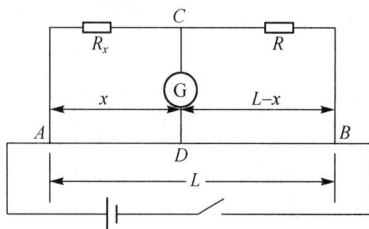

图 3-5-1　用滑线式电桥测电阻 R_x

3.6　有效数字及其运算规则

3.6.1　正确数、近似数、有效数字的定义

(1) 正确数: 如 $2, 100, 0.5$, 测量次数 N 等, 这些数是纯粹的数, 不带有近似性和不确定性, 在运算中不考虑它们的位数, 运算结果的取位也与它们无关.

(2) 近似数: 接近于正确数, 但与正确数的真值有误差的数. 近似数还可分为以下几种: ① 无理常数: 如 π, e 等, 这些数在数据处理时是以常数形式出现的, 但它们本身是无理数, 在近似计算中, 它们的位数由运算的需要而定, 运算结果的取位却不受它们的影响. ② 公认值的取位应由手册中查得, 再根据计算需要来定; 运算结果的取位, 不受其影响. ③ 直接测量值的取位应由仪器的精度和分辨率来定. 一次测量值的取位应按 3.3 节所述的方法来确定; 多次测量值的取位应按 3.4 节所述方法来定. ④ 间接测量值的取位应由直接测量值按有效数字运算规则, 通过运算来决定.

有效数字也可这样来定义: 凡误差的绝对值小于或等于数据中最末一位数的 0.5 个单位值时, 则该数的全部数字就称为"有效数字". 有效数字的个数, 也称为"有效数字的位数".

3.6.2　有效数字的运算规则

1. 运算后数字舍入的总原则

运算结果最大绝对误差的绝对值不超过最末一位数的 0.5 个单位值, 即运算结果的最末一位是欠准数字.

为保证总原则能实现, 在写测量结果的表达式时应注意:

(1) 应先给不确定度定位. 不论是用哪种误差(平均绝对误差 T、均方根误差 S 或最大误差 $\overline{\Delta x}$)来表达不确定度,一般来说,它都只保留一位有效数字(即非"0"的数字),应按"只进不舍"(各实验室的规定可以不同)原则来处理;而相对误差取两位有效数字,余者按"四舍六入五考虑"的规则进行处理,即"五后非零则进一,五后皆零看前位,五前为偶应舍去,五前为奇则进一",如把下列备数修成三位有效数字即为

$$14.26331 \approx 14.3,\quad 14.3426 \approx 14.3,\quad 14.15 \approx 14.2,\quad 14.2500 \approx 14.2$$

(2) 近真值的最后一位数应与不确定度同位对齐,多余的数应按"四舍六入五考虑"处理.

(3) 近真值与不确定度均应按科学记数法写成"标准形式",即近真值只留一位整数,其余均写成小数,不确定度的有效数(非"0"数字)与近真值的最末一位对齐. 由此而引起的近真值和不确定度的数位移动,均以 10 的幂指数形式归入单位中.

例如,在用拉伸法测金属丝的杨氏弹性模量实验中,测得金属丝的杨氏弹性模量为 $Y = \overline{Y} \pm \overline{\Delta Y} = (186313.6 \pm 3917.06) \times 10^6 \, \mathrm{N/m^2}$. 如果把此结果进一步写成"标准形式",其步骤是:① $\overline{\Delta Y} = 3917.06$ 改写成只留一位有效数字,即 $\overline{\Delta Y} \approx 4 \times 10^3$;② 把 $\overline{Y}$ 写得与 $\overline{\Delta Y}$ 同位对齐,即 $\overline{Y} = 186 \times 10^3$;③ 按科学记数法把他们写成"标准形式",即 $\overline{Y} = 1.86 \times 10^5$,$\overline{\Delta Y}$ 的非"0"数字应与 $\overline{Y}$ 中最末一位对齐,即 $\overline{\Delta Y} = 0.04 \times 10^5$;④数位的移动均以 10 的幂指数形式归入单位中.

最后结果应写成

$$Y = \overline{Y} \pm \overline{\Delta Y} = (1.86 \pm 0.04) \times 10^{11} \, \mathrm{N/m^2}$$

2. 数据约整规则

数据约整(即末尾凑整)是指从数的左边算起,按实验的需要保留一定位的数字,按"四舍六入五考虑"的规则进行约整.

数据约整后也会带来"舍入误差",它也是一种随机误差. 可以证明在工科物理实验中加用"四舍六入五考虑"法来约整数据,所带入的"舍入误差"并不会影响测量精度.

如只作数字运算,运算结果的有效数字应按如下规则来约整.

1) 加、减运算的约整

加、减运算后所得的小数点后的数字个数,应与参与运算的各数中小数点后位数最少的相同. 这是因为数据相加减,其结果的绝对误差应等于参与运算各数的绝对误差的绝对值之和,因此它比各数据中任一个的绝对误差都大;而一数据如小数点后位数越少则其绝对误差就越大.

例如,$123.0125 + 0.6 + 1.32$ 按有效数字定义可写成

$$(123.0125 \pm 0.0005) + (0.6 \pm 0.5) + (1.32 \pm 0.05)$$
$$= (124.9325 \pm 0.5505) = 124.9 \pm 0.6$$

所以 $123.0125 + 0.6 + 1.32 = 124.9$.

2) 乘、除运算的约整

乘、除运算后所得的结果的数的总有效数位数,应与参与运算的各数中总有效数字位数最少的相同. 此规则可作如下解释:乘除运算后,数的相对误差应等于各参与运算数的相对误差之和,所以它的相对误差应比任何一个参与运算之数的相对误差都大. 一般说来,一个数据的有效数字位越少,其相对误差越大.

例如,6.9×2.145 按有效数字定义可写为 $(6.9 \pm 0.5) \times (2.1457 \pm 0.0005)$,运算后的相

对误差为

$$E = \left(\frac{0.5}{6.9}\right) + \left(\frac{0.0005}{2.1457}\right) = 0.08696 + 0.00023 = 0.087193 \approx 0.087$$

$$绝对误差 = 14.81 \times 0.087 = 1.2847 \approx 2(只进不舍)$$

所以

$$(6.9 \pm 0.5)(2.1457 \pm 0.0005) \approx 15 \pm 2$$

即

$$6.9 \times 2.1457 = 15$$

3）常数、无理数、公认值的约整

常数、无理数公认值这些数均不在本书实验所讨论的范围内,运算结果的有效数字不由它们所定.为了保证运算精度,其有效数应比运算结果所应取得有效数字多一位.

例如, $S = (\pi/4) \times (5.48)^2$,由乘除法约整规则知, S 应取三位有效数字,所以 $\pi = 3.142$,则

$$S = (\pi/4) \times (5.48)^2 = 23.5888 \approx 23.6$$

在运算时要注意:有效数字与小数点的位置无关.应确保数据中的"0"都是有效数字.为此,在运算前应把数据都写成"标准形式".

下面举几个数据运算的例子.

例 3-6-1　测一圆柱体的直径为 d ,长为 l ,质量为 m ,试求其密度 $\bar{\rho}$ 及误差 $\overline{\Delta\rho}$,E_ρ ,并把测量的结果表示为标准形式.

设 $d = \bar{d} \pm \overline{\Delta d} = (5.645 \pm 0.004)\text{mm}$, $l = \bar{l} \pm \overline{\Delta l} = (6.715 \pm 0.005)\text{cm}$,

$$m = \bar{m} \pm \overline{\Delta m} = (14.06 \pm 0.01)\text{g}.$$

解

$$\bar{\rho} = \frac{4m}{\pi \bar{d}^2 \bar{l}} = \frac{4 \times 14.06}{3.1416 \times 0.5645^2 \times 6.715} = 8.366051(\text{g/cm}^3)$$

因为 ρ 是由 m, d, l 相乘除所得,所以应先算相对误差:

$$E_\rho = E_m + E_d + E_l = \left(\frac{\overline{\Delta m}}{\bar{m}}\right) + 2\left(\frac{\overline{\Delta d}}{\bar{d}}\right) + \left(\frac{\overline{\Delta l}}{\bar{l}}\right)$$

$$= \left(\frac{0.01}{14.06}\right) + 2 \times \left(\frac{0.004}{5.645}\right) + \left(\frac{0.005}{6.715}\right)$$

$$= 0.00071 + 0.00142 + 0.00074 \approx 0.29\%$$

再算

$$\rho = \bar{\rho} \pm \overline{\Delta\rho} = 8.3660511 \times 0.0029 \approx 0.03$$

最后测量结果为

$$\rho = \bar{\rho} \pm \overline{\Delta\rho} = (8.37 \pm 0.03)\text{g/cm}^3$$

$$E_\rho = 0.29\%$$

下面是几个有效数字运算的例题:

（1）

$$126.7 + 35.05 + 76.218 + 0.16 = 238.1$$

（2）

$$\frac{27.13}{(\pi \times 0.561^2 \times 10.085)} = \frac{27.13}{(3.1416 \times 0.561^2 \times 10.085)} = \frac{27.13}{9.97} = 2.72$$

（3）
$$g \times 16.24 = 9.80 \times 16.24 = 159.2$$

（$g=9.80\mathrm{m/s^2}$ 为重力加速度的公认值，因它不是本次实验的测量值，所以，可作常数处理，运算结果的有效数字不由它决定）.

（4）
$$3.144 \times (3.615^2 - 2.684^2) \times 12.39$$
$$= 3.144(13.07 - 7.204) \times 12.39 = 3.144 \times 5.87 \times 12.39 = 299$$

此题也可以这样算：
$$3.144 \times (3.615 + 2.684) \times (3.615 - 2.684) \times 12.39$$
$$= 3.144 \times 6.299 \times 0.981 \times 12.39 = 229$$

3.7　处理实验数据的一些常用方法

本节着重介绍实验数据的表示和处理的列表法、图解法和方程法.

3.7.1　数据的列表表示法

为了正确处理数据，写好实验报告，由仪器测量直接读出而未经处理的原始数据应全面正确地记录下来，勿随意涂改. 如果发现数据有错，应把错数划掉，把正确的数据记在它的附近. 原始数据应实事求是地记录. 离开实验室后就不得再涂改原始数据.

列表法就是将一组相互有关的实验数据或计算过程中的数，依一定的顺序和形式列成表格. 列表法的优点是：① 简单易作；② 数据易于参考比较；③ 形式紧凑；④ 同一表格内可以同时表示几个变量间的变化关系而不混乱.

列表时要注意：

（1）表格的设计要有利于记录、运算和检查.

（2）表格的每行（或列）第一格应标明此行（或列）所代表的物理量的符号、单位等. 表格中的单位应一致.

（3）表格中的直接测量值应按有效数字规则填写清楚. 中间过程的计算值可比直接测量值多留一位有效数字.

3.7.2　数据的图示法

图示法是在坐标纸上依据实验数据描点进而作出实验曲线，并用形象的图形来揭示待测量之间的函数关系.

图示法的优点是：① 形象、直观，能很清楚地揭示物理量间的变化规律；② 由此变化规律再用数据处理方法，可总结出经验公式；③ 可以用外推法推知无测量点处的情况和变化趋势；④ 可以从图形中得出许多有用的参数，如函数的极值（极大、极小、斜率、截距）等.

物理实验中常用的图示有以下三类.

1. 曲线类

此类曲线大致有两种：

（1）表示在一定条件下，某一物理量与另一物理量之间函数关系的曲线.

图 3-7-1 是根据表 3-7-1 的数据绘制的电阻值 R 在 14～100℃ 内随温度变化的曲线. 由图

中可得,此电阻箱的温度系数为

$$a = \frac{R_P - R_Q}{t_P - t_Q} = \frac{31.9 - 24.5}{100.0 - 20.0} = 0.0925(\Omega/\text{℃})$$

用外推法可得出 $R_0 = 22.4\ \Omega$.

表 3-7-1　R-t 测量数据表

$t/\text{℃}$	14.0	29.2	43.6	58.2	70.5	85.3	100.0
R/Ω	23.7	25.2	26.5	27.8	29.0	30.8	31.9

(2) 定标曲线——用需定标仪器的刻度值与相对应的标准值来绘制的曲线. 用定标曲线可以反过来找出待定标仪器任意刻度所对应的标准值.

图 3-7-2 是用表 3-7-2 中数据(水银温度计是测温标准仪器,热电偶的温差电动势 L 为需定标仪器的刻度)绘制的定标曲线. 由此曲线可得,当 $\varepsilon_i = 7.000\text{mV}$ 时,热电偶热端的温度 $t = 75.0\text{℃}$(即图中 P 点坐标).

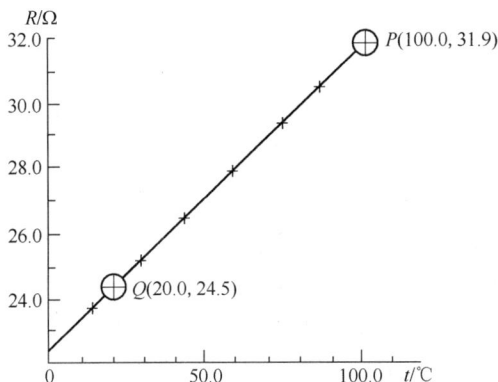

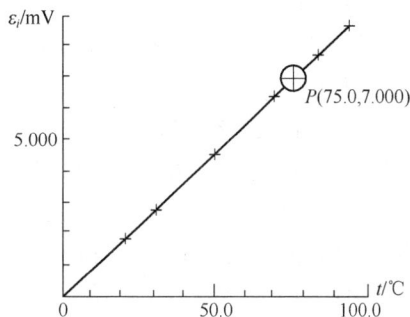

图 3-7-1　R-t 曲线　　　　　　图 3-7-2　ε_i-t 曲线($t_0 = 0\text{℃}$)

表 3-7-2　ε_i-t 测量数据表($t_0 = 0\text{℃}$)

$t/\text{℃}$	20.0	30.0	40.0	50.0	60.0	70.0	80.0	90.0	100.0
ε_i/mV	1.868	2.805	3.738	4.675	5.612	6.544	7.482	8.415	9.350

2. 折线类

如两个量之间的函数关系不规则,则可把相邻两边试点用直线相连,得到折线图. 图 3-7-3 是用表 3-7-3 中“改装表读数 $U_改$”与“更正值 ΔU”绘制的折线图,称为“电压表校正曲线(Ⅰ)”. 由此曲线可求得电压表在取任意值时,所对应的更正值 ΔU;也可从图中得出仪表的最大绝对误差 $\Delta U_{\max}$(绝对误差与更正值大小相等,符号相反)和准确度等级. 由图 3-7-3 可知,该电压表的 $\Delta U_{\max} = 0.05\text{V}$,准确度等级;$0.05/3.00 = 0.017 \approx 0.02 = 2\%$,即为 2.5 级电表.

仪表的校正曲线也可用表 3-7-3 中的“改装表读数 $U_改$”与“标准表读数 $U_标$”来绘制,如图 3-7-4 所示. 由此曲线可得电压表任一刻度的正确值.

表 3-7-3　改装电表数据表

改装表读数 $U_改$	0.00	0.50	1.00	1.50	2.00	2.50	3.00
标准表读数 $U_标$	0.00	0.49	1.05	1.49	2.00	2.50	3.00
更正值 $\Delta U = U_标 - U_改$	0.00	−0.01	+0.05	−0.01	0.00	0.00	3.00

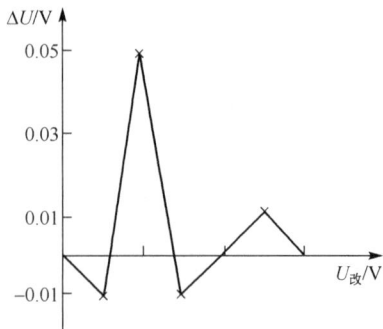

图 3-7-3　电压表校正曲线（Ⅰ）　　　　　图 3-7-4　电压表校正曲线（Ⅱ）

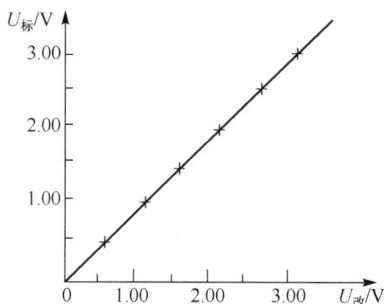

3. 直方图类

在研究误差分布等实验中,有时也要绘制直方图,如图 3-3-1 所示.

实验曲线的绘制步骤如下.

1）图纸的选择

在物理实验中,一般是用直角坐标作图.图纸应选用标准的坐标纸,不可用大方格纸,更不允许用白纸画.

2）坐标轴与坐标的分度

坐标纸选定后,应按如下原则来做坐标轴和坐标分度.

（1）在坐标纸的适当位置和范围内作两条垂直直线,分别代表 x 轴、y 轴,一般是以 x 轴代表自变量,y 轴代表函数,并在两轴的端部标明它们所代表的物理量和单位,例如,图 3-7-5 中,横轴代表时间间隔 Δt,单位是 min;纵轴代表温度 T_2,单位是℃,均标在两坐标轴的端部.

（2）两坐标轴相交处（原点）不一定是"0"点,而应该根据具体情况选择.如图 3-7-5 中,原点的坐标就是取表 3-7-4 中,$\Delta t = 0$, $T_2 = 25.00$ 的值作为原点坐标.

（3）直线是曲线中最容易的线,所以在考虑分度时,应尽量把自变量与因变量的关系变换成直线关系.

（4）分度选择时,应尽量使曲线或辅助线的斜率绝对值近似为 1.例如,图 3-7-5 中曲线过 P 点所作切的斜率约为 -1.

3）坐标分度值的标记

为便于查阅,应将坐标轴的分度值标记出来.标记时,可相隔一定间隔（图 3-7-5 中是每隔 5 格标一个值）.原点如不是 0,则可从某一个较易读数（图 3-7-5 中,T_2 就是在 25.00 处）的地方开始标记.分度值的有效数字应与数据中的有效数字位相一致.

4）根据数据指点

在已标分度的坐标纸上,依据与实验数据相对应的位置描"点".为醒目起见,描点时,常以对应于数据的点为中心,用"+,×,○,△,□"等符号中的任一种来标点（图 3-7-5 中是用"×"来描点的）.如同一图上有两条曲线,则应用两种不同符号以资区别.并在图的空白处注明符号所代表的内容.

5）依据各"点"作曲线时,应注意

（1）所作曲线不一定要通过每一点,只要求所描各点能均匀分布在曲线的附近,并使各点到曲线的距离基本相等;

（2）曲线应光滑匀称，尽量减少转折点；

（3）如曲线在测量范围以外延伸，或要加辅助线时，则应用虚线标出，例如图 3-7-5 所作的切线即为用虚线标出的；

（4）应在坐标纸的空旷处写出简洁而完整的"图名"，必要时，还应标注测试条件、图注和必要的说明.

在作曲线图时，要注意坐标原点不一定是 (0,0). 有时用 (0,0) 作为坐标原点作曲线时反而无法反映曲线特征了. 例如，图 3-7-6 同样是用表 3-7-4 的数据所作，但它的坐标原点是 (0,0)，此曲线就很难反映"散热"特征了，特别是很难作 P 点的切线.

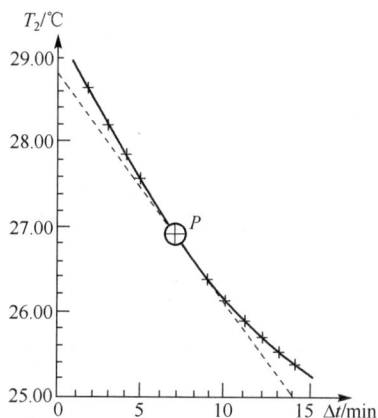

图 3-7-5　铝圆柱体散热曲线（Ⅰ）

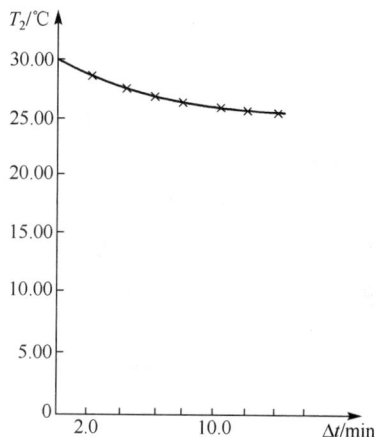

图 3-7-6　铝圆柱体散热曲线（Ⅱ）

表 3-7-4　T_2-Δt 数据表（$t_{强}=14.4℃$）

时间间隔 $\Delta t/\text{min}$	2.0	3.0	4.0	5.0	6.0	7.0	8.0	9.0	10.0	11.0	12.0	13.0	14.0	15.0
$T_2/℃$	28.75	28.20	27.95	27.65	27.20	26.95	26.60	26.40	26.15	25.90	25.70	25.50	25.45	25.25

3.7.3　数据的公式表示法

1. 曲线拟合

所谓曲线拟合就是变量间函数关系已知，根据所测定的数据来确定最佳曲线和曲线参量. 表 3-7-5 是一组铜电阻-温度的数据. 如用此组数据描点，所作的直线中哪条为"最佳直线"呢？可以通过如下三种方法来确定直线的 K 和 b.

表 3-7-5　R_t-t 数据表（电阻用 0.1 级箱式电桥测，温度每格 1℃）

$t/℃$	10.0	17.8	26.9	37.7	48.2	58.8	68.8	78.5	88.1	98.6
R_t/Ω	3.450	3.554	3.687	3.827	3.968	4.105	4.244	4.377	4.507	4.647

1）逐差法

逐差法是将测量数据平分成高、低值两组，然后把两组相对应的数据代入函数式，求出相对应直线的斜率和截距. 用逐差法所求的直线可近似认为是"最佳直线".

表 3-7-5 是铜电阻（R_t）随温度（t）变化的对应数据，它所对应的函数关系是

$$R_t = R_0(1 + \alpha t) = (R_0\alpha)t + R_0 \tag{3-7-1}$$

表 3-7-6 是按逐差法要求把 $R_t(n+5)$、$R_t(n)$ 和 $t(n+5)$、$t(n)$ 列成表. 把 $R_t(n+5) = R_0[1 + \alpha t(n+5)]$ 和 $R_t(n) = R_0[1 + \alpha t(n)]$ 两式联立,即可得

$$\alpha(n+5, n) = \frac{R_t(n+5) + R_t(n)}{R_t(n)t(n+5) - R_t(n+5)t(n)}$$

$$R_0(n+5, n) = \left[\frac{1}{\alpha(n+5, n)}\right]\left[\frac{R_t(n+5) - R_t(n)}{t(n+5) - t(n)}\right] \tag{3-7-2}$$

表 3-7-6 也列了 $\alpha(n+5, n)$ 和 $R_0(n+5, n)$ 的值,及它们的平均值与误差.

测量结果可表示为

$$R_0 = \bar{R}_0 \pm \overline{\Delta R_0} = (3.32 \pm 0.01)\Omega$$

$$\alpha = \bar{\alpha} \pm \overline{\Delta\alpha} = (4.06 \pm 0.03)(\times 10^{-2}/℃)$$

所以,

$$R_t = 3.32(1 + 4.06 \times 10^{-2}t)$$

2) 平均法

平均法是将各测量数据分别代入函数式(可得 X 个方程),再联立求解. 例如,把表 3-7-5 中的数据分别代入式(3-7-1),可得 10 个方程,再联立求解. 显然,用这种方法处理数据比逐差法要麻烦些,但两种方法所得的结果差不多.

表 3-7-6 用逐差法处理的 R_t-t 数据表

物理量	1	2	3	4	5	平均值
$R_t(n+5)/\Omega$	4.105	4.244	4.377	4.507	4.647	
$R_t(n)/\Omega$	3.450	3.554	3.987	3.827	8.968	
$t(n+5)/℃$	58.8	68.8	78.5	88.1	98.6	
$t(n)/℃$	10.0	17.8	26.9	37.3	48.2	
$\alpha(n+5, n)/(10^{-2}/℃)$	4.05	4.12	4.01	4.07	4.06	$\bar{\alpha} = 4.062$
$\Delta\alpha(n+5, n)/(10^{-2}/℃)$	-0.012	0.058	-0.052	0.008	-0.002	$\overline{\Delta\alpha} = 0.026$
$R_0(n+5, n)/\Omega$	3.31	3.32	3.33	3.32	3.32	$\bar{R}_0 = 3.32$
$\Delta R_0(n+5, n)/\Omega$	-0.01	0.00	0.01	0.00	0.00	$\overline{\Delta R_0} = 0.004$

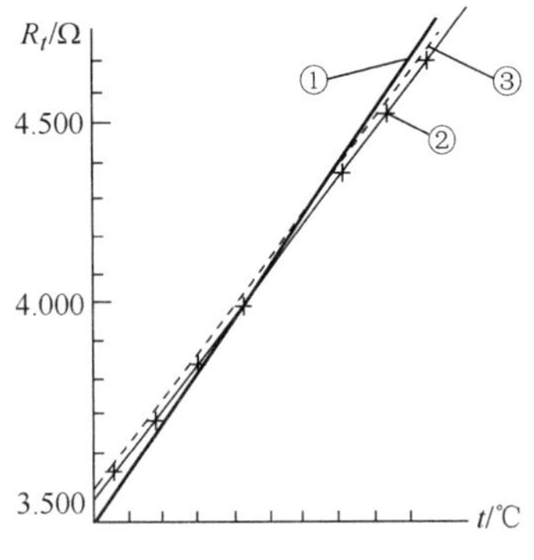

图 3-7-7 R-t 曲线

3) 最小二乘法

最小二乘法的基本观点是测量偏差的平方和最小. 从几何学观点看,就是各测量点到最佳曲线的水平距离(x 方向)和垂直距离(y 方向)所围成的各矩阵面积之和最小. 这里不作介绍.

图 3-7-7 是用三种方法处理同一数据后,所画的直线(① 逐差法;② 平均法;③ 最小二乘法).

2. 建立关系

物理量与物理量之间的关系还可以通过"回归法"的方法来确定,以及从同一组数据中得到不同的经验公式,还可用量纲分析方法建立关系等,这里就不一一叙述了.

3.8　有关实验课的若干规定

（1）实验在很大程度上要求学生独立工作,因此在实验之前,必须很好地预习实验内容.在物理实验中,内容的排列顺序不完全按照讲课的顺序进行,因此,在开始预习时会感到困难.为了避免浪费时间,在预习时只要把实验所遇的问题大致弄懂就行,如实验的基本原理、仪器的使用方法、实验步骤和注意事项等.那些目前还不能证明的公式,复杂仪器的内部结构等是不可能一下子就弄懂的,预习时不强求钻研.

（2）预习时应把书中的重点写成预习报告,如果事先没有周密的计划,上课时会忙乱,那么,就不能取得良好的实验效果.写预习报告有助于对实验进行充分思考,在实验进行时不用看讲义也可顺利地完成实验,这种学习习惯应培养起来.不要把预习报告写得太长,或者写一些对实验无关的东西,应该使预习报告成为自己进行工作的有利助手而不是累赘.

（3）实验完毕应将数据填入表格．交指导教师审查,由教师签字后方可离开实验室.

（4）要以严肃认真的科学态度来对待实验,在实验过程中对仪器应小心爱护,实验完毕后应将仪器按原来的位置整齐放好,并填好实验卡片.

（5）实验报告主要包括实验预习报告、原始数据记录单和物理实验报告三部分,其格式和主要项目分别如下:

实验预习报告

姓名_____班级_____学号_____成绩

实验目的

实验原理

实验内容

原始数据记录单

提前把要记录的数据表格用铅笔画好.

物理实验报告

_____系_____班_____组　　　　　　　姓名_____学号_____

同组者_____实验日期_____成绩____

实验题目：_____

[目的]：

[原理]：(扼要写出)

[仪器]：

[实验步骤]：

[数据表格]：

[数据处理及误差计算]：

[问题讨论]:

实验报告应写得整齐、简洁,条理分明,字迹端正.图示应该用直尺或曲线板来画,要把自己的劳动用数字和图表很好地表达出来,这是将来参加工作所必需的基本训练.实验报告在下一次上课时交给指导教师,报告如有错误或不够整齐,应遵照教师的指示重作或作部分改正.

练　习

1. 按照误差理论和有效数字运算规则改正以下错误:

(1) $N = (10.8000 \pm 0.2)$cm

(2) 28cm = 28mm

(3) $L = (28000 \pm 8000)$mm

(4) $0.0221 \times 0.0221 = 0.00048841$

(5) $\dfrac{400 \times 1500}{12.60 - 11.6} = 600000$

2. 求出下列各式的正确结果:

(1) $98.754 + 1.3 = ?$

(2) $107.50 - 2.5 = ?$

(3) $111 \times 0.100 = ?$

(4) $237.5 \div 0.10 = ?$

(5) $\dfrac{76.00}{40.00 - 2.0} = ?$

(6) $\dfrac{100.0 \times (18.30 - 16.3)}{(78.00 - 77.0) \times 10.000} = ?$

3. 单位变换:

$m = (2.395 \pm 0.001)$kg = ＿＿ g

　　 = ＿＿ mg = ＿＿ t

4. 求下列各式的误差传递公式:

(1) $N = A + B - C$

(2) $N = \dfrac{BC}{A}$

(3) $\rho = \dfrac{4m}{\pi D^2 L}$

(4) $\rho = \dfrac{m}{M_0 - M + m}\rho_0$ (设 $\Delta \rho_0 = 0$)

5. 一物体的质量共称 5 次,分别为 3.6127g,3.6124g,3.6122g,3.6121g,3.6125g,求该物体质量的近真值、平均绝对误差、相对误差及其结果表达式.

6. 在固体比热容实验中,固体的起始温度 $t_3 = (99.5 \pm 0.2)$℃,固体放入水中后温度下降,达稳定时的温度 $t_2 = (26.24 \pm 0.05)$℃,求固体温度降低值 $t_1 = t_3 - t_2$ 的表达式及其相对误差.

7. 一个铅圆柱体,测得其直径 $d = (2.04 \pm 0.01)$cm,高度 $h = (4.12 \pm 0.01)$cm,质量 $m = (149.18 \pm 0.05)$g.求:

(1) 铅的密度 ρ;

(2) ρ 的相对误差和平均绝对误差及结果表达式.

8. 用单摆测重力加速度 $g = 4\pi^2 \dfrac{1}{T^2}$,测得摆长 $l = (193.33 \pm 0.05)$cm,周期 $T = (2.781 \pm 0.002)$s.求:

(1) $\dfrac{\Delta g}{g} = ?$

(2) $\pi = ?$ (即应取几位)

(3) $g = ?$

(4) $\Delta g = ?$

(5) $g = g \pm \Delta g = ?$

(6) l 和 T 哪一个对 g 的误差影响较大?

第二篇 基本物理实验

第4章 力学和机械振动

4.1 力学基本测量

实验一 长度的测量

力学基本测量就是对力学的基本物理量(如长度、质量、时间)的测量.由于测量对象和测量的要求不同,测量时所用的仪器、方法也各不相同.因此,在实验中选择正确的基本测量仪器,恰当地运用测量方法,就成为实验成功的首要问题.

物理实验中测量长度的常用仪器有:米尺,最小分度值为 1mm;游标卡尺,最小分度为 0.1~0.01mm;螺旋测微计,最小分度为 0.01mm;测距显微镜(比长仪),最小刻度为 0.01mm 等.若测量微小长度可采用光学仪器,如迈克耳孙干涉仪,可准确测量 0.0001mm 的长度.所谓仪器的精度就是指仪器的最小分度值.仪器的精度越高,仪器的允许误差也越小.以上的仪器的量程亦各不相同,量程是指仪器的测量范围.量程和精度标志着这些仪器的规格.

学习使用这些仪器,要注意掌握它们的构造特点、规格性能、读数原理、使用方法以及维护知识等,并在实验中恰当地选择使用.

【实验目的】

(1) 了解游标卡尺、螺旋测微计的构造和原理,并掌握其正确使用方法;

(2) 练习读数和记录数据;

(3) 练习有效数字的运算,正确地表示测量结果和测量误差.

【实验装置】

游标卡尺,螺旋测微计,待测物体(有圆孔的圆柱体、球体).

【实验原理和仪器描述】

1. 游标卡尺

游标卡尺是常用的长度测量仪器.它由一个主尺和一个附尺组成,如图 4-1-1 所示.主尺上固定有钳口 A 和刀口 A′;附尺上固定有钳口 B、刀口 B′ 和尾尺 C,附尺可以在主尺上滑动,故称其为游标.当钳口 A 和 B 靠拢时,A′ 和 B′ 对齐,C 和主尺亦正好对齐.游标的零线刚好与主尺上的零线对齐.测物体的外部尺寸时,将待测物体轻轻夹在外量爪之间.测物体的内直径时,用外量爪伸入物体内部测量.测物体的深度时,可用尾尺测量.游标卡尺来测量物体的长、宽、高、深以及圆环的内外直径等.一般实验用的游标卡尺最多可测量十几厘米的长度.

游标的安装是为了提高读数的精确度,常用的游标分度有 10 分度(精度为0.1mm)、20 分度(0.05mm)、30 分度(多用于测量角度)和 50 分度(0.02m)等,它们的原理和读数方法大致相同.

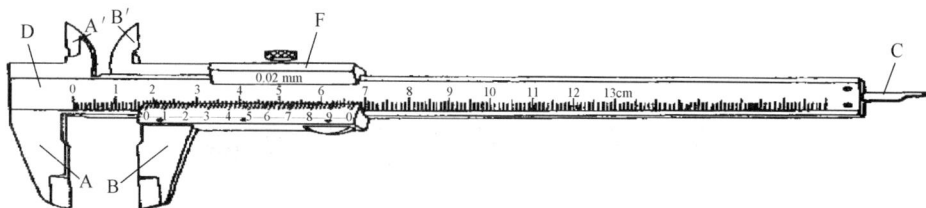

图 4-1-1　游标卡尺

A、B. 钳口;A′、B′. 刀口;C. 尾尺;D. 主尺;F. 附尺

现以 10 分度的游标为例说明其原理. 如果主尺上最小刻度的长度用 a 来表示,游标上一个分度的长度用 b 来表示,游标上的分度数用 n 来表示,通常是使游标上 n 个分度的长度与主尺上 $n-1$ 个最小刻度的总长度相等,即 $nb=(n-1)a$,那么,每个游标分度的实际长度

$$b = \frac{(n-1)}{n}a$$

这样主尺最小刻度与游标一个分度之差为

$$a-b = a - \frac{(n-1)a}{n} = \frac{a}{n}$$

这就是游标的精度值. 如图 4-1-2 所示,$a=1$mm, $n=10$,则

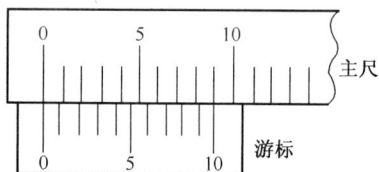

图 4-1-2　10 分度游标

$$a-b = \frac{a}{n} = \frac{1}{10}\text{mm} = 0.1\text{mm}$$

可见 10 分度游标的精确度为 0.1mm 仪器读数的一般规律是读数的最后一位应该是读数误差所在的一位.

在测量时,游标零线离开主尺零线的距离即为所测长度.毫米的整数部分直接从游标零线左边的主尺上读得,毫米以下的小数部分从游标上读得. 如果游标是第 x 条分度线与主尺上某一刻度线对齐,那么,游标零线与主尺上左边的相邻刻线间的距离(即毫米以下小数部分)为

$$\Delta x = Ka - Kb = K\frac{a}{n}$$

根据上面关系,对于任何一种游标,只要弄清主尺最小刻度的长度 a 与游标的分度数 n,就可以直接利用游标来读数.

例如,有一种游标卡尺,虽然游标上 20 个分度长与主尺上 39mm 长度相等,它的精度仍可用 $\frac{a}{n} = \frac{1}{20} = 0.05$mm 计算出. 按游标的刻度原理,游标上 40 个分度应与主尺上 39mm 长相等,其精度为 $\frac{a}{n} = \frac{1}{40} = 0.025$mm. 此卡尺是将游标上每个分度长扩大 1 倍,将 40 个分度数减成 20 个分度数,其精度便从 0.025mm 降低为 0.05mm,但毫米以下的小数仍可用公式 $\Delta x = K\frac{a}{n} = K \times 0.05$mm 读出.

现以 50 分度的游标卡尺为例介绍游标卡尺的读数方法. 如图 4-1-3 所示,主尺上最小刻度为 $a=1$mm,游标上分度数 $n=50$,那么游标上一个分度与主尺上最小刻度之差 $\frac{a}{n} = \frac{1}{50}$mm = 0.02mm. 测长度时,如果游标上零分度线对在主尺上,如图 4-1-4 位置时,毫米以上的整数部分 y 可以从主尺上直接读出,图中 $y=6.00$mm;毫米以下的小数部分从游标上读出的办法是

仔细寻找游标上那一根分度线与主尺上的刻度线对得最齐,然后数出对齐的分度是第几条,如图 4-1-4 是第 6 条即 $K=6$,则 $\Delta x=K\dfrac{a}{n}=6\times 0.02\text{mm}=0.12\text{mm}$,所测长度为

$$L=y+\Delta x=6.00+0.12=6.12(\text{mm})$$

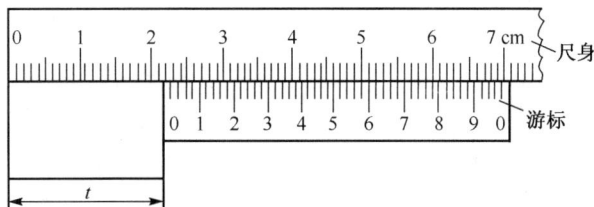

图 4-1-3　50 分度游标　　　　　　　　图 4-1-4　游标卡尺读数

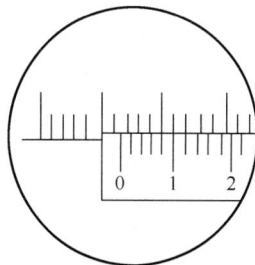

为了读数方便,游标上已将 $K=5,10,15,\cdots$ 相应的 $\Delta x=0.10\text{mm},0.20\text{mm},0.30\text{mm},\cdots$ 等毫米的十分位上的数标出. 假如对齐的分度线是游标上数字 3 后面的第 4 条线,则马上可读出 $\Delta x=0.38\text{mm}$,不必再去数游标上对齐线以左所有的分度数. 50 分度的游标读数结果写到 0.01mm 这一位上即可.

游标卡尺是精密的量具,使用时应注意:① 测量时将物体轻轻卡在钳口之间,不要用力过大,不要弄伤刀口和钳口. 锁紧固定螺丝后再读数,以免游标滑动影响读数的正确. ② 使用前要检查起点读数,起点读数就是当钳口刚好靠拢时,游标的零分度线与主尺上零刻度线的符合程度. 如果刚好对齐,起点读数 $S=0.00\text{mm}$,如图 4-1-5(a)所示. 如果没有对齐,当游标上零分度线落在主尺零刻度线左边时,如图 4-1-5(b)所示,起点读数 S 记为负数;落在右边时,如图 4-1-5(c)所示,起点读数 S 记为正数. 则测量时卡尺上的读数减去起点读数,即 $L=y+\Delta x-S$,使得所测结果. 其修正公式为:测量结果=测量读数—起点读数,这样可以消除仪器的系统误差. ③ 使用完将其放回盒内,防止潮湿生锈.

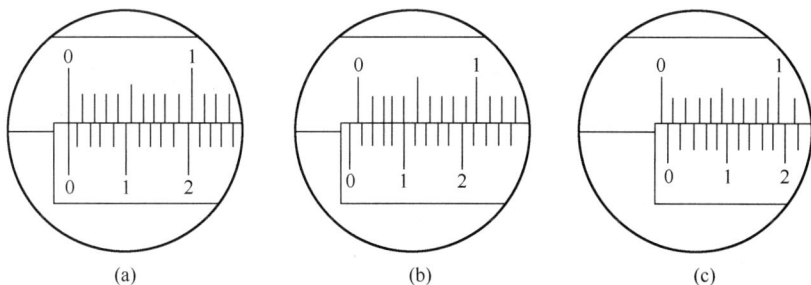

(a)　　　　　　　　(b)　　　　　　　　(c)

图 4-1-5　游标卡尺起始读数

2. 螺旋测微计

螺旋测微计又叫千分尺,它是比游标卡尺更为精密的测量长度的仪器. 其精度为 0.01mm,实验室用的螺旋测微计量程为 25mm. 常用以测量细丝直径、薄片厚度等微小长度. 螺旋测微计是根据螺旋推进的原理设计的,其构造如图 4-1-6 所示. 它有一个弓形架 1,架的两端有固定钳口 2 和活动钳口 4,3 是待测物体,5 是测量轴即螺杆,7 是一个固定的内管,上面有一横线(称为准线). 横线上下的最小分度都是 1mm,但彼此错开 0.5mm. 套筒 8 是套在内管上的,它和测量轴即螺杆是固定连接的. 转动尾端的棘轮 9,可以使螺杆前进或后退,从而使钳

口 2,4 靠拢或离开. 螺旋每旋转一周,螺杆就沿轴线方向移动一个螺距的长度,常用的螺旋测微计的螺距为 0.5mm. 在套筒 8 的周围边缘上刻有 50 个等分刻度,套筒旋转一个刻度,螺杆就前进或后退 $\frac{0.5}{50} = 0.01$(mm),因此,螺旋测微计能精确地读到 0.01mm,可估读到 0.001mm. 仪器误差定为 0.004mm. 6 是锁定机构,测量时用 6 制动后再读数.

读数方法:当钳口 2 和 4 刚刚靠拢时,套筒边缘与准线上的零刻度线重合,并且套筒上的零刻度线与准线对齐. 旋转棘轮 9 带动套筒 8 同时旋转,把待测物体夹在 2 和 4 之间,从套筒边缘所对着的准线上的分度可以读出 0.5mm 以上的读数 y,从准线对着的套筒边缘分度读出 0.5 加以下的读数 Δx,则测量值 $L = y + \Delta x$. 如图 4-1-7(a)所示,在主尺上读得 $y = 5.500$mm,在套筒上读得 $\Delta x = 0.492$mm,结果 $L = 5.992$mm. 图 4-1-7(b)读数应为 5.492mm. 两者差别就在于套筒边缘的位置不同,前者超过标准线上 0.5mm 的刻度线.

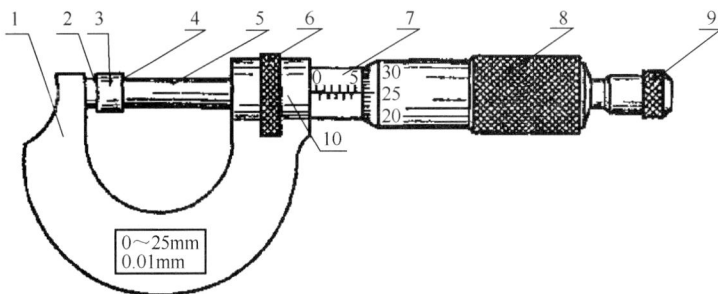

图 4-1-6 螺旋测微计
1. 弓形架;2. 固定钳口;3. 待测物体;4. 活动钳口;5. 螺杆;6. 锁定机构;7. 内管;8. 套筒;9. 棘轮

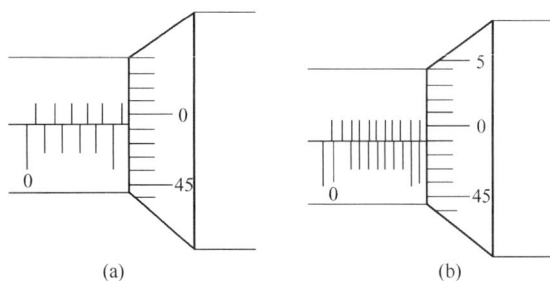

图 4-1-7 螺旋测微计读数

使用螺旋测微计应注意以下几个方面:① 测量时应先检查起点读数,钳口靠拢后若套筒上的零刻度线正好与准线对齐,起点为 $S = 0.000$mm,如图 4-1-8(a)所示. 若套筒上的零线在准线 C 的上端. 起点读数 S 记作负数,如图 4-1-8(b)所示. 若套筒零线在准线 C 的下端,起点读数 S 记作正数. 如图 4-1-8(c)所示. 那么测量结果 $L = y + \Delta x - S$. 这样便可消除仪器的系统误差. ② 测量时不要用手直接旋转套筒 8,以免改变起点读数. 而应轻轻旋转棘轮 9,当听到喀喀声响时就停止旋转,这表示钳口 2 和 4 已与被测物体正常接触. 再用力旋转 9 就要挤坏内部的螺纹. ③ 仪器用毕后,应使钳口 2 和 4 间留一小空隙,以免热膨胀时钳口过分压紧而损坏螺纹.

在进行测量前要选择适当的测量仪器,选择仪器时要结合各量的实际测量误差进行分析. 例如,待测圆柱体的直径 $D \approx 2.00$cm,高度 $L \approx 7.00$cm,如果要求 $\frac{\Delta V}{V} < 0.50\%$,应如何选择仪器?

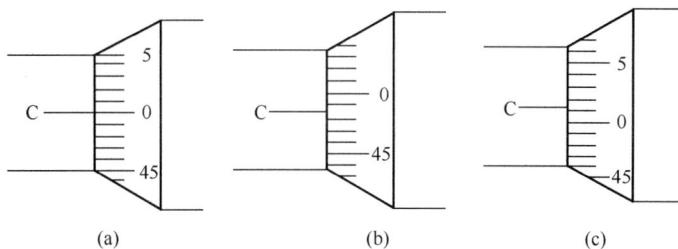

图 4-1-8 螺旋测微计起点读数

根据 $V = \frac{\pi}{4} D^2 L$，则 $\frac{\Delta V}{V} = 2 \frac{\Delta D}{D} + \frac{\Delta L}{L} < 0.50\%$，根据误差分配的等分原则，可取 $2\frac{\Delta D}{D} < 0.25\%$，$\frac{2\Delta L}{L} < 0.25\%$.

假若都选用米尺测量，米尺测量误差 $\Delta_{米} \approx 0.05 \text{cm}$，$2\frac{\Delta D}{D} = 2 \times \frac{0.05}{2.00} = \frac{5}{100} > 0.25\%$. 这一项已超过要求，所以不能选用米尺.

假若都选用游标卡尺测量，游标卡尺测量误差 $\Delta_{游} \approx 0.002 \text{cm}$，则

$$2 \frac{\Delta D}{D} = 2 \times \frac{0.002}{2.00} = 2 \times \frac{1}{1000} < 0.25\%$$

$$\frac{\Delta L}{L} = \frac{0.002}{7.00} = \frac{3}{10\,000} \leqslant 0.25\%$$

此项可忽略不计，故选用游标卡尺.

内径 d、高度 L 和深度 h 的数据由实验者自己作相应的计算.

圆柱体体积

$$V = V_1 - V_2 = \frac{\pi}{4} D^2 L - \frac{\pi}{4} d^2 h$$

用算术平均误差计算：

$$E_1 = \frac{\Delta V_1}{V_1} = \left(\frac{2\Delta D}{D} + \frac{\Delta L}{L} \right) 100\%$$

$$\Delta V_1 = E_1 V_1$$

$$E_2 = \frac{\Delta V_2}{V_2} = \left(\frac{2\Delta d}{d} + \frac{\Delta h}{h} \right) 100\%$$

$$\Delta V_2 = E_2 V_2$$

【实验内容】

1. 用游标卡尺测量有圆孔的圆柱体的体积

(1) 弄清游标卡尺的精度和量程.

(2) 检查卡尺的起点读数，学会正确使用和操作.

(3) 用卡尺测量圆柱体的直径和高度、圆孔的内径和深度，要求在不同位置各测量 5 次.

(4) 将测量数据填在表格中，计算绝对误差和相对误差或者计算标准偏差，写出测量最后结果.

(5) 用上述结果计算圆柱体的体积及其误差.

2. 用螺旋测微计测量球体的体积

（1）记录仪器的精度，检查起点读数.

（2）测球体直径，分别在不同位置重复测量 5 次.

（3）将测量数据记入表格中，计算绝对误差和相对误差或者计算标准偏差，写出最后结果.

（4）用上述结果计算球体体积及其误差.

3. 用游标卡尺测量同一球体的体积

（1）重复上述 2 中步骤.

（2）比较使用两种仪器测量的结果误差有什么变化？

【实验数据和结果处理】

（1）圆柱体测量数据可填在如下的表格中：

$$\Delta V = \Delta V_1 + \Delta V_2 = \underline{\quad}, \quad E = \frac{\Delta V}{V} \times 100\% = \underline{\quad}$$

或者使用标准偏差：

$$E_{\sigma_V} = \frac{\sigma_{V_1}}{V_1} = \sqrt{\left(\frac{2\sigma_D}{D}\right)^2 + \left(\frac{\sigma_L}{L}\right)^2} \times 100\% = \underline{\quad}$$

$$\sigma_{V_1} = E_{\sigma_V} \cdot V_1 = \underline{\quad}, \quad V_1 \perp \sigma_{V_1} = \underline{\quad}$$

（2）球体测量数据填入如下表格：

螺旋测微计的精度____，起点读数____.

直　径 ＼ 次　数	1	2	3	4	5	平均值
d/cm						
Δd/cm						

　　直径

$$E = \frac{\Delta d}{d} \times 100\% = \underline{\quad}, \quad d \pm \Delta d = \underline{\quad}$$

或

$$E = \frac{\sigma_d}{d} \times 100\% = \underline{\quad}, \quad d \pm \sigma_d = \underline{\quad}$$

　　体积

$$V = \frac{4}{3}\pi\left(\frac{d}{2}\right)^3 = \underline{\quad}, \quad E = \frac{\Delta V}{V} = \frac{3\Delta d}{d} \times 100\% = \underline{\quad}$$

$$\Delta V = EV = \underline{\quad}, \quad V \pm \Delta V = \underline{\quad}$$

或

$$E_V = \frac{\sigma_V}{V} = \sqrt{\left(\frac{3\sigma_V}{d}\right)^2} \times 100\% = \underline{\quad}$$

$$\sigma_V = E_V = \underline{\quad}, \quad V \pm \sigma_V = \underline{\quad}$$

【预习思考题】

(1) 有两种游标卡尺,主尺上分度的长度分别为 0.5mm,1.0mm. 游标上分别有 50 个分度、20 个分度,该游标卡尺的精确度分别是多少?

(2) 有一种 20 个分度的游标卡尺,主尺上一个分度为 1.0mm,游标刻度总长对应主尺上 39mm 长,该游标尺的精确度为多少?

(3) 螺旋测微计检查起点读数时,套筒边缘上的零刻线在准线 C 的上端,距离准线 5 个分度,起点读数记为多少? 零刻度线在准线 C 的下端 2.3 个分度,起点读数记为多少?

【讨论问题】

(1) 一个游标卡尺的零点示数如图 4-1-5(b) 所示. 当测量某物体的长度读数为 7.0mm 时,其实际长度为多少?

(2) 一螺旋测微计的零点示数如图 4-1-8(b) 所示. 用其测量某一物体的长度读数为 6.723mm,物体的实际长度是多少?

(3) 有一块长约 15cm、宽约 4cm、厚约 0.2cm 的铁板,应选用哪种仪器进行测量才能使其体积的测量结果保持 4 位有效数字?

假如某一球体直径 d 测量 10 次的结果如下:0.5570,0.5580,0.5550,0.5560,0.5590,0.5550,0.5540,0.5560,0.5570,0.5570cm. 其平均直径为

$$\bar{d} = \frac{1}{10}\sum_{t=1}^{10} d = \frac{1}{10}(0.5570 + 0.5580 + 0.5550 + 0.5560 + 0.5590 + 0.5550$$
$$+ 0.5540 + 0.5560 + 0.5570 + 0.5570)$$

$$= 00.5564 (\text{cm})$$

$$\sigma_d - \frac{\sigma}{\sqrt{n}} - \sqrt{\frac{\sum_{i=1}^{10}(d_i - \bar{d})^2}{10(10-1)}}$$

$$= \sqrt{(0.0006)^2 + (0.0016)^2 + (0.0014)^2 + \cdots + (0.0006)^2 + (0.0006)^2}$$

$$= 0.000476 \approx 0.0005 (\text{cm})$$

由于偶然误差本身就是一个估计值,所以其结果一般只取一位或两位数字,为简单起见,这里只取一位.

$$E_d = \frac{\sigma_d}{d} = \frac{0.0005}{0.5564} \approx 0.00090 = 0.090\%$$

$$d \pm \sigma_d = (0.5564 + 0.0005)\text{cm}$$

计算体积:

$$V = \frac{4}{3}\pi\left(\frac{\bar{d}}{2}\right)^2 = \frac{4}{3}\pi\left(\frac{0.5564}{2}\right)^2 = 0.09019\text{cm}^3$$

$$E_V = \frac{\sigma_V}{V} = \sqrt{\left(\frac{3\sigma_d}{d}\right)^2} = \sqrt{\left(\frac{3 \times 0.0005}{0.5564}\right)^2} = 0.0027 \approx 0.27\%$$

$$\sigma_V = E_V \cdot V = 0.00024 \approx 0.0003\text{cm}^3$$

$$V \pm \sigma_V = (0.0902 \pm 0.0003)\text{cm}^3$$

根据误差宁大勿小的原则,绝对误差只进不舍.

实验二　物体密度的测定

形状规则物体密度的测定

【实验目的】

(1) 掌握物理天平的构造和使用方法;

(2) 学习测定形状规则密度的一种方法;

(3) 练习数据处理的方法.

【实验装置】

物理天平,待测物体(圆柱体、球体).

【实验原理和仪器描述】

密度是物质的基本特性之一,它是指单位体积内所含物质的质量.若物体的质量为 m,体积为 V,则其密度为

$$\rho = \frac{m}{V} \tag{4-1-1}$$

只要测得 m 和 V,则可求出密度 ρ.

形状规则的物体,其体积 V 可以用长度测量的结果算得,而质量 m 则需用天平去测量.

实验中常用的物理天平是根据等臂杠杆的原理制成的.它的外形如图 4-1-9 所示,主要由横梁 A、称盘 P、P′ 和支柱 H 三部分组成.横梁上有三个刀口,两端的刀口 b 和 b′ 悬挂两个称盘,中间的刀口 a 安装在可以升降的支柱 H 上.横梁的下部固定有指针 J,立柱上装有刻度标尺 S.根据指针在标尺上的位置可以判断天平是否平衡.横梁的上边还装有可滑动的游码 D,借助于游码在横梁上的位置可读出所配备的最小砝码以下的质量数.

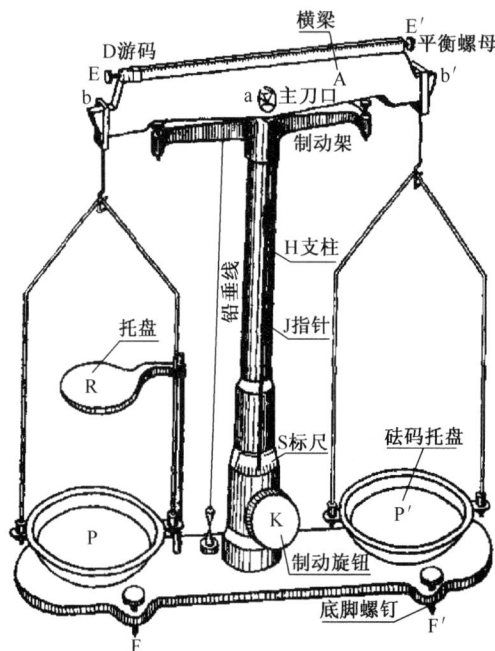

图 4-1-9　物理天平

不同的天平有不同的最大称量和感量.所谓最大称量就是天平允许称量的最大质量(即极限负载).所谓感量就是天平能准确称出的最小质量.也可这样说,当两称盘上的质量相等时,指针位于标记尺的零点,若使指针从此位置偏转一个最小分格,则两称盘上的质量差就是天平的感量.如果天平处于平衡位置,在其中一个称盘中加单位质量后指针所偏转的分格数,就称为天平的灵敏度,由此可见,灵敏度是感量的倒数.它们是天平精确度的标志.

物理天平的调节和称量:

(1) 调节支柱铅直.其方法是调节底座上的两个底脚螺钉 F 和 F′使挂在支柱上的线锤摆尖与底座上的锤尖对准(若底座上带有水准器,可调节 F 和 F′,使水准器气泡居于到线之中).

(2) 调节零点.先把游码 D 移至左端零点处,然后旋转制动旋钮 K 将横梁缓慢升起,观察指针在标尺中央"0"线左右摆动的情况.若两边摆动格数几乎相等,则天平即平衡,若不相等,将横梁放下(以免磨损刀口),调节横梁上的平衡螺丝 E 和 E′,然后再支起横梁,直至左右摆动格数相等为止.

(3) 称衡.将被称物体放在左盘中央,砝码放在右盘中央,略微升起天平横梁,若不平衡,将横梁放下,适当增减砝码或向右移动游码,直至天平平衡为止,则物体的质量为右盘砝码与游码读数之和.

一般物理天平两臂往往并不严格对称,所以放在左右托盘称得的质量也不相等.为了消除这方面的系统误差,常采用复称法,即将物体和砝码互易位置,再次称出物体质量,取两次质量的平均值 $m = \sqrt{m_1 m_2}$,或者 $m = \dfrac{m_1 + m_2}{2}$ 为待测物体质量(见本节附录).

使用物理天平时注意:① 天平的负载量不应超过天平的最大称量;② 取放物体、增减砝码及调节螺丝时,必须在天平止动时进行,而且动作要轻,以免损坏刀口;③ 砝码应用镊子夹取,而不能用手拿.用完砝码应立即放入砝码盒中;④ 天平的左右零件都是固定使用的,不得互换,更不能和另一台天平合用.

【实验内容】

(1) 先将天平按要求调好.

(2) 用复称法称出圆柱体和球体的质量(左右各重复两次).

(3) 利用式(4-1-1)计算圆柱体和球体的密度(体积用实验一的计算结果)

【实验数据和结果处理】

将实验数据填入下表:

物体	次数	m_1(左)	m_2(右)	$m_1 = \dfrac{m_1 + m_2}{2}$	平均值	Δm
圆柱体	1			m_1		
	2			m_2		
球体	1			m_1		
	2			m_2		

$$E_m = \frac{\Delta m}{m} \times 100\% = \underline{\quad}, \quad m + \Delta m = \underline{\quad}, \quad \rho = \frac{m}{V} = \underline{\quad}$$

$$E_\rho = \frac{\Delta \rho}{\rho} = \left(\frac{\Delta m}{m} + \frac{\Delta V}{V} \right) \times 100\% = \underline{\quad}$$

$$\Delta \rho = \rho \cdot E_\rho = \underline{\quad}, \quad \rho \pm \Delta \rho = \underline{\quad}$$

或者

$$E_\rho = \frac{\sigma_\rho}{\rho} = \sqrt{\left(\frac{\sigma_m}{m}\right)^2 + \left(\frac{\sigma_V}{V}\right)^2} \times 100\% = \underline{\quad\quad}$$

$$\sigma_\rho = E_\rho \cdot \rho = \underline{\quad\quad}, \quad \rho \pm \Delta\rho = \underline{\quad\quad}.$$

用流体静力称衡法测定形状不规则物体的密度

【实验目的】

（1）掌握流体静力称衡法测量密度的原理和方法；

（2）学习用流体静力称衡法测定形状不规则物体和液体的密度.

【实验装置】

物理天平,形状不规则的铝块,酒精,玻璃烧杯,温度计.

【实验原理】

1. 测形状不规则固体的密度

假如测得待测物体在空气中的重量为 W_1 ,当空气的浮力忽略不计时,则

$$W_1 = \rho g V$$

式中, ρ 为待测物体的密度, g 为当地的重力加速度, V 为物体的体积. 如果将待测物体浸入水中,测得物体在水中的重量为 W_2 . 根据阿基米德定律,浸在液体里的物体受到向上的浮力,浮力的大小等于物体排开液体的重量,则该物体所受浮力为

$$W_1 - W_2 = \rho_0 g V$$

式中, ρ_0 为水在温度下的密度（查表可知）. 以上两式相比有

$$\frac{\rho}{\rho_0} = \frac{W_1}{W_1 - W_2}$$

即

$$\rho = \frac{W_1}{W_1 - W_2}\rho_0 \tag{4-1-2a}$$

利用天平称衡时,则上式可写为

$$\rho = \frac{m_1}{m_1 - m_2}\rho_0 \tag{4-1-2b}$$

其中 m_1 和 m_2 分别为空气中和水中称衡时砝码的质量.

如果待测物体的密度小于水的密度,先在空气中测得物体重量 W_1 ,然后来用如图 4-1-10

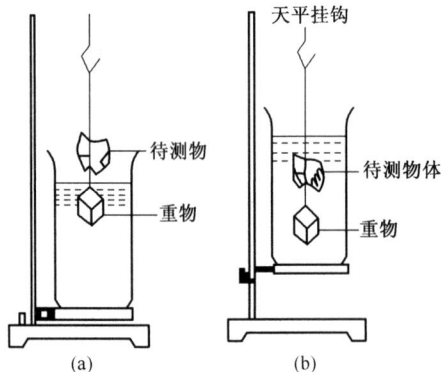

所示的方法将待测物体下端拴上一个重物,将重物浸入水中,测得物体连同重物的重量为 W_2 ,再将物体连同重物一起浸入水中,测得它们共同的重量为 W_3 ,物体所受浮力为 $W_2 - W_3 = \rho_0 g V$. 则有

$$\frac{\rho}{\rho_0} = \frac{W_1}{W_2 - W_3}$$

即

$$\rho = \frac{W_1}{W_2 - W_3}\rho_0 \tag{4-1-3a}$$

图 4-1-10　待测物体密度小于水的密度

利用天平称衡时,上式可写为

$$\rho = \frac{m_1}{m_2 - m_3}\rho_0 \qquad\qquad (4\text{-}1\text{-}3b)$$

其中 m_1 为空气中称衡时砝码的质量，m_2 和 m_3 分别为待测物体拴挂重物后，待测物体没有浸入和全部浸入水中称衡时砝码的质量.

2. 测液体的密度

假若待测液体的密度 ρ'，可将上述物体再浸入此待测液体中，然后测出在此液体中的重量 W_3，则物体在待测液体中所受浮力为 $W_1 - W_3 = \rho' g V$. 物体在水中所受的浮力为 $W_1 - W_2 = \rho_0 g V$，所以有比例式

$$\frac{\rho'}{\rho_0} = \frac{W_1 - W_3}{W_1 - W_2}$$

即

$$\rho' = \frac{W_1 - W_3}{W_1 - W_2}\rho_0 \qquad\qquad (4\text{-}1\text{-}4a)$$

利用天平称衡时，上式可写为

$$\rho' = \frac{m_1 - m_3}{m_1 - m_2}\rho_0 \qquad\qquad (4\text{-}1\text{-}4b)$$

其中 m_1, m_2 和 m_3 分别为再空气中、水中和待测液体中称衡时砝码的质量.

【实验内容】

（1）调整好物理天平，称量出悬挂在空气中的铝块的质量为 m_1，即天平平衡时砝码的质量.

（2）将盛水的杯子放在托盘上，把用细线挂着的铝块全部浸入水中，并用玻璃棒驱去附在铝块表面的气泡. 记下铝块在水中平衡时砝码的质量 m_2.

（3）测出水温 t，并查表求出在此温度下水的密度 ρ_0.

（4）将水换成乙醇，将铝块全部浸入乙醇中，记下铝块在乙醇里天平平衡时砝码的质量 m_3.

（5）将 m_1, m_2, m_3, ρ_0 代入式（4-1-2b）中计算出铝块的密度 ρ.

（6）将 m_1, m_2, m_3, ρ_0 代入式（4-1-4b）中计算出乙醇的密度 ρ'.

【实验数据和结果处理】

将实验数据填入如下表格：

物理天平的感量____

物理量	t	ρ_0	m_1	m_2	m_3	ρ	ρ'	σ_{m_1}	σ_{m_2}	σ_{m_3}
数　据										

单次测量的误差标准误差为仪器最小分度的 $1/\sqrt{3}$ 倍，故可分别求得 $\sigma_{m_1}, \sigma_{m_2}, \sigma_{m_3}$. 因为 ρ_0 的数据是由表中查出的，则误差可略去不计.

σ_ρ 的计算方法[以式（4-1-2b）为例]如下：

（1）取对数，求全微分.

对公式 $\rho = \dfrac{m_1}{m_1 - m_2}\rho_0$ 两边取对数得

$$\ln\rho = \ln m_1 - \ln(m_1 - m_2) + \ln\rho_0$$

求全微分

$$\frac{\mathrm{d}\rho}{\rho} = \frac{\mathrm{d}m_1}{m_1} - \frac{\mathrm{d}(m_1 - m_2)}{m_1 - m_2} + \frac{1}{\rho_0}\mathrm{d}\rho_0$$

（2）合并同一变量系数$\left(\text{取绝对值相加,将微分号换成误差符号即可得}\dfrac{\Delta\rho}{\rho}\right)$.

$$\frac{\Delta\rho}{\rho} = \left|\frac{-m_2}{m_1(m_1 - m_2)}\Delta m_1\right| + \left|\frac{\Delta m_2}{m_1 - m_2}\right| + \left|\frac{1}{\rho_0}\right|\Delta\rho_0$$

（3）微分号变为标准误差号,平方后相加再开方,得

$$E_\rho = \frac{\sigma_\rho}{\rho} = \sqrt{\frac{(-m_2)^2}{m_1^2(m_1 - m_2)^2}\sigma_{m_1}^2 + \frac{1}{(m_1 - m_2)^2}\sigma_{m_2}^2 + \frac{1}{\rho_0^2}\sigma_{\rho_0}^2}$$

因为ρ_0查表可得出,故$\dfrac{1}{\rho_0^2}\sigma_{\rho_0}^2$可忽略不计.

$$\sigma_\rho = \frac{\sigma_\rho}{\rho}\rho = \rho\sqrt{\frac{(-m_2)^2}{m_1^2(m_1 - m_2)^2}\sigma_{m_1}^2 + \frac{1}{(m_1 - m_2)^2}\sigma_{m_2}^2}$$

$\sigma_{\rho'}$由实验者自己推出,并计算出结果.

$$\rho \pm \sigma_\rho = \underline{\qquad}$$
$$\rho' \pm \sigma_{\rho'} = \underline{\qquad}$$

用密度瓶测定小块固体的密度

【实验目的】

（1）学习一种测定小块固体密度的方法；

（2）学习测定液体密度的另一种办法.

【实验装置】

物理天平,密度瓶,待测小玻璃球若干,温度计,待测液体.

【实验原理】

毛细管
磨口瓶塞

图 4-1-11　密度瓶

密度瓶可以有多种不同的形状.图 4-1-11 所示是最简单的一种密度瓶.为了保证瓶中的容积固定,瓶塞是用一个中间有毛细管的磨口塞子做成的.当瓶内装满液体后,用塞子塞紧瓶口,多余的液体就会从毛细管中溢出来,这样瓶内盛有的液体就是固定的.

用密度法测定不溶于水的小块固体的密度ρ_0时可依次称出小块固体的质量M_2,盛满纯水后密度瓶和纯水的质量为M_1,以及在满纯水的瓶内投入小块固体后的总质量M_3.显然,被小块固体排出密度瓶的水的质量是$M_1 + M_2 - M_3$,排出水的体积就是小块固体的体积.所以小块固体的密度为

$$\rho = \frac{M_2}{M_1 + M_2 - M_3}\rho_0 \tag{4-1-5}$$

式中ρ_0为纯水在实验温度下的密度,可从表查出.

用密度法还可以测出某液体的密度ρ'.方法是称出密度瓶的质量M_0,然后将纯水注满密

度瓶,称出纯水和密度瓶的总质量 M_1,最后将与室温相同的待测液体注满密度瓶,在称出该液体和密度瓶的总质量 M_4,于是,同体积的水和待测液体的质量分别为 M_1-M_0 和 M_4-M_0,则待测液体的密度为

$$\rho' = \frac{M_4-M_0}{M_1-M_0}\rho_0 \qquad\qquad (4\text{-}1\text{-}6)$$

【实验内容】

1. 用密度瓶法则小玻璃球的密度

(1) 调整好物理天平. 称出干净的小玻璃球的质量 M_2.

(2) 将密度瓶注满纯水,并用细铜丝伸入瓶内轻轻搅动以驱除附着在瓶壁上的气泡. 塞紧塞子,擦去溢到瓶外的水,称出密度瓶和纯水的总质量 M_1.

(3) 将小玻璃球投入盛有纯水的密度瓶内,用同样方法排除小气泡. 塞紧塞子,擦去溢出的水,称出其总质量 M_3.

(4) 由式(4-1-5)计算出小玻璃球的密度 ρ.

2. 用密度瓶法则液体的密度

(1) 洗净、烘干密度瓶,称出其质量 M_0.

(2) 称出密度瓶盛满纯水后的总质量 M_1.

(3) 倒出纯水,烘干密度瓶后,盛满待测液体,称出其总质量 M_4.

(4) 由式(4-1-6)计算出待测液体的密度 ρ'.

【实验数据和结果处理】

将实验数据填入如下表格:

物理天平的感量____,纯水的温度 t ____.

物理量	M_0	M_1	M_2	M_3	M_4	ρ_0	ρ	ρ'
数　据								

写出实验结果:

$$E_\rho = \frac{\sigma_0}{\rho} = \underline{\quad}, \qquad \rho \pm \sigma_\rho = \underline{\quad}$$

$$E_\rho = \frac{\sigma_{\rho'}}{\rho'} = \underline{\quad}, \qquad \rho' \pm \sigma_\rho = \underline{\quad}$$

【预习思考题】

(1) 如何消除由于物理天平的两臂不相等所引起的系统误差?

(2) 物理天平有几个刀口? 应如何保护它?

(3) 物理天平的使用注意事项有哪几项?

【讨论问题】

(1) 在"用流体静力称衡法测定形状不规则物体的密度"中把不规则铝块吊起来的线,是用棉线、尼龙线还是铜线好? 是用粗线好还是细线好? 试定性地说明.

(2) 若求一批用同一物质做成的、体积相等的微小球粒的直径,采用本实验所述的哪一种方法可以得到比较准确的结果呢?

(3) 假如待测固体能溶于水,但不溶于某种液体,现欲用比重瓶法测定该固体的密度,试写出测量的大致步骤.

【附录】 复称法——用于对天平两臂不等长的修正

设物体的实际质量为 m,天平的左管长为 L_1,右臂长为 L_2. 当物体在左砝码在右,有

$$mgL_1 = m_1gL_2 \tag{1}$$

物体砝码互易位置后,则有

$$mgL_2 = m_2gL_1 \tag{2}$$

式(1)×式(2)得

$$m^2L_1L_2 = m_1L_1m_2L_2$$

所以

$$m = \sqrt{m_1m_2} \tag{3}$$

如果两臂之长相差很小,则 m_1 与 m_2 之差也很小,若以 x 代表 m_1,$x+\Delta x$ 代表 m_2,则 Δx 很小时,可得

$$m = \sqrt{m_1m_2} = \sqrt{x(x+\Delta x)} = x\sqrt{1+\frac{\Delta x}{x}} \tag{4}$$

按二项式展开 $\left(1+\frac{\Delta x}{x}\right)^{\frac{1}{2}}$ 得

$$\left(1+\frac{\Delta x}{x}\right)^{\frac{1}{2}} = 1 + \frac{\Delta x}{2x} - \frac{1}{8}\left(\frac{\Delta x}{2x}\right)^2 + \cdots$$

略去 Δx^2 以上的项代入式(4)得

$$m = x\left(1+\frac{\Delta x}{2x}\right) = \frac{2x+\Delta x}{2} = \frac{x+(x+\Delta x)}{2}$$

则

$$m = \frac{m_1+m_2}{2}$$

4.2 用拉伸法测量金属丝的杨氏弹性模量

【实验目的】

(1) 学会用拉伸法测钢丝的杨氏弹性模量;

(2) 学会用光杠杆测量微小长度增量的方法;

(3) 掌握望远镜的调节技术;

(4) 练习基本测量仪器的选用,学习用逐差法处理实验数据的方法.

【实验装置】

杨氏弹性模量仪(图 4-2-1),游标卡尺,螺旋测微计,米尺和砝码一套.

【实验原理】

杨氏弹性模量是描述固体材料抵抗形变能力的重要物理量. 它与物体所受外力的大小和物体的形状无关,只取决于材料的性质,所以杨氏弹性模量是表征固体性质的一个物理量,是选定机械构件材料的重要依据之一,是工程技术中常用的参数.

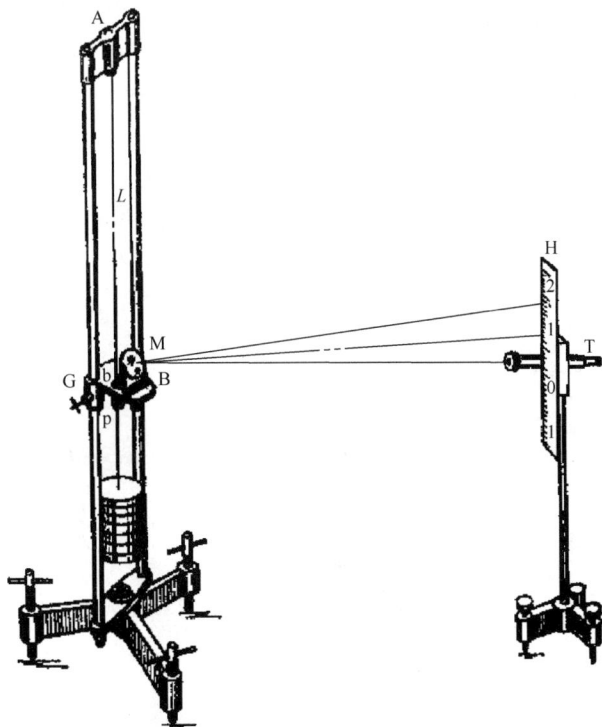

图 4-2-1　用光杠杆法测杨氏弹性模量的装置图(图例参考正文)

设有一棒状物体,其长为 L,截面积为 S.当有一力 F 沿着棒的长度方向作用到棒上时,棒的伸长(或缩短)量为 ΔL,则单位面积上的作用力 F/S 称为胁强,相对伸长量 $\Delta L/L$ 称为伸长胁变.对工程上常用的材料,如碳钢、合金钢等材料的拉压实验证明,在弹性限度内,胁强与胁变成正比,比例系数为

$$Y = \frac{F/S}{\Delta L/L} = \frac{F \cdot L}{S \cdot \Delta L} \tag{4-2-1}$$

称为杨氏弹性模量.其单位为 N/m^2.

本实验采用拉伸法测量钢丝的杨氏模量.由式(4-2-1)可知,只要测出待测钢丝的原长 L,横截面积 S,外加拉力 F 和绝对伸长 ΔL,即可求出弹性模量 Y,其中 L,S 和 F 均可用一般方法测得,唯有绝对伸长量 ΔL 是个微小增量,用一般工具不易测准,而它对 Y 值的影响又很大,因此精确地测定 ΔL 值就是本实验要解决的关键问题. ΔL 可采用光杆杠法测定.

光杠杆是一种利用光学原理把微小位移放大的测量装置,如图 4-2-2 所示.它由一个可绕水平轴转动的平面镜和三脚支架构成.要测量微小伸长量 ΔL,可先将光杠杆的前足 a,b 放在固定平台 B 的槽中,后足 c 放在滑动头 p 上(图 4-2-1),并且使镜面基本上垂直于平台.在平面镜 M 前面的适当位置(1.000~1.200m)处放置标尺 H 和望远镜 T,使望远镜和平面镜等高,镜面处于垂直平台的状态.

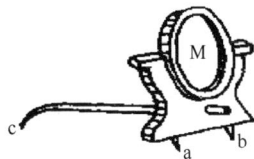

图 4-2-2　光杠杆

然后调节望远镜的焦距,使之能清晰地看到十字叉丝和叉丝所对准的标尺上的读数,且无视差(见附录 1).在砝码钩上置 1kg 的砝码,这时从望远镜中读出叉丝对准标尺上的读数 n_1,再增加 1kg 砝码,此时叉丝对准标尺上的读数 n_2.由于增加了砝码,即钢丝受到了拉力,钢丝伸长

了 ΔL,光杠杆的后足 c 随之下降了 ΔL,则若以 c 到 a,b 连线的垂直线 cd(即光杠杆常数 K)为半径,也相应转过了 θ,$\theta \approx \Delta L/K$,镜面 M 也就跟着转动 θ 达到 M′ 的位置,镜面两个位置法线间的夹角也是 θ 角,如图 4-2-3 所示.令两次入射到镜面的光线 n_1 和 n_2 间的夹角为 β,则由图可知:

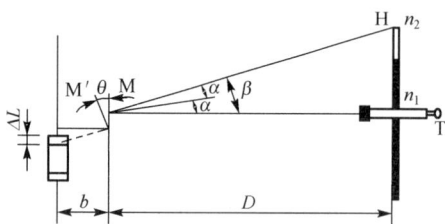

图 4-2-3 光放大原理图

设标尺 H 到镜面 M 的距离为 D,光杠杆常数为 K,由于实际情况下 β 角很小,故有

$$\Delta n = n_2 - n_1 \approx D \cdot \tan\beta \approx D \cdot \beta = D \cdot 2\theta$$

所以

$$\theta = \frac{\Delta n}{2D}$$

又

$$\Delta L \approx K \cdot \theta$$

所以

$$\Delta L \approx K \cdot \frac{\Delta n}{2D}$$

因为 $D \gg K$,所以 $\Delta n \gg \Delta L$,这就是说用光学方法把 ΔL 放大了 $2D/K$ 倍,这便是用光杠杆法测量微小伸长的原理.

将上述结果代入式(4-2-1),便得

$$Y = \frac{L}{S} \cdot \frac{F}{\Delta L} = \frac{L}{S} \cdot \frac{2D}{K} \cdot \frac{F}{\Delta n} \tag{4-2-2}$$

此式成立的条件是:外力 F 不能超过细丝的弹性限度,角 θ 要很小.

将 $S = \pi \left(\dfrac{d}{2}\right)^2$ 代入式(4-2-2)得

$$Y = \frac{8DLF}{\pi K d^2 \Delta n} \tag{4-2-3}$$

【实验内容】

(1) 将仪器按图 4-2-1 安装好,借助水准器调节杨氏模量仪支架底部的三个螺旋,使平台达到水平.将 1kg 的砝码钩挂在钢丝下端的金属环上,使钢丝拉直.

(2) 选择适当的测量工具,分别测量钢丝的长度 L、直径 d(从不同的部位测 5 次).

(3) 调好光杆杆和望远镜标尺系统,使之能清楚地看到标尺的像和十字叉丝的像,且无视差(见附录 1),光学系统调节后不可再动.

(4) 每次增加一个砝码,在望远镜中观察标尺的像,并依次记下相应标尺的刻度 n'_i(以十字叉丝为准读数),直至加到 6kg 为止(或 0.320kg×6).

(5) 按相反顺序每次取下 1 个砝码,直至取完,并记下每次相应标尺的读数 n''_i.

(6) 将光杠杆的三个脚放在白纸上压出三个脚的痕迹,量出光杠杆常数 K 的值.再测光杠杆镜面到标尺间的距离 D.

选择测量工具的原则是使各被测量的有效数字位或相对误差基本接近.本实验中距离 D 和钢丝的长度 L 可用米尺测量,光杠杆常数 K 需选用游标卡尺测量,钢丝的直径 d 很小,需选用螺旋测微计测量,而钢丝的绝对伸长量更小,必须采用更精密的光学放大系统来测量,只有这样才能使上述各量最少保持三位有效数字,且使综合量 Y 的误差 ΔY 比较小.

【实验数据和结果处理】

本实验中的各量均要求对此测量,然后求其平均值. 建议按如下两表进行测量和记录数据.

关于数据处理下面介绍两种方法,实验者可任选其中一种.

单位:cm

项 目 \ 次 数	1	2	3	4	5	平均值	绝对误差
钢丝长度 L						$\overline{L}$	Δ_L
钢丝直径 d						$\overline{d}$	Δ_d
距 离 D						$\overline{D}$	Δ_D
光杠杆常数 K						$\overline{K}$	Δ_K

拉力 F/kg	望远镜中标尺读数 n_1			$\Delta F = F_{t+3} - F_t$		
	加砝码	减砝码	平均值	Δn	$\overline{\Delta n}$	$\overline{\Delta(\Delta n)}$
$F_1=$	n_1'	n_1''	n_1	$\Delta n_1 = n_4 - n_1$		
$F_2=$	n_2'	n_2''	n_2			
$F_3=$	n_3'	n_3''	n_3	$\Delta n_2 = n_5 - n_2$		
$F_4=$	n_4'	n_4''	n_4			
$F_5=$	n_5'	n_5''	n_5	$\Delta n_3 = n_6 - n_3$		
$F_6=$	n_6'	n_6''	n_6			

1. 逐差法(见附录 2)

为了显示多次测量的优越性,使差值 Δn 较大些,误差比较小些,需将测得的数据分成两组. 一组是 n_1, n_2, n_3;另一组是 n_4, n_5, n_6. 取相应项的差值,即 $\Delta n_1 = n_4 - n_1$,$\Delta n_2 = n_5 - n_2$,$\Delta n_3 = n_6 - n_3$,然后求其平均值 $\overline{\Delta n}$ 或 $\overline{\Delta(\Delta n)}$,将它所对应的外力差 $\Delta F = 3.00$kg,或 0.320kg$\times 3$ 代替式(4-2-3)中 F 便可求出 Y 值.

2. 作图法

在要求不太严格的情况下可用作图法作出 F_t-n_i 的图形(理论上应为一直线),求出其斜率 $\Delta F / \Delta n$,然后代入式(4-2-2)(式中 F 用 ΔF 代替)便可求出 Y 值. 计算出

$$E_Y = \frac{\Delta Y}{Y} = \frac{\Delta D}{D} + \frac{\Delta L}{L} + \frac{\Delta K}{K} + \frac{2\Delta d}{d} + \frac{\overline{\Delta(\Delta n)}}{\overline{\Delta n}} = \underline{\quad}$$

$$\Delta Y = E_Y \cdot Y = \underline{\quad}$$

$$Y + \Delta Y = \underline{\quad}$$

【预习思考题】

(1) 本实验中钢丝的绝对伸长量用什么方法测得? 为什么?

(2) 什么叫视差? 如何消除视差?

(3) 什么叫逐差法? 什么情况下采用逐差法处理数据?

(4) 本实验仪器调好后,在望远镜中看到的第一个数 n 在标尺的最上端或最下端附近时

对实验有没有影响?

【讨论问题】

(1) 实验中你是怎样选择仪器的? 依据是什么?

(2) 分析各直接测定量中四个量的测量误差对测量结果的影响哪个最大?

(3) 材料相同,长度和粗细不同的两根钢丝,它们的杨氏弹性模量是否相同? 为什么?

【附录1】　视差、望远镜的调节

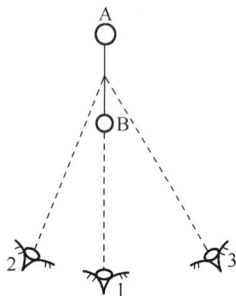

图 4-2-4　眼睛视差

(1) 视差:所谓视差就是由于观察者的运动(即从不同角度去观察)而引起的目的物的表观运动,如图 4-2-4 所示.当观察者眼睛在位置 1 时,看到了目的物 A 和 B 在一条直线上,显得重合了.如果观察者的眼睛向左移动到位置 2 时,看到的目的物 A 相对于目的物 B 好像是运动到了左边;假如观察者的眼睛向右移动到位置 3 时,看到的目的物 A 相对于目的物 B 好像是移动到了右边,这就是视差.假如目的物 A 沿 AB 连线向 B 靠近,那么当眼睛向左或向右移动时,A 相对于 B 的表观位移就变得小了.当 A 与 B 重合时,表现位移就完全消失,这时就叫无视差.假若 A 是一个像,B 是叉丝,那么无视差就表明像与叉丝完全重合.

(2) 望远镜的调节:望远镜的构成如图 4-2-5 所示.它是由物镜 O、目镜 E(单透镜或透镜组构成)和叉丝 C 组成.

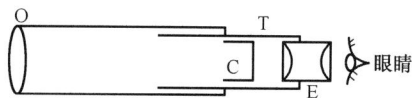

图 4-2-5　望远镜的构造

使用时先调目镜 E,使之从目镜中能清晰地看到叉丝 C 的像.然后伸缩镜筒 T,直到从目镜中看到远处的目的物的像落在叉丝所在的平面上,且无视差.

【附录2】　逐差法(又叫差数平均值法)

逐差法是一种处理实验数据的方法.当测量某一连续变化的物理量时,为了减小其测量误差,需进行多次测量.例如,本实验测定钢丝的伸长量,连续地在砝码钩上加 1kg 的砝码,相继读出每加一次砝码后标尺的读数 $n_1, n_2, \cdots, n_6$,若求每相邻两次读数之差,则应为 $(n_2 - n_1)$, $(n_3 - n_2), \cdots, (n_6 - n_5)$ 差值的平均值

$$\overline{\Delta n} = \frac{(n_2 - n_1) + (n_3 - n_2) + \cdots + (n_6 - n_5)}{5} = \frac{n_6 - n_1}{5}$$

上式结果表明,平均值只与首末两个读数有关,中间测量值全部被抵消掉.这就失去了多次测量的意义,因此不应采用这种方法求平均值.通常把连续测量的数据从中间分成两组,如本实验将 n_1, n_2, n_3 分为一组,将 n_4, n_5, n_6 分为另一组,然后取两组中对应项的差值,再求其平均值:

$$\overline{\Delta n} = \frac{(n_4 - n_1) + (n_5 - n_2) + (n_6 - n_3)}{3}$$

这种取平均值的方法称为逐差法.

4.3　多普勒效应的验证

【实验目的】

(1) 了解多普勒效应;

(2) 利用多普勒效应测定小车的运动.

【实验装置】

DH-DPL 系列多普勒效应及声速综合实验仪.

【实验原理】

声波的多普勒效应.

设声源在原点,声源振动频率为 f,接收点在 x,运动和传播都在 x 方向.对于三维情况,处理稍复杂一点,其结果相似.声源、接收器和传播介质不动时,在 x 方向传播的声波的数学表达式为

$$p = p_0 \cos\left(\omega t - \frac{\omega}{c_0} x\right) \tag{4-3-1}$$

(1) 声源运动速度为 V_s,介质和接收点不动.

设声速为 c_0,在时刻 t,声源移动的距离为

$$V_S(t - x/c_0)$$

因而,声源实际的距离为

$$x = x_0 - V_S(t - x/c_0)$$

$$\therefore x = (x_0 - V_s t)/(1 - M_s) \tag{4-3-2}$$

其中 $M_s = V_s/c_0$ 为声源运动的马赫数,声源向接收点运动时 V_s(或 M_s)为正,反之为负,将式(4-3-2)代入式(4-3-1)得

$$p = p_0 \cos\left\{\frac{\omega}{1 - M_s}\left(t - \frac{x_0}{c_0}\right)\right\}$$

可见接收器接收到的频率变为原来的 $\dfrac{1}{1 - M_s}$,即

$$f_S = \frac{f}{1 - M_s} \tag{4-3-3}$$

(2) 声源、介质不动,接收器运动速度为 V_r,同理可得接收器接收到的频率为

$$f_r = (1 + M_r)f = \left(1 + \frac{V_r}{c_0}\right)f \tag{4-3-4}$$

其中 $M_r = \dfrac{V_r}{c_0}$ 为接收器运动的马赫数,接收点向着声源运动时 V_r(或 M_r)为正,反之为负.

(3) 介质不动,声源运动速度为 V_s,接收器运动速度为 V_r,可得接收器接收到的频率为

$$f_{rs} = \frac{1 + M_r}{1 - M_s}f \tag{4-3-5}$$

(4) 介质运动,设介质运动速度为 V_m,得

$$x = x_0 - V_m t$$

根据式(4-3-1)可得

$$\therefore p = p_0 \cos\left\{(1 + M_m)\omega t - \frac{\omega}{c_0} x_0\right\} \tag{4-3-6}$$

其中 $M_m = V_m/c_0$ 为介质运动的马赫数. 介质向着接收点运动时 V_m(或 M_m)为正,反之为负.

可见若声源和接收器不动,则接收器接收到的频率为

$$f_m = (1+M_m)f \tag{4-3-7}$$

还可看出,若声源和介质一起运动,则频率不变.

为了简单起见,本实验只研究第 2 种情况:声源、介质不动,接收器运动速度为 V_r. 根据式(4-3-4)可知,改变 V_r 就可得到不同的 f_r 以及不同的 $\Delta f = f_r - f$,从而验证了多普勒效应. 另外,若已知 V_r、f,并测出 f_r,则可算出声速 c_0,可将用多普勒频移测得的声速值与用时差法测得的声速作比较. 若将仪器的超声换能器用作速度传感器,就可用多普勒效应来研究物体的运动状态.

【实验内容】

把测试架上收发换能器(固定的换能器为发射,运动的换能器为接受)及光电门Ⅰ连在实验仪上的相应插座上,实验仪上的"发射波形"及"接收波形"与普通双路示波器相接,将"发射强度"及"接收增益"调到最大;将测试架上的光电门Ⅱ、限位及电机控制接口与智能运动控制系统相应接口相连;将智能运动控制系统"电源输入"接实验仪的"电源输出". 开机后可进行下面的实验.

1. 验证多普勒效应

进入"多普勒效应实验"画面后,先"设置源频率",用"▶▶""◀◀"增减信号频率,一次变化 10Hz,同时观察示波器的波形,当接收波幅达最大时,源频率即已设好.

接着转入"瞬时测量",确保小车在两限位光电门之间后,开启智能运动控制系统电源,设置匀速运动的速度,使小车运动,测量完毕后,可得到过光电门时的信号频率,多普勒频移及小车运动速度.

改变小车速度,反复多次测量,可作出 $\bar{f}-\bar{v}$ 或 $\Delta\bar{f}-\bar{v}$ 关系曲线.

改变小车的运动方向,再改变小车速度,反复多次测量,作出 $\bar{f}-\bar{v}$ 或 $\Delta\bar{f}-\bar{v}$ 关系曲线.

然后转入"动态测量",记下不同速度时换能器的接受频率变化值. 注意:动态测量仅限于小车运动速度较低时.

改变小车速度,反复多次测量,可作出 $\bar{f}-\bar{v}$ 或 $\Delta\bar{f}-\bar{v}$ 关系曲线.

改变小车的运动方向,再改变小车速度,反复多次测量,作出 $\bar{f}-\bar{v}$ 或 $\Delta\bar{f}-\bar{v}$ 关系曲线.

动态法可更直观的验证多普勒效应.

2. 研究物体的运动状态

将超声换能器用作速度传感器,可进行匀速直线运动,匀加(减)直线运动,简谐振动等实验. 这时应进入"变速运动实验",设置好采样点数,采样步距后,"开始测量",测量完后显示出结果.

进行运动实验时,除了用智能运动系统控制的小车外,还可换用手动小车,这时注意应该推动小车系统的底部使小车运动,并且不能用力过大、过猛.

【注意事项】

(1) 使用时,应避免信号源的功率输出端短路;

（2）注意仪器部件的正确安装、线路正确连接；

（3）仪器的运动部分是由步进电机驱动的精密系统,严禁运行过程中人为阻碍小车的运动;

（4）注意避免传动系统的同步带受外力拉伸或人为损坏;

（5）小车不允许在导轨两侧的限位位置外侧运行.

4.4　弦振动实验

在自然现象中,振动现象广泛地存在着,振动在媒质中传播就形成波,波的传播有两种形式:纵波和横波.驻波是一种波的干涉,比如乐器中的管、弦、膜、板的共振干涉都是驻波振动.弦振动实验则是研究振动和波的形成、传播和干涉现象的出现,以及驻波的形状,和与有关物理量的关系,并进行测量.

【实验目的】

（1）了解均匀弦振动的传播规律,加深振动与波和干涉的概念;

（2）观察固定均匀弦振动共振干涉形成驻波时的波形,加深对干涉的特殊形式——驻波的认识;

（3）了解固定弦振动固有频率与弦线的线密 ρ、弦长 L 和弦的张力 T 的关系,并进行测量.

【实验装置】

实验装置如图（4-4-1）所示.①、⑥香蕉插头座（接弦线）、②频率显示、③电源开关、④频率调节旋钮、⑤磁钢、⑦砝码盘、⑧米尺、⑨弦线、⑩滑轮及托架、A、B 两劈尖滑块（铜块）.

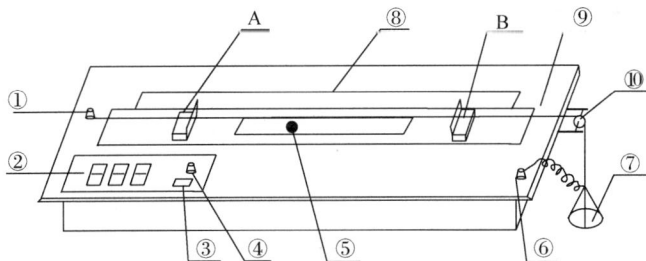

图 4-4-1

【实验原理】

如图 4-4-1 所示,实验时在①和⑥间接上弦线（细铜丝）,使弦线绕过定滑轮⑩结上砝码盘并接通正弦信号源. 在磁场中,通有电流的弦线就会受到磁场力（称为安培力）的作用,若细铜丝上通有正弦交变电流时,则它在磁场中所受的与电流垂直的安培力,也随着正弦变化,移动两劈尖（铜块）即改变弦长,当固定弦长是半波长倍数时,弦线上便会形成驻波.移动磁钢的位置,使弦振动调整到最佳状态（弦振动面与磁场方向完全垂直）,使弦线形成明显的驻波. 此时我们认为磁钢所在处对应的弦"O"为振源,振动向两边传播,在铜块 A、B 两处反射后又沿各自相反的方向传播,最终形成稳定的驻波.

为了研究问题的方便,认为波动是从 A 点发出的,沿弦线朝 B 端方向传播,称为入射波,再由 B 端反射沿弦线朝 A 端传播,称为反射波.入射波与反射波在同一条弦线上沿相反方向传播时将相互干涉,移动劈尖 B 到适合位置.弦线上的波就形成驻波.这时,弦线上的波被分成几段形成波节和波腹.驻波形成如图 4-4-2 所示.

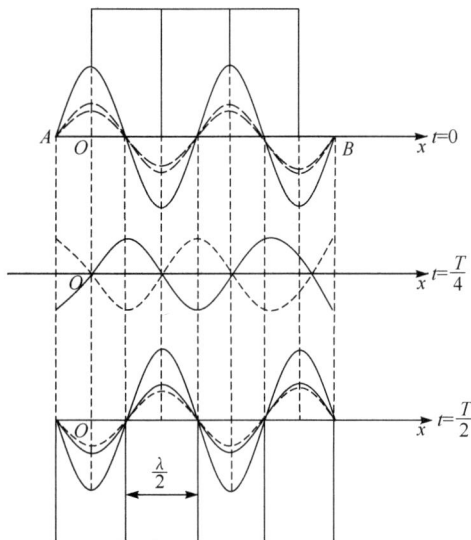

图 4-4-2   驻波形成图

设图中的两列波是沿 X 轴相向方向传播的振幅相等、频率相同振动方向一致的简谐波.向右传播的用细实线表示,向左传播的用细虚线表示,它们的合成驻波用粗实线表示.由图可见,两个波腹间的距离都是等于半个波长,这可从波动方程推导出来.

下面用简谐波表达式对驻波进行定量描述.设沿 X 轴正方向传播的波为入射波,沿 X 轴负方向传播的波为反射波,取它们振动位相始终相同的点作坐标原点 "O",且在 X=0 处,振动质点向上达最大位移时开始计时,则它们的波动方程分别为

$$Y_1 = A\cos 2\pi(ft - x/\lambda)$$

$$Y_2 = A\cos[2\pi(ft + x/\lambda) + \pi]$$

式中 A 为简谐波的振幅,f 为频率,λ 为波长,X 为弦线上质点的坐标位置.两波叠加后的合成波为驻波,其方程为

$$Y_1 + Y_2 = 2A\cos[2\pi(x/\lambda) + \pi/2]A\cos 2\pi ft \qquad (4-4-1)$$

由此可见,入射波与反射波合成后,弦上各点都在以同一频率作简谐振动,它们的振幅为 $|2A\cos[2\pi(x/\lambda) + \pi/2]|$,与时间无关 t,只与质点的位置 x 有关.

由于波节处振幅为零,即

$$|\cos[2\pi(x/\lambda) + \pi/2]| = 0$$

$$2\pi(x/\lambda) + \pi/2 = (2k+1)\pi/2 \qquad (k = 0.2.3.\cdots)$$

可得波节的位置为

$$x = k\lambda/2 \qquad (4-4-2)$$

而相邻两波节之间的距离为

$$x_{k+1} - x_k = (k+1)\lambda/2 - k\lambda/2 = \lambda/2 \qquad (4-4-3)$$

又因为波腹处的质点振幅为最大,即 $|\cos[2\pi(x/\lambda) + \pi/2]| = 1$

$$2\pi(x/\lambda) + \pi/2 = k\pi \qquad (k = 0.1.2.3.\Lambda\Lambda)$$

可得波腹的位置为

$$x = (2k-1)\lambda/4 \qquad (4-4-4)$$

这样相邻的波腹间的距离也是半个波长.因此,在驻波实验中,只要测得相邻两波节或相邻两波腹间的距离,就能确定该波的波长.

在本实验中,由于固定弦的两端是由劈尖支撑的,故两端点称为波节,所以,只有当弦线的两个固定端之间的距离(弦长)等于半波长的整数倍时,才能形成驻波,这就是均匀弦振动产生

驻波的条件,其数学表达式为

$$L=n\lambda/2 \quad (n=1,2,3,\cdots)$$

由此可得沿弦线传播的横波波长为

$$\lambda=2L/n \qquad\qquad (4\text{-}4\text{-}5)$$

式中 n 为弦线上驻波的段数,即半波数.

　　根据波速、频率及波长的普遍关系式:$V=\lambda f$,将式(4-5-5)代入可得弦线上横波的传播速度为

$$V=2Lf/n \qquad\qquad (4\text{-}4\text{-}6)$$

　　另一方面,根据波动理论,弦线上横波的传播速度为

$$V=(T/\rho)^{1/2} \qquad\qquad (4\text{-}4\text{-}7)$$

　　式中 T 为弦线中的张力,ρ 为弦线单位长度的质量,即线密度.

　　再由式(4-4-6)和式(4-4-7)可得

$$f=(T/\rho)^{1/2}(n/2L)$$

得

$$T=\rho/(n/2Lf)^2$$

即

$$\rho=T(n/2Lf)^2(n=1,2,3,\cdots) \qquad\qquad (4\text{-}4\text{-}8)$$

　　由式(4-4-8)可知,当给定 T、ρ、L,频率 f 只有满足以上公式关系,且积储相应能量时才能在弦线上有驻波形成.

【实验内容】

　　(1) 测定弦线的线密度.

　　选取频率 $f=100Hz$,张力 T 由 40g 砝码挂在弦线一端的砝码盘(W)上产生.调节劈尖 A、B 之间的距离,使弦线上依次出现单段,两段及三段驻波,并记录相应的弦长 Li,由式(4-4-8)算出 $\rho_i(n=1,2,3,\cdots)$ 求平均值 ρ.

　　(2) 在频率一定的条件下,改变弦的张力 T 大小,测量弦线上横波的传播速度 V.

　　选取频率 $f=75Hz$,张力 T 由砝码挂在弦线的一端产生.以 10g 砝码为起点逐渐增加 10g 直到 60g 为止.在各张力的作用下调节弦长 L,使弦上出现 $n=1,n=2$ 个驻波段.记录相应的 f、n、L 值,由式(4-4-7)计算弦线上横波速度的测量值 V.

　　(3) 在张力 T 一定的条件下,改变频率 f 分别 50、75、100、125、150Hz,调节弦长 L,仍使弦上出现 $n=1,n=2$ 个驻波段.记录相应的 f,n,L 值,由式(4-4-6)或式(4-4-7)计算弦上横波速度的测量值 V.

【数据记录及处理】

　　(1) 测定弦线的线密度(砝码盘的质量 $m=10g$).

	$f=100Hz$	$T=(40g+m)10^{-3}\times9.8$ (N)	
驻波段数 n	1	2	3
弦线长 $L(m)$			
线密度 $\rho=T(n/2Lf)^2$ (kg/m)			
平均线密度 ρ (kg/m)			

（2）f 一定,改变张力 T,测定弦线上横波的传播速度 V 和弦线的线密度 ρ（码盘的质量 $m=10g$).

$T(10^{-3}\times 9.8)\,N$	$f=75Hz$									
	10+m		20+m		30+m		40+m		50+m	
驻波段数 n	1	2	1	2	1	2	1	2	1	2
弦线长 $L(m)$										
传播速度 $V=2Lf/n\ (m/s)$										
平均传播速度 V										
V^2										

根据 $T=\rho V^2$ 作 $T\sim V^2$ 图,拟合直线,由直线斜率 $K=\triangle T/\triangle(V^2)=\rho$,求出弦线密度.

（3）张力 T 一定,改变频率 f,测量弦上横波速度 V（砝码盘的质量 $m=10g$).

频率 $f(H_Z)$	$T=10g+m$									
	50		75		100		125		150	
驻波段数 n	1	2	1	2	1	2	1	2	1	2
弦线长 $L(m)$										
横波速度 $V_T(m/S)$										
平均横波速度 $V(m/s)$										
弦线线密度 $\rho=T/V^2$										

【注意事项】

（1）改变挂在弦线一端的砝码后,要使砝码稳定后再测量;

（2）在移动劈尖调整驻波时,磁铁中心不能处于波节位置,且等驻波稳定后,再记录数据.

【思考题】

（1）在本实验中,什么是驻波?均匀弦振动产生驻波的条件是什么?

（2）来自两个波源的两列波,沿同一直线作相向行进时能否形成驻波?为什么?

4.5　转动惯量的测定

转动惯量是刚体在转动中惯性大小的量度,它与刚体的总质量、形状大小和转轴的位置有关.对于形状较简单的刚体,可以通过数学方法算出它绕特定轴的转动惯量.但是,对于形状较复杂的刚体,用数学方法计算它的转动惯量则非常困难,故大都用实验方法测定.因此,学会刚体转动惯量的测定方法,具有重要的实际意义.

下面我们介绍测定刚体转动惯量的两种不同方法.在实验中．可以有选择地学习其中一种或两种方法.

实验一　用扭摆法测物体的转动惯量

【实验目的】

用扭摆测定物体绕定轴转动时的转动惯量和金属线的切变模量.

【实验装置】

扭摆,秒表,螺旋测微计,卡尺,钢卷尺.

【实验原理】

取一金属线,使其一端穿过一金属圆盘的中心而固定在圆摆上,另一端则夹在一支架上,令金属线处于铅垂位置,圆盘平面处于水平位置,这种装置称为扭摆(图 4-5-1).若用一扭转力矩做用于圆盘,使它以金属线为轴而转过一个角度,除去该力矩,则由于金属线的弹性而引起圆盘做周期性扭转振动.

当圆盘转过 θ 角,即发生角位移 θ 时,金属线也被扭转 θ 角,由于金属线的弹性面有一恢复力矩 M 作用于圆盘上,此恢复力矩与扭转角 θ 成正比,即

$$M = -D\theta \qquad (4\text{-}5\text{-}1)$$

式中 D 为比例系数,称为该金属的扭转模量.

根据转动定律,有

$$M = J_0\beta \qquad (4\text{-}5\text{-}2)$$

式中 J_0 为圆盘绕过它的中心且与盘面垂直的轴的转动惯量,$\beta = \dfrac{\mathrm{d}^2\theta}{\mathrm{d}t^2}$ 为圆盘的角加速度.由式(4-5-1)和式(4-5-2)可得圆盘的运动方程为

$$\beta = -\frac{D}{J_0}\theta \qquad (4\text{-}5\text{-}3)$$

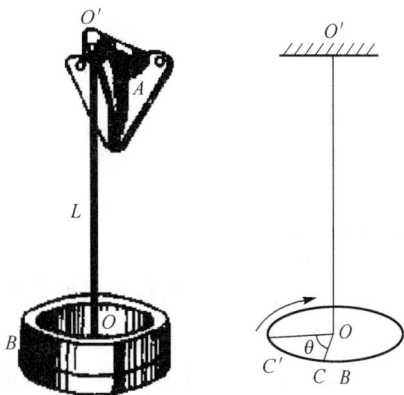

图 4-5-1　扭摆

把式(4-5-3)与简谐振动的基本方程式 $a = -\omega^2 x$ 比较,可见它们的形式是完全相同的,就是说圆盘的扭转振动也是简谐运动,而它的圆频率为

$$\omega^2 = \frac{D}{J_0}$$

因而扭转振动的周期为

$$T_0 = 2\pi\sqrt{\frac{J_0}{D}} \qquad (4\text{-}5\text{-}4)$$

假如悬挂的不是圆盘而是其他任何形状的物体,式(4-5-4)也适用.圆盘的转动惯量 J_0 可用下式求出:

$$J_0 = \frac{1}{2}m_1 r_1^2 + \frac{1}{2}m_2 R_0^2 \qquad (4\text{-}5\text{-}5)$$

式中,m_1 为连接悬线下端的小圆台的质量,r_1 为它的半径,m_2 为圆盘的质量,R_0 为它的半径.

若测得扭转振动的周期 T_0 和 J_0,便可以从式(4-5-4)中求出金属线的扭转模量.这是扭摆的一种应用.本实验的目的在于扭摆的另外两种应用:一是利用它来测定其他物体的转动惯量,无论其形状如何,只要它绕定轴转动,都可用本法测定其转动惯量.我们现在来测定圆环的转动惯量,以便与理论值相比较.

测量时可将圆环加于圆盘上,如图 4-5-1 所示,并使圆环的中心轴与金属线重合,令它们一起做扭转振动,则总的转动惯量 $J = J_0 + J_1$ 是圆环的转动惯量.若测得此时的振动周期为 T_1,根据式(4-5-4)应有

$$T_1 = 2\pi\sqrt{\frac{J}{D}} = 2\pi\sqrt{\frac{J_0 + J_1}{D}} \tag{4-5-6}$$

由式(4-5-4)、式(4-5-6)消去 D 便可求出 J_1 为

$$J_1 = \frac{J_0(T_1^2 - T_0^2)}{T_0^2} \tag{4-5-7}$$

式中 J_0 可由式(4-5-5)求出,而 T_0 和 T_1 则由秒表来测定,式(4-5-7)也适用于其他形状的物体.

对于圆环,它的转动惯量(理论值)也可由下式求出:

$$J_0' = \frac{m(R_1^2 + R_2^2)}{2} \tag{4-5-8}$$

扭摆的另一种应用是测定金属丝的切变模量.若测得金属丝的长为 L,半径为 r,则它的切变模量为

$$N = \frac{8\pi L J_0}{T_0^2 r^4} \tag{4-5-9}$$

【实验内容】

(1) 将扭摆装置调整好,使线铅直,圆盘成水平面,金属线在圆盘的中心.

(2) 将扭摆的圆盘扭转30°时放手,使圆盘做扭摆振动(使盘面尽可能保持在水平面上,不发生摇晃).用秒表测定 50 次全振动所需的时间,测 3 次,将数据记录在表4-5-1中.

(3) 将圆环从支架上取下放在圆盘上,使圆盘与圆环吻合(使环中心轴与金属线重合).重新测环与盘一起做扭转振动的周期,测 3 次,将数据记录在表 4-5-1 中.

表 4-5-1 转动周期测量数据表

项目	次数	50 次振动时间		周期/s	
圆盘	1		平均值	T_0	
	2				
	3				
加圆环	1		平均值	T_1	
	2				
	3				

(4) 用螺旋测微计测 5 金属线的直径 d(在不同部位测 5 次),求出平均值,再求出半径 r.用钢卷尺测金属线长度 L_3 次,求出平均值,将数据记录在表4-5-2 中.

表 4-5-2 金属线测量数据表

金属线直径/cm			半径/cm	长度 L/cm	
1		平均值		1	平均值
2					
3				2	
4					
5				3	

(5) 用卡尺测圆盘直径 d_2 共 3 次,厚度 h_2 共 3 次,小圆台的直径 d_1 共 3 次,高度 h_1 共 3 次,将数据记录在表 4-5-3 中.

表 4-5-3　小圆台、圆盘测量数据表

小 圆 台				圆 盘			
次数	直径 d_1 /cm	高度 h_1 /cm	体积 V_t /cm³	次数	直径 d_2 /cm	厚度 h_2 /cm	体积 V_2 /cm³
1				1			
2			$\frac{1}{4}\pi d_1^2 h_1$	2			$\frac{1}{4}\pi d_2^2 h_2$
3				3			
平均				平均			

(6) 用卡尺团圆环内径 d' 共 3 次,外径 d'' 共 3 次,将数据记录在表 4-5-4 中.

表 4-5-4　圆环测量数据表

圆环	内径 d'/cm	外径 d''/cm
1		
2		
3		
平均		

(7) 记下圆盘与圆环的质量(由实验室给出).

小圆台半径 $r_1=\dfrac{d_1}{2}=$ ____,圆盘半径 $R_0=\dfrac{d_2}{2}=$ ____. 内半径 $R_1=\dfrac{d'}{2}=$ ____, 外半径 $R_2=\dfrac{d''}{2}$, 圆环质量 $M=$ ____, 圆盘总质量 $m=m_1+m_2=$ ____.

【实验数据和结果处理】

(1) 由下式先求出 m_1,m_2 再由式(4-5-5)求圆盘的总转动惯量 J_0:

$$m_1=\frac{m}{V_1+V_2}\cdot V_1, \quad m_2=m-m_1$$

(2) 由式(4-5-7)求出圆环转动惯量 J_1.

(3) 由式(4-5-8)求出圆环转动惯量理论值 J_1'. 计算百分误差:

$$E_1=\left|\frac{J_1'-J_1}{J_1'}\right|\times100\%=\underline{\quad}$$

(4) 由式(4-5-8)求出金属丝(钢丝)的切变模量 N,钢丝切变模量公认值 $N_0=7.94\times10^2\mathrm{N/m^2}$,然后求出百分误差.

实验二　用三线摆测物体的转动惯量

【实验目的】

三线摆,卷尺,停表,水平仪.

【实验原理】

本实验用三线摆法测物体的转动惯量,其原理如图 4-5-2 所示.在圆盘 M 的圆周上作一个内接等边三角形,从三角形的三个顶点接出三条等长的细线,连接到上端同样对称的水平悬挂的上圆盘 P 的三个旋钮上,做成一个"三线悬盘".悬挂的水平圆盘 P 可绕自身的垂直轴 O_1,O_2

转动,当它扭转一个不大的角度时,由于悬线的张力作用,最终将使圆盘 M 在一确定的平衡位置左右往复扭动,这就是我们所说的"三线扭摆",其扭转周期与圆盘 M 的转动惯量 J 有关,当改变圆盘的 J 时,扭转周期也发生变化,三线摆就是通过测量它的扭转周期求出任一质量已知的物体的转动惯量.

如图 4-5-3 所示,设圆盘 M 的质量为 m_0,当它绕 O_1O_2 扭转一个角度 θ 时,圆盘位置将升高 h,它的势能增加为 E_p,则

$$E_p = m_0 gh \tag{4-5-10}$$

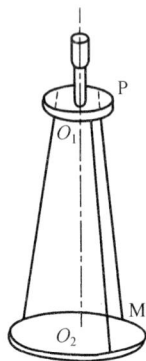

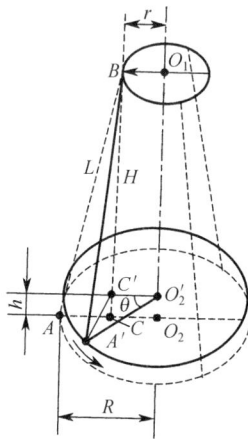

图 4-5-2　三线摆　　　　　图 4-5-3　下圆盘扭动 θ

这时圆盘的角速度为 $\dfrac{d\theta}{dt}$,因而它具有的转动动能为

$$E_k = \frac{1}{2}J_0\left(\frac{d\theta}{dt}\right)^2 \tag{4-5-11}$$

J_0 为圆盘 M 对 O_1O_2 轴的转动惯量,如果略去摩擦的影响,按机械能守恒定律,圆盘的势能与其动能之和应等于一常量,即

$$\frac{1}{2}J_0\left(\frac{d\theta}{dt}\right)^2 + m_0 gh = 常量 \tag{4-5-12}$$

设悬线长为 L,上圆盘 P 的半径为 r,下圆盘 M 的半径为 R. 当下圆盘转动一角度 θ 时,从上圆盘的 B 点作垂线,与升高 h 前后的下圆盘分别交于 C 和 C' 点,如图 4-5-3 所示,则

$$h = BC - BC' = \frac{(BC)^2 - (BC')^2}{BC + BC'}$$

$$(BC)^2 = (AB)^2 - (AC)^2 = L^2 - (R-r)^2$$

因为

$$(BC')^2 = (A'B)^2 - (A'C')^2 = L^2 - (R^2 + r^2 - 2Rr\cos\theta)$$

所以

$$h = \frac{2Rr(1-\cos\theta)}{BC + BC'} = \frac{4Rr\sin^2\theta/2}{BC + BC'}$$

在扭转角度 θ 较小时 $\sin\dfrac{\theta}{2} = \dfrac{\theta}{2}$. 而 $(BC + BC') = 2H$,H 为两圆盘间的距离,其值为

$\sqrt{L^2 - (R-r)^2}$,因此

$$h = \frac{Rr\theta^2}{2H} \tag{4-5-13}$$

式(4-5-12)对 t 微分,可得

$$J_0 \frac{d\theta}{dt} \frac{d^2\theta}{dt} + m_0 g \frac{Rr}{H} \theta \frac{d\theta}{dt} = 0$$

即

$$\frac{d^2\theta}{dt} + \frac{m_0 g}{J_0} \frac{Rr}{H} \theta = 0$$

这是一简谐振动方程,其振动的圆频率 ω 为

$$\omega^2 = \frac{m_0 g Rr}{J_0 H}$$

因 $T_0 = \frac{2\pi}{\omega}$,所以

$$J_0 = \frac{m_0 g Rr}{4\pi^2 H} T_0^2 \tag{4-5-14}$$

实验时测出 m_0(由仪器上读出)、R、r、L 及 T_0,就可以从上式求出圆盘的转动惯量. 如在下盘 M 上放上另一个质量为 m 的物体(本实验放上圆环),其转动惯量为 J(对 $O_1 O_2$ 轴),测出周期 T,则有

$$J + J_0 = \frac{(m + m_0) g Rr}{4\pi^2 H} T^2$$

这是因为对同一转轴,转动惯量可以相互加减,由此可得出物体(圆环)的转动惯量

$$J = \frac{g Rr}{4\pi^2 H} \left[(m + m_0) T^2 - m_0 T_0^2 \right] \tag{4-5-15}$$

【实验内容】

(1) 将水平仪放在圆盘 P 上,调节底座螺丝,使其处于水平,再将水平仪放在圆盘 M 的中央,调节圆盘 P 的三个旋钮,使下盘保持水平.

(2) 轻轻转动上圆盘,使下圆盘获得一个小冲量后能够来回自由扭动(注意,不可使它左右或前后摆动),待稳定后,用停表测出来回扭转 50 次的总时间,重复 3 次,算出周期的平均值?

(3) 将圆环放在圆盘 M 上(保持同心位置)重复上述步骤 2,求出平均周期.

(4) 用卷尺测出悬线长 L,两圆盘的直径 $2R$ 和 $2r$、圆环的内外直径 $2a$ 和 $2b$.

(5) 用式(4-5-14)和式(4-5-15)算出圆盘和圆环的转动惯量. 分别与各自的理论值比较,求出它们的百分误差.

注意:转动圆盘时,不可使下圆盘发生左右颤摆,扭角不可太大,一般在 5°左右,测量周期时,不可推碰实验桌.

【实验数据和结果处理】

将实验数据记录在如下表格中:

圆盘 M 质量:$m_0 = $____ kg

圆环质量:$m = $____ kg

上圆盘 P 的半径:$r = $____ m

项　　目	摆动(50 次)	平均值	周期/s
圆盘	1		$T_0=$
	2		
	3		
加圆环	1		$T=$
	2		
	3		

项目　　　　　次数	1	2	3	平均值	半径/m
圆盘直径/m					$R=$
圆环　内径/m					$a=$
外径/m					$b=$
悬线长/m				$L=$	

$$H = \sqrt{L^2 - (R-r)^2} \qquad (\text{m})$$

（1）理论值：

$$\begin{cases} J'_0 = \dfrac{1}{2} m_0 R^2 & (\text{kg} \cdot \text{m}^2) \\[2mm] J' = \dfrac{1}{2} m(a^2 + b^2) & (\text{kg} \cdot \text{m}^2) \end{cases}$$

（2）实验值：

$$\begin{cases} J_0 = \dfrac{m_0 g R r}{4\pi^2 H} T_0^2 & (\text{kg} \cdot \text{m}^2) \\[2mm] J = \dfrac{g R r}{4\pi^2 H}\left[(m + m_0) T^2 - m_0 T_0^2\right] & (\text{kg} \cdot \text{m}^2) \end{cases}$$

（3）百分误差[①]：

$$\begin{cases} \text{圆盘：} \dfrac{|J_0 - J'_0|}{J'_0} = \underline{\quad\quad} \% \\[2mm] \text{圆环：} \dfrac{|J - J'|}{J'} = \underline{\quad\quad} \% \end{cases}$$

【预习思考题】

（1）三线摆的三根线张力为什么要相等？上、下两盘为什么水平？

（2）三线摆圆盘在什么条件下是简谐振动？

（3）如何利用三线摆检测平行轴定理？

【讨论问题】

（1）为什么三线摆扭动时不可使其左右前后晃动？

（2）加上圆环后，三线摆的扭转周期变大还是变小？为什么？

（3）分析误差产生的原理.

---

① 实验值与理论标准值或公认值之间的相对误差，有时称其为百分误差.

实验三　转动定律的验证

转动现象广泛存在于自然界中,人们可以引进刚体作为研究转动的理想模型.当一个刚体上所有的点都绕一固定直线做圆周运动时,这种运动叫定轴转动.刚体绕定轴转动的动力学方程,是联系作用在刚体上的外力矩和运动学量的关系式,被称之为转动定律.转动定律是解决刚体转动问题的基本规律.

【实验目的】

(1)掌握角速度和角加速度的测定方法;

(2)验证转动定律.

【实验装置】

气垫旋转实验仪(QDX_B 型)(图 4-5-4),双测频率计(QDY-3型),压缩空气源,砝码,丝线.

【实验原理】

若刚体对轴的转动惯量为 J,角加速度为 β,所受合力矩为 M,则

$$M = J\beta \qquad (4\text{-}5\text{-}16)$$

这一关系称为转动定律.显然 M-β 图应是一条直线,其斜率为 J.

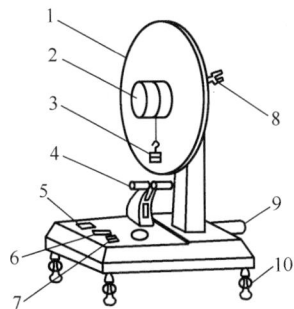

图 4-5-4　气垫旋转实验仪

1.旋转盘;2.气垫轴;3.砝码;
4.光电门;5.指示灯;6.气泡水准器;
7.光源开关;8.挡光屏;9.进气管;
10.调平螺丝

实际上,转动体转动时所受外力矩除动力矩 $M_{动}$ 外还受一系列阻尼力矩 $M_{阻}$ 的作用(例如机械摩擦、空气阻力等).一般说来,$M_{阻}$ 与转动角速度 ω 有关.在本实验中,由于转轴采用气垫轴,机械摩擦甚小,可视为常量;又由于转动体(视为刚体)采用薄盘结构,且转动角速度的数值及变化范围均较小,故空气阻尼力矩也可近似地视为常量.因此

$$M_{动} = J\beta + M_{阻} \qquad (4\text{-}5\text{-}17)$$

可见 $M_{动}$ -β 图仍为一直线,$M_{阻}$ 为此直线与 $M_{动}$ 轴的截距.

如果通过实验测得一系列 $M_{动}$ 和相应的 β 值,并作 $M_{动}$ -β 图,若得一直线,则可证明转动定律的正确性.

本实验中,转动体之转轴及转动惯量固定不变,只要改变动力矩 $M_{动}$,并测得相应的角加速度 β 即可.

1.β 值的测定

将旋转仪底座上的光电门与双测频率计连好,把计时选择开关拨至"测量 1"挡,这时右计时器记下了挡光屏第 1 次经过光电门所需时间 Δt_1 和第 2 次经过光电门所需时间 Δt_2;而左计时器记下挡光屏前沿从第 1 次遮光到第 2 次遮光所经时间 t'.设挡光屏前后沿所张之中心角为 $\Delta\theta$,则挡光屏经过光电门各次的平均角速度分别为

$$\left. \begin{aligned} \overline{\omega_1} &= \frac{\Delta\theta}{\Delta t_1} \\ \overline{\omega_2} &= \frac{\Delta\theta}{\Delta t_2} \end{aligned} \right\} \qquad (4\text{-}5\text{-}18)$$

因为 Δt_1 与 Δt_2 甚小. $\overline{\omega_1}$ 与 $\overline{\omega_2}$ 可视为挡光屏中心经过光电门时角速度的瞬时值 ω_1 与 ω_2，挡光屏中心经过光电门所需时间 t（图 4-5-5）为

$$t = t' - \frac{1}{2}\Delta t_1 + \frac{1}{2}\Delta t_2 \qquad (4\text{-}5\text{-}19)$$

相应角加速度值为

$$\beta = \frac{\omega_2 - \omega_1}{t} = \frac{\omega_2 - \omega_1}{t' - \frac{1}{2}\Delta t_1 + \frac{1}{2}\Delta t_2} \qquad (4\text{-}5\text{-}20)$$

所以，为测定 β，应记录数据 Δt_1、Δt_2、t' 及 $\Delta \theta$（实验室给出）.

2. $M_{动}$ 值的测定

如图 4-5-6 所示，绕线轴半径为 R，悬线张力为 F，砝码质量为 m，则

$$M_{动} = FR \qquad (4\text{-}5\text{-}21)$$
$$mg - F = ma = mR\beta \qquad (4\text{-}5\text{-}22a)$$

故

$$F = m(g - R\beta) \qquad (4\text{-}5\text{-}22b)$$

所以，为测定 $M_{动}$，需记录数据 m、β、R、g，其中 R 及 g 由实验室给出.

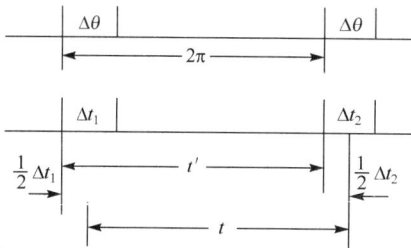

图 4-5-5　t 与 Δt_1、Δt_2 关系　　　　图 4-5-6　$M_{动}$ 值测定

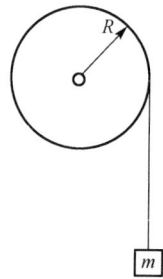

【实验内容】

（1）用导线将旋转仪底座上"2.3V"端钮和"光电输入Ⅱ"端钮与双测频率计对应处连接，再将"气源 220V"端钮与电源连接.

（2）启动电源.

（3）调节转盘上金属块位置，使转盘处于平衡状态（注意未启动气源不可使转盘转动，避免转轴与轴套因机械摩擦而受损）.

（4）按下光源控制键"开"，并把频率计计时开关打开，把计时器选择开关拨至"测时Ⅰ"挡. 用手旋转转盘，观察计时情况是否正常.

（5）将丝线绕于线轴上，并悬挂适当砝码，使转盘由静止开始在砝码牵引下转动，记下 m、Δt_1、Δt_2 及 t'.

（6）改变砝码质量 m 重复上述步骤（5）（共做 5 次）.

（7）待转盘静止后，关闭气源、频率计计时开关及光源开关，拆除连接导线.

【实验数据和结果处理】

（1）将实验数据填入如下表格：

m	Δt_1	Δt_2	ω_1	ω_2	t'	β	$M_{动}$

实验室给出：

$$R = \underline{\quad} \text{ m} \qquad \Delta\theta = \underline{\quad} \text{ rad} \qquad g = \underline{\quad} \text{ m/s}^2$$

（2）作 $M_{动}$-β 图.

（3）讨论.

【预习思考题】

试回答式(4-5-20)中各量的物理意义. 能否用所测 t' 代替 t？为什么？

【讨论问题】

（1）试说明本实验允许将 $M_{阻}$ 视为常量的理由.

（2）试分析本实验误差来源.

4.6　共振法测量声波声速

【实验目的】

（1）观察空气柱的共鸣现象；

（2）测量声波在空气中的传播速度；

（3）验证声速与声源的频率无关.

【实验装置】

共振源,共鸣管(附蓄水桶、连通管、铁支架),卷尺,温度计.

【实验原理】

1. 共振干涉法

设有一从声源发出的一定频率的平面声波,经过空气的传播,到达接收器. 如果接收面与发射平面严格平行,入射波即在接收面上垂直反射,入射波与反射波相干涉形成驻波. 反射面处为驻波的波节,声波的波腹. 改变接收面与声源之间的距离 L,在一系列特定的距离上,介质中出现稳定的共振现象,此时 L 等于半波长的整数倍,驻波的波腹达到最大；同时,在接收面上的波腹也相应达到极大值. 不难看出,在移动反射平面的过程中,相邻两次到达共振所对应的接收面之间的距离为半波长. 因此保持频率 f 不变,通过测量两次相邻的接收信号达到极大值时接收面之间的距离 $\lambda/2$,就可以用 $v = \lambda f$ 计算声速.

2. 共鸣管测声速

共鸣管是一直立的带有刻度的透明玻璃管,如图 4-6-1 所示. 移动蓄水桶可以使管中的水位升降,从而获得一定长度的空气柱. 声波沿空气柱传播至水面发生反射,入射波与反射波在空气柱中干涉,调节空气柱的长度 L,当其与波长 λ 满足

$$L = (2n+1)\frac{\lambda}{4} \quad (n = 1, 2, 3, \cdots)$$

此时将形成管口为波腹、水面为波节的驻波,声音最响,即产生共鸣.

设相邻两次共鸣空气柱的长度差为 ΔL,则

$$\Delta L = L_{n+1} - L_n = \frac{\lambda}{2}$$

而

$$\lambda = 2\Delta L$$

若声波频率(即声源频率)为 f,其波长 λ 和波速 v 之间的关系是 $v = \lambda f$,代入上式得 $v = 2\Delta L f$.

由此说明:在 f 已知的情况下,只要测出 ΔL,便可求出声波在空气中的传播速度 v. 改变不同频率的声源,可观测 v 是否变化.

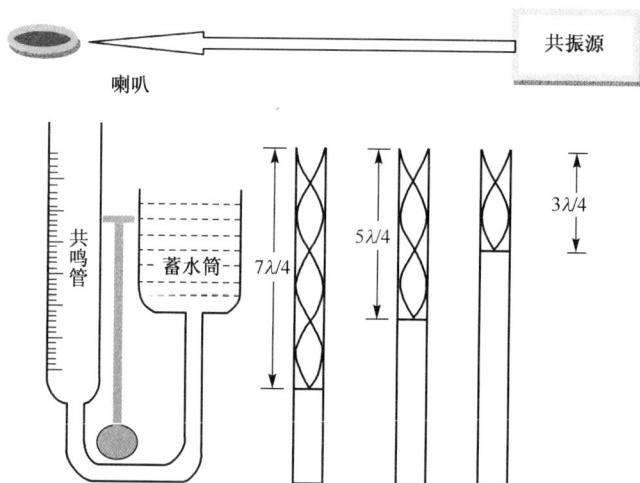

图 4-6-1

3. 声速与温度之间的关系

声波在理想气体中的传播过程,可以认为是绝热过程,因此传播速度可以表示为

$$v = \sqrt{\frac{\gamma R T}{\mu}}$$

式中常数 $R = 8.31\text{J}/(\text{mol} \cdot \text{K})$,对于空气 $\mu = 29\text{kg/mol}$,$\gamma = 1.40$,而

$$T = 273.15 + t(\text{℃})$$

将 $T = 273.15 + t(\text{℃})$ 代入(t 为摄氏温度)得到计算声波在空气中的传播速度的理论公式为

$$v = \sqrt{\frac{\gamma R(273.15 + t)}{\mu}} = \sqrt{\frac{273.15\gamma R}{\mu}}\sqrt{1 + \frac{t}{273.15}} = v_0\sqrt{1 + \frac{t}{273.15}}$$

式中 $v_0 = (273.15\gamma R/\mu)^{\frac{1}{2}} = 331.45\text{m/s}$ 为空气介质在 0℃ 时的声速.

【实验步骤】

图 4-6-2

(1) 如图 4-6-2 所示安装好实验仪器,并调节仪器竖直,并往蓄水筒注水,调节水面高度直到管内水面接近管口为止;

（2）调节喇叭,使喇叭的振动平面与水面保持平行. 将喇叭输入线接入到共振源的输出端口,打开电源调节输出频率及功率至适当值保持不变. 缓慢下降管内水位,直到产生第一次共鸣(反复调节水位,待听到声音最响)时,用卷尺进行测量,记下此时水面的位置 L_1. 反复测 3 次,求平均.

（3）继续使管内水位下降,按实验步骤 2 测得第 1,2…次共鸣时水面的位置 $L_2,L_3,\cdots$.

（4）改用共振源的输出频率,重复上述步骤,验证声速与声源的频率无关. 并记下室温及所用音叉的标称频率.

【实验数据和结果处理】

频率/Hz	L_1				L_2				L_3				速度
	1	2	3	平均	1	2	3	平均	1	2	3	平均	

要求:

根据实验原理 2 中的公式分别求出对应频率的声波在空气中的传播速度 v_1,v_2,v_3,与利用实验原理 3 中的公式计算出的理论值比较,求出百分误差. 验证声速与声源的频率无关.

【讨论问题】

（1）共鸣时为什么管口处不是波节而是波腹呢?

（2）在寻找不同共鸣声的最佳位置时,音叉是否可以在管口上下移动?

（3）分析在实验过程中误差产生的原因.

第 5 章　热学及分子物理学

5.1　金属线膨胀系数的测量

【实验目的】

(1) 千分表的使用；

(2) 学习测量金属线膨胀系数的一种方法.

【实验装置】

金属线膨胀系数测量实验装置，游标卡尺，千分表，待测金属杆(铜杆，铁杆)，EH-3 数字化热学综合实验仪(图 5-1-1).

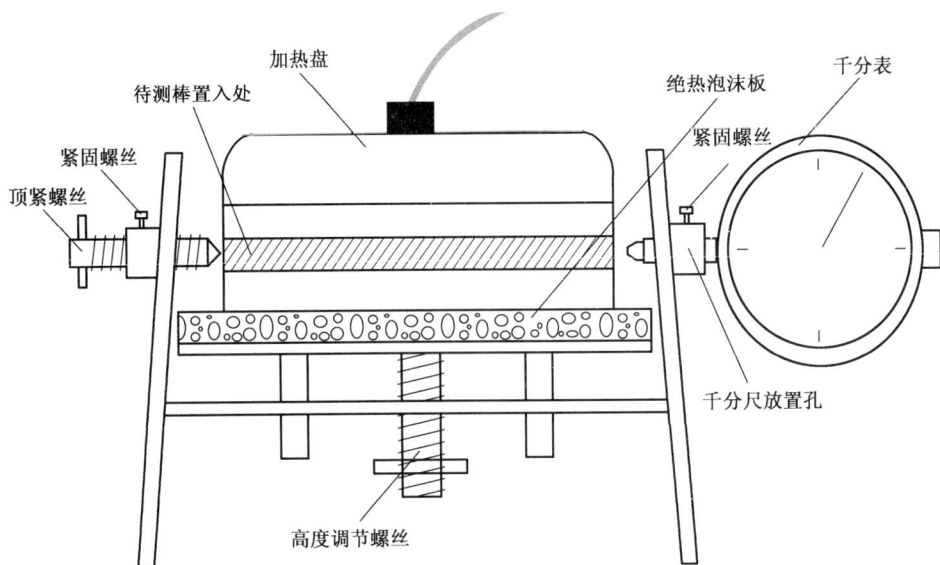

图 5-1-1　金属线膨胀系数测量实验装置

【实验原理】

材料的线膨胀是材料受热膨胀时，在一维方向的伸长. 线胀系数是选用材料的一项重要指标. 特别是研制新材料，少不了要对材料线胀系数做测定.

绝大多数物质都具有"热胀冷缩"的特性，这是由物体内部分子热运动加剧或减弱造成的. 这个性质在工程结构的设计中，在机械和仪器的制造中，在材料的加工(如焊接)中，都应考虑到，否则，将影响结构的稳定性和仪表的精度. 考虑失当，会造成工程的损毁、仪器的失灵，以及加工焊接中的缺陷和失败等.

固体受热后其长度的增加称为线膨胀. 经验表明，在一定的温度范围内，原长为 L 的物体，受热后其伸长量 ΔL 与其温度的增加量 Δt 近似成正比，与原长 L 也成正比，即

$$\Delta L = \alpha L \Delta t \qquad (5\text{-}1\text{-}1)$$

式中的比例系数 α 称为固体的线膨胀系数(简称线胀系数).大量实验表明,不同材料的线胀系数不同,塑料的线胀系数最大,金属次之,殷钢、熔融石英的线胀系数很小.殷钢和石英的这一特性在精密测量仪器中有较多的应用(表 5-1-1).

表 5-1-1　几种材料的线胀系数

材　料	铜、铁、铝	普通玻璃、陶瓷	殷　钢	熔凝石英
α 数量级/℃$^{-1}$	$\sim 10^{-5}$	$\sim 10^{-6}$	$<2\times10^{-6}$	10^{-7}

实验还发现,同一材料在不同温度区域,其线胀系数不一定相同.某些合金在金相组织发生变化的温度附近,同时会出现线胀量的突变.因此测定线胀系数也是了解材料特性的一种手段.但是,在温度变化不大的范围内,线胀系数仍可认为是一常量.

为测量线胀系数,我们将材料做成条状或杆状.由式(5-1-1)可知,测量出 t_1 时杆长 L、受热后温度达 t_2 时的伸长量 ΔL 和受热前后的温度 t_1 及 t_2,则该材料在 (t_1,t_2) 温区的线胀系数为

$$\alpha = \frac{\Delta L}{L(t_2 - t_1)} \qquad (5\text{-}1\text{-}2)$$

其物理意义是固体材料在 (t_1,t_2) 温区内,温度每升高一度时材料的相对伸长量,起单位为 $(℃^{-1})$.

测线胀系数的主要问题是如何测伸长量 ΔL.先粗估算出 ΔL 的大小,若 $L \approx 250\text{mm}$,温度变化 $t_2 - t_1 \approx 100℃$,金属的 α 数量级为 $10^{-5}\ ℃^{-1}$,则可估算出 $\Delta L \approx 0.25\text{mm}$.对于这么微小的伸长量,用普通量具如刚尺或游标卡尺是测不准的.可采用千分表(分度值为 0.001mm)、读数显微镜、光杠杆放大法、光学干涉法.本实验中采用千分表测微小的线胀量.

千分表是一种通过齿轮的多级增速作用,把一微小的位移转换为读数圆盘上指针的读数变化的微小长度测量工具.千分表在使用前,都需要进行调零.毫米指针与主指针都应该对准相应的 0 刻度.千分表读数=毫米表盘读数+主表盘读数(单位:mm).

【实验步骤】

1. 开机

(1) 如图 5-1-1、图 5-1-2 所示,安装好实验装置,连接好电缆线,打开电源开关,通过"热源温度选择"开关选择所需的加热温度,此时"设定温度"指示灯亮.

(2) 选择设定加热盘为所需的温度(如 50.0℃)值.打开加热开关,观察加热盘温度的变化,直至加热盘温度恒定在设定温度(50.0℃).

2. 测量

当加热盘温度恒定在设定温度 50.0℃,读出千分表数值 L_1,当温度分别为55.0℃,60.0℃,65.0℃,70.0℃,75.0℃,80.0℃,85.0℃,90.0℃,95.0℃时,分别记下千分表读数 L_2,L_3,L_4,L_5,L_6,L_7,L_8,L_9,L_{10}.

3. 用逐差法求出 5℃时金属棒的平均伸长量

出式(5-1-2)即可求出金属棒在温区内(50℃,95℃)的线胀系数.

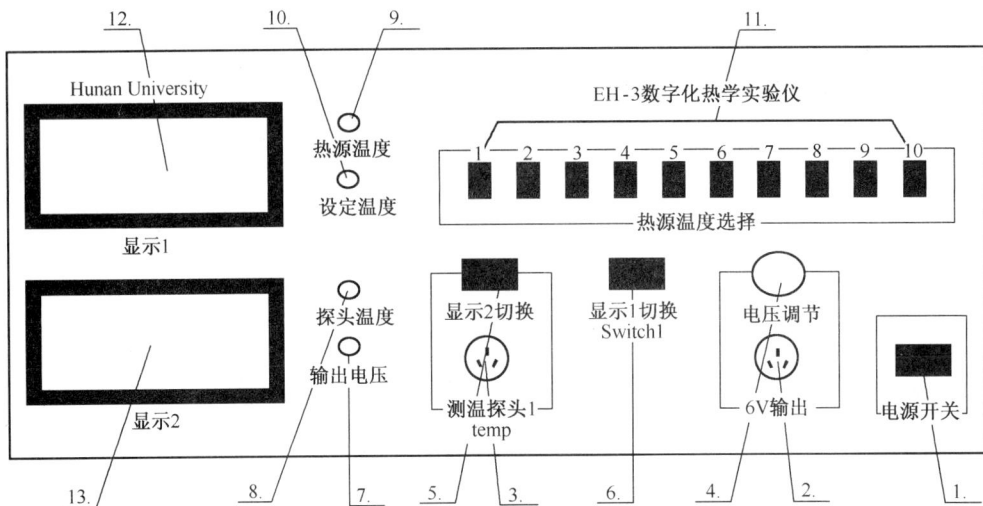

图 5-1-2　EH-3 实验仪器面板

1.电源开关;2.6V 输出插座;3.测温探头插座;4.6V 电压输出调节;

5.加热显示/温度设定切换开关;6.探头温度显示/输出电压显示切换开关;

7.输出电压指示灯;8.测温探头显示指示;9.热源测温显示指示灯;

10.温度设定指示灯;11.温度设定选择开关;12.显示表头 1;13.显示表头 2

【实验数据记录】

表 5-1-2　铁棒金属线膨胀系数数据表

T	50℃	55℃	60℃	65℃	70℃	75℃	80℃	85℃	90℃	95℃
L										
ΔL										
$\alpha = \dfrac{\Delta L}{L(t_2 - t_1)}$										

表 5-1-3　铜棒金属线膨胀系数数据表

T	50℃	55℃	60℃	65℃	70℃	75℃	80℃	85℃	90℃	95℃
L										
ΔL										
$\alpha = \dfrac{\Delta L}{L(t_2 - t_1)}$										

【注意事项】

(1) 千分表安装需适当固定(以表头无转动为准)且与被测物体有良好的接触(读数在 0.2～0.3mm 处较为适宜);

(2) 因伸长量极小,故仪器不应有振动;

(3) 千分表测头需保持与实验样品在同一直线上.

【预习思考题】

(1) 该实验的误差来源主要有哪些?

(2) 如何利用逐差法来处理数据?

(3) 利用千分表读数时应注意哪些问题,如何消除误差?

（4）试举出几个在日常生活和工程技术中应用线胀系数的实例.

（5）若实验中加热时间过长,仪器支架受热膨胀,对实验结果有何影响?

【附录】　EH-3 数字化热学实验仪

本实验中用作加热和控制热源温度的 EH-3 数字化热学实验仪是多用实验仪器,它可用来作可控热源、稳压电源、电势差计工作电源. 该仪器采用按键功能操作,灵敏温度探头测温,数字化显示数据.

具体的使用方法简介如下:

首先连接好电源线、加热盘与四芯电缆线、测温探头 1 和测温探头 2,将测温探头 1 插入加热盘的测温孔内,开启电源开关,便可进行实验.

1. 加热温度设定

按下"显示 1 切换"开关,显示 1 即指示加热盘的当前设定温度（只是粗略值,准确值可由测温探头或温度计测出）,可以通过"热源温度选择"开关选择所需的加热温度,此时"设定温度"指示灯亮. 若未选择设定温度,显示 1 显示为"0".

2. 测温

弹起"显示 1 切换"开关,"显示 1"显示探头 1 测得的加热温度,此时"探头 1 温度"指示灯亮,"设定温度"指示灯灭.

弹起"显示 2 切换"开关,"显示 2"显示探头 2 测得的温度,此时"探头 2 温度"指示灯亮.

3. 6V 直流电压输出

将二芯电缆插入"6V 输出"插座,按下"显示 2 切换","显示 2"显示输出电压的大小,此时"输出电压"指示灯亮,"探头 2 温度"指示灯灭. 可以通过 6V 输出"电压调节"旋钮改变输出电压的大小.

4. 注意事项

（1）加热盘与主机应按编号配套使用. 否则,可能导致设定温度与控制温度偏差太大.

（2）为避免不必要的人为损坏,使用过程中尽量不要将电缆从主机或加热盘的连接中断开.

5.2　测量金属的比热容

【实验目的】

（1）掌握冷却法测定金属比热容的方法;

（2）了解金属的冷却速率与环境之间的温差关系,以及进行测量的实验条件.

【实验原理】

将质量为 M_1 的金属样品加热后,放到较低温度的介质中,样品将逐渐冷却. 其单位时间的热量损失（$\Delta Q/\Delta t$）与温度下降的速率成正比

$$\frac{\Delta Q}{\Delta t} = c_1 M_1 \frac{\Delta \theta_1}{\Delta t} \qquad (5\text{-}2\text{-}1)$$

根据冷却定律有

$$\frac{\Delta Q}{\Delta t} = \alpha_1 S_1 \ (\theta_1 - \theta_0)^m \tag{5-2-2}$$

$$c_1 M_1 \frac{\Delta \theta_1}{\Delta t} = \alpha_1 S_1 \ (\theta_1 - \theta_0)^m \tag{5-2-3}$$

同理,对质量为 M_2,比热容为 C_2 的另一种金属样品,可有同样的表达式

$$c_2 M_2 \frac{\Delta \theta_1}{\Delta t} = \alpha_2 S_2 \ (\theta_1 - \theta_0)^m \tag{5-2-4}$$

由式(5-2-3)和(5-2-4)可得

$$\frac{c_2 M_2 \dfrac{\Delta \theta_2}{\Delta t}}{c_1 M_1 \dfrac{\Delta \theta_1}{\Delta t}} = \frac{\alpha_2 S_2 \ (\theta_1 - \theta_0)^m}{\alpha_1 S_1 \ (\theta_1 - \theta_0)^m}$$

所以

$$c_2 = c_1 \frac{M_1 \dfrac{\Delta \theta_1}{\Delta t}}{M_2 \dfrac{\Delta \theta_2}{\Delta t}} \frac{\alpha_2 S_2 \ (\theta_2 - \theta_0)^m}{\alpha_1 S_1 \ (\theta_1 - \theta_0)^m}$$

假设两样品的形状尺寸都相同,即 $S_1 = S_2$;两样品的表面状况也相同,而周围介质(空气)的性质当然也不变,则有 $\alpha_1 = \alpha_2$.于是当周围介质温度不变(即室温 θ_0 恒定),两样品又处于相同温度 $\theta_1 = \theta_2 = \theta$ 时,上式可以简化为

$$c_2 = c_1 \frac{M_1 \left(\dfrac{\Delta \theta}{\Delta t} \right)_1}{M_2 \left(\dfrac{\Delta \theta}{\Delta t} \right)_2} \tag{5-2-5}$$

【实验装置】

金属比热容测量仪,样品(铜、铁、铝).

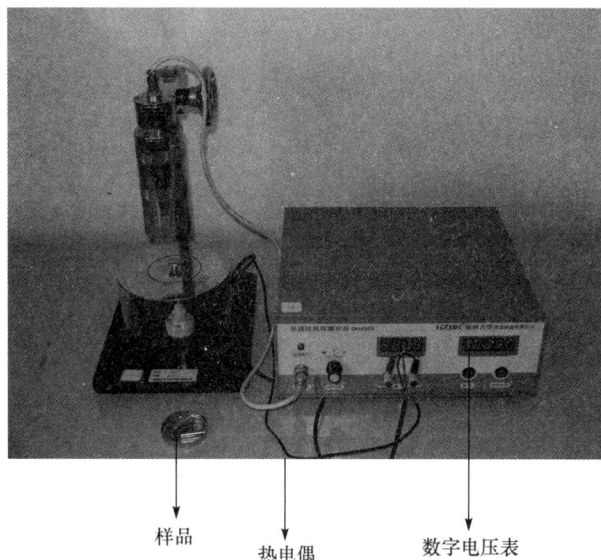

图 5-2-1 金属比热容测量仪

【实验步骤】

开机前先连接好加热仪和测试仪,共有加热四芯线和热电偶线两组线.

(1) 选取长度、直径、表面光洁度尽可能相同的三种金属样品(铜、铁、铝)用物理天平或电子天平秤出它们的质量 M_0.再根据 MCu>MFe>MAl 这一特点,把它们区别开来.

(2) 使热电偶端的铜导线与数字表的正端相连;冷端铜导线与数字表的负端相连.当样品加热到 150℃(此时热电势显示约为 6.1mV 时),切断电源移去加热源,样品继续安放在与外界基本隔绝的有机玻璃圆筒内自然冷却(筒口须盖上盖子),记录样品的冷却速率 $\left(\dfrac{\Delta\theta}{\Delta t}\right)_{\theta=100℃}$.具体做法是记录数字电压表上示值约从 $E_1=4.20mV$ 降到 $E_2=4.00mV$ 所需的时间 Δt(因为数字电压表上的值显示数字是跳跃性的,所以 E_1、E_2 只能取附近的值),从而计算 $\left(\dfrac{\Delta E}{\Delta t}\right)_{E=4.00mV}$.按铁、铜、铝的次序,分别测量其温度下降速度,每一样品应重复测量 6 次.因为热电偶的热电动势与温度的关系在同一小温差范围内可以看成线性关系,即 $\dfrac{\left(\frac{\Delta\theta}{\Delta t}\right)_1}{\left(\frac{\Delta\theta}{\Delta t}\right)_2}=\dfrac{\left(\frac{\Delta E}{\Delta t}\right)_1}{\left(\frac{\Delta E}{\Delta t}\right)_2}$,式(5-2-5)可以简化为

$$c_2=c_1\frac{M_1(\Delta t)_2}{M_2(\Delta t)_1} \tag{5-2-6}$$

(3) 仪器的加热指示灯亮,表示正在加热;如果连接线未连好或加热温度过高(超过 200℃)导致自动保护时,指示灯不亮.升到指定温度后,应切断加热电源.

【注意事项】

(1) 加热装置向下移动时,动作要慢,应注意要使被测样品垂直放置,以使加热装置能完全套入被测样品;

(2) 测量降温时间时,按"计时"或"暂停"按钮应迅速、准确,以减小人为计时误差.

【数据记录与数据处理】

$M_{cu}=$ 　　 g；$M_{Fe}=$ 　　 g；$M_{Al}=$ 　　 g.铜比热容 $C_1=Cu=0.0940\ cal/(g℃)$

$\Delta_\text{天}=0.5g$

热电偶冷端温度:0℃

样品由 4.20mV 下降到 4.00mV 所需时间(单位为 S).

$$\Delta_{Fe}=\Delta_{M_{CU}}=\Delta_{Al}=0.05g$$

样品＼次数	1	2	3	4	5	6	平均值 t
tFe(s)							
tCu(s)							
tAl(s)							

$$c_{Fe} = c_{cu}\frac{M_{cu}t_{Fe}}{M_{Fe}t_{cu}} = \mathrm{Cal}/(\mathrm{g}℃)$$

$$S_{tFe} = \qquad \Delta t_{Fe} =$$

$$S_{tcu} = \qquad \Delta t_{cu} =$$

$$E_{C_{fE}} = \sqrt{\left(\frac{\Delta_{M_{Fe}}}{M_{Fe}}\right)^2 + \left(\frac{\Delta_{t_{Fe}}}{t_{Fe}}\right)^2 + \left(\frac{\Delta_{M_{cu}}}{M_{cu}}\right)^2 + \left(\frac{\Delta_{t_{cu}}}{t_{cu}}\right)^2} \quad \Delta c_{Fe} = Ec_{Fe} \cdot \bar{c}_{Fe} = \qquad c_{Fe} = \bar{c}_{Fe} \pm \Delta c_{Fe}$$

$$c_{Al} = c_{cu}\frac{M_{cu}t_{Al}}{M_{Al}t_{cu}} = \qquad \mathrm{Cal}/(\mathrm{g}℃)$$

$$E_{C_{Al}} = \qquad \Delta C_{aL}$$

【思考题】

（1）为什么实验应该在防风筒（即样品室）中进行?

（2）测量三种金属的冷却速率，并在图纸上绘出冷却曲线，如何求出它们在同一温度点的冷却速率?

5.3　测定空气的比热容比

【实验目的】

（1）测定空气的定压摩尔热容量和定容摩尔热容量的比值;

（2）进一步了解气体状态变化过程中压力、体积、温度的变化关系及吸热放热的情况.

【实验装置】

大玻璃瓶，开管压强计，打气筒.

【实验原理】

1mol 的物质其温度升高（或降低）1K 时所吸收（或放出）的热量，称为摩尔热容量. 对于一定量的气体来讲，随着变化过程的不同，摩尔热容量的数值也不相同. 因此，同一种气体在不同的过程中有不同的摩尔热容量. 常用的有定压摩尔热容量和定容摩尔热容量，分别以 C_p 和 C_V 表示. 根据热力学第一定律，在等容过程中气体吸收的热量全部用来增加它的内能;而在等压过程中，气体吸收的热量只有一部分是用来增加内能的，另一部分转化为气体反抗外力做的功. 所以要气体升高一定的温度，在等压过程中吸收的热量要比等容过程中多. 因此，气体的定压摩尔热容量 C_p 较定容摩尔热容量 C_V 大. 对于理想气体，它们之间的关系由迈耶（Meyer）公式表示为

$$C_p = C_V + R$$

式中 R 为气体普适恒量. 实际上常常要用到的是 C_p 与 C_V 的比值，通常用 γ 表示，称为比热容比或比热比值，即

$$\gamma = \frac{C_p}{C_V}$$

对于理想气体，γ 只决定气体分子的自由度，与气体的性质和温度无关. 在中等温度（0～200℃）时，真实气体的 γ 实验值和理论值很接近，对于空气来说 $\gamma = 1.40$.

测定 γ 值有好几种方法，其中以维思荷尔德（Weinhold）的方法较为简便，其原理如下:

设有一玻璃容器，其容积为 V. 瓶内装有一定量的空气，其起始的温度为 T，压强为 p_1（高

于大气压),每单位质量(如 1mol)的空气占有体积为 V_1. 现在让容器内的空气做绝热膨胀,在过程终了时,空气的温度降低到 T'. 压强也降至 p,而单位质量空气的体积增加到 V_2. 由绝热过程的方程式得

$$p_1 v_1^\gamma = p v_2^\gamma$$
$$\frac{p_1}{p} = \left(\frac{v_2}{v_1}\right)^r \tag{5-3-1}$$

此后,使空气在等容条件下吸热,温度又回升到起始温度 T. 压力也升高到 p_2 而达到稳定. 因为这时空气的温度和起始时相同,对于每单位质量的空气来说. 应服从玻意耳-马略特(Boylr-Mariotte)定律,即

$$\frac{p_1}{p_2} = \frac{V_2}{V_1} \tag{5-3-2}$$

由式(5-3-1)和式(5-3-2)可得

$$\frac{p_1}{p} = \left(\frac{p_1}{p_2}\right)^r$$

等式两边取对数

$$\gamma = \frac{\ln \dfrac{p_1}{p}}{\ln \dfrac{p_1}{p_2}} \tag{5-3-3}$$

若测得 p, p_1, p_2,即可从式(5-3-3)中求出 γ.

本实验所用的主要仪器是一个大玻璃瓶,装置如图 5-3-1 所示.瓶的上端盖有一玻璃片 A (玻璃片与瓶口之间用凡士林黏合,在瓶内气压略高于瓶外大气压时也不会漏气)把瓶口密闭,转为活门 C 使打气筒 B 和玻璃瓶连通,由打气筒打入空气至瓶内气压略高于瓶外大气压,随即关闭活门C,这时气温将略高于室温 T,但稍等片刻后,由于气体的散热,温度将降至室温 T 而达到平衡态,瓶内空气有稳定的压强 p_1,p_1 和大气压之差,可由压强计两液面的高度之差 h_1 算出

$$p_1 = p + h_1$$
$$p_1 - p = h_1 \tag{5-3-4}$$

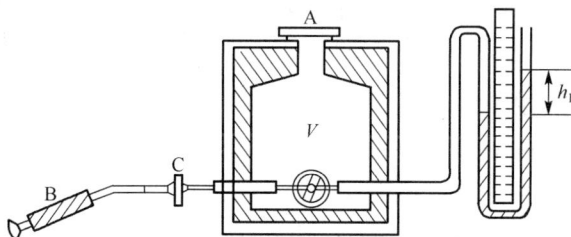

图 5-3-1 测量空气比热容比

这时瓶内每单位质量空气的状态为(p_1, V_1, T). 然后,迅速翻开瓶口上的玻璃片,让空气膨胀一瞬间,立即将玻璃片盖回,这一过程历时很短(在半秒钟左右),瓶内空气来不及和外界交换热量,故这一过程可以认为是接近于绝热的,在玻璃片盖回的瞬时,瓶内每单位质量空气的状态为(p, T', V_2). 此后瓶内空气在等容的条件下慢慢地从瓶外吸收热量,温度将回升到室温 T,压力也将增大而达到平衡状态. 这一过程需时较久(5~10min). 这时瓶内每单位质量空气的状态为(p_2, T, V_2),压强 p_2 可由压强计两液面的高度差 h_2 求出

$$p_2 = p + h_2 \tag{5-3-5}$$

把式(5-3-4)和式(5-3-5)代入式(5-3-5)得

$$\gamma = \frac{\ln\left(\dfrac{p+h_1}{p}\right)}{\ln\left(\dfrac{p+h_1}{p+h_2}\right)} = \frac{\ln\left(1+\dfrac{h_1}{p}\right)}{\ln\left(1+\dfrac{h_1}{p}\right) - \ln\left(1+\dfrac{h_2}{p}\right)}$$

采用近似计算法,当 $\dfrac{h_1}{p} \ll 1$ 时,有

$$\ln\left(1+\frac{h_1}{p}\right) \approx \frac{h_1}{p}$$

同理

$$\ln\left(1+\frac{h_1}{p}\right) \approx \frac{h_1}{p}$$

故

$$\gamma = \frac{\dfrac{h_1}{p}}{\dfrac{h_1}{p} - \dfrac{h_2}{p}} = \frac{h_1}{h_1 - h_2} \tag{5-3-6}$$

所以,只需测出 h_1 和 h_2 的值,即可求出 r.

【实验内容】

(1) 把玻璃片 A 用凡士林黏合在瓶口上,并压紧,注意使瓶口四周密闭以防漏气.

(2) 转动活门 C,使打气筒和玻璃瓶接通,用打气筒徐徐打入空气(动手不宜过急,以免压强计内的液体溢出),使压强计两液面的高度差为 10～20cm,关闭活门 C,等候压强计的液面稳定下来,这是瓶内空气散热的过程,需 3～5min(或液面始终不稳,则表明有漏气的现象,应检查各封口).记下稳定时两液面的高度差 h_1.

(3) 迅速地翻开玻璃片 A,使空气膨胀一瞬间(不到 1s),立即盖回,为了使这一过程接近于绝热,操作要特别敏捷.然后等候空气从外界吸热,温度回升,这是定容吸热过程,需 5～10min.待压强汁液面稳定后,记下其高度差 h_2.

(4) 重做上述步骤(2)和(3),共 5 次.

注意:本实验虽操作简单,但要使结果正确很不容易,宜先试练数次,再作正式记录.

【实验数据和结果处理】

将实验所需数据记录于下表中:

	R_1	R_2	$h_1 = R_1 - R_2$	R'_1	R'_2	$h_2 = R'_1 - R'_2$	$\gamma = \dfrac{h_1}{h_1 - h_2}$
1							
2							
3							
4							
5							

平均值

$$\bar{\gamma} = \underline{\qquad}$$

$$E = \frac{|\bar{\gamma} - \gamma_0|}{\gamma_0} \times 100\% = \underline{\qquad} \%$$

【注意事项】

(1) 在实验过程中,不能有漏气现象,玻璃片应压紧;

(2) 打气要慢,防止液体溢出;

(3) 不要用手摸大玻璃瓶.

【预习思考题】

(1) 式(5-3-6)是怎样推导出来的?

(2) 实验中应注意哪些问题?

【讨论问题】

(1) h_1 大或 h_1 小对于测量 γ 来说哪个好些? 为什么? 实际情况又是怎样?

(2) 试由实验中绝热膨胀过程的时间长短来讨论所测 γ 值偏大或偏小的原因.

【附录】

本实验中空气状态的变化过程可见图 5-3-2.

(1) 打气后,压力和温度稳定时,为状态 Ⅰ(p_1, V_1, T').

(2) 迅速放气的过程为绝热过程(Ⅰ→Ⅱ),最后到状态 Ⅱ(p, V_2, T').

(3) 等容吸热过程(Ⅱ→Ⅲ)温度和压力回升,最后达到状态 Ⅲ(p_2, V_2, T).

因状态 Ⅰ, Ⅱ 在同一绝热线上,可以应用绝热方程

$$p_1 V_1^\gamma = p V_2^\gamma$$

状态 Ⅰ、Ⅲ 则在同一条等温线上,可以应用玻意耳-马略特定律

$$p_1 V_1 = p_2 V_2$$

应当指出的是,在绝热膨胀过程中,瓶内空气的总质量发生变化,故在整个讨论中我们都只取瓶内的一单位质量空气来研究(单位质量空气的体积通常称为比容),故满足状态变化过程中质量不变的条件.

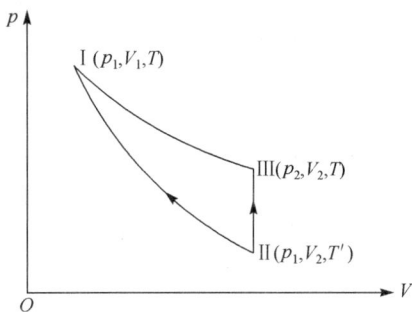

图 5-3-2　空气状态变化过程

5.4　热　功　当　量

【实验目的】

(1) 测量机械功转变为热能的能量守恒定律,并测量热功当量;

(2) 掌握热力学实验结果的曲线校正方法.

【实验装置】

J-FR3 型热功当量实验仪、天平(50mg)及附件、烧杯、温度计(0.1℃)、秒表、砝码、钢卷尺.

【实验原理】

J-FR3 型热功当量实验仪(图 5-4-1)的主要部分为两个黄铜制成密切相合的圆锥体,外圆锥

体直立于转轴上,可由摇轮通过皮带传动使其转动,并有记转器与转轴相连.内圆锥体系空心铜杯,可盛放水,上置大圆盘,沿圆盘外周用软线通过一小滑轮悬挂砝码,使产生一力矩,以阻止内圆锥体随同外圆锥体转动.若此力矩与内圆锥体间的摩擦力矩相等且作用方向相反时,内锥体将停留不转动,砝码亦悬空.此种情况下,相当于外锥体转动一样.砝码下落所做的功则完全消耗在克服内外锥体间的摩擦,故若圆盘半径为 R 外锥体转动 n 转相当于砝码下落 $2\pi nR$.

图 5-4-1　J-FR3 型热功当量实验仪

假定砝码质量为 m 则砝码下落所作之功,亦即消耗在内外锥体间的摩擦功为

$$2\pi nRmg$$

此项摩擦消耗的功全部转变为热能.其热量可由内外锥体及杯内所盛水的温度变化量予以求算.

【实验步骤】

(1) 熟悉仪器.先将大圆盘及内外两锥体取下,可看到外锥体底座有一缺口,安装时可将锥体转动位置待缺口对准轴上的销子,锥体即坐落在轴上,扶正锥体并稍微向下压紧即可.装上大圆盘处于近水平位置.悬挂砝码钩的线一端固定在圆盘边上将线在盘周槽内套一圈再跨过小滑轮,并使悬线与圆盘成正切.摇动摇轮,并一手拉住砝码钩,阻止圆盘及内锥体随同外锥体转动.试摇数转后可加约 100~200 克砝码,使在外锥体静止时,能拖动圆盘带动内锥体转动.再徐徐摇动摇轮,控制摇转的速度,将能使砝码悬挂在空中不动.适当调节砝码重量,至摇轮每分钟约 60 转较为适宜.

(2) 记录数据.室温:由温度计读出;圆盘周长:用圆盘上的线绕圆盘一周,用钢卷尺测量细线的长度;搅拌棒的质量,内、外圆锥体的质量:由天平测出;记转器初始值:注意左边的计数盘每格为一转,而左边的计数盘每格为 100 转.

用烧杯取大约 100ml 的水(注意:水的温度应低于室温大约 10 度为宜,可用温度计测量).

放于天平上称出烧杯连同水的总质量,然后取下热功当量实验仪的大圆盘,将水加入到小圆锥体的小杯中,至杯口 12~15mm 为宜.然后称出剩余水及烧杯的总质量.并记录两次称量的结果,他们的差值即为我们实验中注入水的质量.

(3) 重新装上大圆盘并插入温度计并浸入水中央.用搅拌器轻轻上下搅动,待温度上长较为缓慢时,每隔大约两分钟记录一次水的温度,并注意记录每一温度相对应的时间值(注意:在整个实验过程中时间记录值为连续变化值,秒表不可暂停或清零),一面观察温度计待水的温度回升到较室温低 2 度左右时,即可开始实验.

（4）随即摇动手轮，控制摇轮速度，使砝码保持在悬挂空中状态，继续不停摇转，并不时搅动搅拌器及观察温度计并记录每一时刻对应的温度，每隔二、三分钟记录一次，待温度计指示水温已比室温约高 2 度时停止摇转，一面继续搅动搅拌器并注意温度计指示值的变化，停止摇转后温度仍会上升，将最高指示值记下，记录记转器最后读数.

（5）不断地用搅拌器搅拌水，每隔大约两分钟记录一次水的温度，记录五～八组数据后才可停止.

（6）取下温度计及大圆盘，取出内外锥体，将锥体中的水倒入烧杯中，然后将烧杯中的水倒掉，整理桌面的仪器.

【数据处理】

1. 热功当量的计算

室温：$t_0 =$　　　　℃

内锥体的质量 $W_0 =$

外锥体的质量 $W_1 =$

搅拌棒的质量 $W_2 =$

开始量取的冷水同烧杯的总质量 $P_1 =$

所剩冷水同烧杯的总质量 $P_2 =$

水的比热 $c_1 = 1$

黄铜的比热 $c_2 = 0.093$

实验开始时水的温度 $t_1 =$

实验终止时水的最高温度 $t_2 =$

则可计算出铜锥体及水等所吸收的热量为

$$Q = [(P_2 - P_1)c_1 + (W_0 + W_1 + W_2)c_2] \cdot [t_2 - t_1]$$

实验开始时计转器读数 $n_1 =$

实验终止时计转器的读数 $n_2 =$

圆盘的周长 $L =$

所悬挂砝码的质量 $m =$

重力加速度 $g = 9.78 \text{m/s}^2$

则克服摩擦力所做的功为

$$A = L(n_2 - n_1)mg$$

由此可计算得热功当量

$$J = \frac{A}{Q}$$

2. 实验测量结果的修正

实验开始前：

时间							
温度							

实验中:

时间								
温度								

实验终止后:

时间								
温度								

在实验准备开始前约 10 分钟就开始对锥体中的水的温度进行测量,每 2 分钟记录一次时间和水的温度,实验正式开始后,每 3 分钟测量一次水的温度,在实验停止后,也要保持测量水的温度约十分钟以上,利用以上测量的结果作温度-时间曲线,如图所示,将温度上长部分 AB 延长,下降部分 CD 处长,然后通过室温作平行于时间轴的直线交 BD 于 G 点,然后过 G 点作温度轴的平行线分别交 AB、CD 的处长线于 E、F 点,则折线 AEGFC 为校正后的曲线,AE 段为被测量的水在空气中吸收热量引起的温度上升,EF 段表示由无限快的做功和热传递把热量传递给水的过程,FC 段表示由于水的温度高于室温所引起的放热.

则 E、F 点即为理论上做功起点的温度值和做功结束时的温度值故我们可以利用这两点再次计算出热功当量的值.

【注意事项】

(1) 摇动摇轮时一定要匀速,切勿过快以免将细线拉断;

(2) 小心使用温度计,轻拿轻放.凡打碎温度计者将按仪器损坏赔偿制度处罚,课堂实验成绩按零分计.

【附录】

牛顿冷却定律.在系统与环境温度差不太大时,可以采用牛顿冷却定律来求出实验过程中实验系统所散失或吸收的热量,实验证明:温度差相当小时,散热速度与温度差成正比,此即牛顿冷却定律,用数学形式表示可以写成

$$\frac{\Delta q}{\Delta t} = K(T - \theta)$$

其中 Δq 是系统散失的热量,Δt 是时间间隔,K 是一个常数(称为散热常数)与系统表面积成正比,并随着表面的吸收或发射辐射的本领而变;T、θ 分别是我们考虑的系统及环境温度,$\frac{\Delta q}{\Delta t}$ 称为散热率,表示单位时间内系统散失的热量.

5.5　流体黏滞系数的测定

【实验目的】

用泊肃叶(Poisille)法(也称毛细法)测定水的黏滞系数.

【实验装置】

黏滞计全套装置,水,物理天平,米尺,停表,烧杯.

【实验原理和仪器描述】

在一切实际的流体流动时,其内部各部分之间的速度彼此不同.例如,在导管里流动的流体,其最接近管壁的那一层速度最小,通过轴线的流体速度最大(图 5-5-1).因此流体的不同液层以不同的速度流动,彼此互相划过,这种情形称为片流.在互相划过的时候,各层之间就有相互作用力,运动较快的层施一加速力于运动较慢的层上.相反地,运动较慢的层也施一阻滞力于运动较快的层上,这种力称为内摩擦力.内摩擦力的方向沿着液层面的切线方向.实验指出,内摩擦力与液层的面积 S 和由一层到一层之间的速度变化的快慢成正比,即

$$f = \eta S \frac{dv}{dy} \qquad (5\text{-}5\text{-}1)$$

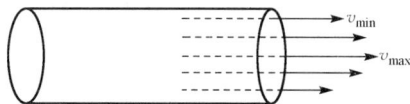

图 5-5-1　流体在管壁中的流动

式中 η 为比例系数,称为内摩擦系数或黏滞系数,其值由流体的性质而定,且与流体的温度、压强有关. η 大,流体的黏滞系数就大. $\frac{dv}{dy}$ 为垂直于速度方向单位长度的变化量.

流体的黏滞性在工程技术上有很大的实际意义,它出现在许多水利技术、热力技术和所有流体或气体的传输系统中(如水管、瓦斯管、油管等).

利用式(5-5-1)直接测 η 值很困难,因式中各物理量不易直接测出,但可以利用流体流经毛细管时,其流量与流体的黏滞性有关这一性质,求出 η 和其他物理量之间的关系,再间接的测 η.泊肃叶曾导出,当液体以片流的形式稳定地流过一均匀毛细管时,在 t 时间内流过毛细管的流体的体积为

$$V = \frac{\pi R^4 (p_1 - p_2)}{8 \eta L} t \qquad (5\text{-}5\text{-}2)$$

上式为泊肃叶公式(推导过程可参看福里斯著《普通物理》第一册). R 和 L 分别是毛细管的半径和长度(m),($p^1 - p^2$)为毛细管两端的压强差(Pa,1Pa$=$1N/m^2), V 是时间 t(s)内流过毛细管的流体体积(m^3).它们都可以用简便的方法测出来,因而可以算出流体的黏滞系数 η(Pa・s).

由式(5-5-2)可得

$$\eta = \frac{\pi R^4 (p_1 - p_2) \cdot t}{8 V L} \qquad (5\text{-}5\text{-}3)$$

但在精密度量时,式(5-5-3)还需要修正.式(5-5-3)是由理想情况导出的,实际上还应考虑下列两种情况:

(1) 对流体流出时所获得的动能进行修正,但这项修正比较复杂,本实验不采取.

(2) 在推导式(5-5-3)时曾假定流体沿管轴的加速度为零,实际上入口附近的加速度还未降至零,须经一定长度后才以等速流动,故管长 L 值必须加一因子 K,半径 R 为一常数,实验测出 $K = 1.64$,故式(5-5-3)可改写为

$$\eta = \frac{\pi R^4 (p_1 - p_2) \cdot t}{8 V (L + 1.64 R)} \qquad (5\text{-}5\text{-}4)$$

图 5-5-2 为毛细管法测水的黏滞系数的一种装置.毛细管装在双层的大玻璃管 D 内,当 D 中盛满水后,水便从毛细管慢慢流出.为了保持毛细管两端的压强差恒定,在支架上装了一个稳压水槽 A.当水不断流入 A 槽时,一部分水流入 D 管内层,补充经毛细管流走的水量,多余的水从 C 管自动流出,经过 D 管外层排放掉.这样,A 槽的水面始终保持跟 C 管上端管口的端

面相平,从而维持了稳定的水压.同时流过 D 管外层的水又起着保持 D 管内部水温恒定的作用.

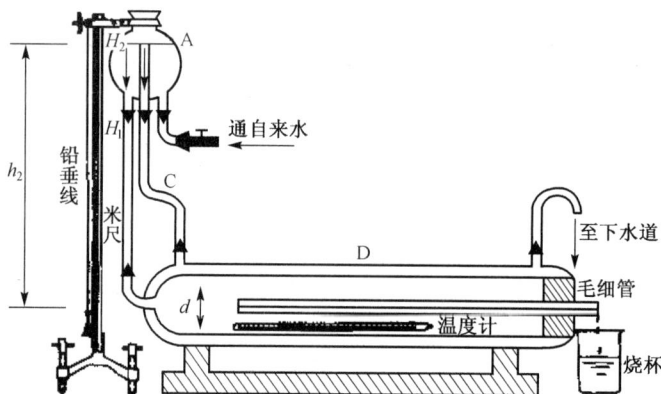

图 5-5-2　用毛细管法测流体黏滞系统的装置图

实验时,调节毛细管处于水平,将 A 槽固定在支杆上 H_1 位置,设这时 A 槽水面距毛细管轴线的高度为 h_1,则 $p_1 - p_2 = \rho g h_1$(ρ 为水的密度).测出在时间 t_1 经毛细管流出的水的体积 V,由式(5-5-4)得到

$$\frac{V_1}{t_1} = \frac{\pi R^4 \rho g h_1}{8\eta(L+1.64R)} \tag{5-5-5}$$

再将 A 槽固定在支杆上 H_2 的位置,这时 A 槽水面距毛细管轴线的高度为 h_2,$p_1 - p_2 = \rho g h_2$.测出在时间 t_2 内经毛细管流出的水的体积 V_2,又得

$$\frac{V_2}{t_2} = \frac{\pi R^4 \rho g h_2}{8\eta(L+1.64R)} \tag{5-5-6}$$

将式(5-5-6)减去式(5-5-5)后解得

$$\eta = \frac{\pi R^4 \rho g (h_2 - h_1)}{8(L+1.64R)\left(\frac{V_2}{t_2} - \frac{V_1}{t_1}\right)} = \frac{\pi R^4 \rho g (H_2 - H_1)}{8(L+1.64)\left(\frac{V_2}{t_2} - \frac{V_1}{t_1}\right)} \tag{5-5-7}$$

这就是本次实验用来计算 η 的公式.我们不直接测量 h_1(或 h_2),而是将水槽改变两次位置,测出 H_1 和 H_2,再利用其高度差 $H_2 - H_1 = h_1 - h_2$ 来计算 η,这是为了避免测量不易测准的 h_1 或 h_2,同时也为了消除由毛细管倾斜而产生的重力和表面张力引起的附加压强.

【实验内容】

(1) 用天平称出干净烧杯的质量 m_0,用米尺测出毛细管的长度 L,用读数显微镜测量毛细管的内直径,标出 R_0(或实验室给出).

(2) 按图 5-5-2 安装好仪器.调节支架底脚螺丝.使支杆与铅垂线平行.

(3) 接通水源后,调节稳压槽的位置,使水缓慢地一滴滴从管口落下(为了防止水从管口外壁流回来,可在接近管口处涂一点凡士林).记下水面的位置 H_2,用已称出其质量的烧杯接水,并立即启动停表,经过时间 t_2(t_2 的范围由实验室给出,一般应在 100s 以上)后,制动停表,同时移开烧杯,记下水的温度.

(4) 用天平称出烧杯和水的总质量 M,算出水的体积 V_2.

$$V_2 = \frac{M - m_0}{\rho} \approx M - m_0$$

（5）将水面位置改变到 H_1，重复步骤（3），（4），记下 t_1，标出 V_1（如果时间充裕，还可将水面位置改变到 H_3，H_4. 测出相应的 t_3，V_3 和 t_4，V_4）.

（6）将上述测出数据代入式(5-5-7)，计算出水的黏滞系数 η. 查出在该温度下黏滞系数的标准值. 计算实测值与标准值之间的相对误差.

【注意事项】

（1）在式(5-5-7)中，毛细管的半径 R 以 R' 的形式出现，因此测量时应特别细心.

（2）A 槽面距毛细管的高度不能过大，否则毛细管中的流体不能保持片流. 这时，泊肃叶公式不能应用.

（3）在实验过程中应保持毛细管的位置不变.

（4）从 5~20℃内，温度每变化 3℃，水的 η 平均变化达 3.5%. 因此，实验中不要用手摸毛细管，同时露在空气中的一段毛细管不可过长，以免管中水温受室温变化的影响. 实验中应保证水的温度差不超过 1℃.

【实验数据和结果处理】

将实验数据记录于下表中：

	H_1	H_2	H_3
M /kg			
V /m³			
t /s			
V/t (m³/s)			

水的温度 $T =$＿＿℃

毛细管半径 $R =$＿＿ m

毛细管长度 $L =$＿＿ m

烧杯质量 $m_0 =$＿＿ kg

$H_2 - H_1 =$＿＿ m

$H_3 - H_2 =$＿＿ m

$H_4 - H_3 =$＿＿ m

【预习思考题】

（1）什么叫泊肃叶公式？其中各物理量的意义是什么？各用什么单位？

（2）如在仪器的出口处套一短橡皮套，是否对毛细管中水的流动有影响？

【讨论问题】

（1）本实验中计算 η 为什么要用式(5-5-7)而不用式(5-5-5)和式(5-5-6)？

（2）哪个量对 η 的测量误差影响最大？为什么？

【附录】　各种温度下水的黏滞系数

0℃	1.7921×10^{-3}Pa・s	1℃	1.7313×10^{-3}Pa・s
2℃	1.6728×10^{-3}Pa・s	3℃	1.6191×10^{-3}Pa・s
4℃	1.5674×10^{-3}Pa・s	5℃	1.5188×10^{-3}Pa・s

6℃	1.4728×10^{-3} Pa · s	7℃	1.4288×10^{-3} Pa · s
8℃	1.3680×10^{-3} Pa · s	9℃	1.3460×10^{-3} Pa · s
10℃	1.3077×10^{-3} Pa · s	11℃	1.2713×10^{-3} Pa · s
12℃	1.2363×10^{-3} Pa · s	13℃	1.2028×10^{-3} Pa · s
14℃	1.1709×10^{-3} Pa · s	15℃	1.1404×10^{-3} Pa · s
16℃	1.1111×10^{-3} Pa · s	17℃	1.0828×10^{-3} Pa · s
18℃	1.0556×10^{-3} Pa · s	19℃	1.0299×10^{-3} Pa · s
20℃	1.0050×10^{-3} Pa · s	21℃	1.9810×10^{-3} Pa · s
22℃	1.9579×10^{-3} Pa · s	23℃	1.9358×10^{-3} Pa · s
24℃	1.9124×10^{-3} Pa · s	25℃	1.8937×10^{-3} Pa · s
26℃	1.8937×10^{-3} Pa · s	27℃	1.8545×10^{-3} Pa · s
28℃	1.8860×10^{-3} Pa · s	29℃	1.7313×10^{-3} Pa · s
30℃	1.8007×10^{-3} Pa · s		

第6章 电 磁 学

6.1 电磁学实验基础知识

电磁测量是现代科学研究和生产技术中应用广泛的一种实验方法和实用技术，除了能直接测量电磁量外，还可以通过换能器将许多非电学量（如压力、温度、流量、变形量等）转变为电量来进行测量．电磁学实验的目的是学习电磁学常用的典型测量方法——模拟法、比较法、补偿法、放大法等；学会正确使用电磁学仪器、仪表及操作技能；培养看电路图、正确连接线路及分析判断实验故障的能力；通过实验加深对电磁学理论知识的认识．

现对有关常用电磁学仪器的使用及电路连接的一般程序作简要介绍．

6.1.1 常用电学仪器简介

1．电源

1）交流电源（代号为⊖）

我们常用的交流电源为50Hz、220V的单相交流电，如需要用不同电压，则可用变压（调压）器变压．

2）直流电源

（1）直流稳压电源（代号为+□-）．一般将220V交流电，经降压、整流、稳压后，改变为稳定的直流电压．直流稳压电源一般是可调的，转动调节旋钮即可得到所需电压．

（2）各种电池（代号为+|⊢-）．如干电池、蓄电池、标准电池等．

使用电源时应注意输出电压大小是否合适，额定电流是否满足要求，正负极不能接错，严防短路．

2．电表

1）指针式检流计

指针式检流计的特征是零点在刻度盘中央，便于检查电路中不同方向的微小电流，检流计的参量有：

（1）量程．偏转最大格数时所通过的电流强度．

（2）检流计常数．偏转一小格时所通过的电流值，常用检流计常数约为10^{-5}安/格，常数值越小，检流计越灵敏．

（3）内电阻．内电阻是检流计两接线端之间的电阻，一般为100 Ω左右．

2）直流电流表

直流电流表是用来测量电路中直流电流大小的仪器，有安培表、毫安表、微安表，其主要规格如下：

（1）量程．它是指允许通过的最大电流值，一般来说电流表面板上的满刻度值就是该表的量程,也有多量程的电流表.

(2) 内电阻.电流表两接线柱间的电阻称为内电阻或内阻.一般安培表的内阻在 0.1Ω 以下,毫安表在 100～200Ω,微安表在 1000～20000Ω 内.

3) 直流电压表

直流电压表用来测量电路中两点之间电压大小的仪器,有伏特表、毫伏表,其主要规格如下:

(1) 量程.量程是能承受的最大电压值,一般是电压表面板上满刻度的电压值.

(2) 内电阻.内电阻是电压表两接线柱间的电阻,同一电压表不同量程的内阻各不相同,但各量程的每伏欧姆数是相同的,所以统一由 $x\Omega/V$ 表示,计算各量程的内阻可用如下公式:

$$内阻＝量程×每伏欧姆数$$

4) 电表的基本误差与准确等级

电表测量时可能引起的最大绝对误差,称为电表的基本误差,电表的级别按下式计算:

$$级别\%＝\frac{电表的最大绝对误差}{量程}×100\%$$

根据我国的标准,电表分为 0.1,0.2,0.5,1.0,1.5,2.5,5.0 等 7 级,是以相对误差的百分数作为级别的.因此知道了电表的级别,选定了量程,则其最大绝对误差＝级别%×量程.为了减小误差,应选择合适的级别与量程,并使电表的测量示值尽可能在 2/3 量程附近.常见仪表盘符号的意义见表 6-1-1.

表 6-1-1 仪表盘符号意义

符号	意义	符号	意义
—	直流	Ⓥ	伏特表
∼	交流	Ⓐ	欧姆表
≂	直流和交流	0.5 ⑤	电表准确度等级,共 7 级
⬀	磁电系仪表	Ⅱ ⟦Ⅱ⟧	防外磁(电)场 Ⅱ 级,共 4 级
丰	电磁系仪表	Ⓑ	防潮 B 级,共有 A,B,C 三级
⬆ Ⓖ	检流计	↯2kV	击穿电压 2kV
ⓤA	微安表(10⁻⁶A)	☆	绝缘试验加 1kV
ⓜA	毫安表(10⁻³A)	⊥ ↑	标度尺位置为垂直
Ⓐ	安培表	⌒ →	标度尺位置为水平
ⓜA	毫伏表(10⁻³V)	⌒	调零点

5) 电表使用时的注意事项

(1) 零位调整.使用前,首先检查指针是否与零刻线重合,否则应调整表盖上的机械零位调节器,使指针准确指零.

(2) 电表极性.在直流电路中,要注意电表的极性,电表正极"＋"接在电流流入端,负极"－"接在电流流出端.在电路中,电流表应串联,电压表应并联.

(3) 量程选择.首先要粗略估计待测值的大小,然后选择量程,勿使测量值超过量程,以免损坏仪器,但也不能选择过大量程,导致测量精确度下降.

(4) 视差问题.为了减少视差,必须在视线垂直刻度表面后才能读数,高级的电表在刻度标尺旁边也附有镜面,当指针与镜中的像重合时,所对准的刻度才是正确的读数.

(5) 读数的有效数字问题. 对于单量程电表,读出刻度的估计部分后,连同前边的可靠部分就组成了有效数字.

对于多量程电表,由于表面刻度可能只是 1 或 2 种刻度,所以要进行换算. 换算系数＝量程/表面刻度格数,测量值＝换算系数×指针所示格数. 例如,安培表刻度为 50 格,量程为 15mA,指针示数为 42.7 格,则其测量值为

$$I = \frac{15}{50} \times 42.7 = 12.81 (\text{mA})$$

此时注意,15/50＝0.3 是作为常数处理的.

3. 电阻器

常用的电阻器有电阻箱、滑线变阻器和固定电阻.

1) 电阻箱

电阻箱是将一系列相当准确的电阻按照一定的要求连接起来并装在箱内. 电阻箱有旋转式和插头式两种. 现介绍常用 ZX21 型旋转电阻箱,其外型板面如图 6-1-1 所示,其内部线路如图 6-1-2 所示. 其电阻值随旋钮的位置不同而变,如图 6-1-1 所示的位置,其阻值为 87654.3Ω,即是(8×10000＋7×1000＋6×100＋5×10＋4×1＋3×0.1). 4 个接线柱下方分别标有 0,0.9Ω,9.9Ω,99999.9Ω 的字样,它表示 0 接线柱与该接线柱之间可调电阻的范围,ZX21 型电阻箱的技术指标如下:

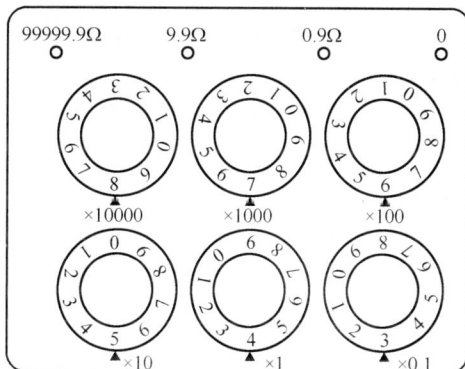

图 6-1-1 板面图

(1) 调整范围:0～99999.9Ω.

(2) 零电阻:当指示读数为零时,实际存在的接触电阻小于 0.03Ω.

(3) 额定功率:电阻箱每挡允许通过的电流是不同的,其值可由电阻箱的额定功率 W 求得,即 $I = \sqrt{W/R}$,式中 I 为额定电流,W 为额定功率,R 为电阻箱各挡指示的电阻值. 电阻愈大的挡,额定电流愈小. ZX21 型电阻箱的额定功率 $W = 0.25$ W.

(4) 级别:电阻箱根据其误差大小一般分为 0.02,0.05,0.1,0.2 等级别,其级别表示电阻示值的相对误差百分数. ZX21 型电阻箱一般为 0.1 级,如其读数为5643.0Ω,则其误差为 5643.0×0.1％＝5.6Ω(或 6Ω),这与电表误差计算法不同.

(5) 基本误差(示值误差):电阻箱的基本误差是由级别误差与接触电阻造成的. 其相对误差为

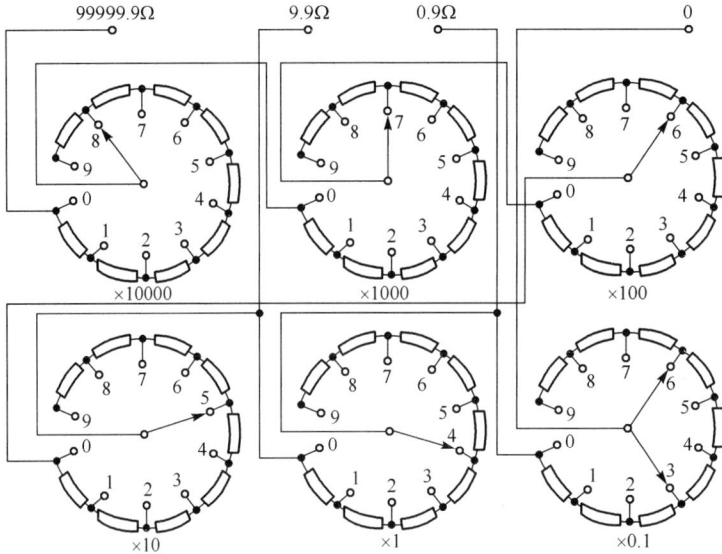

图 6-1-2　内部线路示意图

$$E = \frac{\Delta R}{R} = \left(a + b\frac{M}{R}\right)\%$$

式中 E 为相对误差，ΔR 为绝对误差，R 为电阻箱示值电阻，M 为实际使用（电流经过的）旋钮数，a 为电阻箱级别，b 为由接触电阻造成的级别变动系数. 对于级别为 0.02，0.05、0.1、0.2 的电阻箱，其对应 b 值为 0.05，0.1，0.2，0.5.

如 ZX21 型电阻箱，$a = 0.1$，$b = 0.2$，$R = 5643.0$，$M = 5$，则

$$E = \frac{\Delta R}{R} = \left(0.1 + 0.2 \times \frac{5}{5643}\right)\% = 0.1002\% = 0.10\%$$

所以在 R 值较大时，由接触电阻造成的误差可以不计；但在阻值较小时，则不能忽略. 因此在测量低值电阻时，应尽量减少实际使用旋钮数 M，以减少误差.

在使用电阻箱时，应注意各旋钮是否灵活、接触是否稳定可靠、电流强度不能超过额定值等.

2）滑线变阻器

滑线变阻器由一根直径均匀的电阻丝密绕在绝缘圆筒（一般用瓷筒）上组成. 其规格指标是总电阻值与额定电流，在电路中滑线变阻器有作限流和分压用的两种接法，如图 6-1-3、图 6-1-4 所示. 使用时应注意不要超过额定电流，在接通电路前，作限流时应将阻值调到最大位置，作分压时应将阻值调到最小位置.

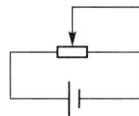

图 6-1-3　限流电阻　　　　　　　　图 6-1-4　分压电阻

6.1.2　电磁学实验操作规程

（1）准备：在看懂、看清或设计好电路原理图及各种仪器、仪表、元件作用的基础上，将各种仪器、仪表、元件安放在适当位置，将要操作、要读数的仪器仪表放在近处，以便随手可调直接可

看,其他仪器可放在稍远一些.要做到"布局合理,走线得当,方便操作,易于观测,注意安全".

(2) 接线:接线时"先接电路,后通电源",一般由电源正极开始,接上开关(开关一定要断开),按电流方向连接仪器、元件,直到电源负极.比较复杂的电路,从电源开始,一个回路一个回路地连接,并注意在同一接线柱上的接片不要超过三个.

(3) 检查:按电路图认真检查连接导线及电源、电表的极性是否正确.仪表的量程是否满足要求? 滑线变阻器滑动头位置、电阻箱的示值电阻是否得当等.

(4) 瞬时通电试验:检查无误后,接上电源开关(手不离开关),接通电路,看各种仪表工作是否正常(如电表指针是否反向偏转,或超过最大值等),如有异常,立即打开开关,重新检查找出故障原因.

(5) 实验:瞬时通电正常后,按照实验内容要求进行操作、测试.认真观察现象,记录数据,并初步分析数据是否合理、齐全,避免"拆完电路,发现问题"的现象.

(6) 整理:在处理审查数据过程中,断开开关,待确信数据可靠后(或经教师签字后),拆掉电路.拆线时应按"先断电源,后拆电路"的原则进行,然后将仪器整理整齐.

6.2　电学基本测量

实验一　用伏安法测量未知电阻

【实验目的】

(1) 练习连接电路,学会几种常用电学仪器的使用方法;

(2) 通过作伏-安曲线求电阻,验证欧姆定律.

【实验装置】

直流电源,安培计,伏特计,滑线变阻器,待测电阻,单刀开关.

【实验原理】

根据欧姆定律,通过导体的电流强度 I 与导体两端的电势差 U_1-U_2 成正比而与电阻成反比,即

$$I = \frac{U_1 - U_2}{R} \tag{6-2-1}$$

如果改变 U_1-U_2 的值,则 I 也改变,因而可以画出 (U_1-U_2)-I 的关系曲线,这曲线的斜率即为电阻 R_x,R_x 值也可以直接用式(6-2-1)来计算.

【实验内容】

测量 R_x 的阻值.

(1) 按图 6-2-1(a)的线路接线以接通电源.使滑线变阻器的电阻值滑向分压最小,经教师检查后才可以接通电源.

(2) 调节滑线变阻器 R_0,由伏特计得出 9 个以上不同的值(即 U_1-U_2 值),并相应地记下安培计的值(即 I 值).

(3) 按图 6-2-1(b)线路接线,重复 2 步骤,记下 U_1-U_2 与 I 的对应值.

【实验数据和结果处理】

(1) R_x 数据记录可参见表 6-2-1 和表 6-2-2.

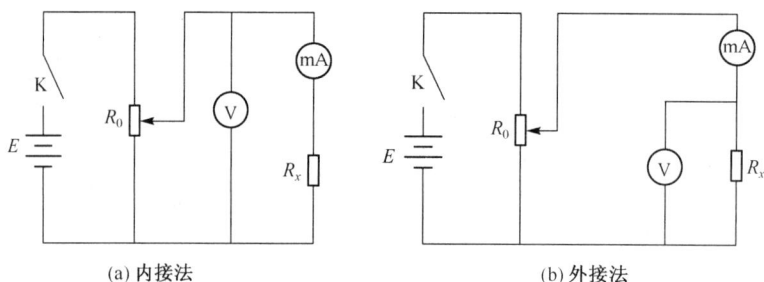

(a) 内接法　　　　　　　　(b) 外接法

图 6-2-1　伏安法测电阻

表 6-2-1　电流表外接测量数据表

	1	2	3	4	5	6	7	8	9
U_1-U_2/V									
I/mA									

表 6-2-2　电流表内接测量数据表

	1	2	3	4	5	6	7	8	9
U_1-U_2/V									
I/mA									

（2）以 U_1-U_2 为纵坐标，以 I 为横坐标作出伏安曲线（两条），由斜率求得 R_x（两个）.

（3）记下电表的级别和所用量程，计算由电表的精确度所造成的 R_x 的相对误差和绝对误差.

【预习思考题】

（1）连接电路的一般程序是什么？

（2）在电路图中使用安培表和伏特表要注意什么问题？

（3）按图 6-2-1 电路所测得的 R_x 值，在理论上是否准确？

【讨论问题】

设安培表的内阻为 R_g，伏特表的内阻为 R_v，则在上述两种电路中测量 R_x 时，试分析产生的系统误差及其修正公式，进而讨论在什么情况下这个误差可以忽略？

实验二　测电流计的量程

【实验目的】

（1）练习分压器（即滑线变阻器的另一种用法）、换向开关、电阻箱和电流计的用法；

（2）应用欧姆定律求电流计量程.

【实验装置】

直流电源，伏特计，滑线变阻器，旋转电阻箱，电流计，换向开关，单刀开关.

【实验原理】

电流计量程是指它的指针向左（或向右）偏转到最大的格数（30 格）时通过的电流 I_g，从图 6-2-2 中，由欧姆定律可知：如果已知电流计的内阻 R_g，保持加在 R_2 和 R_g 两端的电势差 U 恒定，则当调节 R_2 使电流达到最大偏转时，有下列关系：

$$I_{g0} = \frac{U}{R_2 + R_g} \qquad\qquad (6\text{-}2\text{-}2)$$

通过实验测定 U, R_2，则可由上式求得 I_{g0}．

【实验内容】

(1) 按图 6-6-2 接好线路，令 R_2 为最大值（约 9000Ω），分压器 R_1 调在输出最小处，经教师检查后，才能够接通电源．

(2) 把换向开关 S 倒向 S_1 方向，调节分压器 R_1 使伏特计的读数为 1.00V，逐步地减少 R_2 值，使电流计的指针指在 30 格为止，记下这时的电阻值 R_2（保持伏特计的读数为 1.00V）．

(3) 把 R_2 重调至最大值，把换向开关 S 倒向 S_2 方向，逐步减少 R_2 值，使电流计的指针指在 30 格为止（反向），记下这时的电阻值 R_2．

(4) 重复上述第(2)，(3)步骤，使左右两边各测出 3 次 R_2 的值．

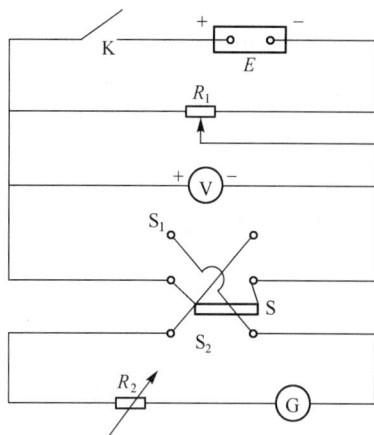

图 6-2-2　测量电流计量程

【实验数据和结果处理】

1. 数据记录

$U = 1.00\text{V}, R_g = \underline{\qquad}$（由实验室给出）．

将实验数据填入下表：

伏特计级别：＿＿＿，　　量程：＿＿＿．

指针方向	项　目	1	2	3	平均值
左	R_2				
	ΔR_2				
右	R_2				
	ΔR_2				

2. 求量程

由下列公式计算：

$$I_{g0}(\text{左}) = \frac{U}{R_2(\text{左}) + R_g} = \underline{\qquad}(\text{A})$$

$$I_{g0}(\text{右}) = \frac{U}{R_2(\text{右}) + R_g} = \underline{\qquad}(\text{A})$$

3. 误差计算

$$E = \frac{\Delta I_{g0}}{I_{g0}} = \frac{\Delta U}{U} + \frac{\Delta R_2}{R_2} = \underline{\qquad}, \Delta U = 伏特计级别 \% \times 量程 = \underline{\qquad}$$

$$\Delta I_{g0} = E \cdot I_{g0} = \underline{\qquad}$$

$$I_{g0}(\text{右}) = (\underline{\qquad} \pm \underline{\qquad}) \quad (\text{A})$$

$$I_{g0}(左)=(\underline{\quad}\pm\underline{\quad})\quad(A)$$

【预习思考题】

(1) 滑线变阻器作分压用与作限流用在接法上有何不同?

(2) 换向开关在电路中如何起到换向作用?

(3) 当调 R_2 时,伏特计的读数有无影响? 怎么办?

【讨论问题】

在误差计算中 ΔU 用伏特计的级别和量程来计算,而 ΔR_2 则没有考虑用电阻箱的基本误差来计算? 为什么?

6.3　用模拟法测绘静电场

随着静电技术、高压技术及各种电子器件的广泛应用,都需要了解各电极或导体间的电场分布,用计算方法求解静电场的分布一般比较复杂而困难,在精度要求不太高的情况下,广泛采用实验测量的方法,但是直接测量静电场需要复杂的设备,对测量技术的要求也很高,所以常采用模拟法来研究或测量静电场.

【实验目的】

(1) 学习用模拟法测定电场分布的原理和方法,了解模拟的概念和使用模拟法的条件;

(2) 测绘给定形状的电极间的电场分布;

(3) 加深对电场强度和电势概念的理解;

(4) 验证高斯定理.

【实验装置】

电源,电阻器,灵敏电流针,电极板,导电纸,探针,放大器.

【实验原理】

1. 直接测量静电场的困难

带电体或电极周围或空间所产生的电场,可以用电场强度 E 或电势 U 来描述. 但由于电势 U 是标量,电场强度 E 是矢量,标量的测量和计算都比矢量方便,所以一般常用电势 U 来描述电场. 由于带电体的形状、位置、数目不同,在空间所产生的电场大多数很难用数学方法求出其电位分布,如用实验方法直接测定带电体周围的电场,也是相当困难的. 因为一旦引入测试器件(如探针),就会由于静电感应而产生感应电荷,影响原电荷的分布,再加上感应电荷所产生的电场叠加在原电场上,使原电场发生形变;再则所用仪器必须采用静电式仪表,因电磁式仪表在静电场中不会有电流而无法应用,所以直接测量静电场中的电位是困难的,因此一般常用稳恒电流场来模拟静电场.

2. 用稳恒电流场模拟静电场

如果两种物理现象在一定条件下满足同一形式的数学规律,就可以将对其中一种物理现象的研究来代替对另一种物理现象的研究,这种研究方法称为模拟法.

静电场与稳恒电流场相似的理论依据是:当空间不存在体分布的自由电荷时,各向同性的

电介质中的静电场满足下列方程:

$$\oiint_s \boldsymbol{E} \cdot \mathrm{d}\boldsymbol{s} = 0 \qquad (6\text{-}3\text{-}1)$$

$$\oint_l \boldsymbol{E} \cdot \mathrm{d}\boldsymbol{l} = 0 \qquad (6\text{-}3\text{-}2)$$

式中 $\boldsymbol{E}$ 为静电场的电场强度矢量.

在各向同性的导电介质中的稳恒电流场的电荷分布与时间无关,于是电荷守恒定律满足下列方程:

$$\oiint_s \boldsymbol{i} \cdot \mathrm{d}\boldsymbol{s} = 0 \qquad (6\text{-}3\text{-}3)$$

$$\oint_l \boldsymbol{i} \cdot \mathrm{d}\boldsymbol{l} = 0 \qquad (6\text{-}3\text{-}4)$$

式中 $\boldsymbol{i}$ 为稳恒电流的电流密度矢量.

比较上述两组方程可知,各向同性的均匀介质中静电场的电场强度 E 和各向同性的导电介质中稳恒电流场的电流密度 i 所遵守的物理规律具有相同的数学表达形式. 在相似的场源分布和相似的边界条件下,它们的解表达形式也相同. 在实验中用稳恒电流场来模拟静电场正是运用了这种形式上的相似性.

虽然相似,但不是等同. 所以使用模拟法时,必须注意到它的适用条件,这就是:① 电流场中导电介质分布必须相当于静电场中的介质分布. ② 静电场中的带电导体的表面是等位面,则稳恒电流场中的导电体也应该是等位面. 这就要求采用良好的导电体来制作导电电极,而且导电介质的电导率也不宜太大,且要均匀. ③ 测定导电介质中的电位时,必须保证探测电极支路中无电流通过.

实验一　用两直导线间的电流场模拟正负电荷的静电场

【实验原理】

如图 6-3-1 所示 a,b 是固定在导电纸上的两个小铜柱,给两者加上一定直流电源时,在导电纸上形成稳定分布的电流场,此电流场与同样电极的静电场相似,只要测得一系列等势面,就可得到两点电荷的模拟静电场的分布. 图中探针 d 固定在某一点上,移动探针 c 的位置直到电流指示为零,此时 c,d 两点等势,即在同一条等势线上. 依次移动 c 点可找出同一等势线上的若干点,将这些点连接成光滑曲线就是等势线. 改变 d 的位置,可找出不同的等势线,然后绘出其电场线.

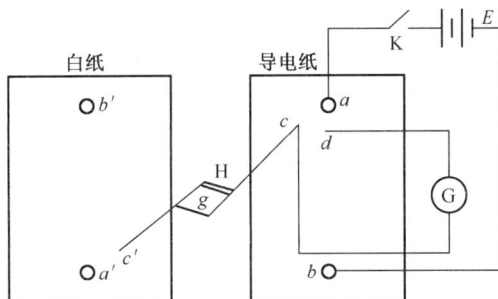

图 6-3-1　正负电荷电场的测量

【实验内容】

(1) 在 a,b 电极之间适当取 5 个等距离点,按图 6-3-1 接好电路,电源 E 不要超过 3V(先不要合开关). 图中 H 是以 g 为轴的机械放大器(作为描点的传递和放大用).

(2) 固定 g 轴在合适的位置不动,应用机械放大器的传递作用分别将导电纸上的 a 中心、b 中心及两者之间的几个等分点描在白纸上.

(3) 将探针 d 置于 a,b 连线上距 a 最近的等分点上,合上开关,移动探针 c,在 a、b 连线的两侧各找出 4~5 个等势点,同时利用 H 把每个等势点的位置传递描到白纸上.

(4) 把探针 d 依次移到相邻的各等分点上,重复上述步骤 3.

(5) 拆除电路,取下白纸,在其上做出等势线和电场线.

实验二　用同轴圆柱面的电流场模拟同轴圆柱体的静电场

【实验原理】

如图 6-3-2 所示,半径分别为 r_a 和 r_b 的同轴圆柱体 a,b 固定在导电纸上. 如果 a,b 带上正、负静电荷时,之间的静电场强 $E = \frac{\lambda}{2\pi\varepsilon r} = K\frac{1}{r}$,按辐射状分布,等势线是同心圆;如果 a,b 加上直流电源,之间就有电流场 $E' = \rho j = \rho\frac{I}{S} = \rho\frac{I}{2\pi rt}$(式中 ρ,t 为导电纸的电阻率和厚度),可见具有相同的规律. 故我们用稳恒电流场来模拟静电场.

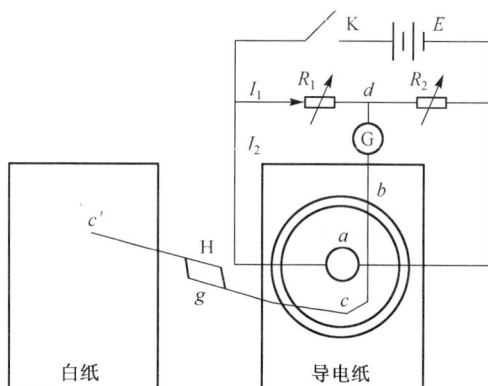

图 6-3-2　同轴圆柱体的静电场测量

在图 6-3-2 中,用可动探针 c 把 a,b 间分成两部分充当两臂(ac 间,cb 间)与 R_1、R_2(电阻箱)组成一电桥,给 ab 间供直流电源. 若取 b 点为零参考点,当电流计的示数为零时,电桥平衡,则有

$$U_a = I_1(R_1 + R_2) \tag{6-3-5}$$
$$U_c = U_d = I_1 R_2 \tag{6-3-6}$$

可得

$$U_c = U_d = U_a \frac{R_2}{R_1 + R_2} \tag{6-3-7}$$

这样,当 R_2 变化时,只要保持 $R_1 + R_2$ 之值不变,对于每一个 R_2 之值,可测出一条等势线. 改变 R_2,用同样方法在 a,b 之间测 5 条等势线.

由静电学的理论可知,对于同轴圆柱面均匀带电时有如下结论(证明见附录):

$$\frac{U_c}{U_a} = \frac{\ln \frac{r_b}{r_c}}{\ln \frac{r_b}{r_a}} \tag{6-3-8}$$

我们是要将以式(6-3-7)为据的实验结果与以式(6-3-8)为据的理论推导结论相比较,来验证静电场的高斯定理.

【实验内容】

(1) 以 a 为对称中心在导电纸上预先作好 8 条对称辐射线记号. 利用 H 将 a 的中心描到白纸上.

(2) 按图 6-3-2 接好电路,电源电压用 2V,开始时先取 $R_2 = 500\Omega$,并保持 $R_1 + R_2 = 1000\Omega$ 不变,检查好电路后再合开关. 以 g 为轴移动探针 c,在 8 条辐射线上各找一等位点,每次当电流计指示为零时,按下 c' 针在白纸上记下相应位置.

(3) 依次取 $R_2 = 400\Omega, 300\Omega, 200\Omega, 100\Omega$,相应改变 R_1,重复上述步骤(2)(每一个 R_2 均需找到 8 个等位点).

(4) 拆除电路,取下描点白纸,画上相应电极的位置及形状. 连接等位点成等位线(同心圆),画出电场线.

(5) 在作出的每一等位线上量出 4 个 r_c(即每两个相对点间的距离的一半),再求每一等位线的平均半径,填入下表:

$$R_1 + R_2 = 1000\Omega$$

r_c　　　R_2　次	500Ω	400Ω	300Ω	200Ω	100Ω
1					
2					
3					
4					
平均					

(6) 算出每一等位线的 $\ln r_c$ 值(r_c 用平均值),填入下表:

R_2	500Ω	400Ω	300Ω	200Ω	100Ω
$\frac{U_c}{U_a} = \frac{R_2}{R_1 + R_2}$	0.5	0.4	0.3	0.2	0.1
r_c(平均)					
$\ln r_c$					

(7) 以 U_c/U_a 为纵坐标,以 $\ln r_c$ 为横坐标,由上表中的数据描点作图,并与由式(6-3-8)得出的理论直线进行比较,分析实验结果的符合程度.

理论直线由两点决定,即

当 $r_c = r_a, \ln r_c = \ln r_a$ 时,

$$U_c/U_a = 1$$

当 $r_c = r_b, \ln r_c = \ln r_b$ 时,

$$U_c/U_b = 0$$

【注意事项】

(1) 导电纸必须保持平整、无缺陷或折叠痕迹,实验过程中手不要接触导电纸.

(2) 探针必须与纸面垂直,并保持接触良好,移动时用力不宜过大.

【预习思考题】

(1) 为什么要采用模拟法来测静电场?

(2) 使用模拟法测静电场的条件是什么?

(3) 寻找等位点时,探针应如何移动?

【讨论问题】

在实验时如将两极电压增加(或减少一半),则所测的等势线和电力线的形状是否会发生变化?

【附录】

如图 6-3-2 所示,a,b 为同轴圆柱体,内、外圆柱体半径分别为 r_a, r_b,两柱面间一点 c 的场强由高斯定理可知为

$$E = \frac{\lambda}{2\pi\varepsilon_0 r} \quad (\lambda \text{ 是沿轴向单位长度上的电荷})$$

$$U_c = \int_{r_c}^{r_b} \frac{\lambda}{2\pi\varepsilon_0 r}\mathrm{d}r = \frac{\lambda}{2\pi\varepsilon_0}\ln\frac{r_b}{r_c} \qquad (6\text{-}3\text{-}9)$$

$$U_a = \int_{r_a}^{r_b} \frac{\lambda}{2\pi\varepsilon_0 r}\mathrm{d}r = \frac{\lambda}{2\pi\varepsilon_0}\ln\frac{r_b}{r_a} \qquad (6\text{-}3\text{-}10)$$

将式(6-3-9)与式(6-3-10)相比,得

$$\frac{U_c}{U_a} = \frac{\ln\dfrac{r_b}{r_c}}{\ln\dfrac{r_b}{r_a}} \qquad (6\text{-}3\text{-}11)$$

6.4 电表的改装和校验

【实验目的】

(1) 掌握将电流计改装成安培表和伏特表的基本原理和方法;

(2) 了解校验电表的基本方法.

【实验装置】

稳压电源,微安表,毫安表,伏特表,滑线变阻器,电阻箱,开关等.

【实验原理】

1. 将电流表(电流计或微安表)改装成毫安表(或安培表)

电流表(如微安表)的量程比较小,如果要测量较大的电流强度,则应将其改装.方法是并联上一个分路电阻(阻值较小),使大部分电流从分路电阻上通过.这样就可由原电流表(表头)与分路电阻组成一个新的量程较大的电流表(安培表或毫安表).并联不同分路电阻 R_s,就组

成不同量程的电流表. R_s 的值可从理论上计算出来,如图 6-4-1 所示,已知电流计的量程为 I_g,内阻为 R_g,改装表的量程为 I_{max},则通过 R_s 的电流强度为

$$I_s = I_{max} - I_g$$

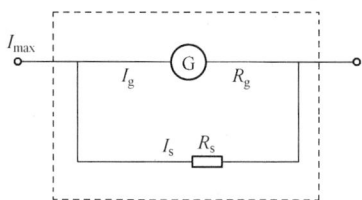

图 6-4-1　安培表原理图　　　　　图 6-4-2　伏特表原理图

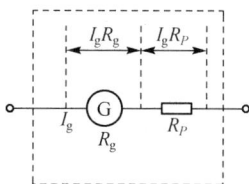

由欧姆定律可以得出

$$(I_{max} - I_g)R_s = I_g R_g$$

所以

$$R_s = \frac{I_g R_g}{I_{max} - I_g} = \frac{1}{\dfrac{I_{max}}{I_g} - 1}R_g = \frac{1}{n-1}R_g \qquad (6\text{-}4\text{-}1)$$

式中 $\dfrac{I_{max}}{I_g} = n$,为量程扩大的倍数.

2. 将电流表改装成伏特表

电流表满刻度时两端的电压($U_g = I_g R_g$)一般都比较小,不能直接用来测量较大的电压,为了测量较大的电压. 必须串联一个阻值较大的电阻 R_P(图 6-4-2),使大部分电压降落在 R_P 上. 这种由电流表(表头)与串联高电阻 R_P,组成的整体,就成为改装的伏特表. 如欲使能测量的最大电压为 U_{max}(即量程),电流表的量程为 I_g,内阻为 R_g,则所需串联的高电阻 R_P 可由理论计算出米. 根据一段电路的欧姆定律

$$I_g = \frac{U_{max}}{R_P + R_g}$$

即 $U_{max} = I_g(R_P + R_g) = U_P + U_g$,所以

$$R_P = \frac{U_{max}}{I_g} - R_g = \frac{U_{max}}{U_g} \cdot R_g - R_g = (n-1)R_g \qquad (6\text{-}4\text{-}2)$$

式中 $n = \dfrac{U_{max}}{U_g}$ 是量程扩大倍数.

3. 电表校验

将改装表与标准表进行校对,画出校正曲线,以便在使用改装表时进行读数修正,减少测量误差,校验的办法是用级别较高的标准表与改装表的示值进行比较,定出改装表的测量误差,然后以改装表的示值为横坐标,以其误差为纵坐标,作出校正曲线(图 3-7-3). 常用电表亦应定期校验.

【实验内容】

1. 将量程为 $1000\mu A$(即 I_g)的电流表改装成 $50mA$(即 I_{max})的电流表

(1) 按图 6-4-3 连接好电路,使滑线变阻器 R 处于最大值,R_s 由电阻箱充当,处于最小值处,经检查后,接通电源;

（2）调节 R 使毫安表指针在 50mA 处,调节 R_s 使微安表的指针在 $1000\mu A$ 处,即改装表为 50mA,记下 R_s 值;

（3）将 R 调回最大,R_s 调回最小后,重复上述步骤（2）,按此调整法,记下 3 次 R_s 的值.

（4）校验改装表,将电阻箱取 R_s 的平均值,改变 R 使改装表（微安表与电阻箱并联部分）,由 50mA 开始每隔 5mA 或 10mA 逐步减小,记下每次改装表与标准表的相应读数.

2. 将量程为 $1000\mu A$ 的微安表改装成 5V 的电压表

（1）按图 6-4-4 接好电路,滑线变阻器 R 的滑动头处于分压最小处,电阻箱（充当 R_P ）的阻值调在最大处,经检查后,接通电源;

（2）调 R 使标准伏特表的电压为 5V,调电阻箱使微安表达到满量程（即 $1000\mu A$）即表示改装表为 5V,记下 R_P 的值;

（3）将分压调回最小,电阻箱调回最大处,重复上述步骤（2）,按此调整法,测出 3 次 R_P 的值;

（4）校验改装表,将电阻箱取 R_P 的平均值,改变 R 使改装表（微安表和电阻箱串联部分）由 5V 开始按 1V 的间隔逐步减小,记下每次改装表与标准表相对应的读数.

【实验数据和结果处理】

记录数据的表格自行设计.

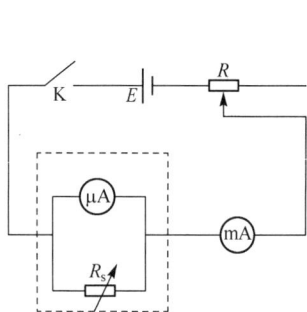

图 6-4-3 改装电流表　　　图 6-4-4 改装电压表

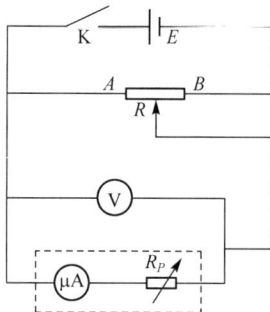

1. 改装成电流表

（1）根据式(6-4-1)计算出分路电阻的理论值 $R_{s理}$（微安表的 R_g 由实验室给出）,并与实验的测量平均值 $\overline{R_s}$ 进行百分误差的计算

$$E = \frac{|R_{s理} - \overline{R_s}|}{R_{s理}} \times 100\%$$

（2）以改装表的读数 $I_改$ 为横坐标,以相应的 $\Delta I = I_标 - I_改$ 为纵坐标,画出校正曲线（应为折线）.

2. 改装成电压表

按电流表的相似方法来处理.

【注意事项】

（1）改装成毫安表时,并联分路的电阻必须自小到大进行调整,并保证接触良好.

（2）改装成电压表时，串联的阻值应由大到小进行调整，防止短路.

（3）校正曲线是一折线，并应作在坐标纸上.

【预习思考题】

（1）图 6-4-3 接通电源前，R 应调在最大值处，R_s 应调在接近 0（不等于 0）处，为什么？

（2）图 6-4-4 接通电源前，R 应调在输出电压最小处，R_P 应调在最大处，为什么？

（3）当 6-4-3 中 R 调到最大值时，电流表读数仍大于 50mA，此时应如何处理？

【讨论问题】

（1）在校正曲线上横坐标为 20.0mA 处，相应的 ΔI 为 -0.2mA 准确的读数应是多少？

（2）图 6-4-4 改用分压电路，图 6-4-4 改用变阻电路，情况如何？

6.5 用惠斯通电桥测电阻

电桥是电器测量中最常用的一种仪器，它可以用来测量电阻、电容和电感，还可以测定输电线的损坏.电阻的测量是关于材料特性的研究和电学装置中最基本的工作之一，而且电阻这个电学量与其他非电学量（如变形、温度等）有直接关系，因而可以通过这些关系用电学方法来测定这些非电学量.桥式电路是最基本的电路之一，它由于具有许多优点（如灵敏度和准确度都很高，灵活性大，使用方便等）而得到广泛的应用.本实验所介绍的惠斯通（Wheatstone）电桥是其中最简单和最典型的一种.

【实验目的】

（1）掌握惠斯通电桥的基本原理，初步了解一般桥式线路的特点；

（2）学会用惠斯通电桥测电阻，熟悉电桥的结构，正确掌握电桥的使用方法和调整规律.

【实验装置】

滑线式惠斯通电桥，箱式惠斯通电桥，检流计，滑线变阻器，电阻箱，待测电阻 R_{x1}，R_{x2}，电源，开关等.

【实验原理】

1.桥式电路

1）电桥平衡

电桥的基本线路如图 6-5-1 所示，四个电阻 R_1，R_2，R_3，R_4 组成一四边形 $ABCD$，每一边称作电桥的一个臂，在四边形的一根对角线上接入电源 E，在另一对角线 C，D 上接入电流计.所谓"桥"是指对角线 C，D 而言，它的作用就是把"桥"的两端点连接起点，从而将这两点的电势值直接进行比较.当 C，D 两点的电势相等时，称作电桥平衡.电流计是为了检查电桥是否平衡而设的.平衡时，电流计内没有电流通过，即

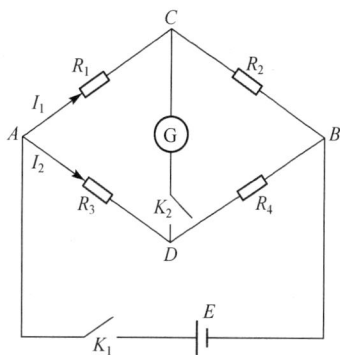

图 6-5-1 电桥电路

$$I_1(R_1 + R_2) = I_2(R_3 + R_4)$$
$$I_1 R_1 = I_2 R_3$$

两式联立,即可得到

$$R_3 = \frac{R_1}{R_2} R_4$$

或

$$R_4 = \frac{R_2}{R_1} R_3 \tag{6-5-1}$$

式(6-5-1)是电桥平衡时 4 个电阻必须满足的关系式,亦就是电桥平衡条件. 如已知其中某个电阻(如 R_1, R_2, R_4),则可求出第 4 个电阻阻值(R_3),这就是惠斯通电桥测电阻的原理.

2) 电桥灵敏度

式(6-5-1)是在电桥平衡的条件下推导出来的,而电桥是否平衡,实际上是看检流计有无偏转. 检流计的灵敏度总是有限的,一般检流计指针偏转 1 格所需的电流强度约为 10^{-6} A,当通过电流比 10^{-7} A 还要小时,指针的偏转小于 0.1 格,我们就很难觉察出来,认为电桥还是平衡的. 因此我们引入了电桥灵敏度的概念,当电桥平衡时,某一桥臂上的电阻 R 发生了微小的变化 ΔR,则检流计的指针偏转了 Δn 格,则灵敏度

$$S = \frac{\Delta n}{\frac{\Delta R}{R}} \tag{6-5-2}$$

式中,S 越大,表示电桥越灵敏,带来的误差越小. 如 $S = 100$ 格 $= 1$ 格/1%,表示 R 改变 1% 时,检流计偏转 1 格,通常我们可以觉察 1/10 的偏转,也就是说,该电桥平衡后,R 只要有 0.1% 的改变,我们就可以觉察出来,这样由电桥灵敏度的限制所带来的误差肯定小于 0.1%.

2. 滑线式惠斯通电桥

在图 6-5-1 的电路中,用一根截面和电阻率都均匀的电阻线代替 R_1 和 R_2,而在电阻线上安上一滑动接触点 D,如图 6-5-2 所示. 若电阻 R_4 为已知值并用 R_0 表示,而 R_3 为未知值,并用 R_x 表示,当电桥达到平衡时,由式(6-5-1)可得

$$R_x = \frac{R_1}{R_2} R_0 \tag{6-5-3}$$

若 AD 之长为 L_1,DB 之长为 L_2,全长为 L,则

$$\frac{R_1}{R_2} = \frac{L_1}{L_2} = \frac{L_1}{L - L_1}$$

将上式代入(6-5-3)得

$$R_x = \frac{L_1}{L - L_1} R_0 \tag{6-5-4}$$

实际线路图 6-5-2 比原理图只多了一个可变电阻 R,它用来保护电流计,防止达到平衡前被过大的电流烧坏. 分支点 A, B 接在两块铜板上,板面按着多个接线柱,这样可以避免两个接线片接在一起而引起的接触电阻的增加(当待测电阻很小,可以将接触电阻和导线电阻相比时,就不能用惠斯通电桥来测量),L 是米尺,K_g 是扣键,它套在米尺上可以滑动. 当它被掀下时,它与 AB 的接触点就是 D 点了. R_0 是一个电阻箱,作为标准电阻用.

3. 箱式惠斯通电桥

箱式惠斯通电桥种类较多,但其基本原理都相同. 现介绍 QJ24 型箱式直流电阻电桥,其原理线路如图 6-5-3 所示,面板布置如图 6-5-4 所示.

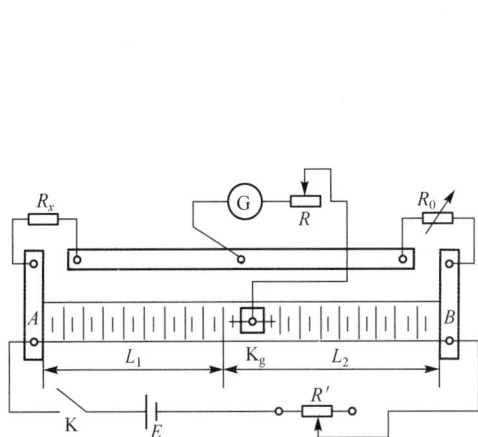

图 6-5-2　滑线电桥

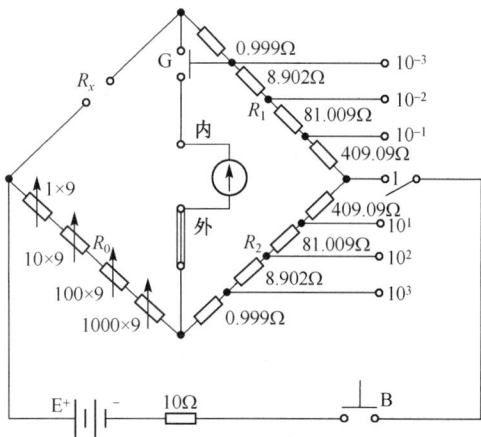

图 6-5-3　QJ24 型直流电桥原理线路图

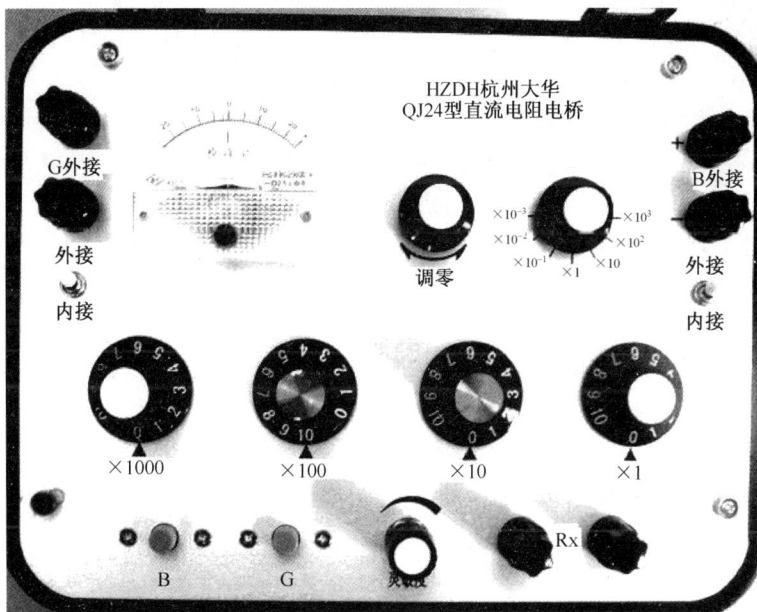

图 6-5-4　QJ24 型直流电桥面板布置图

图 6-5-3 中, R_0 是作为比较臂的标准电阻,由四个转盘组成,总电阻为 9999 Ω,比例臂 R_1、R_2 由 8 个定位电阻串联而成,倍率转盘可改变接线点 B 的位置,使比例系数 K 从 0.001 变成 1000,在不同的倍率挡,电阻的测量范围和准确度等级不同(表 6-5-1).

测量电阻时,将被测电阻 R_x 接在被测线路接线端上,由电路图 6-5-3 可知

$$R_x = \frac{R_1}{R_2}R_0 = KR_0 \tag{6-5-5}$$

表 6-5-1　电阻的测量范围和准确度等级

量程倍率	有效量程	准确度等级		电源电压
		※	※※	
$\times 10^{-3}$	$1\sim 11.11\Omega$	0.5	0.5	
$\times 10^{-2}$	$10\sim 111.1\Omega$	0.2	0.2	
$\times 10^{-1}$	$100\sim 1111\Omega$	0.1		4.5V
$\times 1$	$1\sim 5k\Omega$	0.1		
	$5\sim 11.11k\Omega$	0.2	0.1	
$\times 10$	$10\sim 50k\Omega$	0.1		9V
	$50\sim 111.1k\Omega$	1		
$\times 10^{2}$	$100\sim 500k\Omega$	2	0.2	
	$500\sim 1111k\Omega$	5		15V
$\times 10^{3}$	$1\sim 11.11M\Omega$	5	0.5	

※用内附检流计测量时的准确度等级.

※※用外接检流计测量时的准确度等级.

QJ24 型电桥使用说明:

(1) 仪器水平放置,打开仪器盖.检查、调试箱式电桥各旋钮是否灵活,接触是否良好.

(2) 若内外接指零仪转换开关扳向"外接",则内附指零仪短路,电桥由外接指零仪接线端钮(G 外接)接入外接指零仪;若指零仪转换开关扳向"内接",则内附指零仪接入电桥线路.

(3) 若内外接电源转换开关扳向"外接",则可由外接电源接线端钮(B 外接)接入外接电源;若电源转换开关扳向"内接",则电桥内附电源接入电桥线路.

(4) 若被测电阻小于 10kΩ 可使用内附指零仪,内接电源进行测量,测量前应先调节指示仪的零位.当内附指零仪的灵敏度不够时,可外接高灵敏度的指零仪.

(5) 将被测电阻接到被测电阻接线端钮(R_x)上,估计被测电阻值并按表 6-5-1,调节到适当的量程倍率开关,按下指零仪按钮"G",随后按下电源按钮"B",并调节测量盘旋钮,使指零仪指针趋向于零位,电桥平衡,被测电阻值可由下式求得:被测电阻值=量程倍率×测量盘示值.

(6) 电桥不使用时,应放开"B"和"G"按钮,指零仪和电源转换开关扳向"外接".

【实验内容】

1. 用滑线电桥测电阻 R_{x1},R_{x2}

(1) 按图 6-5-2 接好线路,接 R_{x1} 和 R_0 时,都要用尽可能短的导线,R 的滑动头先要放在电阻最大的位置.

(2) 旋转电阻箱的旋钮,使 R_0 接近 R_{x1} 的估计值(在 R_{x1} 上标明),扣键 K_g 放在正中位置.接通电键,然后按下扣键 K_g,看电流计有无偏转;若有偏转,记住向哪一边偏转(有多大不必记录),然后不要移动 K_g 而是改变 R_0 来寻找平衡,这是由于当 D 点在 AB 中点时,电桥最灵敏,而测量所得结果的百分误差最小(见附录).

(3) 开始时 R_0 的改变可以大些,若 R_0 改变后,偏转在原方向更大,则表明 R_0 改变的方向(例如增加)不对,若改变后,偏转在原方向变小了,表明 R_0 改变的方向对,继续改变.若改变后,指针向另一边偏转,那就表明在原来的和现在的 R_0 数值之间一定有平衡点.这样就可以逐渐缩小范围来求得近似平衡点.

（4）逐次减小 R 再寻找近似平衡点. 仍用上述方法（K_g 仍放在正中）. R 是保护电流计的，它的减小（直到零）表示电流计灵敏度增加，到最后若已无法改变 R_0 而仍然有些不平衡时，稍微移动扣键 K_g 的位置，以达到最后的平衡.

（5）记下这时（平衡时）D 点的位置（L_1）、电阻线的全长 L 和电阻箱读数 R_0，按式（6-5-4）算出 R_{x1}.

（6）为了消除各种不对称性（如导线电阻不均匀）引起的系统误差，把待测电阻和电阻箱位置对换一下再进行一次测量. 最后结果取他们的平均值（记清每一次哪边是 L_1，L_2 不要搞错）.

（7）重复上面各步骤，测量另一待测电阻 R_{x2}.

2. 用滑线电桥测电流计内阻（选作）

电桥也能测量电流计本身的内阻，而并不需要增加什么仪表（如再用一个电流计），用上面的几件仪器就足够了，只要把线路接法稍加改变，如图 6-5-5 所示，把要测内阻的电流计接到桥臂上去，桥上只剩下扣键 K_g 自己，变阻器 R 现在用作分压器 R'，开始时它的滑动接触点要放在电压最小的一端，当接通电源时，就有电流通过电流计 G（内阻为 R_g），并使指针偏转，改变 R' 使电流计偏转一个适当的（约为最大标度的二分之一即可）角度.

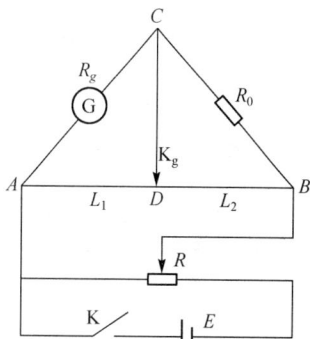

图 6-5-5 测电流计内阻

若按下扣键 K_g 后，电流计偏转角度毫无改变则表示电桥平衡，这时就有

$$R_g = \frac{L_1}{L_2}R_0 = \frac{L_1}{L - L_1}R_0 \qquad (6\text{-}5\text{-}6)$$

测量时仍然以 D 点在正中（近似的）而先改变 R_0 后改变扣键 K_g 来寻找平衡点为原则. R_0 起初可以取电流计内阻的估计值，详细步骤自己拟定.

3. 用箱式电桥测未知电阻

（1）指零仪转换开关扳向"内接"，按下"G"按钮，旋转"调零"旋钮，使指零仪指针指零.

（2）将待测电阻 R_{x1} 接在"R_x"两端，并按 R_{x1} 的估计值由表 6-5-1 选择适当的量程倍率.

（3）顺序按下"B"和"G"按钮，观察指零仪指针偏转，并同时调节测量盘示值，使指零仪指针指在零位.

（4）记下量程倍率 K 和测量盘示值 R_0，由 $R_x = KR_0$ 计算待测电阻.

（5）对已调平衡电桥，将 R_0 值改变 ΔR_0，使指零仪指针偏转一分度（一格），记下 R_0 和 ΔR_0 值，按式（6-5-2）计算电桥的灵敏度 S.

（6）将 R_{x1} 换接成 R_{x2}，重复以上步骤.

（7）将 R_{x1} 和 R_{x2} 串联、并联，重复上述步骤，测出其等效电阻.

【实验数据和结果处理】

1. 用滑线电桥测电阻

（1）将实验数据记录于下表中

$L = \underline{\quad}$

	左			右			平均
	L_1	R_0	$R_x = \dfrac{L_1}{L-L_1}R_0$	L_1	R_0	$R_x = \dfrac{L-L_1}{L_1}R_0$	
R_{x1}							
R_{x2}							

（2）误差计算. 待测电阻相对误差可按下式计算：

$$E_x = \frac{\Delta R_x}{R_x} = \frac{L\Delta L_1}{(L-L_1)L_1} + \frac{\Delta R_0}{R_0}$$

式中 $\dfrac{\Delta R_0}{R_0} = \left(0.1 + 0.5\dfrac{M}{R_0}\right)\%$ 为电阻箱的基本误差，ΔL_1 一般用标尺的最小分度值的一半，此处由于扣键较厚可用最小分度值 1mm. 求出待测电阻 R_{x1}, R_{x2} 的绝对误差并表示出测量结果.

2. 测电流计内阻 R_g（R_g 放在哪边，哪边电阻丝的长度为 L_1）

将实验数据记录于下表：

	L_1	R_0	$R_g = \dfrac{L_1}{L-L_1}R_0$	$\bar{R}_g$
右				
左				

3. 用箱式电桥测电阻

（1）将实验数据记录于下表：

	K	R_0	$R_x = KR_0$
R_{x1}			
R_{x2}			
串联			
并联			

（2）根据理论公式计算出 R_{x1}, R_{x2} 串联、并联后的等效电阻值并与实验结果进行比较.

【注意事项】

（1）测电阻时，通电时间不宜过长，以免电阻值随温度而变化.

（2）用滑线电桥测电阻时，保护电阻开始时都应放在最大值处，以后逐步减小.

（3）为了保护检流计，按钮"G"应快按快放.

【预习思考题】

（1）什么叫比较法？在电桥测量中，哪两个物理量进行比较？此时条件是什么？

（2）用电桥测电阻时，用近似平衡的办法是否可以？为什么？

（3）如果桥臂 AC, BC 或 CD 有一根断了，实验将出现什么现象？为什么？

（4）如被测电阻约 20Ω，则箱式电桥的比例臂 N 应取什么值才能保证有 4 位有效数字？

【讨论问题】

（1）当滑线电桥平衡后，将电源与检流计的位置互换，电桥是否仍保持平衡，为什么？

（2）用滑线电桥测检流计内阻时，为什么可以在桥路上不再接检流计？说明理由.

【附录】

当 D 点在滑线的中心时，测量电阻的相对误差最小.

证明 因 R_x 的相对误差表达式

$$E_x = \frac{\Delta R_x}{R_x} = \frac{L\Delta L_1}{(L - L_1)L_1} + \frac{\Delta R_0}{R_0}$$

在 $L, \Delta L_1, \dfrac{\Delta R_0}{R_0}$ 一定的情况下，对 E 求导，并令其导数为零，则

$$\frac{\mathrm{d}}{\mathrm{d}L_1}\left[\frac{L\Delta L_1}{(L - L_1)L_1} + \frac{\Delta R_0}{R_0}\right] = L\Delta L_1 \frac{-(L - 2L_1)}{(LL_1 - L_1^2)^2} = 0$$

得

$$L_1 = \frac{L}{2}$$

时，即当滑动点 D 所在处的长度为全长 L 的一半时，测得的电阻误差最小.

6.6 温差电动势的测定

【实验目的】

（1）求温差电偶两端的温差和闭合电路中因温差而引起的电流的关系；

（2）求温差电动势和两端温差的关系.

【实验装置】

温差电偶，校正用电势差计，光点反射式检流计，温度计，容器，酒精灯或电热杯，单刀开关，固定电阻，保温杯.

【实验原理】

将两种不同金属或不同成分的合金 a, b 两端彼此焊接（或熔接）起来，构成一闭合回路，如图 6-6-1 所示. 若两个接点 A, B 位于不同的温度，则回路中将有电流产生，这种现象叫温差电效应. 产生这个电流的电动势叫做温差电动势，回路 a, b 则称为温差电偶.

温差电动势的大小与组成电偶的材料及两接点的温度差有关. 一般说，温差电动势和温度的关系相当复杂，但在一定的温度范围内，温差电动势 ε 和两个接点的温差 $t_1 - t_2$ 近似成正比，即

$$\varepsilon = C(t_1 - t_2) \tag{6-6-1}$$

式中，t_1, t_2 分别为两接点的温度，以摄氏温标表示，C 为比例常数，称为温度系数（或称电偶常数），单位为

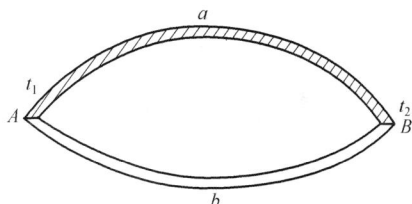

图 6-6-1 温差电效应

mV/℃. 对于不同材料组成的电偶，C 有不同的数值，它在数值上等于两接点温度差为 1℃ 时回路中所产生温差电动势的毫伏数.

如果我们保持电偶一端温度 t_2 恒定，由式（6-6-1）可见其电动势 ε 与另一端的温度有线性关系，这一关系可以用来制作温差电偶温度计. 在实际测温工作中，式（6-6-1）所表示的电动势与温差的关系略显粗糙，较精确的办法是先用实验确定电偶的校准曲线，以后即可根据此曲线查出对应不同电动势（或电流）的未知温度. 本实验使用以下两种校准方法.

1. 用灵敏电流计(即光点反射式检流计)测温差电流

在电偶回路中接入电流计,如图 6-6-2 所示.设回路中的总电阻为 R(R 为一常数),则温差电流

$$I = \frac{\varepsilon}{R} = \frac{C}{R}(t_1 - t_2) \tag{6-6-2}$$

而通过电流计的电流 I 又和其偏转刻度 d 成正比,因此有

$$d \propto (t_1 - t_2) \quad 或 \quad d = c_1(t_1 - t_2)$$

式中 c_1 为一比例系数,其值由电流计常数、串联电阻和电偶材料所决定.

若使 t_2 恒定,改变 t_1 即可得到一组温度 t_1 和电流计读数 d 的对应值,然后以 d 为纵坐标,以 $t_1 - t_2$ 为横坐标,画出关系曲线,此曲线称为温差电偶的刻度曲线.经过这样校准以后,我们可以把 A 和待测温度的物体接触,由电流计的偏转求出相应的温度 t_1 来.

在工厂和实验室内,温差电偶已广泛用于测量温度.它的优点是可以测量较高的温度和微小热量所引起的温度变化.一般在 800℃ 以下可以利用康铜-铁、康铜-铜、镍-铂等制成温差电偶.

2. 用电势差计测温差电动势

直接测量温差电动势 ε 可以采用电势差计.电势差计的原理是采用补偿方法,它的整个测量回路都装在一个箱子里,使用起来很方便(见附录 1).在电偶回路中接入电势差计,如图 6-6-3 所示,求出在不同的温度 t_1 时相应的电动势 ε,t_2 为室温.作 ε-$(t_1 - t_2)$ 曲线,此曲线称为校准曲线,以后根据电偶和未知温度接触时产生的电动势值,即可从曲线上查出对应的未知温度(在温差不大时此曲线为一直线,这直线的斜率即为式(6-6-1)中的 C 值).

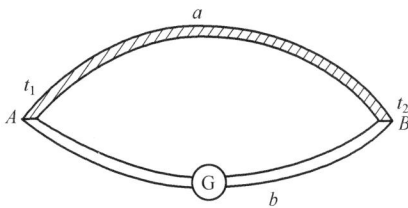

图 6-6-2　温差电源

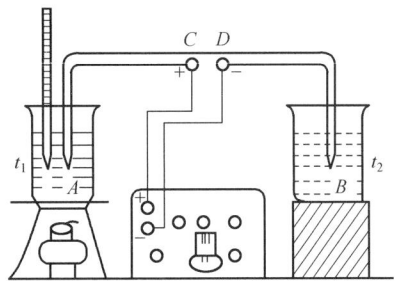

图 6-6-3　测电动势

【实验内容】

1. 温差电偶的校准

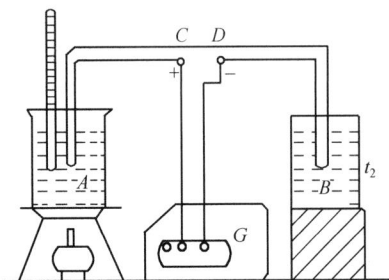

图 6-6-4　测电流

图 6-6-3 中的 A 为温差电偶的一端,浸入水中;另一端 B 的温度 t_2 为保温杯中水的温度,在实验过程中保持不变.A 的温度 t_1 用酒精灯加热来改变.G 为一光点反射式检流计(见附录 2),在本实验中经校准后,G 的作用是一个和温差对应的指示器.

(1) 按图 6-6-4 装配好仪器和连接电路,注意"+""-"不要接错.把 G 的电流插头插入 220V 交流电源中,校正 G 的标尺零点与光点直线重合.

（2）将 A, B 两端放入水中，记下 t_2 的温度，将保温杯盖好，观察光点检流计的光点位置有无变化，记下结果.

（3）用酒精灯把 A 端的水加热，每当 t_1 约升高 $10℃$ 时，用搅拌器搅拌水使水温均匀，测量温度 t_1（测量时温度计应尽量靠近 A 端）并立即读出此时 G 的读数 d，待水温一直升高到约 $95℃$ 时止，记下各次 t_1 和相应的 d 值.

2. 测温差电动势

（1）按图 6-6-4 连接线路，实际上只要将电偶电路中的 C, D 两端拆下并分别接在电势差计的"电动势"旋钮上.

（2）校正电势差计：先调检流计旋钮使表头指示为零，然后将掷刀开关按向"标准电池" E 处，转动电流调节旋钮直至检流计指针指在中心零点.

（3）用酒精灯把 A 端加热，温度计每升高约 $10℃$ 时，把掷刀按向"电动势" ε_x 处，调节旋钮使检流计平衡于零点，此时电势差计所指读数即为温差电动势，记下此值和对应的温度 t_1，重复上述过程，至水温约 $95℃$ 为止.

【实验数据和结果处理】

1. 温差电偶的校准

将实验数据记录于下表中.

$t_2 =$ ____ ℃

t_1								
$t_1 - t_2$								
d								

以 $t_1 - t_2$ 为横坐标，d 为纵坐标，用方格纸做出 d-$(t_1 - t_2)$ 曲线.

2. 测温差电动势

数据表格自行设计.

以 $t_1 - t_2$ 为横坐标，以 ε 为纵坐标，做出 ε-$(t_1 - t_2)$ 曲线，求出此曲线的斜率即是式（6-6-1）中的 C.

【预习思考题】

（1）B 端放在保温杯中的目的是保持 t_2 不变，如果实验过程中 t_2 有变化，则对结果有何影响？

（2）在实验中 A 的端点及温度计水银泡都不能碰烧杯底或壁，这是为什么？

（3）如 t_1 的温度低于 t_2，则将出现什么现象.

【讨论问题】

（1）在 C, D 处，接入了第三种金属，此时对电路中的电动势有无影响？如 C, D 两处的温度不同则有无影响？

（2）用补偿法测电动势，为什么所测得的值比较准确？

【附录 1】

电势差计是精密测量中应用得最广的仪器之一. 它不但可用来精确测量电动势、电压、电流和电阻等,还可用来校准精密电表和直流电桥等直读式仪表,在非电参量(如温度、压力、位移和速度等)的电测法中也占有重要地位. 电势差计的种类较多,但基本原理相同,都是采用补偿法.

1. 补偿法测电动势的原理

补偿法测电动势的原理可用图 6-6-5 来说明. 整个线路由两个回路组成. $R'EBCB'R'$ 称为辅助回路(或称工作电流调节回路), E_sKGCAE_s (或 $E_xKGC'AE_x$)称为补偿回路.

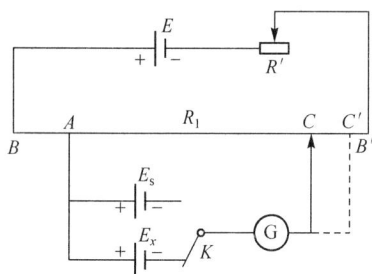

图 6-6-5 补偿法原理图

辅助回路中 BB' 是粗细均匀的电阻丝, E 是作为电源用的电池, R' 是可变电阻,用来调节回路中的电流强度 I 的大小.

补偿回路中, E_s 是标准电池, C 是滑动接触点. 调节补偿回路中的电流,使检流计 G 中的电流为零时, R_s 上的电位降恰好和标准电池的电动势 E_s 相等. 设 AC 之间的电阻为 R_s 则

$$E_s = IR_s \qquad (6\text{-}6\text{-}3)$$

把开关 K 扳向 E_x 一边,滑动 C 至 C' 点(虚线所示),使检流计 G 中的电流再为零. 这时 AC' 之间的电位降恰好和待测的电动势 E_x 相等. 设 AC' 之间的电阻为 R_x 则

$$E_x = IR_x \qquad (6\text{-}6\text{-}4)$$

将式(6-6-3)和式(6-6-4)相比可得

$$E_x = \frac{R_x}{R_s}E_s$$

若 R_x/R_s 和 E_s 为已知,即可求出 E_x 的值.

根据上述原理而设计的电势差计,可以很方便地测量未知电动势,并且还具有下述优点:

(1)准确度高. 因被测定的数值的准确度只和标准电池及电势差计线路内阻的准确度有关,由于标准电池和特制的线路能达到很高的标准度,而且在测定中使用的检流计的灵敏度高,因此电势差计测量的准确度亦很高.

(2)在测量时,待测电动势和标准电动势能得到完全补偿,电池内没有电流通过,故在电池的内阻上不产生电位降,使测得的电动势不受到影响.

2. 电势差计的使用方法

电势差计种类较多,但其基本原理都相同,现介绍 UJ27C 型直流电势差计. UJ27C 型直流电势差计由三个步进读数盘、晶体管放大检流计、电键开关、倍率开关、标准电池、工作电池等组成. 其原理线路如图 6-6-6 所示,其面板布置如图 6-6-7 所示.

UJ27C 型直流电势差计使用说明:

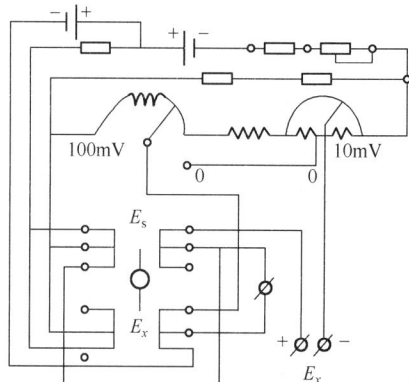

图 6-6-6 UJ27C 型直流电势差计原理图

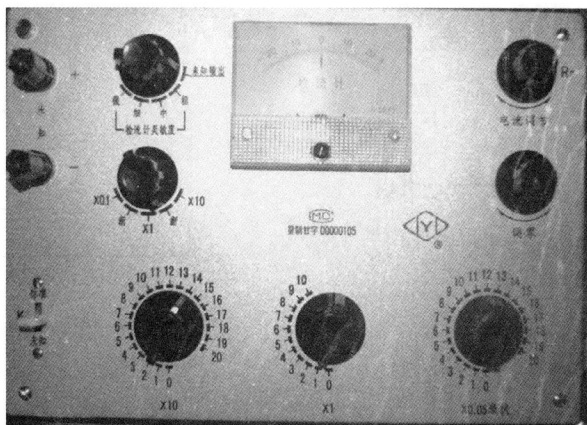

图 6-6-7　UJ27C 型直流电势差计面板布置图

（1）将被测电动势（或电压）按正负极性接在"未知"两个接线柱上.

（2）将倍率开关从"断"旋到所需的倍率，灵敏度开关旋到"粗"，此时接通了仪器的工作电源和检流计放大器电源，待 3min 后，调节"调零"旋钮，使检流计指零.

（3）将电键开关 K 扳向"标准"（E_s 侧），调节"电流调节 R_P"旋钮，使检流计指零（称为对"标准"）.

（4）再将电键开关 K 扳向"未知"（E_x 侧），调节 3 个读数盘，使检流计指零，未知电动势（或电压）值为测量示值乘以倍率（称为"测量"）.

（5）在测量过程中，若变换倍率，则需要按第（3）步骤重新核对"标准".

（6）进行测量时，按下表所示对检流计灵敏度进行合理选择：

测量方式	灵敏度选择逐次位置
工作电流调节（校对标准）	细、微
倍率为×10	粗、中
倍率为×1	中、细
倍率为×0.1	细、微

（7）测量进行过程中，随着电池的消耗，工作电流将有所变化，所以连续使用较长时间，应经常校对"标准"，以使测量准确.

（8）仪器使用完毕，将倍率开关旋到"断"的位置，避免浪费电源，灵敏度开关旋到"未知输出"位置，电键开关放在中间位置.

【附录 2】

光点反射式检流计灵敏度高，使用简便. 它既可用来测微小直流电流和电压，也可供直流电桥、电势差计以及其他类似仪器上作零点指示之用.

其透视图如图 6-6-8 所示，侧视图如图 6-6-9 所示. 使用方法如下：

（1）用导线接上 220V 交流电源，木箱前面的弧形刻度尺上即出现一清晰明亮的圆形光点，光点中央有垂直黑线，作指示刻度用.

（2）如光点指示线不在刻度零点上，可将箱内线圈架顶端的"零点调节器"旋动. 如果偏差在 3°～4°以内，则仅需用木箱前面的"调零钮"略为左右移动刻度尺，即可将光点校正.

（3）将接线柱上的短路铜片脱开，并将测量电路接至"＋"、"－"接线柱，即可进行工作.

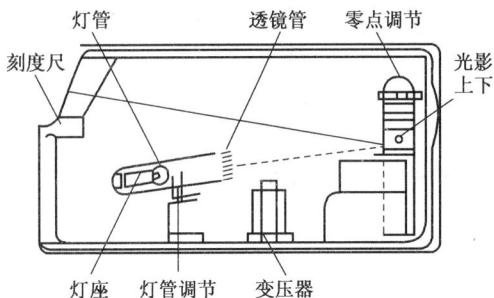

图 6-6-8　检流计透视图

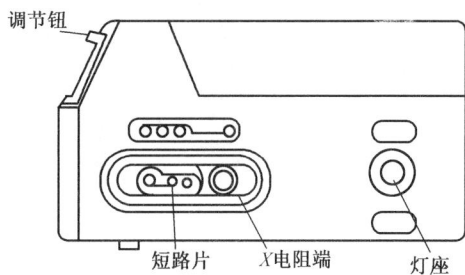

图 6-6-9　检流计侧视图

6.7　示波器的使用

阴极射线(电子射线)示波器,简称示波器,主要由示波管及一套复杂的电子线路组成.用示波器可以直接观察电压波形,并可测电压大小.因此一切可以转换成电压的电学量(如电流、电功率、阻抗等)、非电学量(如温度、位移、速度、压力、光强、磁场频率等),以及它们随时间的变化过程均可用示波器来观测.由于电子射线的惯性小,又能在荧光屏上显示出可见的图像,因此,示波器是一种用途广泛的现代化测量工具.

【实验目的】

(1) 了解示波器的基本原理和构造,学习使用示波器和低频信号发生器的基本方法;

(2) 用示波器测量交流电压的大小及交流电压的周期、频率;

(3) 通过用示波器观察李萨如图形,学会一种测量振动频率的方法,并巩固对互相垂直振动合成的理解.

【实验装置】

GOS-620 型示波器,TFG2006V 型函数信号发生器.

【实验原理】

示波器由示波管与其配合的电子线路所组成.各种不同型号的示波器所用的电子线路均很复杂,现就其简单原理介绍如下,见图 6-7-1.

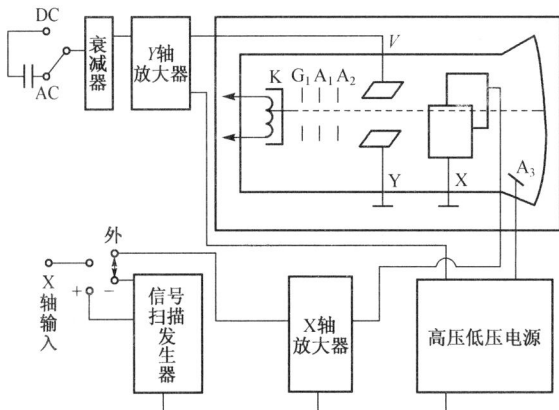

图 6-7-1　示波器原理图

1. 示波管

示波管的结构大致可分为三部分:电子枪、偏转板及荧光屏.

1) 电子枪

当加热电流通过灯丝加热阴极时,阴极表面金属氧化物涂层内的自由电子将获得较大的动能从金属表面逸出,在加速电场中被电场力作用而加速,穿过一极小的孔,形成一束速度很高(10^7 m/s)的电子射线,打在荧光屏上,在屏背上可看见一个亮点.

2) 电子束的偏转

电子束在射出枪口(最后一个加速场)后,前进的方向受到两对相互垂直的电场控制.由于电场加速作用,通过两板之间的电子束方向发生偏转.两板间的电压愈大,屏上的光点位移也愈大,两者是线性关系.因此示波器能被用来作为测量电压的工具.

3) 荧光屏

示波管各电极都封装在高真空的玻璃壳内,正面屏内表面涂有荧光物质膜层,称为荧光屏,简称屏.当有高速电子流打到屏上时,屏上涂覆的荧光物质就会发光.

2. 电压放大器

示波管本身的 X 及 Y 轴偏转灵敏度不高,当加于偏转板的信号电压不大时,电子束不能发生足够的位移,不便观测.这就要求预先把小信号电压不失真地加以放大再加到偏转板上.为此设置了 X 及 Y 轴的放大器,见图 6-7-1.从"Y 轴输入"与"地"两端接入被测电压 U_{yy},经衰减器(即分压器)衰减后作用于 Y 轴放大器,放大器放大 G 倍后加在 $Y_1 - Y_2$ 两块偏转板上,使屏上光点位移增大.调节 Y 轴衰减开关的不同挡位(即调整衰减倍数),可改变荧光屏上光点的位移大小.

衰减器的作用是使过大的输入电压减小,以适应 Y 轴放大器的要求(因放大器的放大倍数一定),本仪器采用跳跃式开关,从 5 毫伏/格至 10 毫伏/格共分 11 挡(有些示波器分为 3挡,另设有微调旋钮)衰减. X 轴放大器具有同样的作用.

3. 扫描与同步

要在屏上观测一个从 Y 轴输入的周期性信号电压的波形,就必须使一个(或几个)周期内的信号电压随时间变化的细节,稳定地出现在荧光屏上,以利于观测.例如,输入交流电压 $U_{yy} = U_m \sin \omega t$,是时间的函数,它的正弦波形是大家熟知的.但只把 U_{yy} 电压通过放大器加在 Y 轴偏转板时,屏上的光点只能做上下方向的振动,振动频率较高时,在屏上看起来像是一条垂线,不能显示出时间 t 的正弦曲线(波形).如果屏上的光点同时也能沿 X 轴正向运动,我们就能看到光点描出了时间函数的一段曲线.如果光点沿 X 轴正向移动 U_{yy} 的一个周期后,迅速反跳回原始位置再重复 X 轴正向运动,即光点的正弦移动的轨迹和前一次重合,每一个周期都重复同样的运动光点轨迹,就能保持固定的位置,重复的频率较高时,就可在屏上看到连续不动的一个周期函数曲线.

光点沿 X 轴正向运动及反跳的周期过程称为扫描,获得扫描的方法是由扫描信号发生器(锯齿波发生器)产生一个周期性与时间成正比的电压,也称锯齿波电压,见图 6-7-2.锯齿波的周期(或频率 $f = 1/T$)可由扫描开关进行调节.

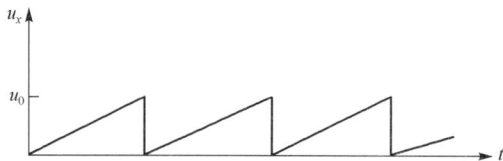

图 6-7-2　扫描电压波形图

若扫描电压与待测 Y 信号电压周期完全相同,则荧屏上就显现出一个完整的正弦波形. 若扫描电压周期为 Y 信号电压周期的 n 倍,屏上就出现 n 个完整的正弦波形. 由于锯齿波电压和 Y 信号来自不同的振荡源,要使它们的周期做到准确相等,或正好是简单的整数比是困难的,尤其是在频率高时,从而造成图像不稳定. 克服的方法是从经放大后的 Y 信号中取出一部分作用于锯齿波发生器,使扫描频率准确等于 Y 信号频率,或正好为简单的整数比,从而在荧光屏上得到稳定的波形. 调节整步电压的幅度,通过电子电路来迫使扫描电压频率与输入信号频率成整数比的调整过程,称为"整步"或"同步".

4. 电源

电源分高压部分和低压部分,高压是供给示波管用的,低压供给放大器、扫描信号发生器及示波管的第二加速阴极等用.

5. 李萨如图的形成

如果在示波器 X 轴和 Y 轴上输入的都是正弦电压,荧光屏上看到的将是两个互相垂直振动的合成,称其为李萨如图形. 图 6-7-3 描绘了频率相差一倍的两个正弦信号合成的李萨如图形. 如果在李萨如图形的边缘上,分别作一条水平切线和一条垂直切线,并读出与图形相切的点数,可以证明

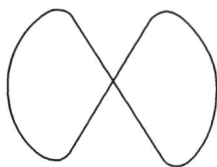

图 6-7-3　李萨如图

$$\frac{f_y}{f_x} = \frac{\text{水平切线上切点数}(N_x)}{\text{垂直切线上的切点数}(N_y)} \qquad (6\text{-}7\text{-}1)$$

如果 f_y 或 f_x 中有一个是已知的,则由李萨如图形用式(6-7-1),就可以求出另一未知频率,这是测量振动频率的重要方法.

【实验内容】

1. 示波器的调整,测交流电压、周期和频率

示波器类型很多,但其原理和使用方法基本相同,本实验采用 GOS-620 型示波器,使用方法参看其使用说明书.

1) 调整示波器为正常工作状态

按表 6-7-1 的内容检查并调节示波器面板上各旋钮及按键的位置,并按"单一频道基本操作法"进行调整.

表 6-7-1　GOS-620 型示波器各旋钮及按键初始设定位置

项目		设定	项目		设定
POWER	6	OFF 状态	AC-GND-DC	10 18	GND
INTEN	2	中央位置	SOURCE	23	CH1
FOCUS	3	中央位置	SLOPE	26	凸起(＋斜率)
VERT MODE	14	CH1	TRIG. ALT	27	凸起
ALT/CHOP	12	凸起(ALT)	TRIGGER MODE	25	AUTO
CH2 INV	16	凸起	TIME/DIV	29	0.5mSec/DIV
POSITION▲▼	11 19	中央位置	SWP. VAR	30	顺时针转到底 CAL 位置
VOLTS/DIV	7 22	0.5V/DIV	◀POSITION▶	32	中央位置
VARIABLE	9 21	顺时针转到底 CAL 位置	×10 MAG	31	凸起

2）接入待测信号

用同轴电缆将示波器与信号发生器连接起来，调节信号发生器输出一个正弦信号，并调节该正弦信号为合适的幅值和频率. 根据被测电压大小，调节示波器 VOLTS/DIV 旋钮于适当位置（VARIABLE 顺时针旋到底，这样 Y 轴垂直偏转因数才是有效的），使正弦波的幅度在荧光屏的范围内足够高. 若正弦波不稳定，则需要调节 TIME/DIV 旋钮，或调节 LEVEL 旋钮，使示波器显示出稳定的波形.

3）测量交流电压

如图 6-7-4 所示，读出正弦波波峰到波谷之间的垂直距离 dy，则电压峰-峰值为

$$U_{p-p} = a \cdot \mathrm{d}y$$

式中，a 为 y 轴的电压偏转因数（即 VOLTS/DIV 旋钮的值）.

4）测量交流电的周期和频率

如图 6 7 4 所示，读出正弦波波峰到波谷之间的水平距离 dx，则交流电的周期为

$$T = b \cdot 2\mathrm{d}x$$

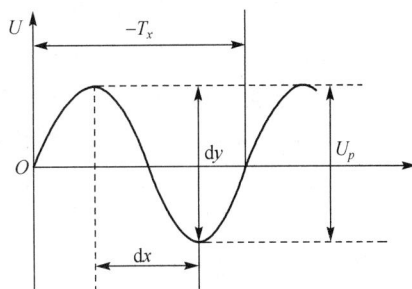

图 6-7-4　正弦波电压

式中，b 为扫描速度（扫描时间，即 TIME/DIV 旋钮的值）. 而交流电的频率为

$$f = \frac{1}{T}$$

2. 用李萨如图形测频率

（1）将信号发生器的一个输出端（如 A 端）接示波器的 CH1 通道输入端，信号发生器的另一输出端（如 B 端）接示波器的 CH2 通道输入端，并将示波器的扫描旋钮 TIME/DIV 置于 x-y 处.

（2）调节信号发生器输出一正弦信号，调节幅度大小，使示波器荧光屏上的波形大小适中. 保持信号发生器的某一输出端的频率不变（如 B 端，$f_y = 50\mathrm{Hz}$），并作为已知频率，改变信号发生器另一输出端的频率（如 A 端，f_x），直到荧光屏上得到不同的李萨如图形（见表 6-7-4），将相应的 f_y、f_x 实际值填入表中.

实际操作时，$f_y:f_x$ 不可能成标准的整数比，因此两个振动的周期差要发生缓慢变化，图形不可能很稳定，只要调到变化最缓慢即可.

用式(6-7-1)算出 f_x 的理论值并填入表 6-7-4 中，进而计算误差 Δf_x.

3.用示波器观察晶体二极管的伏安特性曲线

晶体二极管的伏安特性可以用我们已学过的伏安法进行测定,但这种方法比较繁琐.而利用示波器非线性扫描,不仅方法简单,而且能直接观察到二极管伏安特性的全貌,其测试电路如图 6-7-5 所示,图中 R_1 为一滑线变阻器,接成分压电路.D 为被测二极管,R_2 为一纯电阻.扫描打到 X-Y 处,将 D 上的电压通过 X 轴输入端加在 X 轴偏转板上,将 R_2 上的电压通过 Y 轴输入端即 CH1 加在 Y 轴偏转板上,这个电压实质上反映了通过二极管 D 的电流,这时荧光屏上显示出如图 6-7-6 所示的图形,从图形上可以看出二极管的伏安特性曲线.

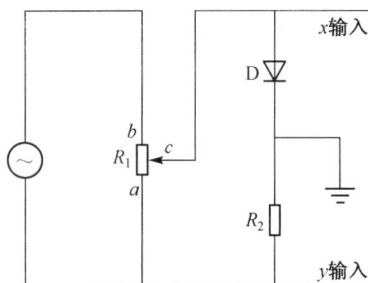

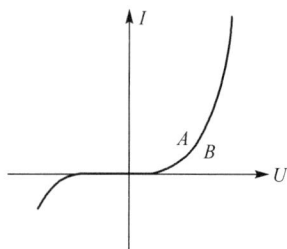

图 6-7-5 测量二极管特性曲线电路图   图 6-7-6 晶体二极管特性曲线

(1) 按图 6-7-5 接好电路,电位器 R_1 作分压电阻用,在其两端加上 6V 交流电压.将 X 输入与 Y 输入分别接到示波器 X 输入端与 Y 输入端.

(2) 将电位器 R_1 上的 c 点逐步由 a 滑向 b,使输出电压(加在二极管 D 和输出电阻 R_2 上)逐渐增大,荧光屏上出现二极管的伏安特性曲线,如图 6-7-6 所示.当特性曲线将出现击穿现象时,停止调节输出电压.否则将损坏二极管.记录二极管伏安特性曲线的图形.

【实验数据和结果处理】

1.测交流电压与周期频率

按表 6-7-2 和表 6-7-3 记录数据,并进行计算.

表 6-7-2 测量交流电压数据表

衰减倍率 a /(V/cm)	峰—谷间距 dy /cm		$U_{pp} = a \cdot dy$ /V	有效值 $U = \dfrac{U_{pp}}{2\sqrt{2}}$
	1			
	2			
	3			
	平均			

表 6-7-3 测量交流电的周期和频率的数据表

扫描速率 b /(ms/cm)	dx /cm		$T_x = b \cdot 2dx$ /s	$f = \dfrac{1}{T_x}$ /Hz
	1			
	2			
	3			
	平均			

2.李萨如图形测频率

按表 6-7-4 的图形要求,保持 f_y 为 50Hz 不变,调 f_x 得出相应图形时,将 f_x 的值填入下表中,按式(6-7-1)计算出 f'_x 的理论值,算出两者之差 Δf_x,Δf_x 称为频差.

表 6-7-4　用李萨如图形测频率的数据表

$f_y : f_x$	1 : 1	1 : 2	1 : 3	2 : 1	2 : 3	3 : 4
李萨如图形	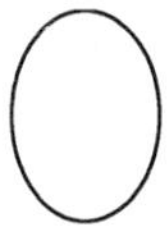	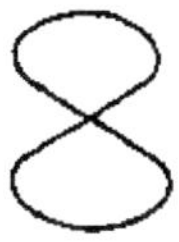	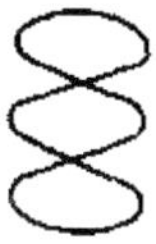	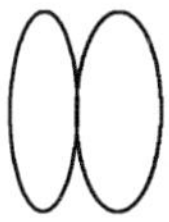	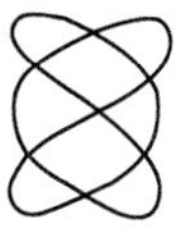	
N_x	1	1	1	2	2	3
n_y	1	2	3	1	3	4
f_y	50	50	50	50	50	50
f_x						
f'_x						
Δf_x						

3.晶体二极管的伏安特性曲线

用方格纸画下示波器上所显示的伏安特性曲线图.

【注意事项】

(1) 示波器信号发生器调整时,必须明确各旋钮的作用及调整方法.

(2) 示波器的光点不要调得太亮,更不能较长时间停留在一点,避免造成荧光屏的损坏.

【预习思考题】

(1) 如果示波器良好,荧光屏上无亮点或亮线,可能是由哪些原因造成的,应如何调节?

(2) 示波器上的正弦波形不稳定,总是向左或向右移动,这是为什么? 应如何调节?

(3) 在实验过程中,如果暂时不用示波器,是将示波器关机,还是将辉度调节到最暗?

【讨论问题】

(1) 示波器的扫描电压频率 f_x 远大于(或远小于)Y 轴的输入电压频率 f_y 时,荧光屏上的图形将怎样变化?

(2) 当荧光屏上出现 n 个水平方向的正弦波时,则 $f_y : f_x$ 的比值是多少?

(3) 如何使李萨如图形稳定下来?

6.8　霍尔效应及磁场的测量

【实验目的】

(1) 了解产生霍尔效应的物理过程;

(2) 了解用霍尔效应测磁场的原理;

(3) 验证螺线管的磁场分布;

(4) 学习消除测量中由于附加效应而产生误差的一种方法.

【实验装置】

TH-S 型螺线管磁场测定实验组合仪(包括实验仪和测试仪两大部分).

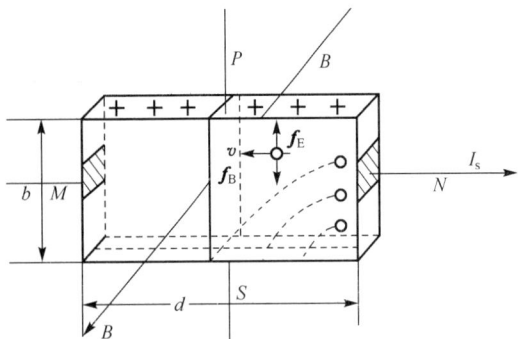

图 6-8-1　产生霍尔电动势示意图

【实验原理】

1. 产生霍尔效应的基本原理

霍尔效应在科学技术的许多领域内得到了广泛的应用,以此制成的元件称霍尔元件.它在测量磁场、电流强度及对各种物理量进行模拟(四则、乘方、开方等)运算等方面显示了它独特的作用.它的工作原理比较简单,当将一片状导体(或半导体)置于均匀磁场,并在此导体上通过电流,且磁场方向与电流方向垂直,则导体内的载流子因受洛伦兹力的作用而产生偏转.在此导体的两侧(参见图 6-8-1 中 P、S 平面)由于电荷积累而产生电场,其场强方向由 P 指向 S 面(假定载流子是电子).这种现象就称为霍尔效应,与之相应的电势差就称为霍尔电压(严格地说应称为霍尔电动势).

理论和实验都证明,霍尔电压 U_H 与磁感应强度 B 通过霍尔元件的工作电流 I_s 满足下列关系:

$$U_H \propto I_s B \quad 或 \quad U_H = K_H B \cdot I_s \tag{6-8-1}$$

其中 K_H 为霍尔元件的灵敏度,一般要求 K_H 愈大愈好.K_H 表示材料霍尔效应的大小,可以证明:

$$K_H = \begin{cases} 1/nqd, & 载流子为电子 \\ 1/pqd, & 载流子为空穴 \end{cases}$$

式中 n、p 为载流子的浓度,d 为霍尔元件的厚度.若式(6-8-1)中 U_H 的单位用 mV,I_s 的单位用 mA,B 的单位用 T,则 K_H 的单位为 mV/(mA・T).

由式(6-8-1)可知,霍尔电压 U_H 正比于工作电流 I_s 和磁感应强度 B 值,并且它的方向随着 I_s 和 B 的换向而换向.

由式(6-8-1)可得

$$B = \frac{U}{K \cdot I} \tag{6-8-2}$$

如果霍尔元件灵敏度 K_H 已知,测出 U_H 和 I_s,即可由式(6-8-2)求出 B 值.

2. 霍尔元件中附加电压的产生和消除

这里必须指出:伴随着霍尔效应而产生的某些副效应,将会给以上测量带来较大的误差.为此需要说明产生这些副效应的原因.

(1) 不等位电势差 U_0:使外磁场为零情况下,接通工作电流后,在霍尔电极 P、S 两点间也可能存在电势差,这是由于 P、S 两点不在同一等位线上所致,为此在制作霍尔元件时,应尽量使 P、S 两点处于同一等位线上.但一般产品元件很难做到这一点.因此,霍尔元件或多或少都存在由于 P、S 电位不相等而造成的电势差 U_0.显然,U_0 的产生只与工作电流 I_s 的方向有关,它只随 I_s 的换向而换向,而与 B 的方向无关.

(2) 埃廷斯豪森效应 U_E:霍尔元件中各载流子速度并不相同,其中有速度较快的也有较慢的,假定载流子速度方向与电流方向相反,那么由霍尔效应知,载流子(电子)在磁场作用下

会偏向下部,如图 6-8-2 所示.但因载流子速度不同,
它们在磁场中受到的作用力也就不同.显然,速度快
的载流子动能大其偏转半径大,速度慢的载流子动
能小其偏转半径小.结果导致了元件内部温度分布
的不均匀,因此在元件内形成了温差电动势力 U_E,
方向由上指向下,这种现象称为埃廷斯豪森效应.它

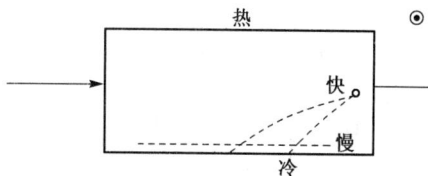

图 6-8-2 埃廷斯豪森效应

与霍尔电压一起产生,难以分离.它既随 B 也随 I_s 的换向而换向.

(3)能斯特效应 U_N 和里吉-勒迪克效应 U_{RL}:由于工作电流引线与霍尔元件接触处不是同
一材料,故可形成接触电势差.更主要的是,在制作霍尔元件时,引线的焊点 M、N 处的接触电
阻不同,通过电流后发热($I_s^2 R \cdot t$)程度不同,M,N 两端的温度就不同.于是,在 M,N 之间出
现热扩散电流,在磁场作用下,在 P,S 间产生类似霍尔电压的能斯特电压 U_N,这种现象叫能
斯特效应.

上述热扩散电流各载流子速度不相同,在磁场作用下,类似埃廷斯豪森效应,又在 P、S 两
端产生附加温差电压 U_{RL},这种现象称为里吉-勒迪克效应.

M、N 两点间热扩散电流的方向是由 M、N 两点接触电阻不同而引起的,与工作电流的方
向无关.而能斯特电压 U_N 和里吉-勒迪克电压 U_{RL} 的方向是由热扩散电流方向和外加磁场的
方向确定,它们均随 B 的换向而换向,而与 I_s 的换向无关.

用霍尔元件测螺线管磁场装置如图 6-8-3 所示.本装置所用霍尔元件采用有机玻璃封装,
它由 4 根导线分别将两根工作电流输入端"1"、"2"和两根霍尔电压输出端"3"、"4"引接在面板
上,另外,面板上的"5"、"6"端为螺线管电流输入端.

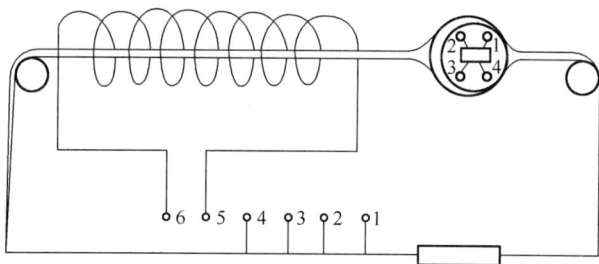

图 6-8-3 霍尔元件测螺线管磁场装置

霍尔元件的在螺线管内部的位移采用拉线装置,并附有刻度尺,可作连续测量.实验电路
由换向开关 K1,K2,K3 构成三个部分,如图 6-8-4 所示.

(1)工作电流供给电路:它由稳压电源 E_1 通过 K_1 供给霍尔元件以工作电流 I_s.

(2)励磁电流供给电路:它由电源 E_2 通过 K_2 供给螺线管以励磁电流 I_m.

(3)霍尔电压测量电路:通过接通电势差计,由电势差计测定 U_H 值.

在实验中为消除由霍尔效应产生副效应引起的误差,我们可通过改变工作电流 I_s 及磁场
B 的方向,分别测得以下 4 组电压值,然后取其代数和再求平均值.

我们利用三组换向开关 K_1,K_2,K_3,可以达到改变工作电流和磁场方向的目的.当 $+B,+$
I_s 时,测得横向电压为

$$U_1 = +U_H + U_E + U_{RL} + U_N + U_0 \tag{6-8-3a}$$

式中,U_H 为霍尔电压,U_E 为埃廷斯豪森电压,U_{RL} 为里吉-勒迪克电压,U_N 为能斯特电压,U_0 为

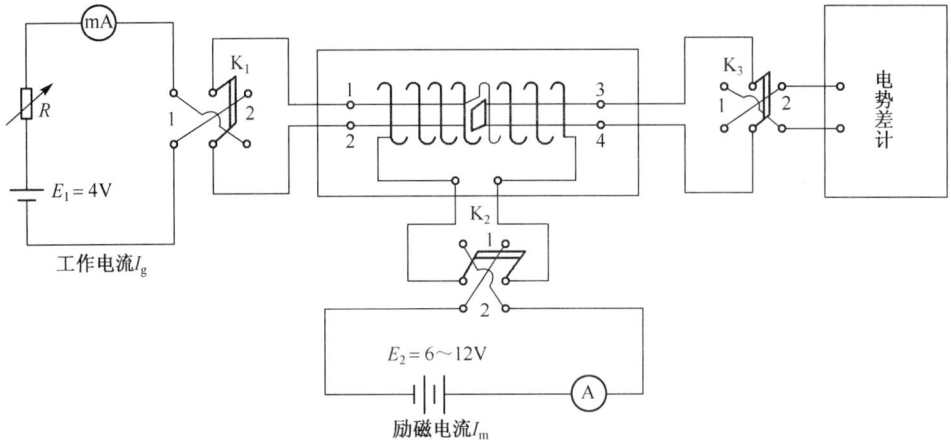

图 6-8-4 实验线路示意图

不等位电压.

当 $+B,-I_s$ 时，

$$U_2 =-U_H -U_E +U_{RL} +U_N -U_0 \tag{6-8-3b}$$

当 $-B,-I_s$ 时，

$$U_3 =+U_H +U_E -U_{RL} -U_N -U_0 \tag{6-8-3c}$$

当 $-B,+I_s$ 时，

$$U_4 =-U_H -U_E -U_{RL} -U_N +U_0 \tag{6-8-3d}$$

求其平均值可得

$$U_H +U_E = \frac{1}{4}(U_1 -U_2 +U_3 -U_4) \tag{6-8-4}$$

由式(6-8-4)可以看出：除埃廷斯豪森效应 U_E 外，其余三种效应对霍尔效应的影响均可用此方法消除. 但考虑到埃廷斯豪森效应 U_E 比霍尔电压 U_H 小得多，故在误差范围内也可以略去，所以霍尔电压为

$$U_H = \frac{1}{4}(U_1 -U_2 +U_3 -U_4) \tag{6-8-5}$$

在实际计算时，由于 K_2 换向的缘故

$$U_H = \frac{1}{4}(U_1 +U_2 +U_3 +U_4) \tag{6-8-6}$$

这里还应指出：测定恒定磁场 B 时，工作电流 I_s 也可以用交流，这时霍尔电压 U_H 也是交变的. 而式(6-8-2)中的 I_s 和 U_H 均应理解为有效值.

3. 载流长直螺线管内的磁感应强度

螺线管是由绕在圆柱面上的导线构成的，对于密绕的螺线管，可以看成是一列由共同轴线的圆形线圈的并排组合. 因此一个载流长直螺线管轴线上某点的磁感应强度，可以从对各圆形电流在轴线上该点所产生的磁感应强度进行积分求和得到. 根据理论计算，对于一个有限长的螺线管，在距离两端口等远的腔内中心点处磁感应强度为最大，且等于

$$B = \mu_0 nI_m \tag{6-8-7}$$

式中，μ_0 为真空磁导率，n 为螺线管单位长度的线圈匝数，I_m 为线圈的励磁电流.

而在螺线管的两端口处,磁感应强度为内腔中心点处磁感应强度的 1/2.

图 6-8-5 所示为载流长直螺线管的磁力线分布图. 由图可见,内腔中部的磁力线是平行于轴线的直线系,渐近两端口时,这些直线变为从两端口离散的曲线,说明其内部的磁场是均匀的,仅在靠近两端口处,才呈现明显的不均匀性.

【仪器简介】

1. 实验仪

1)长直螺线管

长度 $L=28$cm,单位长度的线圈匝数 N(匝/米)标注在实验仪上.

2)霍尔器件和调节机构

霍尔器件如图 6-8-6 所示,它有两对电极,A,A' 电极用来测量霍尔电压 U_H,D,D' 电极为工作电流电极,两对电极用四线扁平线经探杆引出,分别接到实验仪的 I_s 换向开关和 U_H 输出开关处.

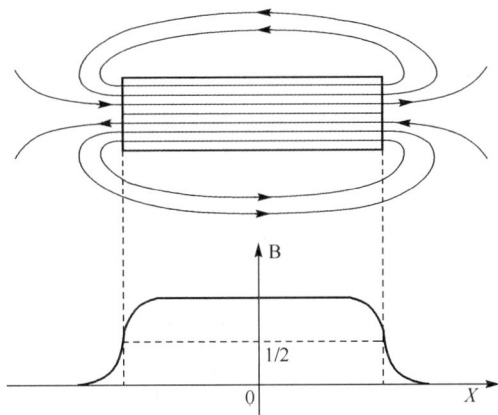

图 6-8-5 载流长直螺线管磁场分布

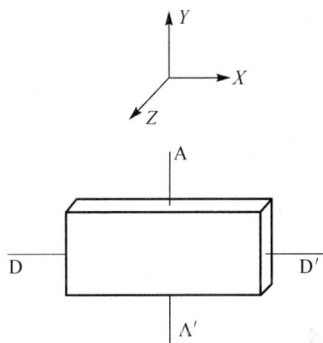

图 6-8-6 霍尔器件

霍尔器件的灵敏度 K_H 与载流子浓度成反比,因半导体材料的载流子浓度随温度变化而变化,故 K_H 与温度有关. 实验仪上给出了该霍尔器件在 15℃时的 K_H 值.

实验仪如图 6-8-7 所示探杆固定在二维(X,Y 方向)调节支架上,其中 Y 方向调节支架通过旋钮 Y 调节探杆中心轴线与螺线管内孔轴线位置,应使之重合. X 方向调节支架通过旋钮 X_1,X_2 调节探杆的轴向位置. 二维支架上设有 X_1、X_2 及 Y 测距尺,用来指示探杆的轴向及纵向位置.

X_1,X_2 是两个互补的轴向调节支架,可以实现从螺线管一端到另一端的整个轴向磁场分布曲线的测试,而且调节平稳、可靠、读数准确.

如操作者想使霍尔探头从螺线管的右端移至左端,为调节顺手,应先调节 X_1 旋钮,使调节支架 X_1 的测距尺读数 X_1 从 0.0~14.0cm,再调节 X_2 旋钮,使调节支架 X_2 的测距尺读数 X_2 从 0.0~14.0cm ;反之,要使探头从螺线管左端移至右端,应先调节 X_2,读数从 14.0~0.0cm,再调节 X_1,读数从 14.0~0.0cm.

霍尔探头位于螺线管的右端、中心及左端,测距尺指示见下表.

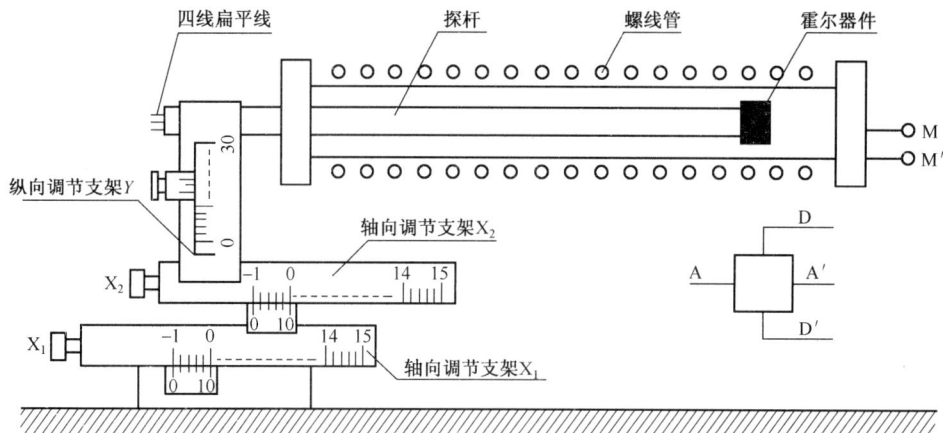

图 6-8-7　TH-S 型螺线管磁场测定实验组合仪

位置		右端	中心	左端
测距尺读数	X_1	0	14	14
/cm	X_2	0	0	14

3) 实验仪与测量仪连接工作电流 I_s 及励磁电流 I_m 的换向开关, 霍尔电压 U_H 输出开关, 这三组开关与对应的霍尔器件及螺线管线包间连线均已接好.

2. 测试仪

测试仪面板如图 6-8-8 所示.

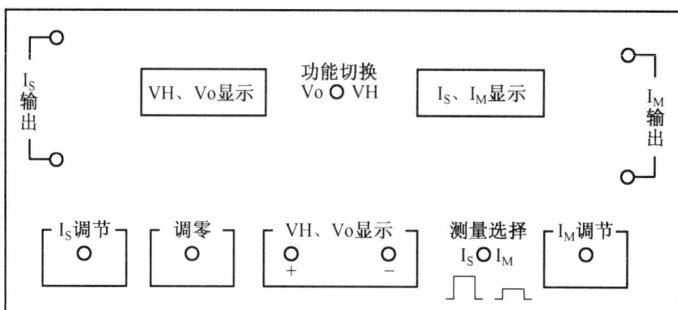

图 6-8-8　测试仪面板图

1) " I_s 输出"

霍尔器件工作电流源, 输出电流 0~10mA, 通过 I_s 调节旋钮连续调节.

2) " I_m 输出"

螺线管励磁电流源, 输出电流 0~1A. 通过 I_m 调节旋钮连续调节.

上述两组恒流源读数可通过"测量选择"按键共用一只三位半 LED 数字电流表显示, 按键测 I_m, 放键测 I_s.

3) 直流数字电压表

三位半数字直流毫伏表, 供测量霍尔电压用. 电压表零位可通过面板左下方调零电位器旋钮进行校正. TH-S 型螺线管磁场测定实验组合仪使用说明:

(1) 测试仪面板上的" I_s 输出", " I_m 输出"和" V_H 输入"三对接线柱分别与实验仪上的三对相应的接线柱正确连接,即测试仪的"I_s 输出"接实验仪的"I_s 输入","I_m 输出"接"I_m 输入".并将 I_s 及 I_m 换向开关掷向任一侧.

注意:绝不允许将"I_m 输出"接到"I_s 输入"或者"V_H 输出"处,否则一旦通电,霍尔样品即遭损坏.

实验仪的"V_H 输出"接测试仪的"V_H 输入",且"V_H 输出"开关应始终保持闭合状态.

(2) 仪器开机前,应将 I_s,I_m 调节旋钮逆时针方向旋到底,使其输出电流趋于最小状态,然后再开机.

(3) 调节实验仪上 X_1 及 X_2 旋钮,使测距尺 X_1 及 X_2 读数均为零,此时霍尔探头位于螺线管右端. 实验时,如要使探头移至左端,应先调节 X_1 旋钮,使 X_1 由 0.0~14.0cm,再调节 X_2 旋钮,使 X_2 由 0.0~14.0cm;反之,如要使探头右移,则应先调节 X_2,再调节 X_1.

(4) 接通电源,预热数分钟. 电流表显示". 000"("测量选择"键为按下时)或"0.00"("测量选择"键为放开时),电压表显示"0.00"(若不为零,可通过面板左下方小孔内的电位器来调节).

(5) "I_s 调节"和"I_m 调节"分别用来控制样品工作电流 I_s 和励磁电流 I_m 的大小. I_s,I_m 的读数可通过"测量选择"按键来实现,按键测 I_m,放键测 I_s.

(6) 关机前,应将"I_s 调节"和"I_m 调节"旋钮逆时针方向旋到底,使其输出电流趋于最小状态,然后切断电源.

【实验内容】

1. 测量霍尔元件的输出特性

(1) 按图 6-8-9 连接测试仪和实验仪之间相对应的测试连线.

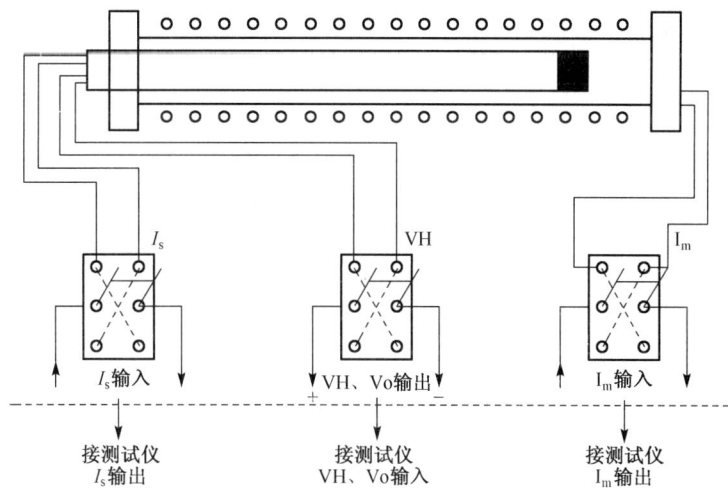

图 6-8-9　实验仪和测试仪连线示意图

(2) 移动霍尔元件探杆支架的旋钮 X_1 及 X_2,慢慢将霍尔元件移到螺线管的中心位置,即 $X_1=14.0$cm,$X_2=0.0$cm 处.

(3) 测绘 U_H-I_s 曲线

取 $I_m=0.800$A,并在测试过程中保持不变. 依次按表 6-8-1 所列数据调节 I_s,用对称测量法测出相应的 U_1,U_2,U_3 和 U_4 值,并记入相应的表格. 绘制 U_H-I_s 曲线.

（4）测绘 U_H-I_m 曲线

取 I_s ＝8.00mA，并在测试过程中保持不变．依次按表 6-8-2 所列数据调节 I_m，用对称测量法测出相应的 U_1，U_2，U_3 和 U_4 值，并记入相应的表格．绘制 U_H-I_m 曲线．

注意：在改变 I_m 值时，要求快捷，每测好一组数据后，应立即切断 I_m．

2. 测量螺线管内轴线上磁感应强度的分布

（1）调节旋钮 X_1，X_2，使测距尺读数 X_1＝X_2＝0.0cm.

（2）取 I_s ＝8.00mA，I_m ＝0.800A，并在测试过程中保持不变．依次按表 6-8-3 所列数据调节 X_1 及 X_2，用对称测量法测出相应的 U_1，U_2，U_3 和 U_4 值，记入相应的表格，并计算相对应的 U_H 及 B 值，也记入相应的表格．

（3）绘制 B-X 曲线，观察螺线管内轴线上的磁场分布．

【实验数据和结果处理】

1. 测绘 U_H-I_s 曲线

将测量数据填入表 6-8-1，并计算霍尔电压 U_H，在坐标纸上画出 U_H-I_s 曲线．

表 6-8-1　　I_m ＝0.800A

I_s /mA	U_1 /mV		U_2 /mV		U_3 /mV		U_4 /mV		$U_H=\dfrac{U_1-U_2+U_3-U_4}{4}$/mV
	$+I_s$	$+B$	$-I_s$	$+B$	$-I_s$	$-B$	$+I_s$	$-B$	
4.00									
5.00									
6.00									
7.00									
8.00									
9.00									
10.00									

2. 测绘 U_H-I_m 曲线

将测量数据填入表 6-8-2，并计算霍尔电压 U_H，在坐标纸上画出 U_H-I_m 曲线．

表 6-8-2　　I_s ＝8.00mA

I_m /A	U_1 /mV		U_2 /mV		U_3 /mV		U_4 /mV		$U_H=\dfrac{U_1-U_2+U_3-U_4}{4}$/mV
	$+I_s$	$+B$	$-I_s$	$+B$	$-I_s$	$-B$	$+I_s$	$-B$	
0.300									
0.400									
0.500									
0.600									
0.700									
0.800									
0.900									
1.000									

3. 测量螺线管内轴线上的磁感应强度的分布

（1）将实验测量数据填入表 6-8-3 中，然后根据式（6-8-5）和式（6-8-2）计算出相应的 U_H 和 B 值，填入表中．

表 6-8-3 $I_\mathrm{m}=0.800\mathrm{A}$, $I_\mathrm{s}=8.00\mathrm{mA}$

X_1/cm	X_2/cm	X/cm	U_1/mV $+I_\mathrm{s}+B$	U_2/mV $-I_\mathrm{s}+B$	U_3/mV $-I_\mathrm{s}-B$	U_4/mV $+I_\mathrm{s}-B$	U_H/mV	B(KGS)
0.0	0.0							
0.5	0.0							
1.0	0.0							
1.5	0.0							
2.0	0.0							
5.0	0.0							
8.0	0.0							
11.0	0.0							
14.0	0.0							
14.0	3.0							
14.0	6.0							
14.0	9.0							
14.0	12.0							
14.0	12.5							
14.0	13.0							
14.0	13.5							
14.0	14.0							

注: $X=14-(X_1+X_2)$ 为探头离螺线管内轴线中心位置间的距离.

(2) 在坐标纸上,以霍尔元件位置 X 为横坐标,B 为纵坐标,画出螺线管内轴向磁场分布曲线(B-X 曲线). 观察磁场分布规律,并验证螺线管端口处的磁感应强度为中心位置磁感应强度的一半.

(3) 将螺线管内中心处的测量值 $B=\dfrac{U_\mathrm{H}}{K_\mathrm{H}I_\mathrm{s}}$,与理论值 $B=\mu_0 n I_\mathrm{m}$ 进行比较,求出相对误差.

注:霍尔元件灵敏度 K_H 值及螺线管单位长度线圈匝数 n 均标在实验仪上.

【预习思考题】

(1) 若磁感应强度 $\boldsymbol{B}$ 与霍尔片的法线不恰好一致,按 $B=\dfrac{U_\mathrm{H}}{K_\mathrm{H}I_\mathrm{s}}$ 算出的 $\boldsymbol{B}$ 值比实际值大还是小? 要准确测定磁场应怎样进行?

(2) 如何根据 I_s,B 和 U_H 的方向,判断所测样品为 n 型半导体还是 p 型半导体?

(3) 能否用霍尔元件测量交变磁场? 若能又该怎样测量?

【讨论问题】

(1) 试分析用霍尔效应仪测量磁场的误差来源.

(2) 如何测量霍尔元件的灵敏度.

【附录】 霍尔元件简介

1.霍尔元件的材料、结构、符号及命名法

1910 年就有人用铋制成了霍尔元件. 由于这种效应在金属中十分微弱,当时并没有引起重视,直到 1948 年,半导体迅速发展,人们才找到了霍尔效应较为显著的材料锗(Ge),到 1958 年又对化合物半导体材料锑化铟(InSb)、砷化铟(InAs)进行了研究,制成了较为满意的霍尔元件,现将某些半导体材料在 300K 时的参数列于表 6-8-4 中.

表 6-8-4　某些材料在 300K 时的参数

材料 (单晶)		禁带宽度 E_g/eV	电阻率 $\rho/(\Omega \cdot cm)$	电子迁移率 $\mu/[cm^2/(V \cdot s)]$	霍尔系数 $R_H/(cm^3/C)$
N-锗	Ge	0.66	1.0	3500	4250
N-硅	Si	1.107	1.5	1500	2250
锑化铟	InSb	0.17	0.005	60000	350
砷化铟	InAs	0.36	0.0035	25000	100
磷砷铟	InAsP	0.63	0.08	10500	850
砷化镓	GaAs	1.47	0.2	8590	1700

　　通常的霍尔元件,在它的长方向两端面上焊着二根引线(即 M、N),称为输入电流端引线,如图 6-8-10 所示,通常以红色线标记;在短方向两端面上焊着另外二根引线(即 P,S),称为输出电压端引线,以绿色导线标记.在电路图中常把霍尔元件用两种符号表示,为适应各种不同的需要,霍尔元件也有多种型号.霍尔元件的命名法如图 6-8-11 所示.根据命名法,HS-1型代表该元件是用半导体材料砷化铟制成的;HZ-1 型代表是用锗制成的.

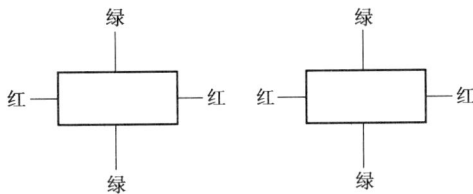

图 6-8-10　霍尔元件的符号表示　　　　　图 6-8-11　霍尔元件的命名法

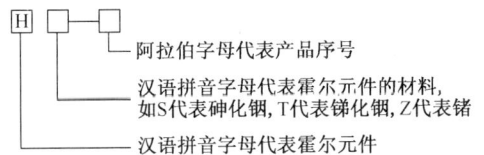

2. 霍尔元件的应用

　　霍尔元件具有简单、小型、频率响应宽(从直流到微波)、输出电压变化大(可达 1000:1)、寿命长等优点.还具有避免活动部件磨损的特点.因此,尽管目前霍尔元件还存在转换效率低、温度影响大的缺点.但霍尔元件已在测试技术、自动化技术和信息处理等方面得到了广泛的应用.

　　根据霍尔电压正比于控制电流和磁感应强度乘积的关系,可将霍尔元件的实际应用分为三大类:

　　(1) 保持控制电流恒定不变,而使霍尔电压输出正比于磁感应强度.在这方面的应用有磁场测量(10^{-5}~10^1T)、磁读头(又称放音磁头)、磁罗盘、磁鼓存储器、电流测量(HZQ-200 型直流钳形表)等.

　　(2) 保持磁感应强度恒定不变,利用霍尔电压输出与控制电流端的非互易性,可以制成回转器(输入与输出之间有 180°的相位差)、隔离器(从 A 端输入时,从 B 端得到输出,而从 B 端输入时,在 A 端却得不到输出,具有单方向传递信号的特点)、环行器(由发射机发射的信号不能进入接收器,只能进入天线,由天线接收到的回波,只能进入接收器,不能进入发射机)等.

　　(3) 电流与磁感应强度两个量都作为变量时,霍尔电压输出与两者乘积成正比.利用这一特性可制成各种运算器(如乘法、除法、倒数、平方等)、功率计等.

6.9　冲击电流计

【实验目的】

（1）了解冲击电流计的结构、工作原理和使用方法；
（2）测定冲击电流计常数（库仑常数及磁链常数）；
（3）学习一种测定电容的方法.

【实验装置】

冲击电流计，电流表，电压表，标准互感，电阻箱，滑线式变阻器，直流稳压电源，开关，导线等.

【实验原理】

冲击电流计是直接测量电量的仪器. 它虽名为"电流计"，但实际目的不是用来测量电流，而是用来测量在短暂时间内流过冲击电流计的电量的. 也可用来测量涉及电量的其他物理量，如磁通、磁场强度、电容、电感、电阻等，以及可以与这些电学量建立某种联系的非电量，如微小位移、碰撞时间等.

冲击电流计（见附录）既可工作在电容充放电状态，也可工作于磁链发生变化的状态. 由理论可知，冲击电流计在这两种状态下的冲击常数是不同的，为区别起见，将前一种状态的冲击常数称为库仑常数，而后一种状态下的冲击常数简称为磁链常数.

1. 测定冲击电流计的磁链常数

测量电路如图 6-9-1 所示，其中 G 为冲击电流计，A 为电流表，K_2 为换向开关，M 为标准互感.

当 K_1 闭合时电源接通，K_2 闭合则互感线圈初级接通，使 K_3 掷向下方则冲击电流计与互感次级接通，当整个电路达到稳定后（即冲击电流计处于静止状态），突然将换向开关 K_2 由上方掷向下方（或相反），则互感线圈初级所在电路的电流由 $+I$ 很快地变化为 $-I$，从而在其次级回路（即冲击电流计所在回路）产生一个感生电动势，若标准互感次级回路闭合（K_3 掷向下方），则会有一瞬时电流 i_2 流过此回路. 由欧姆定律可知

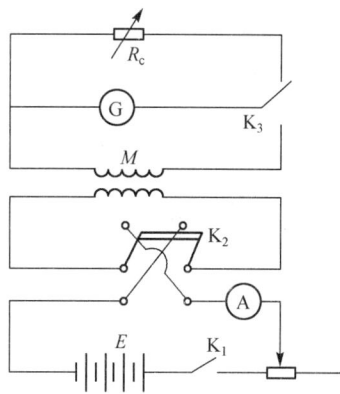

图 6-9-1　测量电路
（测定冲击电流计的磁链常数）

$$\varepsilon_m = -M\frac{di_1}{dt} \qquad (6\text{-}9\text{-}1)$$

$$\varepsilon_m = i_2 R + L\frac{di_2}{dt} \qquad (6\text{-}9\text{-}2)$$

式中，i_2, R, L 分别为冲击电流计所在回路的瞬时电流、总电阻及总自感，瞬时电流通过冲击电流计的迁移电量 Q_0 为

$$Q_0 = \int_0^\tau i_2 dt \qquad (6\text{-}9\text{-}3)$$

τ 为瞬时电流持续的时间. 将式（6-9-1），式（6-9-2）代入式（6-9-3）可得（因为 $i_1(0)=I$，$i_1(\tau)=-I, i_2(0)=0, i_2(\tau)=0$）

$$Q_0 = \int_0^\tau -\frac{M}{R}\frac{\mathrm{d}i_1}{\mathrm{d}t}\mathrm{d}t - \int_0^\tau \left(-\frac{L}{R}\frac{\mathrm{d}i_2}{\mathrm{d}t}\right)\mathrm{d}t = 2\frac{M}{R}I \qquad (6\text{-}9\text{-}4)$$

又根据冲击电流计常数的定义有

$$Q_0 = K_\mathrm{m} d_\mathrm{max}$$

将上式代入式(6-9-4)可得到磁链常数为

$$K_\mathrm{m} = 2\frac{M}{R}\frac{I}{d_\mathrm{max}} \qquad (6\text{-}9\text{-}5)$$

2. 测定冲击电流计的库仑常数

测量电路如图 6-9-2 所示,将双刀双掷开关接成如图所示的形式.

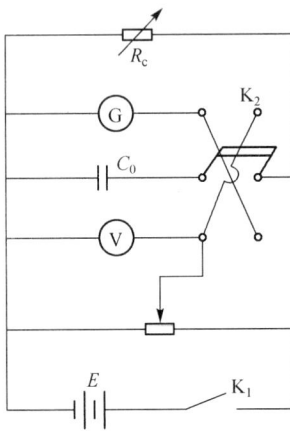

当 K_2 掷向下方并接通 K_1 时,则电源将通过分压电路对标准电容 C_0 充电,在对 C_0 充电的同时,冲击电流与 R_c(令 R_c 恰为冲击电流计外回路临界电阻)接通并构成一闭合回路(即使其处于临界阻尼状态). 当把 K_2 掷于上方时,冲击电流计与 R_c 断开,而电容 C_0 只向冲击电流计放电,由此可确定其库仑常数.

设对标准电容 C_0 充电电压为 U,则电容所带之电量 Q_0 为

$$Q_0 = C_0 U \qquad (6\text{-}9\text{-}6)$$

而后使电容 C_0 对冲击电流计放电,显然有

$$Q_0 = K_C d_\mathrm{max} \qquad (6\text{-}9\text{-}7)$$

由式(6-9-6)和式(6-9-7)不难确定冲击电流计的库仑常数为

$$K_C = C_0 \frac{U}{d_\mathrm{max}} \qquad (6\text{-}9\text{-}8)$$

图 6-9-2　测量电路
(测定冲击电流计的库仑常数)

3. 测定未知电容 C_x

用图 6-9-2 所示电路,首先对标准电容 C_0 充电,维持充电电压恒定,而后使充电后的 C_0 对冲击电流计放电,并记下与其相应的最大偏转值 d_max,然后用待测电容 C_x 代替标准电容 C_0,并测得未知电容向冲击电流计放电所产生的第一次最大偏转 d'_max,由

$$C_0 U = K_C d_\mathrm{max}, \quad C_x U = K_C d'_\mathrm{max} \qquad (6\text{-}9\text{-}9)$$

可知未知电容 C_x 为

$$C_x = \frac{d'_\mathrm{max}}{d_\mathrm{max}} C_0$$

【实验内容】

1. 测定冲击电流计的磁链常数 K_m

(1) 按图 6-9-1 接好线路,接线时一定要使电流开关及控制回路电流开关 K_1 断开,接线完毕后要使冲击电流计处于闭路状态,并暂将 R_c 取作零.

(2) 调整冲击电流计读数系统,使其工作于临界阻尼状态,并取 R_c 等于其外回路临界电阻.

(3) 在临界状态下改变标准互感线圈初级回路的电流 7～10 次,测定冲击电流计相应的最大偏转值 d_max,并记下相应的电流值.

（4）利用式(6-9-5)计算出各次测量的 K_m 值,取其算术平方值 $\overline{K_m} = \dfrac{\sum K_i}{n}$ 作为最后的测量近真值.

2. 测定冲击电流计的库仑常数 K_C

（1）按图 6-9-2 接好线路,接线完毕可使冲击电流计所在回路闭合,并取 R_c 为其外回路临界电阻.

（2）取定 C_0 值. 改变充电电压 7～10 次(或取定充电电压改变 C_0),记取冲击电流计相应的最大偏转值 d_{max} 和充电电压值.

（3）根据式(6-9-8)用最小二乘法或取算术平均值的方法处理测量数据,确定此冲击电流计的库仑常数 K_C.

3. 测定未知电容 C_x

（1）仍使用图 6-9-2 电路,将 C_0 换为 C_x,根据库仑常数选取合适的充电电压,测量步骤同上.

（2）利用式(6-9-9)求出被测电容值 C_x.

【注意事项】

（1）测磁链常数时要选取合适的工作电流,测库仑常数时(或未知电容)要选取合适的工作电压. 一般以不使冲击电流计偏转超过其刻度尺读数为宜.

（2）不得擅自调节冲击电流计的内部结构.

（3）冲击电流计使用完毕后一定要将其短路.

【预习思考题】

（1）简述冲击电流计的工作原理.

（2）在图 6-9-1 中,开关 K_1,K_2,K_3 的作用是什么? 实验完毕,应使三个开关呈何种状态?

【讨论问题】

（1）图 6-9-1、图 6-9-2 中 R_c 的作用是什么? 为什么要使它与冲击电流计外回路临界电阻相等,使其偏大或偏小有什么不便?

（2）冲击电流计为什么能够测瞬时电量? 灵敏电流计能否测瞬时电量?

【附录】 冲击电流计及其原理

冲击电流计是一种测量短暂时间内有多少电量流过电路的仪器,使用时将它串接到待测电路中. 它的外形随型号的不同稍有差别,而内部结构与灵敏电流计大致相同,所不同的是,冲击电流计的线圈是一个横向尺寸大于纵向尺寸的矩形框,如图 6-9-3 所示,这种线圈有较大的转动惯量,并且有较大的自由转动周期.

如果线圈中通以电流 I_c,则它所受到的磁力矩 M 为

$$M = F_m a = n I_c B S$$

式中 B 为线圈所在处的磁感应强度,n,S 分别为线圈的匝数和面积.

若有一个持续时间为 t 的瞬时电流 I_p 流过线圈,线圈

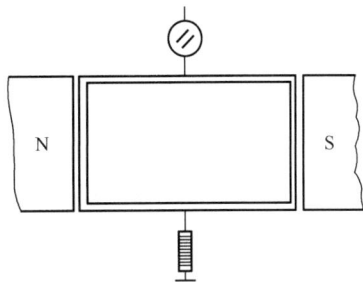

图 6-9-3 线圈偏转系统

将受到冲量矩 M_t 的作用：

$$M_t = nI_pBSt = nBSQ \qquad (6\text{-}9\text{-}10)$$

式中 Q 为在时间 t 内流过冲击电流计的电量.

按照角动量原理,线圈受到冲量矩作用后,角动量将发生变化,且有等式

$$M_t = J(\omega - \omega_0)$$

式中 J 为线圈的转动惯量,ω_0,ω 分别为冲量矩作用前、后线圈的转动角速度.因为测量前已将线圈调节到平衡状态,故 $\omega_0 = 0$(这是使用冲击电流计的前提条件),有

$$M_t = J\omega \qquad (6\text{-}9\text{-}11)$$

获得了转动角速度 ω 的线圈具有转动动能($E_k = \frac{1}{2}J\omega^2$),并使线圈转动一个角度 θ(θ 是最大的偏转角).在线圈转动时其动能逐渐转变为悬丝的扭转势能.如果忽略空气的阻力和线圈回路在磁极间转动时受到的电磁阻尼作用,则由机械能守恒定律得

$$\frac{1}{2}J\omega^2 = \frac{1}{2}D\theta^2 \qquad (6\text{-}9\text{-}12)$$

式中 D 为悬丝的扭转弹性系数.

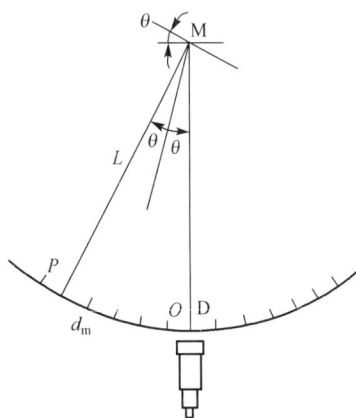

图 6-9-4　读数系统

由式(6-9-10)、式(6-9-11)和式(6-9-12)得到

$$Q = \frac{\sqrt{DJ}}{nBS}\theta \qquad (6\text{-}9\text{-}13)$$

为了确定上式中的偏转角 θ,调节反射镜 M,使望远镜内十字叉丝正对标尺 s 的零线,当反射镜 M 转过小角后,望远镜内叉丝正对标尺上另一刻线 d_m 如图 6-9-4 所示.

按照光的反射定律 $\angle PMO = 2\theta$,设反射镜 M 与标尺的距离为 L(要求 $L \gg d_m$)则

$$\tan 2\theta \approx 2\theta = \frac{PO}{OM} = \frac{d_m}{L}, \quad \theta = \frac{d_m}{2L}$$

于是

$$Q = \frac{\sqrt{DJ}}{2LnBS}d_m \qquad (6\text{-}9\text{-}14)$$

令

$$K = \frac{\sqrt{DJ}}{2LnBS}$$

则

$$Q = Kd_m \qquad (6\text{-}9\text{-}15)$$

式中 K 称为冲击电流计在开路状态下的常数,单位是 C/mm. 由式(6-9-15)可知,冲击电流计的第一次最大偏转 d_m 与通过它的总电量 Q 成正比.

使用冲击电流计时应当注意：

(1) 冲击电流计测量瞬时电量的误差,随电量通过的时间 t 的延长而增大,观测值总是稍小于实际的电量数值. 为了减小误差. 要求 t 至少应小于 $T/10$,最好是小于 $T/30$(T 为冲击电流计自由振荡周期,一般在 l0～18s 以上).

(2) 推导式(6-9-14)时没有考虑与冲击电流计串联的回路特性. 实际上冲击电流计往往在闭路状态下使用,因而需引入新的常数 K',K' 称为冲击电流计在闭路状态下的常数,它与闭

合电路的总电阻 R 有关,每次使用冲击电流计时都应由实验测定在该测量条件下的常数 K'.

（3）冲击电流计的悬丝容易损坏. 在调节零位时只能轻轻将悬丝上部的调节端转一个很小的角度. 如果通过的电流过大,可在测量回路中串接电阻或在冲击电流计上并联分流电阻,以便将偏转值控制在标尺的 $1/3 \sim 1/4$ 内.

（4）为使每次测读后线圈易于回到平衡位置,必须在冲击电流计两端并联一个阻尼开关. 当转动的线圈通过平衡位置时,按下阻尼开关可使线圈停止转动. 使用完毕后应将冲击电流计两端短路.

6.10　测量非线性元件的伏安特性

【实验目的】

（1）了解二极管的单向导电特性和稳压二极管的稳压特性;

（2）学习测量非线性元件的伏安特性.

【实验装置】

直流稳压电源,万用表,电压表,毫安表,微安表,变阻器,电阻箱,二极管,开关和导线等.

【实验原理】

当一个元件两端加上电压,元件内有电流通过时,电压与电流之比称为该元件的电阻. 若一个元件两端的电压与通过它的电流成比例,则伏安特性曲线为一条直线,这类元件称为线性元件. 若一个元件两端的电压与通过它的电流不成比例,则伏安特性曲线不再是一条直线而是一条曲线,这类元件称为非线性元件.

晶体二极管是非线性元件,其电阻值不仅与外加电压的大小有关,而且还与方向有关.

晶体二极管简称二极管,由 p 型和 n 型半导体材料结合在一起形成一个 pn 节,在 p 区和 n 区各引出一个电极并封装而成. p 区引出端叫正极,n 区引出端叫负极,其结构与符号如图 6-10-1所示.

图 6-10-1　二极管的结构与符号

二极管的主要特点是单向导电性,其伏安特性曲线如图 6-10-2 所示.

由图可见,二极管具有以下特性.

1. 正向导通特性

当外加电压 U 为零时,电流 I 为零,且外加正向电压较小时,电流也几乎为零. 只有当正向电压超过某一数值时(硅管约 0.7V,锗管约 0.2V),流过二极管的正向电流将随正向电压的升高开始出现明显的增加,二极管导通. 二极管刚开始导通时的电压叫导通电压 U_D,二极管导通后两端的电压叫管压降. 导通电压略小于管压降,但通常都认为二者近似相等. 对于硅管约为 0.7V,锗管约为

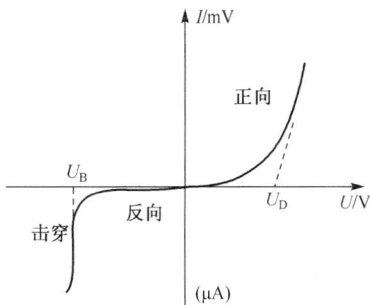

图 6-10-2　二极管的伏安特性

0.2V. 如果二极管两端加上超过以上数值的正向电压,那么二极管将因电流过大而烧坏,所以

二极管回路中必须串入电阻以限制其电流.

2.反向截止特性

二极管加反向电压且反向电压不大于某一数值时,反向电流数值很小且基本保持不变.所以此反向电流称为反向饱和电流,此值越小越好.

3.反向击穿特性

当二极管的反向电压大于某一数值时,反向电流将急剧增加,这种现象称为二极管被反向击穿,此时对应的电压U_B称为二极管的反向击穿电压.在反向击穿区,通过二极管的反向电流在很大范围内变化,反向电压U_B却基本不变,这就是稳压二极管的稳压作用.

为了正确地选择和使用二极管,必须知道二极管的某些参数.二极管的主要参数有以下几个:

(1)最大正向电流.指在一定的散热条件下,二极管长期工作时所允许流过的最大正向平均电流.若超过此值,二极管则可能由于过热而损坏.实际应用时,二极管的实际工作电流要低于规定的最大正向电流值.

(2)最大反向工作电压.指二极管能承受的最大反向工作电压(峰值).若超过此值,二极管有被反向击穿而损坏的危险(一般取反向击穿电压的一半).实际应用时,反向电压的峰值不能超过规定的最高反向工作电压.

此外,还有最大反向电流,最高工作频率等参数,都可以在晶体管手册中查到.

稳压二极管是一种特殊的二极管,它的正向特性与一般二极管相似,它的反向特性曲线却更为陡直.稳压二极管工作在反向击穿区,与一般二极管不同的是稳压管的反向击穿是可逆的,即去掉反向电压,稳压管又恢复正常,不会因反向击穿而损坏.当然,如果反向电流超过允许范围,稳压管同样会因热击穿而损坏.

稳压二极管的主要参数有稳定电压、稳定电流、最大稳定电流、最大耗散功率等.

【实验内容】

1.测量二极管的正向特性

测量电路如图6-10-3所示,电源电压为0～3V,R_1和R_2为保护二极管的两个限流电阻,其中R_1阻值较大用作粗调,R_2阻值较小用作细调.

由于二极管的伏安特性是非线性的,所以在测量取点时不必等间隔取点,在电流变化缓慢区电压间隔可取得大一些,在电流变化迅速区电压间隔可取得小一些.测量从0V开始,每隔0.05～0.10V读出相应的电流值一次,直到电流达到被测二极管最大允许电流以内(由实验室给出).

2.测量二极管的反向特性

测量电路如图6-10-4所示,电源电压约为30V,控制电路用R_1和R_2两个变阻器连接成分压电路,其中阻值较大的R_1用作粗调,阻值较小的R_2用作细调.

测量从0V开始,每隔2～3V读出相应的电流值一次,直到接近30V为止(注意:加在二极管两端的电压和流过二极管的电流均是反向的,故记录数据时应取为负值).

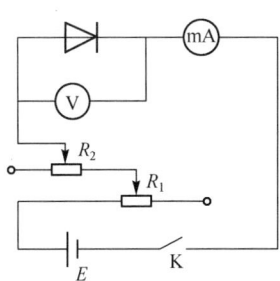

图 6-10-3 二极管正向特性测量电路   图 6-10-4 二极管反向特性测量电路

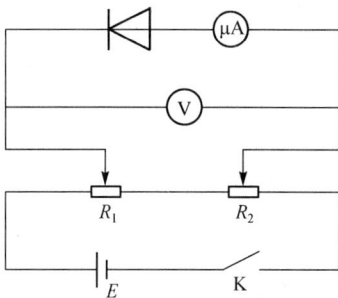

【实验数据和结果处理】

（1）自己设计数据表格,将实验测量数据记入表格,并计算二极管在不同电压时的电阻值.

（2）根据所记录的数据,以电压为横坐标,电流为纵坐标,在坐标纸上绘出二极管的正向特性和反向特性曲线. 因为正、反向电压、电流值相差较大,故绘图时坐标轴可选取不同的单位,但需标明.

【预习思考题】

（1）本实验中测量二极管的正、反向伏安特性时,分别采用了两种电表接法,为什么?

（2）如何用万用表判断二极管的正负极?

【讨论问题】

二极管的主要参数在实际电路中有何作用?

6.11　谐振频率测量

【实验目的】

（1）通过实验进一步了解串联谐振与并联谐振发生的条件及其特征;

（2）观察谐振电路中电压,电流随频率变化的现象并测定谐振曲线;

（3）了解谐振现象在生活和工业中的应用.

【实验装置】

（1）函数信号发生器;

（2）示波器;

（3）RLC 串联谐振电路板;

（4）导线若干.

【实验原理】

由电感和电容元件串联组成的二端口网络如图 6-11-1 所示.记二端网络中的电感为 L,电阻为 R,电容为 C,输入电压为 U,电阻两端的电压为 U_R,电感两端的电压为 U_L,电容两端的电压 U_C.则该网络的等效阻抗为

$$Z = R + j\left(\omega L - \frac{1}{\omega C}\right) \tag{6-11-1}$$

它是电源频率的函数. 要使该网络发生谐振时, 其端口电压与电流同相位, 即 $\omega L - 1/\omega C = 0$, 从而得到谐振角频率为 $\omega_0 = 1/\sqrt{LC}$, 相应的谐振频率为 $f_0 = 1/(2\pi\sqrt{LC})$, 如图 6-11-2 所示.

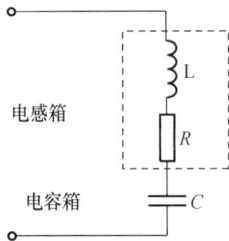

图 6-11-1　R、L、C 串联电路　　　　　图 6-11-2　串联谐振电路的电流

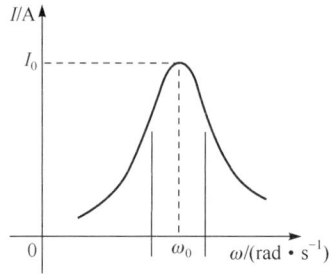

电路谐振时的感抗 $\omega_0 L$ 或容抗 $\dfrac{1}{\omega_0 C}$ 为特性阻抗 ρ, 特性阻抗 ρ 与电阻 R 的比值为品质因数 Q, 即

$$Q = \frac{\rho}{R} = \frac{\omega_0 L}{R} = \frac{\sqrt{L/C}}{R} \tag{6-11-2}$$

当电路谐振时阻抗最小, 如果端口电压 U 保持稳定, 那么电路中的电流将达到最大值, $I_{MAX} = \dfrac{U}{Z} = \dfrac{U_R}{R}$, 仅与电阻的阻值有关, 与电感和电容的值无关, 电感电压与电容电压数值相等相位相反, 电阻电压等于总电压. 电感或电容电压是输入电压的 Q 倍, 即

$$U_L = U_C = QU = QU_R \tag{6-11-3}$$

在一般情况下, RLC 串联电路中的电流是电源频率的函数, 即

$$I(\omega) = \frac{U}{|Z(j\omega)|} = \frac{U}{\sqrt{R^2 + (\omega L + 1/\omega C)^2}}$$

$$= \frac{U/R}{\sqrt{1 + Q^2(\omega/\omega_0 - \omega_0/\omega)^2}} = \frac{I_0}{\sqrt{1 + Q^2(\omega/\omega_0 - \omega_0/\omega)^2}} \tag{6-11-4}$$

【实验步骤】

（1）如图 6-11-3 所示连接好电路, 连接信号发生器的 A 通道, 红色连接在 RLC 谐振电路板的正极"VCC", 黑色在 RLC 谐振电路板的负极（"GND"）, RLC 谐振电路板如图 6-11-4 所示.

（2）示波器的地端连接在 RLC 谐振电路板的负极（"GND"）, 信号端连接在电阻的另一端.

（3）以中心频率为中心, 左右各记录 5 各以上的点.

（4）按图 3 接好电路, 保持信号发生器输出电压为一适当数值（为 1 伏）改变电源频率, 测量不同频率时的 U_R.

注意: 为了取点合理, 可先将频率由低到高初测一次, 注意找出谐振频率 f_0（即与电阻的电压最大值相应的频率）. 离谐振点较外, 所取频率间隔可较稀, 而在谐振点会近, 频率间隔宜较密.

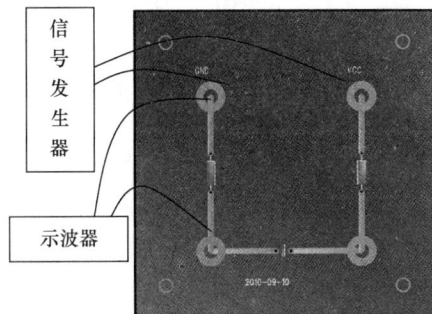

图 6-11-3　连接图

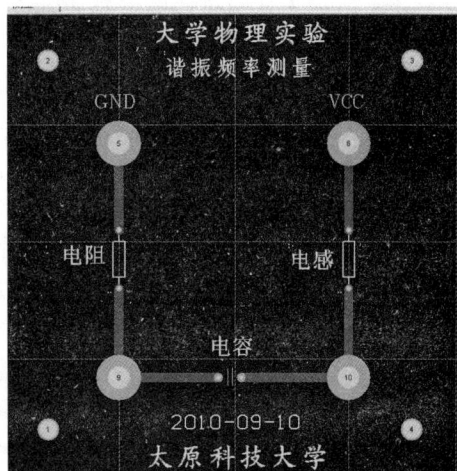

图 6-11-4　RLC 谐振电路板

【报告要求】

（1）根据实验结果绘出串联谐振曲 $U_R(f)$.

（2）根据给定的电容器的参数以及测试的串联谐振频率计算电感量.

【实验记录表格参考】

（端电压保持恒定），取 10 个点以上.

f						
U_R						

【问题讨论】

如果方波的半周期并不是远大于 RC 电路的时间常数 τ，则 u_C，u_R 的波形将是一种什么样的情况？

6.12　测绘铁磁材料的磁滞回线和基本磁化曲线

【实验目的】

（1）认识铁磁物质的磁化规律，比较两种类型的铁磁物质的动态磁化特性；

（2）测定样品的基本磁化曲线，绘制 μ-H 曲线；

（3）测定样品的 H_c、B_r、B_m 和 $[BH]$ 等参数；

（4）测绘样品的磁滞回线，估算其磁滞损耗.

【实验装置】

示波器，磁滞回线实验组合仪（包括实验仪和测试仪两大部分）.

【实验原理】

铁磁物质是一种性能特异、用途广泛的材料. 铁、钴、镍及其众多合金以及含铁的氧化物（铁氧体）均属铁磁物质. 其特征是在外磁场作用下能被强烈磁化，磁导率 μ 很高. 另一特征是磁滞，即磁场作用停止后，铁磁物质仍保留磁化状态.

图 6-12-1 所示为铁磁物质的磁感应强度 B 与磁场强度 H 之间的关系曲线.

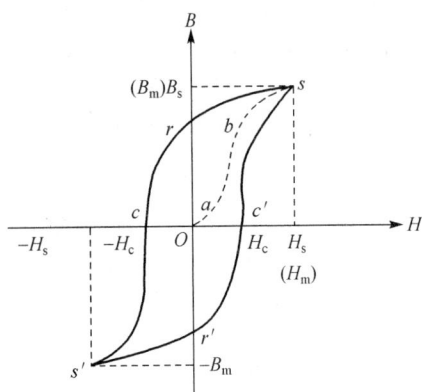

图 6-12-1 铁磁物质的起始磁化
曲线和磁滞回线

图中的原点 O 表示磁化之前铁磁物质处于磁中性状态,即 $B = H = 0$. 当外磁场 H 从零开始增加时,磁感应强度 B 随之缓慢上升,如线段 Oa 所示;继之 B 随 H 迅速增长,如线段 ab 所示;其后 B 的增长又趋缓慢,并当 H 增至 H_s 时,B 达到饱和值 B_s. 在 S 点的 B_s 和 H_s,通常称为本次磁滞回线的最大值 B_m 和 H_m. 曲线 $Oabs$ 段称为起始磁化曲线.

当磁场从 H_s 逐渐减小至零时,磁感应强度 B 并不沿起始磁化曲线恢复到"O"点,而是沿着另外一条新的曲线 sr 下降,比较线段 os 和 sr 可知,H 减小 B 也相应减小,但 B 的变化滞后于 H 的变化,这种现象称为磁滞. 磁滞的明显特征就是当 $H = 0$ 时,B 并不为零,而是保留剩磁 B_r.

当磁场反向从 $H = 0$ 逐渐变为 $-H_c$ 时,磁感应强度 B 消失,即 $B = 0$. 这就是说明要想消除剩磁 B_r,使 B 降为零,必须施加一个反向磁场 H_c,这个反向磁场强度 H_c 称为矫顽力. 它的大小反映了铁磁材料保持剩磁状态的能力,线段 rc 称为退磁曲线.

图 6-12-1 还表明,当磁场按 $H_s \rightarrow 0 \rightarrow -H_c \rightarrow -H_s \rightarrow 0 \rightarrow H_c \rightarrow H_s$ 的次序变化时,相应的磁感应强度 B 则按照闭合曲线 $srcs'r'c's$ 变化,这闭合曲线称为磁滞回线. 所以,当铁磁材料处于交变磁场中时(如变压器铁芯),将沿磁滞回线反复被磁化—去磁—反向磁化—反向去磁. 由于磁畴的存在,此过程要消耗能量,并以热的形式从铁磁材料中释放出来,这种损耗称为磁滞损耗. 可以证明磁滞损耗与磁滞回线所围面积成正比.

当初始状态为 $H = B = 0$ 的铁磁材料,在峰值磁场强度由弱到强的交变磁场 H 作用下依次进行磁化时,可以得到面积由小到大,向外扩张的一组磁滞回线,如图 6-12-2 所示.

这些磁滞回线的顶点($s_1 s_2 s_3 \cdots$)所连成的曲线称为该铁磁材料的基本磁化曲线. 由此,可以近似确定其磁导率 $\mu = \dfrac{B}{H}$,因 B 与 H 是非线性关系,所以铁磁材料的 μ 不是常数,而是随 H 而变化,如图 6-12-3 所示.

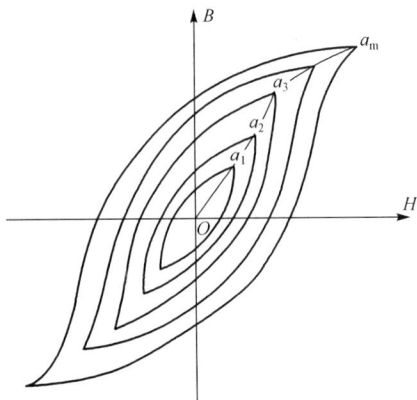

图 6-12-2 同一铁磁材料的一组磁滞回线

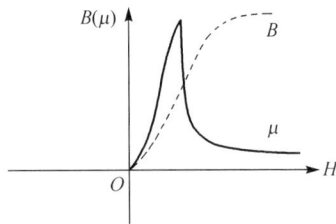

图 6-12-3 铁磁材料的基本 B-H 和 μ-H 关系曲线

铁磁材料的磁导率可高达数千乃至数万,这一特点是它用途广泛的主要原因之一.

　　可以说磁化曲线和磁滞回线是铁磁材料分类和选用的主要依据.图 6-12-4 为常见的两种典型的磁滞回线,其中软磁材料的磁滞回线狭长,矫顽力、剩磁和磁滞损耗均较小,是制造变压器、电机和交流磁铁的主要材料.而硬磁材料的磁滞回线较宽,矫顽力大,剩磁强,可用来制造永磁体.

　　观察和测量磁滞回线和基本磁化曲线的线路如图 6-12-5 所示.

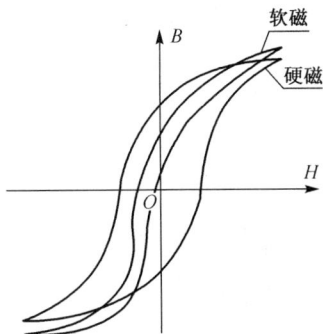

图 6-12-4　不同铁磁材料的磁滞回线

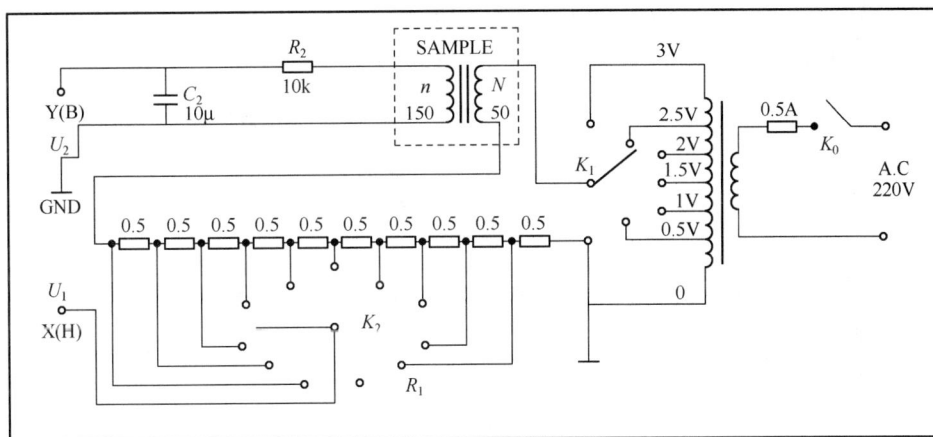

图 6-12-5　实验线路

　　待测样品为 EI 型矽钢片,N 为励磁绕组,n 为用来测量磁感应强度 B 而设置的绕组,R_1 为励磁电流取样电阻.设通过 N 的交流励磁电流为 i_1,根据安培环路定理,样品的磁化强度为

$$H = \frac{Ni_1}{L}$$

式中,L 为样品的平均磁路.

因为

$$i_1 = \frac{U_1}{R_1}$$

所以

$$H = \frac{N}{LR_1}U_1 \tag{6-12-1}$$

式中的 N,R_1,L 均为已知常数,所以通过测量 U_1 可计算出磁场强度 H.

　　在交变磁场作用下,样品的磁感应强度瞬时值 B 是由测量绕组 n 和 R_2、C_2 电路来给定的.

根据法拉第电磁感应定律,由于样品绕组中的磁通 Φ 变化,在测量线圈中产生的感应电动势的大小为

$$\varepsilon_2 = \left| -n\frac{\mathrm{d}\Phi}{\mathrm{d}t} \right|$$

则

$$\Phi = \frac{1}{n}\int \varepsilon_2 \,\mathrm{d}t$$

$$B = \frac{\Phi}{S} = \frac{1}{nS}\int \varepsilon_2 \,\mathrm{d}t \tag{6-12-2}$$

式中,S 为样品的横截面积.

在测试样品回路中,根据基尔霍夫定律有

$$\varepsilon_2 = i_2 R_2 + U_2 + i_2 r - L_2 \frac{\mathrm{d}i_2}{\mathrm{d}t}$$

式中,r 为测试线圈内阻,L_2 为测试线圈自感.

因为测试线圈的内阻和自感系数都很小,均可忽略不计,则回路方程可近似为

$$\varepsilon_2 = i_2 R_2 + U_2$$

式中,i_2 为感生电流,U_2 为积分电容 C_2 两端电压.

设在 Δt 时间内,i_2 向电容 C_2 的充电电量为 Q,则

$$U_2 = \frac{Q}{C_2}$$

所以

$$\varepsilon_2 = i_2 R_2 + \frac{Q}{C_2}$$

如果选取足够大的 R_2 和 C_2,使 $i_2 R_2 \gg \dfrac{Q}{C_2}$,则回路方程又可近似为

$$\varepsilon_2 = i_2 R_2$$

因为

$$i_2 = \frac{\mathrm{d}Q}{\mathrm{d}t} = C_2 \frac{\mathrm{d}U_2}{\mathrm{d}t}$$

所以

$$\varepsilon_2 = R_2 C_2 \frac{\mathrm{d}U_2}{\mathrm{d}t} \tag{6-12-3}$$

由式(6-12-2)和式(6-12-3)可得

$$B = \frac{R_2 C_2}{nS} U_2 \tag{6-12-4}$$

式中的 R_2,C_2,n 和 S 均为已知常数,所以通过测量 U_2 便可计算出 B.

综上所述,将图 6-12-5 中的 U_1 和 U_2 分别加到示波器的"X 输入"和"Y 输入"两端,便可观察样品的 $B=H$ 曲线;如将 U_1 和 U_2 加到测试仪的信号输入端可测定样品的饱和磁感应强度 B_s、剩磁 B_r、矫顽力 H_c、磁滞损耗 $[BH]$ 以及磁导率 μ 等参数.

【实验内容】

(1)电路连接:选样品 1,按实验仪上所给的电路图连接线路,并令 $R_1 = 2.5\Omega$,"U 选择"置于 0 位. U_H 和 U_B(即 U_1 和 U_2)分别接示波器的"X 输入"和"Y 输入",插孔 $\perp$ 为公 0 共端.

（2）样品退磁：开启实验仪电源，对试样进行退磁，即顺时针方向转动"U 选择"旋钮，令 U 从 0 增至 3V，然后逆时针方向转动旋钮，将 U 从最大值降为 0，其目的是消除剩磁，确保样品处于磁中性状态，即 $B = H = 0$，如图 6-12-6 所示.

（3）观察磁滞回线：开启示波器电源，令光点位于坐标网格中心，令 $U = 2.2V$，分别调节示波器 X 和 Y 轴的灵敏度，使显示屏上出现图形大小合适的磁滞回线（若图形顶部出现编织状的小环，如图 6-12-7 所示，这时可降低励磁电压 U 予以消除）.

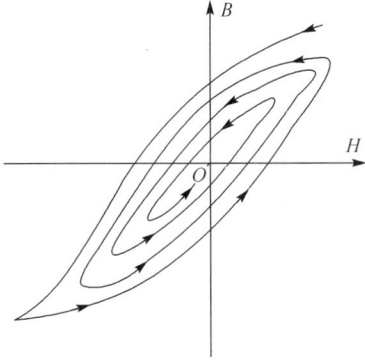

图 6-12-6 　退磁示意图

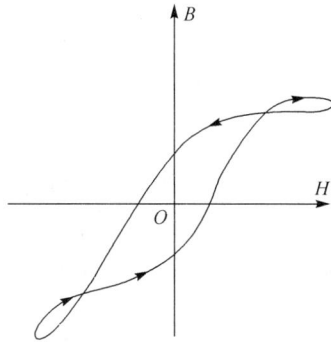

图 6-12-7 　U_2 和 B 的相位
差等因素引起的畸变

（4）观察基本磁化曲线.按步骤（2）对样品进行退磁，从 $U = 0$ 开始，逐挡提高励磁电压，将在显示屏上得到面积由小到大一个套一个的一簇磁滞回线.这些磁滞回线顶点的连线就是样品的基本磁化曲线，借助长余辉示波器，便可观察到该曲线的轨迹.

（5）观察、比较样品 1 和样品 2 的磁化特性.

（6）测绘 $\mu\text{-}H$ 曲线.仔细阅读测试仪的使用说明，接通实验仪和测试仪之间的连线，开启电源，对样品进行退磁后，依次测定 $U = 0.5, 1.0, \cdots, 3.0V$ 时的 10 组 H_m 和 B_m 值，做出 $\mu\text{-}H$ 曲线.

（7）令 $U = 3.0V$，$R_1 = 2.5 \Omega$ 测定样品 1 的 B_m、B_r、H_c 和 $[BH]$ 等参数.

（8）取步骤（7）中的 H 和其相应的 B 值，用坐标纸绘制 B-H 曲线（如何取数？取多少组数据？自行考虑），并估算曲线所围面积.

【实验数据和处理结果】

将实验数据记录于表 6-12-1 和表 6-12-2 中，并在坐标纸上绘制 $\mu\text{-}H$ 和 B-H 曲线.

表 6-12-1 　基本磁化曲线与 $\mu\text{-}H$ 曲线数据表

U /V	$H /(10^4 A/m)$	$B /10^2 T$	$\mu = B/H /(H/m)$
0.5			
1.0			
1.2			
1.5			
1.8			
2.0			
2.2			
2.5			
2.8			
3.0			

表 6-12-2　　*B-H* 曲线数据表 $H_c = $ ____, $B_r = $ ____, $B_m = $ ____, $[BH] = $ ____.

NO	$H/(10^4\text{A/m})$	$B/10^2\text{T}$	NO	$H/(10^4\text{A/m})$	$B/10^2\text{T}$	NO	$H/(10^4\text{A/m})$	$B/10^2\text{T}$

【预习思考题】

(1) 什么叫磁滞回线,为什么示波器能显示铁磁材料的磁滞回线?

(2) 如何用示波器测出磁滞回线上某点的 H 和 B 的值?

(3) 如何用示波器测出基本磁化曲线?

6.13　半导体 pn 结的物理特性研究

【实验目的】

(1) 在室温下,测量 pn 结电流与电压关系,证明此关系符合指数规律;

(2) 在不同温度条件下,测量玻尔兹曼常量;

(3) 学习用运算放大器组成电流-电压变换器测量微电流.

【实验装置】

FD-PN-2 型 pn 结物理特性测定仪.

【实验原理】

1. pn 结物理特性及玻尔兹曼常量测量

由半导体物理学可知,pn 结的正向电流电压关系满足

$$I = I_0 [\exp(eU/kT) - 1] \tag{6-13-1}$$

式中,I 为通过 pn 结的正向电流,I_0 为不随电压变化的常数,T 为热力学温度,e 为电子的电荷量,U 为 pn 结正向压降.

由于在常温(300K)时,$kT/e \approx 0.026\text{V}$,而 pn 结正向压降约为十分之几伏,则 $\exp(eU/kT) \gg 1$,式(6-13-1)括号内-1 项完全可以忽略,于是有

$$I = I_0 \exp(eU/kT) \tag{6-13-2}$$

也即 pn 结正向电流随正向电压按指数规律变化. 若测得 pn 结 *I-U* 关系值,则利用上式可以求出 e/kT. 在测得温度 T 后,就可以得到 e/k 常数,把电子电量作为已知值代入,即可求得玻尔兹曼常量 k.

在实际测量中,二极管的正向 *I-U* 关系虽然能较好满足指数关系,但求得的常数 k 往往偏小. 这是因为通过二极管电流不只是扩散电流,还有其他电流. 一般它包括三个部分:① 扩散电流,它严格遵循式(6-13-2);② 耗尽层复合电流,它正比于 $\exp(eU/2kT)$;③ 表面电流,它是由 Si 和 SiO_2 界面中杂质引起的,其值正比于 $\exp(eU/mkT)$,一般 $m > 2$. 因此,为了验证式(6-13-2)及求出准确的 e/k 常数,不宜采用硅二极管,而采用硅三极管接成共基极线路,因为

此时集电极与基极短接,集电极电流中仅仅是扩散电流.复合电流主要在基极出现,测量集电极电流时,将不包括它.本实验中选取性能良好的硅三极管(TIP31 型),实验中又处于较低的正向偏置,这样表面电流影响也完全可以忽略,所以此时集电极电流与结电压将满足式(6-13-2).实验线路如图 6-13-1 所示.

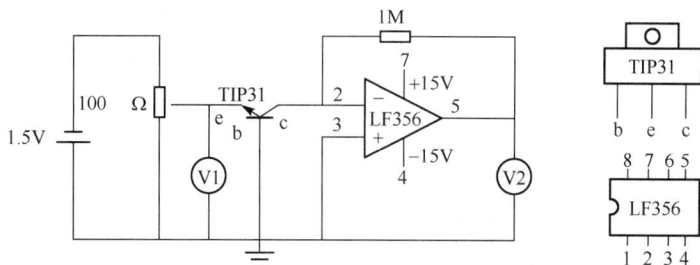

图 6-13-1　实验线路

2. 弱电流测量

过去实验中 $10^{-6} \sim 10^{-11}$ A 量级弱电流采用光电反射式检流计测量,该仪器灵敏度较高约 10^{-9} 安/分度,但有许多不足之处,如十分怕震,挂丝易断;使用时稍有不慎,光标易偏出满度,瞬间过载引起挂丝疲劳变形,产生不回零点及指示差变大现象,使用和维修极不方便.近年来,集成电路和数字化显示技术越来越普及.高输入阻抗运算放大器性能优良,价格低廉,用它组成电流-电压变换器测量弱电流信号,具有输入阻抗低、电流灵敏度高、温漂小、线性好、设计制作简单、机构牢靠等优点,因此被广泛应用于物理测量中.

LF356 是一个高输入阻抗集成运算放大器,用它组成电流-电压变换器(弱电流放大器),如图 6-13-2 所示.其中虚线框内电阻 Z_r 为电流-电压变换器等效输入阻抗.由图 6-13-2 可见,运算放大器的输入电压 U_0 为

$$U_0 = -K_0 U_i \tag{6-13-3}$$

式中,U_i 为输入电压,K_0 为运算放大器的开环电压增益,即图 6-13-2 中电阻 $R_f \to \infty$ 时的电压增益,R_f 为反馈电阻.因为理想运算放大器的输入阻抗 $r_i \to \infty$,所以信号源输入电流只流经反馈网络构成的通路.因而有

$$I_s = (U_i - U_0)/R_f = U_i(1 + K_0)/R_f \tag{6-13-4}$$

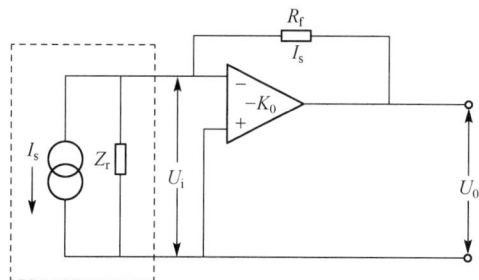

图 6-13-2　电流-电压变换器

由式(6-13-4)可得电流-电压变换器等效输入阻抗 Z_r 为

$$Z_r = U_i/I_s = R_f/(1 + K_0) \approx R_f/K_0 \tag{6-13-5}$$

由式(6-13-3)和式(6-13-4)可得电流-电压变换器输入电流 I_s 输出电压 U_0 之间的关系式,

即

$$I_s = -\frac{U_0}{K_0} \frac{(1+K_0)}{R_f} = -\frac{U_0(1+1/K_0)}{R_f} = -\frac{U_0}{R_f} \qquad (6\text{-}13\text{-}6)$$

由上式可知,只要测得输出电压 U_0 和已知值 R_f,即可求得 I_s 值.

下面,以高输入阻抗集成运算放大器 LF356 为例来讨论 Z_r 和 I_s 值的大小.

LF356 运放的开环增益 $K_0 = 2 \times 10^5$,输入阻抗 $r_i \approx 10^{12}\,\Omega$. 若取 R_f 为 $1.00\mathrm{M\Omega}$,则由式 (6-13-5)可得

$$Z_r = \frac{1.00 \times 10^6\,\Omega}{1 + 2 \times 10^5} = 5\,\Omega$$

若选用四位半量程 $200\mathrm{mV}$ 数字电压表,它最后一位变为 $0.01\mathrm{mV}$,那么用上述电流-电压变换器能显示的最小电流值为

$$(I_s)_{\min} = \frac{0.01 \times 10^{-3}\,\mathrm{V}}{1 \times 10^6\,\Omega} = 1 \times 10^{-11}\,\mathrm{A}$$

由此说明,用集成运算放大器组成电流-电压变换器测量微电流,具有输入阻抗小、灵敏度高的优点.

【仪器简介】

本仪器型号为 FD-PN-2 型(图 6-13-3、图 6-13-4),该仪器中 LF356 运算放大器与接线柱不通,运算放大器的各引线脚,通过专用棒针接线由学生自己接,教师只要用万用表检查接线是否正确即可.

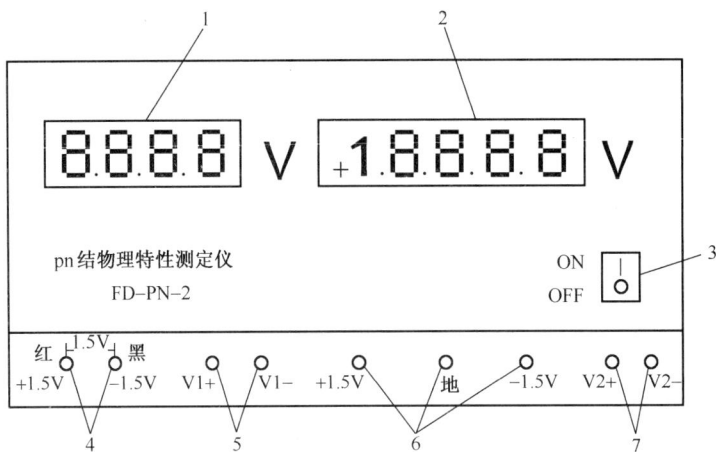

图 6-13-3　仪器电源和数字电压表

1.输入电压显示;2.输出电压显示;3.电源开关;4.三极管输入电压(1.5V);

5.三极管输入电压显示输入端;6.运算放大器(LF356)工作电压输入端;

7.运算放大器(LF356)输出电压显示输入端

【实验内容】

(1) 实验线路如图 6-13-1 所示.图中 U_1 为三位半数字电压表,U_2 为四位半数字电压表,TIP31 型为带散热板的功率三极管,调节电压的分压器为多圈电位器,为保持 pn 结与周围环境一致,把 TIP31 型三极管浸没在盛有变压器油的油管中,油管下端插在保温杯中,保温杯内放有室温水. 变压器油温度用 $0 \sim 50\,^{\circ}\mathrm{C}$ 的水银温度计测量.

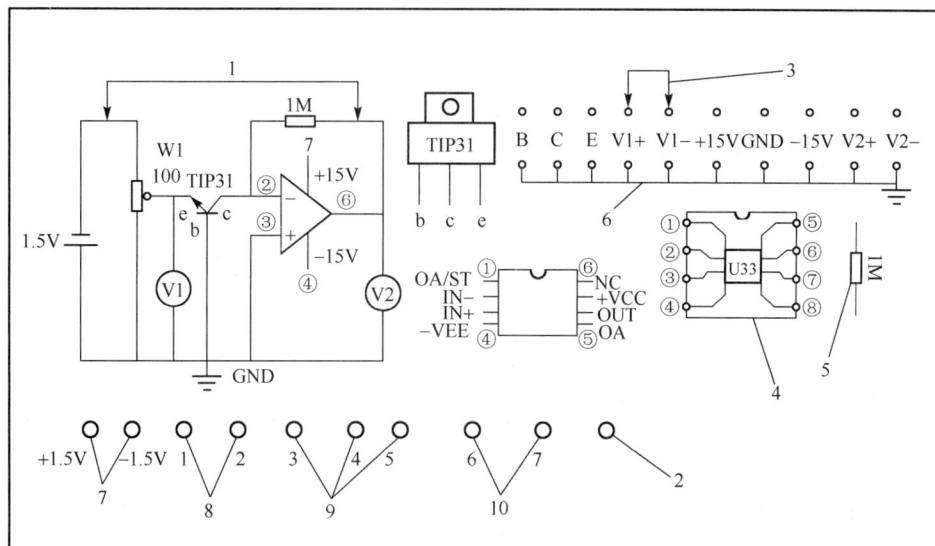

图 6-13-4 实验接线板

1.实验原理与接线图;2.三极管 e 脚和 b 脚间调节旋钮;3.电压表输入与输出端;4.LF356 运算放大器;

5.运算放大器反馈电阻;6.接地端;7.三极管(e-b)间电压输入端;8.三极管(e-b)间电压输出端;9.运

算放大器(LF356)工作电压输入端;10.运算放大器⑥脚与地间电压输出端

(2) 在室温情况下,测量三极管发射极与基极之间电压 U_1 和相应电压 U_2. 在室温下 U_1 的值在 0.3~0.42V 范围内每隔 0.01V 测一点数据,约测 10 多数据点,至 U_2 值达到饱和时 (U_2 值变化较小或基本不变)结束测量. 在记录数据开始和记录数据结束时都要同时记录变压器油的温度 θ,取温度平均值 $\bar{\theta}$.

(3) 改变保温杯内水温,用搅拌器搅拌水温与管内油温一致时,重复测量 U_1 和 U_2 的关系数据,并与室温测得的结果进行比较(也可以在保温杯内放冰屑做实验).

(4) 曲线拟合求经验公式:运用最小二乘法,将实验数据分别代入线性回归、指数回归、乘幂回归这三种常用的基本函数(它们是物理学中最常用的基本函数),然后求出衡量各回归方程好坏的标准差 σ. 对已测得的 U_1 和 U_2 各对数据,以 U_1 为自变量,U_2 为因变量,分别代入:① 线性函数 $U_2 = aU_1 + b$;② 乘幂函数 $U_2 = aU_1^b$;③ 指数函数 $U_2 = a\exp(bU_1)$. 求出各函数相应的 a 和 b 值,得出三种函数式,究竟哪一种函数符合物理规律必须用标准差来检验. 办法是:把实验测得的各个自变量 U_1 分别代入三个基本函数,得到相应因变量的预期值 U_2^*,并由此求出各函数拟合的标准差:

$$\sigma = \sqrt{\left[\sum_{i=1}^{n} (U_i - U_i^*)^2/n \right]}$$

式中,n 为测量数据个数,U_i 为实验测得的因变量,U_i^* 为将自变量代入基本函数的因变量预期值. 最后比较哪一种基本函数拟合结果标准差最小,说明该函数拟合的最好.

(5) 计算 e/k 常数,将电子的电量作为标准差代入,求出玻尔兹曼常量.

【实验步骤】

(1) 通过长软导线,将显示部分与操作部分之间的接线端一一对应连接起来.

(2) 通过短对接线,将线路板上的输入与输出端按照所示实验原理图连接起来.

(3) 打开电源,通过调节输入电位器将输入电压从显示输入电压为 0.02V 开始逐渐增加到 13V 左右的饱和电压,将测量结果记在实验记录本上,以便进行数据处理.

【注意事项】

(1) 数据处理时,对于扩散电流太小(起始状态)及扩散电流接近或达到饱和时的数据,在处理数据时应删去,因为这些数据可能偏离公式(6-13-2).

(2) 必须观察恒温装置上的温度计读数,待所加热水与 TIP31 三极管温度处于相同温度时(即处于热平衡时),才能记录 U_1 和 U_2 数据.

(3) 用本装置做实验,TIP31 型三极管温度可采用的范围为 $0 \sim 50$℃. 若要在 $-120 \sim 0$℃ 温度范围内做实验,必须采用低温恒温装置.

(4) 由于各公司的运算放大器(LF356)性能有些差异,因此在换用 LF356 时,有可能同台仪器达到的饱和电压 U_2 值并不相同.

(5) 本仪器电源具有短路自动保护,运算放大器若把 15V 接反或地线漏接,本仪器也有保护装置,一般情况集成电路不易损坏. 请勿将二极管保护装置拆除.

【实验数据和处理结果】

室温条件下:$\theta_1 = 25.90$ ℃,$\theta_2 = 26.10$ ℃,$\bar{\theta} = 26.00$ ℃. 测量数据见表 6-13-1.

表 6-13-1　U_1 和 U_2 数据表

U_1/V	0.310	0.320	0.330	0.340	0.350	0.360	0.370	0.380	0.390	0.400	0.410	0.420	0.430	0.440
U_2/V	0.073	0.104	0.160	0.230	0.337	0.499	0.733	1.094	1.575	2.348	3.495	5.151	7.528	11.325

以 U_1 为自变量,U_2 为因变量,分别进行线性函数、乘幂函数和指数函数的拟合,结果见表 6-13-2.

表 6-13-2　实验数据处理结果表

			线性回归 $U_2 = aU_1 + b$		乘幂回归 $U_2 = aU_1^b$		指数回归 $U_2 = \exp(bU_1)$	
n	U/V	U_2/V	U_2^*/V	$(U_2 - U_2^*)^2$/V²	U_2^*/V	$(U_2 - U_2^*)^2$/V²	U_2^*/V	$(U_2 - U_2^*)^2$/V²
1	0.310	0.073	-1.944	4.07	0.082	8.1×10^{-5}	0.072	1.0×10^{-6}
2	0.320	0.104	-1.264	1.87	0.114	1.0×10^{-4}	0.106	4.0×10^{-6}
n	U/V	U_2/V	U_2^*/V	$(U_2 - U_2^*)^2$/V²	U_2^*/V	$(U_2 - U_2^*)^2$/V²	U_2^*/V	$(U_2 - U_2^*)^2$/V²
3	0.330	0.160	-0.584	0.55	0.160	0	0.156	16×10^{-6}
4	0.340	0.230	0.096	0.02	0.227	9.0×10^{-6}	0.230	0
5	0.350	0.337	0.775	0.19	0.325	1.44×10^{-4}	0.390	4.0×10^{-6}
6	0.360	0.449	1.455	0.91	0.468	9.61×10^{-3}	0.500	1.0×10^{-6}
7	0.370	0.773	2.135	1.97	0.680	2.81×10^{-3}	0.738	25×10^{-6}
8	0.380	1.094	2.815	2.96	0.999	9.02×10^{-3}	1.087	49×10^{-6}
9	0.390	1.575	3.495	3.69	1.483	8.46×10^{-3}	1.603	7.84×10^{-4}
10	0.400	2.348	4.175	3.34	2.225	1.51×10^{-2}	2.362	1.96×10^{-4}
11	0.410	3.495	4.855	1.85	3.379	1.34×10^{-2}	3.482	1.69×10^{-4}
12	0.420	5.151	5.535	0.15	5.196	2.02×10^{-2}	5.133	3.24×10^{-4}
13	0.430	7.528	6.215	1.72	8.097	0.32	7.566	1.44×10^{-3}
14	0.440	11.325	6.894	19.63	12.795	2.16	11.152	0.029
	δ		1.8		0.42		0.048	
	r		0.8427		0.9986		0.9999	
	a, b		$a = 67.99$、$b = -23.02$		$a = 1.56 \times 10$、$b = 10.37$		$a = 4.47 \times 10$、$b = 38.79$	

由表 6-13-2 可知,指数回归拟合得最好,也就说明 pn 结扩散电流-电压关系遵循指数规律.

计算玻尔兹曼常量.

由表 6-13-2 数据得

$$\frac{e}{k} = bT = 38.79 \times (273.15 + 26.00) = 1.160 \times 10^4 (\text{C} \cdot \text{K/J})$$

则 $k = 1.38 \times 10^{-23}$J/K,此结果与公认值 $k = 1.381 \times 10^{-23}$J/K 相当一致.

6.14 亥姆霍兹线圈的磁场测量

【实验目的】

(1) 测量载流亥姆霍兹线圈的磁感应强度沿其轴线方向的分布;

(2) 验证磁场的叠加原理.

【实验装置】

线圈基座,场线圈两个,小型基座,数字万用表,霍尔传感器,数据采集板,双路可调输出电源,电脑.

【实验原理】

1. 亥姆霍兹线圈

亥姆霍兹线圈是为纪念德国物理学家亥姆霍兹(Hermann von Helmholtz)而得名,亥姆霍兹线圈的基本结构如图 6-14-1 所示,是由两个结构、大小完全相同的环形线圈组合而成,两线圈以共轴方式配对架设,线圈内通入相同方向、相同大小的电流;如此可使两环形线圈的中间区域内获得均匀的磁场.因由双线圈所组成,故也称为亥姆霍兹线圈对.

亥姆霍兹线圈结构要求:

(1) 两个完全相同的环形线圈.

(2) 通过线圈圆心的两垂直中心轴共轴.

(3) 两线圈的中心距离等于线圈半径,即 $d = R$,可使磁场

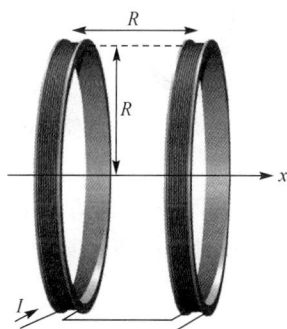

图 6-14-1 亥姆霍兹线圈对

的不均匀度最小.待测物的实验空间坐落在两线圈包围之间的中心点位置.

若欲使两线圈中心处的磁场分布得到最佳的均匀度($\mathrm{d}^2B/\mathrm{d}x^2 = 0$,$\mathrm{d}^2B/\mathrm{d}x^2$ 可作为磁场强度在 x 方向不均匀度的指标),则需使两线圈的圆心距离 d 恰好与线圈的半径 R 相等,即 $d = R$;但却会使中心处和在线圈面上的磁场强度有约 6% 的变化量(可经由测量 $\mathrm{d}^2B/\mathrm{d}x^2$ 值而得).若是 d 略大于 R 一些,虽可降低线圈面和两线圈中心处的磁场强度差异,但却会使中心区域附近的磁场强度的均匀度变差(图 6-14-2).

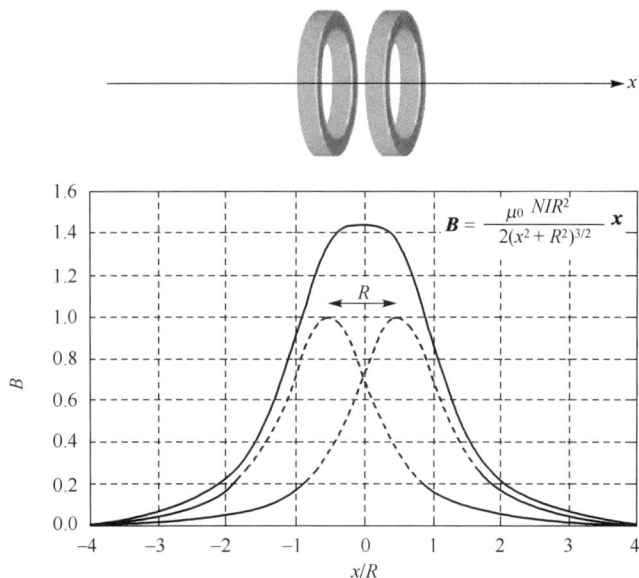

图 6-14-2　单线圈与亥姆霍兹线圈 x 轴磁场分布图

2. 载流线圈轴线上的磁场分布

对于由 N 圈回路线圈缠绕成半径为 R 的单一场线圈（图 6-14-3），在通过线圈中心垂直轴上的磁场为

$$\boldsymbol{B} = \frac{\mu_0 NIR^2}{2\left(x^2 + R^2\right)^{\frac{3}{2}}}\hat{\boldsymbol{x}}$$

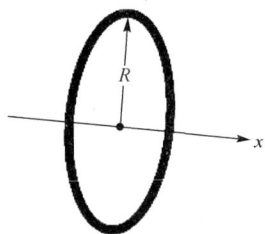

图 6-14-3　单一线圈

上式中 $\mu_0 = 4\pi \times 10^{-7}\,\text{T} \cdot \text{m/A} = 1.26 \times 10^{-6}\,\text{T} \cdot \text{m/A}$ 为真空或自由空间的导磁系数，I 为线圈中流通的电流（以安培为单位），x 为距线圈中心的垂直距离，$\hat{\boldsymbol{x}}$ 为轴向的单位向量.

3. 载流亥姆霍兹线圈的磁场

两线圈以共轴方式组合后，则在轴向所得的总磁场为来自每一线圈磁场的矢量和（图 6-14-4）. 设两线圈的中心点为原点（$x=0$），则在其轴线上距原点 x 距离的轴向磁场为

$$\boldsymbol{B} = \boldsymbol{B}_1 + \boldsymbol{B}_2 = \frac{\mu_0 NIR^2}{2\left[\left(\dfrac{d}{2} - x\right)^2 + R^2\right]^{\frac{3}{2}}}\hat{\boldsymbol{x}} + \frac{\mu_0 NIR^2}{2\left[\left(\dfrac{d}{2} + x\right)^2 + R^2\right]^{\frac{3}{2}}}\hat{\boldsymbol{x}}$$

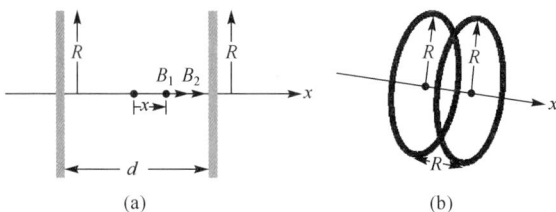

图 6-14-4　(a)两场线圈面对面平行架设；(b)亥姆霍兹线圈示意图

4. 霍尔传感器测量磁场的原理

霍尔传感器有两对互相垂直的电极，将它放入磁场 B 中（两对电极均垂直于 B），当输入

电极通以微弱电流 I_0 时,则在输出电极产生霍尔电势,$U_H = KI_0B$,其中,K 为霍尔常数.测量 U_H 的电压,再通过霍尔电势公式可计算出磁感应强度.本实验中采用了 A/D 法测量 U_H,微控制器进行数据处理后传输至电脑显示.

【实验步骤】

(1) 将两个完全相同的场线圈和所需的实验器材按图 6-14-5 所示组装到基座和支撑架上,调节两场线圈之间的距离,约等于线圈的半径,并记下此时准确的距离.将数据采集板通过 USB 与电脑相连,打开数据采集系统.

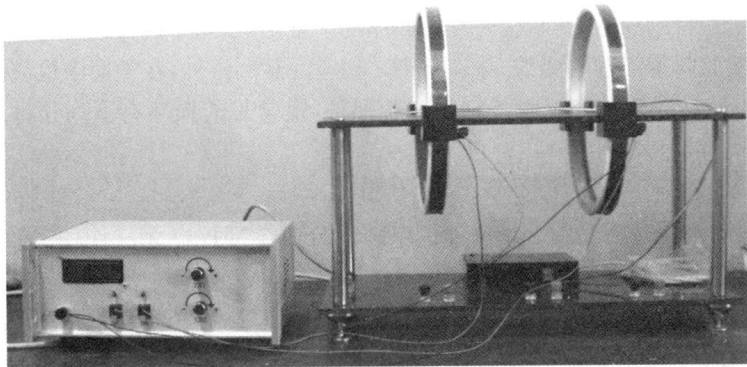

图 6-14-5　实验装置示意图

(2) 打开电源开关,调节旋钮使电源的输出电压稳定.分别保持线圈 O_1 和 O_2 的输出电压恒定,用数据采集系统测量场线圈的磁感应强度,记为:B_1 和 B_2 最终取平均值.将数据的平均值记录在下表中.

(3) 按照上一步骤的方法分别测量亥姆霍兹线圈中 O_1 和 O_2 线圈的磁感应强度沿轴线的分布曲线 $(B_1\text{-}x)$、$(B_2\text{-}x)$、$(B_1 + B_2\text{-}x)$.

(4) 测量亥姆霍兹线圈的磁感应强度沿轴线的分布 $B_{(1+2)}\text{-}x$,验证磁场叠加原理.

(5) 计算线圈 O_1 在圆心位置 B 的理论值,并与测量值比较计算.测量系统的稳定性.计算公式如下:

$$B_1 = \frac{|B_理 - B_测|}{B_理} \times 100\%$$

【数据处理】

x/cm	−7.00	⋯	0.00	⋯	7.00
B_1/mT					
B_2/mT					
$B_1 + B_2$/mT					
$B_{(1+2)}$/mT					

【思考讨论】

(1) 测量时,应保证电源的输出电压不能超过线圈的承受能力;

(2) 测量点间隔 1.00cm;

(3) 线圈的半径越大是否可得到越宽广的均匀场空间? 磁场的均匀度会如何变化? 变好还是变差? 把 $R = 5.0, 7.5, 10.0, 20.0$ 分别代入理论公式比较 $B(x)$ 的变化和单位长度内的磁场均匀度.

第7章 光学和近代物理

光学实验是普通物理实验的一个重要部分.在进行这一部分实验时,除了要用到以前实验中所获得的知识和技能外,还要注意到光学实验的特点.为了更好地进行实验,有必要将光学实验中一些最基本的、应特别注意的问题,写在前面作为预备知识.同学们在进行各实验之前,应仔细阅读,并在进行实验时遵守这些要求.除在学期之初应注意阅读外,在学期中也应随时查阅.

光学仪器中最易损坏的部分就是它的玻璃部件,最常见的损坏有下列几种.

1.机械原因

(1)跌、震、压及受热等致使部件破损,以致部分或全部仪器无法使用.造成这种结果,往往是由于使用者粗心大意.

(2)磨损是最常见,也是实际上危害性最大的一种损坏因素,它是由于玻璃表面上附有不洁物或灰尘时,用不正确的方法进行处理,如用手或染有灰尘的布去擦,以致使玻璃表面上有划痕.轻微时仪器的成像变模糊,严重时根本无法成像.

2.化学原因

(1)污损:由于手指上的油污汗渍或不洁液体所造成的沉淀,在玻璃上留下斑迹,这种情况一般要用乙醚、丙酮或乙醇清洗(有特殊膜层的透镜有时不能洗).

(2)浸蚀:如酸、碱等物质对许多光学玻璃都会造成浸蚀.

由于上述原因,在使用光学仪器时.必须遵守下列规则:

(1)轻拿轻放,勿使仪器受到震动,暂时不用的仪器应放在安全的地方.在暗室中摸索仪器时,手应贴在桌面轻轻扫过,以免撞倒或带落仪器.

(2)在任何时候都不可用手去接触玻璃的光学表面(即要求光线在此表面反射或折射方能成像者),如有必要用手拿持某些玻璃部件时,只准触及经过磨砂的面,如透镜的边沿、棱镜的上下底面等.

(3)当光学表面有轻微的尘污或手渍时,只能用实验室备置的清洁的透镜纸或指定的其他材料.轻轻地,即不加压力地去擦,而不准用纸、手帕或衣袖等擦拭.使用透镜纸时应注意保持它的清洁(尤其不应有灰尘),当然也应注意节约透镜纸.

(4)当光学表面落有灰尘时,应用实验室备置的毛笔轻轻拂去,不准用其他物品擦拭.

(5)严禁任何液体溅落在光学表面上(指定做某些特殊用途者除外).

(6)仪器使用完毕,应放回特别的箱内或加上罩子,以防沾染尘埃.

以上几点在实验时应严格遵守.

7.1 单缝衍射的光强研究

光的衍射现象是光波被动性的一种表现.研究光的衍射不仅有助于加强对光的本性的理解,也是近代光学技术(如光谱分析、晶体分析、全息技术、光学信息处理等)的实验基础.

衍射现象导致了光强在空间的重新分布,光强的相对变化可以用光电元件(光电池或光电二极管)把光信号转换为电信号来测量,这是近代技术中常用的光强测量方法之一.

根据光源及光屏(观察衍射图像的屏幕)到衍射物的距离,衍射分为菲涅耳衍射和夫琅禾费衍射两种.前者是光源和光屏到衍射物的距离为有限远的衍射,后者则为无限远时的衍射.

本实验研究单缝的夫琅禾费衍射.

【实验目的】

(1) 观察单缝的夫琅禾费衍射现象;

(2) 学习用转换测量法测量相对光强的实验方法;

(3) 利用单缝衍射的光强分布规律测量单缝的宽度.

【实验装置】

氦氖激光器,可调单缝,光屏,光强分布测微器(硅光电池、狭缝光阑,螺旋测微装置),检流计,光具座.

【实验原理和仪器描述】

1. 原理

产生夫琅禾费衍射的条件是,光源和光屏距衍射物均为无限远或相对无限远,即入射波和衍射波都看作平面波.波长为 λ 的平行入射光垂直射到缝宽为 a 的单缝时,在离缝很远的光屏上,会呈现明暗相间的衍射条纹图像,光路如图 7-1-1 所示.

根据惠更斯-菲涅耳衍射原理可以求出光屏上衍射条纹的光强分布.

单缝使平面波阵面只露出宽度为 a (图中 AB)的一长条,屏上 P 点的光强度取决于 AB 所代表的波阵面在该点(即衍射角 φ 方向)作用的总和.

令 $\mathrm{d}x$ 代表单缝面上波阵面元的宽度,则位于中心 O 点的波阵面元 $\mathrm{d}x$ 在 P 点所产生的光振动可写成

$$\mathrm{d}y_0 = C'\sin2\pi\left(\frac{t}{T}-\frac{r_0}{\lambda}\right)\mathrm{d}x$$

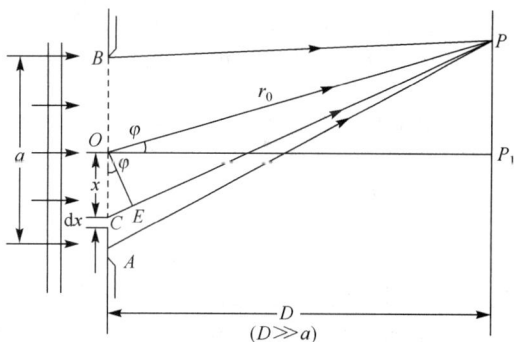

图 7-1-1　夫琅禾费单缝衍射

式中,r_0 为 O 点到 P 点的距离,t 为光波传播的时间,T 为振动周期,C' 为常数.

同样,AB 上任意一点 C 的波阵面元 $\mathrm{d}x$ 在 P 点所产生的光振动为

$$\mathrm{d}y_0 = C'\sin2\pi\left(\frac{t}{T}-\frac{r_0+\Delta}{\lambda}\right)\mathrm{d}x \tag{7-1-1}$$

式中,Δ 为中心点 O 和任意点 C 到 P 点的光程差.

当 $D\gg a$ 且 φ 角很小时,AB 波阵面传播到 P 点的光线,可近似视为平行光线,则

$$\Delta = \overline{CE} = x\cdot\sin\varphi \quad (x=\overline{OC})$$

将此值代入式(7-1-1),并将 AB 上的所有波阵面元在 P 点的作用叠加起来,即得 P 点的振动:

$$y = \int\mathrm{d}y_0 = \int_{-\frac{a}{2}}^{\frac{a}{2}}C'\sin2\pi\left(\frac{t}{T}-\frac{r_0+x\cdot\sin\varphi}{\lambda}\right)\mathrm{d}x \tag{7-1-2}$$

利用两角差的三角公式将上式展开得

$$y = C'\sin 2\pi\left(\frac{t}{T} - \frac{r_0}{\lambda}\right)\int_{-\frac{a}{2}}^{\frac{a}{2}}\left(\cos 2\pi\frac{x\cdot\sin\varphi}{\lambda}\right)\mathrm{d}x$$

$$- C'\cos 2\pi\left(\frac{t}{T} - \frac{r_0}{\lambda}\right)\int_{-\frac{a}{2}}^{\frac{a}{2}}\left(\sin 2\pi\frac{x\cdot\sin\varphi}{\lambda}\right)\mathrm{d}x$$

上式中第二项积分恒为零,则有

$$y = C'\sin 2\pi\left(\frac{t}{T} - \frac{r_0}{\lambda}\right)\cdot\left(\frac{\sin 2\pi\dfrac{x\sin\varphi}{\lambda}}{2\pi\dfrac{x\sin\varphi}{\lambda}}\right)\Bigg|_{-\frac{a}{2}}^{\frac{a}{2}}$$

$$= C'a\cdot\left(\frac{\sin\pi a\dfrac{x\sin\varphi}{\lambda}}{\pi a\dfrac{\sin\varphi}{\lambda}}\right)\cdot\sin 2\pi\left(\frac{t}{T} - \frac{r_0}{\lambda}\right)$$

所以,P 点的光强

$$I_\varphi = y^2 = (C'a)^2 = \left[\frac{\sin^2\left(\dfrac{\pi a\sin\varphi}{\lambda}\right)}{\left(\dfrac{\pi a\sin\varphi}{\lambda}\right)^2}\right]$$

$$= I_0\left[\frac{\sin^2\left(\dfrac{\pi a\sin\varphi}{\lambda}\right)}{\left(\dfrac{\pi a\sin\varphi}{\lambda}\right)^2}\right] \tag{7-1-3}$$

式中,φ 为衍射角(OP 与入射光方向的夹角),$I_0 = (C'a)^2$. 显然,衍射角不同的光线在会聚点的光强就不同,单缝衍射条纹的分布就是这样产生的.

现在,我们讨论光强的具体分布情况. 令 $u = \dfrac{\pi a\sin\varphi}{\lambda}$,式(7-1-3)可写为

$$I_\varphi = I_0\cdot\frac{\sin^2 u}{u^2} \tag{7-1-4}$$

从式(7-1-4)可以明显看出:当 $\varphi=0$ 时,$u=0$,$I_\varphi=I_0$,即与光轴平行的光线在会聚点的光强取得衍射条纹中光强的最大值,称为中央主极大. 其强度 $I_\varphi = I_0 = (C'a)^2$,中央主极大最大光强与单缝宽度 a 的平方成正比. 变化实验中的单缝宽度,可以观察到 $I_0\propto 1/a^2$ 的现象.

当 $u=k\pi$ 时($k=\pm 1,\pm 2,\pm 3,\cdots$),$I_\varphi=0$,即满足 $\sin\varphi_k=k\pi/a$ ($k=\pm 1,\pm 2,\pm 3,\cdots$)的衍射角,光线会聚位置为衍射第 k 级暗条纹. 通常 φ 很小时(λ 的数量级一般为 $5\times 10^{-6}\,\mathrm{cm}$,$a$ 为 $10^{-2}\,\mathrm{cm}$),$\sin\varphi\approx\tan\varphi\approx\varphi$. 所以

$$\varphi_k = \frac{k\lambda}{a} = \frac{Z_k}{D} \tag{7-1-5}$$

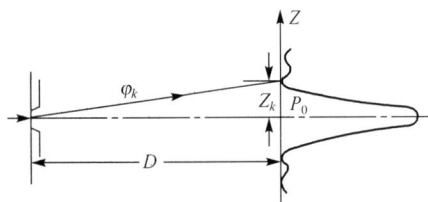

图 7-1-2　各级衍射角表示

光强分布如图 7-1-2 所示.

由式(7-1-5)可以看到,$k=\pm 1$ 的两暗条纹间的衍射角决定了中央亮条纹的角宽度

$$\Delta\varphi_0 = \frac{2\lambda}{a} = \frac{2Z_1}{D}$$

其他任意相邻两条纹间的角宽度均相等,其值 $\Delta\varphi_0 = \dfrac{\lambda}{a}$. 可见各级次暗条纹间隔为 ± 1 级暗条纹间隔的

一半,即各次极大的条纹宽度是中央主极大条纹宽度的一半.同一级次暗纹是以光轴为对称,等间隔左右对称分布的.

由式(7-1-5)还可看出,衍射角 φ_k 与狭缝宽度 a 成反比,狭缝越宽,衍射角越小,条纹越密.狭缝宽到一定值 $(a \gg \lambda)$,衍射现象便不明显,看到的是在中央亮条纹处的一条亮线,此时可认为光线是直线传播的.

如果已知入射波的波长,由式(7-1-5)可求出狭缝的宽度

$$a = \frac{D \cdot k\lambda}{Z_k} \tag{7-1-6}$$

衍射次极大的位置可由计算式(7-1-4)的极值而得到的.令

$$\frac{\mathrm{d}}{\mathrm{d}u}\left(\frac{\sin^2 u}{u^2}\right) = 0$$

解得

$$\tan u = u \tag{7-1-7}$$

这个函数的解可采用作图法求得.在同一坐标系上作 $y = \tan u$ 和 $y = u$ 的函数曲线,两函数曲线的交点为式(7-1-7)的解.

由图 7-1-3 上的图可知,当 $u = \pm 1.43\pi, \pm 2.46\pi, \cdots$ 时,光强出现各级次极大,虽然暗条纹是等间隔的,而次极大却不是等间隔的.

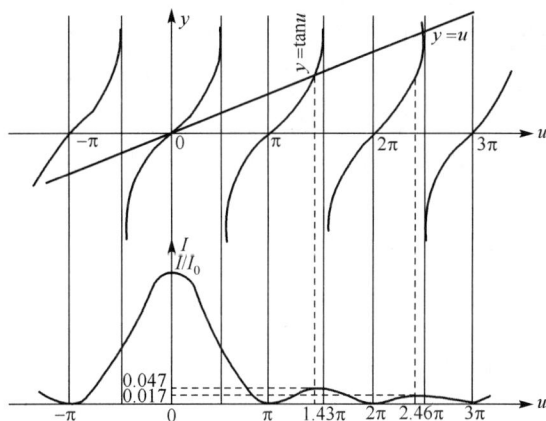

图 7-1-3　$y = \tan u$ 与 $y = u$ 的函数曲线图

将次极大光强所对应的 u 值代入式(7-1-4),可计算出各次极大的相对光强分别为

$$I_\varphi/I_0 = 0.047, 0.017, 0.008, \cdots \tag{7-1-8}$$

图 7-1-3 的下半部分图表示由式(7-1-4)求得的单缝衍射时相对光强的分布情况.

本实验衍射光强的测量是用硅光电池作为光电转换元件,用检流计测量光电转换后的光电流值,并以此作为照射到光电元件上的光强相对值.

图 7-1-4 是单缝衍射实验装置示意图.实验中的光源用氦氖激光器,因其光束发散角很小 $\alpha \ll 1\mathrm{mrad}$(毫弧度),可作为理想的单色平行光源.

为了实现光强分布的逐点测量,在光电池表面处装一可调狭缝光阑,用以改变光电池的受光面积.硅光电池和光阑安装在可以沿屏方向移动的测微螺旋上,其位置由测微螺旋准确读出.

实际测量光电流时.会受到室内杂散光的干扰.由于实验是在近暗室的条件下进行,硅光

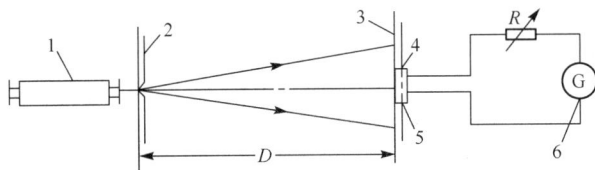

图 7-1-4　单缝衍射实验装置

1. He-Ne 激光器；2. 可调狭缝；3. 光屏；4. 光阑；5. 光电池；6. 检流计

电池光谱灵敏度最大值在可见光的红光附近，实验测量的是相对光强. 因此，杂散光对测量的影响可以忽略.

2. 硅光电池

硅光电池是一种把光能直接转换成电能的器件，如图 7-1-5 所示.

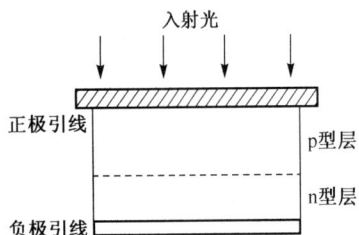

图 7-1-5　硅光电池结构

硅光电池通常利用硅片制成 pn 结. 由于在结的分界面两侧多数载流子（空穴或电子）浓度不同，多数载流子将分别越过分界面互相扩散，在分界面附近形成由 n 指向 p 的内部电场. 这个电场将阻止多数载流子的扩散，但是能帮助少数载流子通过. 当光照射到硅片上时，半导体内产生电子-空穴对. 电子和空穴在 pn 结内部电场作用下，分别向 n 区和 p 区移动，这样在 p 型电极和 n 型电极之间就产生了光生电动势. 这就是光电池的作用原理——光生伏特效应.

硅光电池把光能转换为电能的效率可达 12%，可作为电源使用. 由于它对光照的敏感性很强，故也可作为测光元件.

硅光电池内阻一般在低阻范围，其大小与受光面积及光强有关.

3. WJF 型数字式检流计

该仪器用于测量微弱电流，其正面面盘如图 7-1-6 所示. 仪器测量范围：$1 \times 10^{-10} \sim 1.999 \times 10^{-4}$ A. 分挡：

第 1 挡　$0.01 \sim 1.999 (\times 10^{-7}$ A)，内阻 $< 10\ \Omega$；

第 2 挡　$0.1 \sim 19.99 (\times 10^{-7}$ A)，内阻 $< 1\ \Omega$；

第 3 挡　$1 \sim 199.9 (\times 10^{-7}$ A)，内阻 $< 0.1\ \Omega$；

第 4 挡　$0.001 \sim 1999 (\times 10^{-7}$ A)，内阻 $< 0.01\ \Omega$.

测量误差小于 ± 1 个字.

使用方法：

（1）接上电源（~220V），开机预热 15min.

（2）量程选择开关置于"1"挡，衰减旋钮置于校准位置（即顺时针转到头，置于灵敏度最高位置），调节调零旋钮，使数据显示为 −.000（负号闪烁）.

（3）选择适当量程，接上测量线（芯线接负端，屏蔽层接正端，如若接反，会显示负号"—"）即可测量微

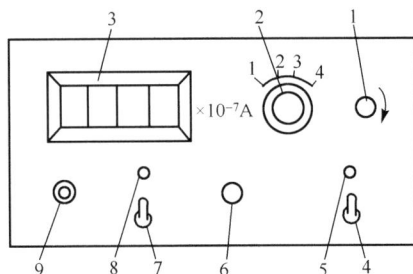

图 7-1-6　WJF 型数字式检流计

1. 数字显示窗；2. 量程选择；3. 衰减旋钮；
4. 电源开关；5. 电源指示灯；6. 调零旋钮；
7. 保持开关；8. 保持指示灯；9. 被测信号输入口

电流.

（4）如果被测信号大于该挡量程,仪器有超量程指示,即数码管第一位显示"]"或"E",后三位均显示"9",此时可调高一挡量程(当信号大于最高档量程,即 2×10^{-4}A 时,应换用其他仪表测量).

（5）当数字显示小于 190,小数点不在第一位时,一般应将量程减小一挡,以充分利用仪器的分辨率.

（6）衰减旋钮用于测量相对值.只有在旋钮置校准位置(顺时针到底)时,数显窗才指示标准电流值.

（7）测量过程中,需要将某数值保留下来时,可开保持开关(指示灯亮),此时,无论被测信号如何变化,前一数值保持不变.

4.仪器组成

测量一维光强分布的仪器构成如图 7-1-7 所示.

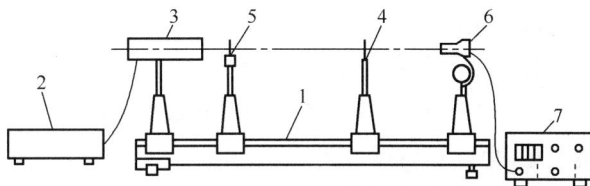

图 7-1-7　测量一维光强分布的仪器结构图
1.导轨;2.激光电源;3.激光器;4.小孔屏;
5.单缝二维调节架;6.一维光强测量装置;7.检流计

【实验内容】

1.观察单缝的衍射现象

（1）按图 7-1-4 和夫琅禾费衍射条件安排实验仪器(测光强仪器备用).

（2）点亮激光器,使激光束与光具座平行.调整二维调节架,使单缝对准激光束中心,使之在小孔屏上形成良好的衍射光强.

（3）改变单缝宽度 a,使之由宽变窄,再由窄变宽,观察并记录调节过程中出现的各种现象和变化情况,如屏上条纹随宽度如何变化? 屏上出现可分辨的衍射条纹时,单缝的宽度约为多少? 比较各级亮条纹的宽度以及它们的亮度分布情况.改变光屏与可调狭缝的距离 D,观察并记录衍射图样的变化.

（4）调整单缝宽度 a 和距离 D,使屏上的衍射图样清晰、对称,且条纹间距适当,便于测量.

2.测量单缝衍射的相对光强分布

（1）移去小孔光屏,换上附有光电池和光阑的的一维光强测量装置,使光电探头中心与激光束的高低一致,移动方向与激光束垂直,起始位置适当.

（2）打开检流计电流,预热.挡住激光束,对检流计调零.

（3）开始测量.转动手轮,使光电探头沿衍射图样展开方向(Z 轴)单向地平移,以等间隔的位移(如 0.5mm 或 1mm 等)对衍射图样的光强进行逐点测量,记录位置坐标 Z_i 和对应的数字式检流计(置适当量程)上光电流值读数 I_i. 要特别注意衍射光强的极大值和极小值所对应的坐标的测量.

(4) 设所测数据中的极大值为 I_0,作 I/I_0-Z 曲线,即为衍射相对光强分布图.

(5) 将各次极大相对光强与理论值式(7-1-8)比较,求出绝对误差、相对误差.

(6) 数据记录表格参见表 7-1-1.

表 7-1-1 I_i-Z_i 数据记录表

序号	−5	−4	−3	−2	−1	0	1	2	3	4	5
Z_i /mm											
I_i /mm											

3. 测量单缝的宽度

(1) 测量单缝到光电池的距离 D.

(2) 由分布曲线可得各级衍射暗条纹到中央明纹中心的距离 Z_k,求出同级距离 Z_k 的平均值,将 $\overline{Z_k}$,$\overline{D}$ 代入式(7-1-6),计算单缝宽度 a_k,用不同级数 k 的结果计算平均值 $\bar{a}$.

(3) 用读数显微镜测量单缝宽度,读数为 a.

(4) 将 $\bar{a}$ 与 a 比较,计算 $\bar{a}$ 的测量误差.

【预习思考题】

(1) 夫琅禾费衍射的条件是什么? 本实验是怎样使该条件得以满足的?

(2) 由单缝衍射的理论总结单缝衍射图的分布规律.

(3) 若单缝衍射在充满折射率为 n 的某种透明媒质中进行的衍射图像有何差别?

【讨论问题】

(1) 平行光经矩形小孔衍射时,衍射图像在垂直于矩形孔的长边方向展开得宽一些,还是在垂直于短边方向展开得宽一些? 为什么?

(2) 如果测出的衍射光强曲线对中央极大左右分布不对称,原因何在? 怎样调整实验装置可以纠正.

7.2 分光计的调整与玻璃折射率的测定

【实验目的】

(1) 了解分光计的结构,掌握调节和使用分光计的方法;

(2) 使用最小偏向角法测定棱镜玻璃的折射率.

【实验装置】

分光计,平面反射镜,玻璃三棱镜,钠光灯,照明小灯泡等.

分光镜是主要的光学仪器之一,是精确观察和测量光学角度的仪器. 光学实验中测角度的情况较多,如反射角、折射角、衍射角以及光谱线的偏向角等. 分光计和其他一些光学仪器如摄谱仪、单色仪等在结构上有很多相似处,是这种仪器的一种典型代表.

由于应用目的和实验要求的不同,在结构上和测量的精度方面可以相差很大.实验室中常用的一种学生型分光计的外形结构如图 7-2-1 所示.

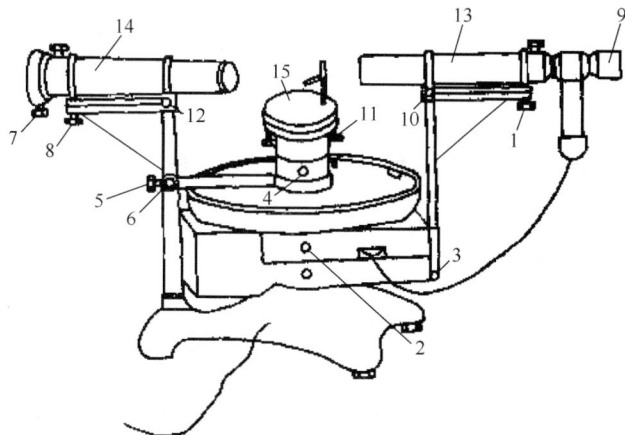

图 7-2-1　分光计的结构图

1.望远镜光轴水平调节螺旋;2.度盘止动螺旋;3.望远镜微调螺旋;4.载物台锁紧螺旋;
5.游标盘止动螺旋;6.游标盘微动螺旋;7.缝宽调节螺旋;8.平行光管光轴水平调节
螺旋;9.目镜调节螺旋;10.望远镜光轴左右调节螺旋;11.载物台调节螺旋;
12.平行光管光轴左右调节螺旋;13.望远镜筒;14.平行光管;15.载物平台

分光计由 5 个主要部分组成,即望远镜、载物平台、平行光管、读数圆盘和底座.各部分均附有特定的调节螺旋,先简介如下.

1. 望远镜

它是用来观察和确定光线进行方向的.它由复合的消色差物镜和目镜组成.物镜装在镜筒的一端,目镜装在镜筒另一端的套筒中,套筒可在镜筒中前后移动,借以达到调焦的目的.在目镜焦平面附近装有十字叉丝,具体结构与目镜中的视场如图 7-2-2(a)所示.

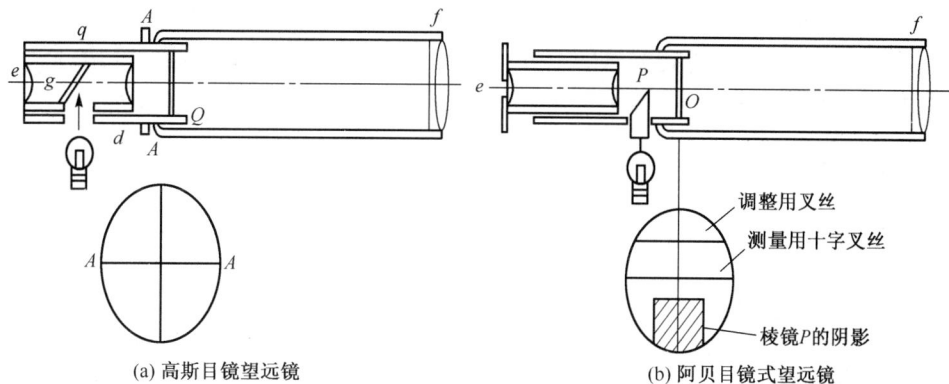

(a) 高斯目镜望远镜　　　　(b) 阿贝目镜式望远镜

图 7-2-2　望远镜的结构图

目镜一般由两个平凸透镜共轴构成.在目镜套筒的侧面开有圆窗孔,外装照明小灯,两透镜间装有一与光轴成 45°角的平面玻璃片.当光线从小孔射入,经玻璃片反射后沿光轴前进而照亮叉丝.改变目镜和十字叉丝之间的距离,能使目镜对十字叉丝聚焦清晰,这样装置的目镜称为高斯目镜.

分光计望远镜的目镜的另一种形式的结构和视场如图 7-2-2(b)所示,在目镜和叉丝之间装有反射小棱镜,绿色的照明光线经小棱镜反射后照亮叉丝的一小部分,由于小棱镜在场中挡掉了一部分光线,故呈现出它的阴影,这种装置的目镜称为阿贝目镜.

调节望远镜下方螺旋 1 可改变整个镜筒的倾斜度(图 7-2-1);转动望远镜支架,能使望远镜绕轴旋转;旋紧螺旋 2,可使望远镜固定于任意方位,这时还可调节微动螺旋 3,使望远镜在小范围内转动(注意:只有当螺旋 2 固定后,微动螺旋 3 才起作用).

2. 载物平台

载物平台是一个用以放置棱镜、光栅等光学元件的平台,它能绕通过平台中心的铅直轴(仪器主轴)转动和沿铅直轴升降,并可通过螺旋 4 把它固定在任一高度上,平台下有三个调节螺丝用以改变平台对铅直轴的倾斜度.

望远镜和载物平台的相对方位可由刻度盘确定,该盘有内外两层,外盘和望远镜相连,能随望远镜一起转动,上有 0°~360° 的圆刻度,最小刻度为 0.5°;内盘通过螺旋 4 可和载物平台相连,盘上相隔 180° 处有两个对称的小游标,其中各有 30 个分格,它和外盘上 29 个分格刻度相当,因此最小读数可达 1′,读数方法按游标原理读取. 由于内盘是通过螺旋 4 和载物平台相连,所以只有旋紧了螺旋 4,内盘才和载物平台一起转动;如果旋松螺旋 4,则载物平台仍可绕铅直轴转动,但不带动内盘. 在调节和读数时,必须注意这一点,以免发生差错.

为了消除刻度盘刻划中心与其旋转中心(仪器主轴)之间的偏心差(见附录 1),记录读数时,必须读取两个游标所示刻度.

旋紧螺旋 5 可将内盘固定,这时仍可旋动微动螺旋 6,使之做微小转动. 但必须注意,当各固定旋丝旋紧后,不得再硬性转动各部件,以免损坏仪器.

3. 平行光管

平行光管又称准直管,是用来获得平行光束的. 它的一端装有一复合的消色差准直物镜,另一端是一个套筒,套筒末端有一可变狭缝,缝宽可由螺旋 7 调节(或旋动套帽). 前后移动套筒,可改变狭缝和准直物镜间的距离. 当狭缝位于物镜的焦平面上时,从狭缝入射的光束经准直物镜后即称为平行光束. 平行光管的下方有螺旋 8 可改变平行光管的倾斜度. 整个平行光管是和分光计的底座固定在一起的,平行光管与望远镜之间的夹角可由刻度盘读出.

实验一　分光计的调节

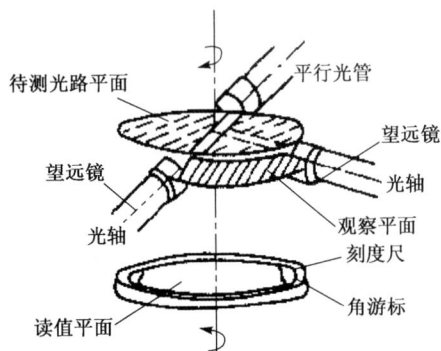

图 7-2-3　分光计观测系统三平面图

分光计是较精密的仪器,使用前必须按一定的步骤调节妥当,否则不能进行测量. 分光计观测系统由三个平面组成如图 7-2-3 所示.

(1) 待测光路平面由平行光管产生的平行光和经待测光学元件折射(或反射)后的光路确定.

(2) 观察平面由望远镜绕分光计中心轴旋转构成,望远镜光轴必须垂直转轴,否则旋转结果是一圆锥面.

(3) 读数平面由刻度盘和游标盘构成.

调节的目的是使上述三个平面达到互相平行,

否则测量将引入误差.

为了达到三个平面相互平行的目的,通常是以调节三个平面都垂直于分光计中心轴来实现的.因读数平面垂直公共轴的问题已由仪器结构解决,余下的问题是调节望远镜光轴垂直于光轴和待测光路垂直于中心转轴.

(1) 目镜的调焦.目镜调焦的目的是使眼睛通过目镜能很清楚地看到目镜中分划板上的刻线.调焦方法是先把目镜调焦手轮 9 旋出(图 7-2-1),然后一边旋进一边从目镜中观察,直至分划板刻线成像清晰,再慢慢地旋出手轮,至目镜中的像的清晰度将被破坏而未被破坏时为止.

(2) 望远镜的调焦.望远镜调焦目的是将目镜分划板上的十字线调整到物镜的焦平面上,也就是望远镜对无穷远调焦.其方法是:① 接上灯源.即把从变压器出来的 6.3V 电源插头插到底板的插座上,把目镜照明器上的插头插到转座的插座上;② 把望远镜光轴位置的调节螺丝 1,10 调到适合位置;③ 在载物平台的中央放上附件光学平行平板.其反射面对着望远镜物镜,且与望远镜光轴大致垂直;④ 通过调节载物平台的调节螺丝 11 和转动载物平台,使望远镜的反射像和望远镜在一直线上;⑤ 从目镜中观察,此时可以看到一亮斑,前后移动目镜,对望远镜进行调焦,使亮十字线成清晰像,然后,利用载物平台上的调平螺丝和载物平台微调机构,把这个亮十字线调节到与分划板上方的十字线重合,往复移动目镜,使亮十字和十字线无视差重合.

(3) 调整望远镜的光轴垂直并通过旋转主轴:① 调整望远镜光轴上下位置调节螺丝 1,使反射回来的亮十字精确地成像在十字线上;② 把游标盘连同载物平台板旋转 180°时观察到的亮十字可能与十字线有一个垂直方向的位移,即亮十字可能偏高或偏低;③ 调节载物平台调节螺丝,至位移减少一半;④ 调整望远镜光轴上下位置调节螺丝 1,至垂直方向的位移完全消除;⑤ 把游标盘连同载物平台、平行平板再转过 180°,检查其重合程度,重复上述③和④偏差得到完全校止.

(4) 将分划板十字线调成水平和垂直.当载物平台连同光学平行平板相对于望远镜旋转时,观察亮十字是否水平的移动,如果分划板的水平刻线与亮十字的移动方向不平行,就要转动目镜,使亮十字的移动方向与分划板的水平刻线平行(注意:不要破坏望远镜的调焦,然后将目镜锁紧螺丝旋紧).

(5) 平行光管的调焦.目的是把狭缝调整到物镜的焦平面上,也就是平行光管对无穷远调焦:① 去掉目镜照明器上的光源,打开狭缝,用漫射光照明狭缝;② 在平行光管物镜前放一张白纸,检查在纸上形成的光斑,调节光源的位置,使得在整个物镜孔径上照明均匀;③ 除去白纸,把平行光管光轴左右位置调节螺丝 12 调到适中的位置,将望远镜管正对平行光管,从望远镜目镜中观测,调节望远镜微调机构和平行光管上下位置调节螺丝 8,使狭缝位于视场中心;④ 前后移动狭缝机构,使狭缝清晰地成像在望远镜分划板平台上.

(6) 调节平行光管的光轴垂直于旋转主轴.调节平行光管光轴上下位置调节螺丝 8,升高或降低狭缝像的位置,使狭缝对目镜视场的中心对称.

(7) 将平行光管狭缝调成垂直.旋转狭缝机构,使狭缝与目镜分划板的垂直刻线平行,注意不要破坏平行光管的调焦,然后将狭缝装置锁紧螺丝旋紧.

注意,必须在分光计调节妥当后,才可做实验二和实验三.

实验二　测量三棱镜的顶角 A

（1）取下平行板，放上待测棱镜.为了便于调节，可将棱镜三边垂直于平台下三个螺丝的连线放置，如图 7-2-4 所示.

（2）调好游标盘的位置，使游标在测量过程中不被平行光管或望远镜挡住，紧锁制动架和游标盘、载物台和游标盘的止动螺钉.

（3）使望远镜对准 AB 面，锁紧转座与盘、制动架和底座的止动螺丝.

（4）旋转制动架末端上的调节螺丝，对望远镜进行微调（旋转），使亮十字与十字线完全重合，从两窗口读出 V_1，V_2 值.

（5）放松制动架与底座上的止动螺丝，旋转望远镜，使之对准 AC 面，锁紧制动架与底座上的制动螺丝，见图 7-2-5.

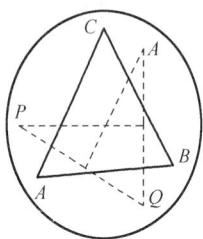

图 7-2-4　二棱镜放置图　　　　　　图 7-2-5　三棱镜顶角测量

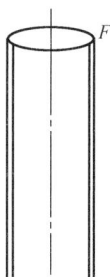

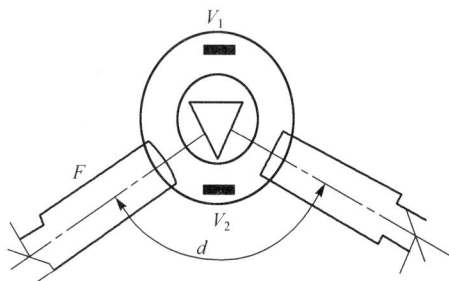

（6）重复上述步骤（4），读出 V_1'，V_2' 值.

（7）根据以上关系可计算出顶角 A：

$$\alpha = \frac{1}{2}\left[\,|V_1 - V_1'| + |V_2 - V_2'|\,\right]$$

$$A = 180° - \alpha$$

稍微变动载物台的位置，重复测量多次，求出顶角的平均值.

注意：在转动转台时，如某一游标经过 360° 的刻线，则 α 角应由下式决定：

$$\alpha = \frac{1}{2}\left[360° - |V_1 - V_1'| + |V_2 - V_2'|\right]$$

V_1 和 V_1' 为经过 360° 刻线的那一游标的两次读数，以后每次读数都应注意这一点.

实验三　测量最小偏向角

当光线通过两种透明介质的分界面时将改变传播方向，这种现象称为光的折射，入射角 i 和折射角 r 的关系由分界面两边透明介质的性质所决定，这两个角的正弦之比称为折射光介质对入射光介质的相对折射率.

$$n = \frac{\sin i}{\sin r} \tag{7-2-1}$$

因为不同波长的入射光有不同的折射率，通常所说的折射率是以钠光的 D 线（波长 $\lambda = 5893 \times 10^{-10}$ m）为标准而言的绝对折射率，即相对于真空（或空气）的折射率.

当光线以入射角 i_1 向三棱镜的一个磨光侧面投射后即以一个折射角 r_1 入三棱镜内部，遇到另一磨光侧面时，又以入射角 r_2 和折射角 i_2 穿出三棱镜（图 7-2-6），此时光线的方向和原

入射线的方向偏离一角度 δ（δ 称为偏向角）,由图中集合关系可看出

$$\delta = (i_1 - r_1) + (i_2 - r_2) = (i_1 + i_2) - (r_1 - r_2) = (i_1 + i_2) - A \qquad (7\text{-}2\text{-}2)$$

式中,$A = i_1 + i_2$ 为三角形的顶角,角 i_2 的大小除与 i_1 有关外,还与三棱镜介质的折射率 n 及其顶角 A 有关,因此偏向角 δ 也是这些有关量的函数.可以证明,当三棱镜及光线的性质一定时（即 A,n 为常数时）,在 $i_1 = i_2 = i$ 的条件下,偏向角为最小值（证明见附录2）,称为最小偏向角,以 δ_m 表示.这时光线是对称地通过三棱镜（图 7-2-7）,于是由式(7-2-2)可得

$$i = \frac{\delta_m + A}{2}, \quad r = \frac{A}{2}$$

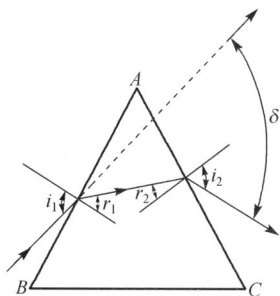

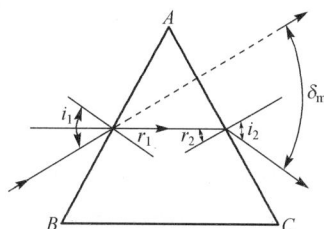

图 7-2-6　$i_1 \neq i_2$ 光路图　　　　　图 7-2-7　$i_1 = i_2$ 光路图

将此关系式代入式(7-2-1)得

$$n = \frac{\sin \dfrac{\delta_m + A}{2}}{\sin \dfrac{A}{2}} \qquad (7\text{-}2\text{-}3)$$

若测得三棱镜的顶角（实验二中已测出）及最小偏角 δ_m,即可求出三棱镜介质的折射率 n.测量最小偏角的步骤如下:

(1) 把钠光灯放在平行光管狭缝之前,并转动转台,使三棱镜转到图 7-2-8 实线所示的位置,先用眼镜观察钠光的谱线（即钠光照亮的狭缝经三棱镜折射后的谱线）,慢慢转动转台,使偏角减小,当观察谱线的移动方向开始反转时,即达到最小偏角,然后把望远镜转到 I 位置.从望远镜中精确地寻找谱线刚刚开始反转时的位置,确定后固定螺旋,用微动螺旋使叉丝的竖线与谱线重合,从窗口读出 V_1 和 V_2.

图 7-2-8　最小偏向角的测量

(2) 将三棱镜转到图 7-2-8 中虚线位置,用眼睛观察钠光谱线,并用手慢慢转动三棱镜（注意不能转动转台）,找到最小偏角的位置,将望远镜转到 II 位置,精确地读出两边游标读数 V_1' 和 V_2'.

(3) 按同样方法在位置 I 和位置 II 重做一次.

(4) 由下式算出最小偏向角:

$$\delta_m = \frac{1}{4}\left[|V_1 - V_1'| + |V_2 - V_2'|\right] = \underline{\quad\quad}.$$

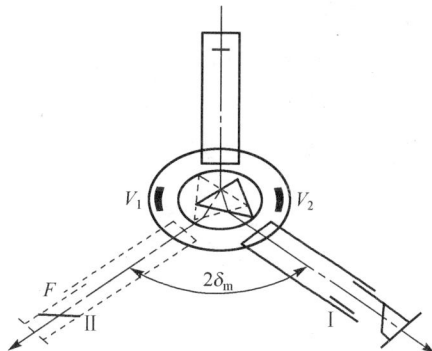

【实验数据和结果处理】

1.三棱镜的顶角

将实验二所测 V_1,V_2,V_1',V_2' 填入下表:

次数	V_1	V_2	V_1'	V_2'	α	A	$\overline{A}$
1							
2							
3							

$$\alpha = \frac{1}{2}\left[\,|V_1 - V_1'| + |V_2 - V_2'|\,\right] =$$

或

$$\alpha = \frac{1}{2}\left[360 - |V_1 - V_1'| + |V_2 - V_2'|\,\right] = \underline{\quad}$$

$$A = 180° - \alpha$$

2. 最小偏向角 δ_m

将实验三所测 V_1, V_2, V_1', V_2' 填入下表.

次数	位置（Ⅰ）		位置（Ⅱ）		δ_m	$n = \dfrac{\sin\dfrac{\delta_m + A}{2}}{\sin\dfrac{A}{2}}$
1						
2						

$$平均\ n = \underline{\quad}$$

【预习思考题】

(1) 分光计必须调节到哪几点要求才能进行测量?

(2) 为什么分光计要有两个游标刻度?

(3) 如何将三棱镜放置在载物平台上? 为什么?

【讨论问题】

(1) 计算角度时若某一游标经过 0°刻线应如何处理?

(2) 总结调节分光计的体会.

【附录 1】　消除偏心差的原理

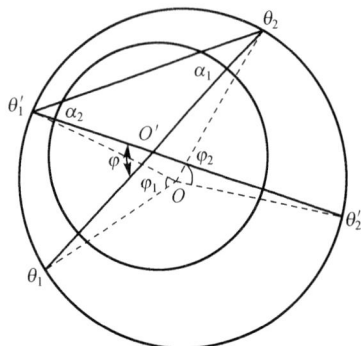

图 7-2-9　偏心差示意图

由于刻度盘中心与转盘中心并不一定重合,真正转过的角度同读出的角度之间会稍有差别,这个差别称为"偏心差".

如图 7-2-9 所示,O 与 O' 分别为刻度盘和转盘的中心. 转盘旋过的角度为 φ,但是在两个角游标上读出的角度分别为 φ_1 和 φ_2.

由几何原理可知

$$\alpha_1 = \frac{1}{2}\varphi_1, \quad \alpha_2 = \frac{1}{2}\varphi_2$$

又因为 $\varphi = \alpha_1 + \alpha_2$ 故

$$\varphi = \frac{1}{2}(\varphi_1 + \varphi_2)$$

$$= \frac{1}{2}\big[\,|V_1 - V_1'| + |V_2 - V_2'|\,\big]$$

所以实验时,取两个角游标读出的角度数值的平均值.

【附录 2】　求为最小值的条件

在前面阐述原理时已指出偏向角 δ 是 i_1, n, A 各量的函数表,即

$$\delta = (i_1 + i_2) - A \tag{a}$$

但 i_2 也是由 i_1、n 和 A 各量决定的,因此当 n, A 为常量时,δ 的数值只与 i_1 有关,δ 为最小的条件可由 $\dfrac{\mathrm{d}\delta}{\mathrm{d}i_1}$ 求得. 由式(a)得

$$\frac{\mathrm{d}\delta}{\mathrm{d}i_1} = 1 + \frac{\mathrm{d}i_2}{\mathrm{d}i_1} = 0 \tag{b}$$

利用以下关系:

$$\sin i_1 = n\sin r_1$$
$$\sin i_2 = n\sin r_2$$
$$r_1 + r_2 = A$$

可得

$$\frac{\mathrm{d}i_2}{\mathrm{d}i_1} = \frac{\mathrm{d}i_2}{\mathrm{d}r_2} \cdot \frac{\mathrm{d}r_2}{\mathrm{d}r_1} \cdot \frac{\mathrm{d}r_1}{\mathrm{d}i_1} = \sqrt{\frac{n^2\cos^2 r_2}{1 - n^2\sin^2 r_2}} \times (-1) \times \sqrt{\frac{1 - n^2\sin^2 r_1}{n^2\cos^2 r_2}}$$

$$= -\frac{\sqrt{\dfrac{1}{n^2} - \left(1 - \dfrac{1}{n^2}\right)\tan^2 r_1}}{\sqrt{\dfrac{1}{n^2} - \left(1 - \dfrac{1}{n^2}\right)\tan^2 r_2}}$$

由式(b)得

$$\sqrt{\frac{1}{n^2} - \left(1 - \frac{1}{n^2}\right)\tan^2 r_1} = \sqrt{\frac{1}{n^2} - \left(1 - \frac{1}{n^2}\right)\tan^2 r_2}$$

故 δ 为最小值的条件是 $r_1 = r_2$,亦即 $i_1 = i_2$.

7.3　测光栅常数和光波的波长

【实验目的】

测光栅常数和光波的波长.

【实验装置】

分光计,照明小灯泡,衍射光栅,钠光灯,变压器,三棱镜.

【实验原理】

光栅在结构上有平面光栅、阶梯光栅和凹面光栅等几种;同时又分为透射式和反射式两类. 本实验使用透射式平面刻痕光栅或全息光栅.

透射式平面刻痕光栅是在光学玻璃片上刻划大量相互平行、宽度和间距相等的刻痕而制成的. 因此,光栅实际上是一排密集、均匀而又平行的狭缝.

如以单色平行光垂直照射在光栅面上,则透过各狭缝的光线因衍射将向各个方向传播,经透镜汇集后相互干涉,并在透镜焦平面上形成一系列被一定暗区隔开的间距不同的明条纹(图 7-3-1).

按照光栅衍射理论,衍射光谱中明条纹的位置由下式决定:

$$(a+b)\sin\varphi_k = k\lambda \quad (k = 0, \pm 1, \pm 2, \cdots)$$

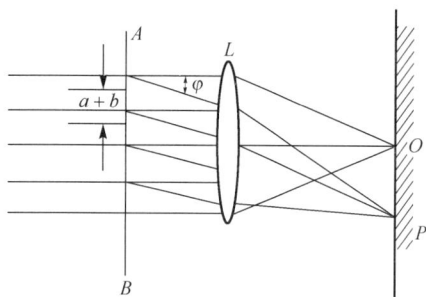

图 7-3-1　光栅衍射

式中,$a+b$ 为光栅常数,φ_k 为第 k 级明纹衍射角,k 为明条纹(光谱线)的级数,λ 为单色光的波长.

如果入射光不是单色光,则由上式可知,光的波长不同,其衍射角 φ_k 也不相同,于是复色光将被分解,而在中央 $k=0$,$\varphi_k=0$ 处,各色光仍重叠在一起,组成中央明条纹. 在中央明纹的两侧,对称地分布着 $k=1,2,\cdots$ 级光谱,各级光谱都按波长大小依次排列成一组由紫到红的彩色谱线,这样就把复色光分为单色光.

本实验用已知波长的钠光,测出光栅常数 $a+b$,再根据已知的光栅常数,测定某一单色光的波长.

【实验内容】

(1) 调节分光计,分光计的调节方法与要求参看 7.2 节中的有关部分.

(2) 测光栅常数,步骤如下:

① 点着钠光灯,把望远镜 F 移到 W 位置,对准平行光管 K(图 7-3-2),使叉丝的垂直线对准狭缝.

② 把光栅 G 垂直地放在平台中央,光栅平面与平台下三个螺丝中任意两个的连线垂直(另一螺丝处在光栅平面内),使入射光垂直地照射到光栅上,这时就可看到各级衍射条纹. 如果发现条纹与叉丝的垂直线不平行,则调节与光栅同平面的螺丝(切不可动狭缝和叉丝)使之平行,看到的条纹要求左右对称,清晰明亮.

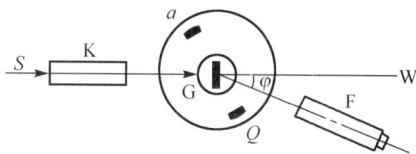

图 7-3-2　测偏向角

③ 将望远镜沿某一方向移动,对准钠黄光的第 k 级谱线(本实验只测第 1 级,$k=1$),用微动螺旋调节使叉丝的垂直线准确对准该谱线. 从转盘上两边窗口记下游标的读数 V_1 和 V_2 继续移动望远镜至另一边,读出另一边的第一级谱线的 V_1' 和 V_2'. 如此重复一次.

④ 计算偏向角

$$\varphi_1 = \frac{1}{4}\left[\,|V_1 - V_1'| + |V_2 - V_2'|\,\right]$$

再由光栅公式求出

$$a+b = \frac{\lambda}{\sin\varphi_1}$$

算出光栅常数的平均值.

(3) 测钠谱线中绿色光的波长. 重复上述步骤(2),测出对应于绿光的第一级谱线的偏向角,由光栅公式算出绿光波长

$$\lambda = (a+b)\sin\varphi_1$$

【实验数据和结果处理】

1. 测光栅常数

将光栅常数实验所得数据填入下表:

已知:钠黄光的平均波长 $\lambda = 5893 \times 10^{-8}$ cm(5893Å)

次数	右边谱线		左边谱线		φ_k	$a+b = \dfrac{k\lambda}{\sin\varphi_1}$ /cm
	左窗 V_1	右窗 V_2	左窗 V_1'	右窗 V_2'		
1						
2						

平均$(a+b)=$____ cm,　$(a+b)\pm\Delta(a+b)=$____ cm,　$E=$____ ％

2. 测绿光波长

将波长实验所得数据填入下表:

$\dfrac{1}{a+b}=$____条/cm

次数	右边谱线		左边谱线		φ_k	$\lambda = \dfrac{(a+b)\sin\varphi}{k}$ /cm
	左窗 V_1	右窗 V_2	左窗 V_1'	右窗 V_2'		
1						
2						

平均$\lambda=$____,　$\lambda\pm\Delta\lambda=$____,　$E=$____％

【预习思考题】

(1) 怎样调节和使用分光计? 如何测量和记录偏向角.

(2) 如何测量光栅常数和光波波长?

【讨论问题】

(1) 光栅光谱和棱镜光谱有哪些不同之处?

(2) 当用钠光(波长 $\lambda = 5890.0 \times 10^{-8}$ cm)垂直射入到 1mm 内有 500 条刻痕的平面透射光栅上时,试问最多能看到第几级光谱?

7.4　用牛顿环测透镜的曲率半径

【实验目的】

(1)观察牛顿环的干涉图样;

(2)用已知波长测定透镜的曲率半径.

【实验装置】

读数显微镜,钠光灯,平凸透镜,平面玻璃.

【实验原理】

利用透明薄膜上下表面对入射光的依次反射,入射光的振幅将分解成有一定光程差的几

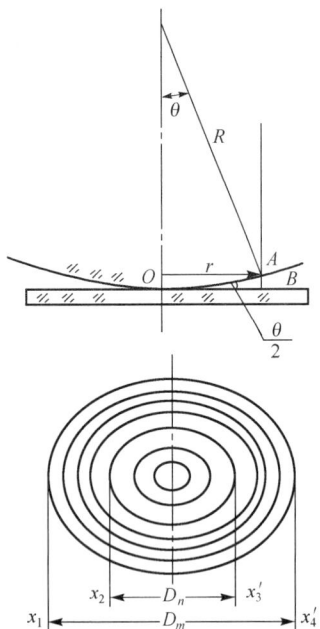

图 7-4-1 牛顿环及其形成光路示意图

个部分,这是一种获得相干光的重要途径,它被多种干涉仪所采用.若两束反射光在相遇时的光程差取决于产生反射光的薄膜厚度,则同一干涉条纹所对应的薄膜厚度相同,这就是所谓等厚干涉.

将一块曲率半径 R 较大的平凸透镜的凸面置于一光学平玻璃板上,在透镜凸面和平玻璃板间就形成一层空气薄膜,其厚度从中心接触点到边缘逐渐增加.当以平行单色光垂直入射时,入射光将在此薄膜上下两表面反射,产生具有一定光程差的两束相干光.显然,它们的干涉图样是以接触点为中心的一系列明暗交替的同心圆环——牛顿环.其光路示意图见图 7-4-1.

由光路分析可知,与第 k 级条纹对应的两束相干光的光程差为

$$\delta_k = 2e_k + \frac{\lambda}{2} \qquad (7\text{-}4\text{-}1)$$

式中,$\lambda/2$ 是因为光线由光疏介质进入到光密介质在反射时有一相位 π 的改变,因而引起的附加光程差.由图 7-4-1 可知

$$R^2 = r^2 + (R-e)^2$$

化简后得到

$$r^2 = 2eR - e^2$$

如果空气薄膜厚度 e 远小于透镜的曲率半径,即 $e \ll R$,则可略去二级小量 e^2.于是有

$$e = \frac{r^2}{2R} \qquad (7\text{-}4\text{-}2)$$

将 e 值代入式(7-4-1),得

$$\delta = \frac{r^2}{R} + \frac{\lambda}{2}$$

由干涉条件可知,当 $\delta = \dfrac{r^2}{R} + \dfrac{\lambda}{2} = (2k+1)\dfrac{\lambda}{2}$ 时干涉条纹为暗条纹.于是得

$$r_k^2 = kR\lambda \quad (k=0,1,2,\cdots) \qquad (7\text{-}4\text{-}3)$$

如果已知射入光的波长 λ,并测得第 k 级暗条纹的半径 r_k,则可由式(7-4-3)算出透镜的曲率半径 R.

观察牛顿环时将会发现,牛顿环中心不是一点,而是一个不甚清晰的暗或亮的光斑.其原因是透镜和平玻璃接触时,由于接触压力引起形变,使接触处为一圆面;又板面上可能有微小灰尘等存在,从而引起附加的光程差.这都会给测量带来较大的系统误差.

我们可以通过取两个暗条纹半径的平方差来消除附加程差带来的误差.假设附加厚度为 a,则光程差为

$$\delta = 2(e \pm a) + \frac{\lambda}{2} = 2(k+l)\frac{\lambda}{2}$$

即

$$e = k \cdot \frac{\lambda}{2} \pm a$$

将式(7-4-2)代入,得

$$r^2 = kR\lambda \pm 2Ra$$

取第 m,n 级暗条纹,则对应的暗环半径为

$$r_m^2 = mR\lambda \pm 2Ra$$
$$r_n^2 = nR\lambda \pm 2Ra$$

将两式相减,得

$$r_m^2 - r_n^2 = (m-n)R\lambda$$

可见 $r_m^2 - r_n^2$ 与附加厚度 a 无关.

又因暗环圆心不易确定,故取暗环的直径替换,得

$$D_m^2 - D_n^2 = 4(m-n)R\lambda$$

因而,透镜的曲率半径为

$$R = \frac{D_m^2 - D_n^2}{4(m-n)} \tag{7-4-4}$$

【实验内容】

1. 调整测量装置

实验装置示意图 7-4-2. 由于干涉条纹间隔很小,精确测量需用读数显微镜(图中所示的读数显微镜见附录).调整时应注意:

(1) 调节 45°玻璃片,使显微镜视场中亮度最大,这时基本上满足入射光垂直于透镜的要求.

(2) 因反射光干涉条纹产生在空气薄膜的上表面,显微镜应对上表面调焦才能找到清晰的干涉图像.

(3) 调焦时,显微镜筒应自下而上缓慢上升,直到看清楚干涉条纹时为止.

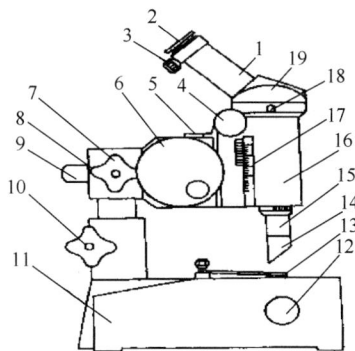

图 7-4-2 读数显微镜

1. 目镜接筒;2. 目镜;3. 锁紧螺钉;4. 调焦手轮;5. 标尺;6. 测微鼓轮;
7. 锁紧手轮;8. 接头轴;9. 方轴;10. 锁紧手轮;11. 底座;12. 反光镜旋轮;
13. 压片;14. 半反镜组;15. 物镜组;16. 镜筒;17. 刻尺;18. 锁紧螺钉;19. 棱镜室

2. 观察干涉条纹的分布特征

例如,各级条纹的粗细是否一致,条纹间隔有无变化,并作出解释.观察牛顿环中心是亮斑

还是暗斑？若是亮斑,如何解释呢？用擦镜纸仔细地将接触的两个表面擦干净,可使中心呈暗斑.

3.测量牛顿环的直径

转动测微鼓轮,依次记下欲测的各级条纹在中心两侧的位置(级数适当的取大些,如 $k=10$ 左右),求出各级牛顿环的直径.在每次测量时,注意鼓轮应沿一个方向转动,中途不可倒转(为什么?).

【实验数据和结果处理】

算出各级牛顿环直径的平方值后,用逐差法处理所得数据,求出直径平方差的平均值 $D_m^2 - D_n^2$ (如可取 $m-n=5$ 左右),代入式(7-4-4)和由此公式推出的误差公式即得到透镜的曲率半径:

$$R = \overline{R} \pm \Delta R$$

将牛顿环直径数据填入下表:

$\lambda = 5893 \times 10^{-8} \text{cm}$

环数	第一次测量		第二次测量		平均直径 D_k /cm
	左边	右边	左边	右边	

将各级牛顿环直径的平方差值填入下表:

$(D_{k+5}^2 - D_k^2)$ /cm	$R = \dfrac{D_{k+5}^2 - D_k^2}{20\lambda}$ /cm

透镜的平均曲率半径 $R =$ ____ cm

平均绝对误差 $\Delta R =$ ____ cm

相对误差 $E = \dfrac{\Delta R}{R} \times 100\% =$ ____ %

$R \pm \Delta R =$ ____ cm

【预习思考题】

(1) 何谓牛顿环? 用以测定透镜曲率半径的理论公式是什么?

(2) 实验中为什么要测量多组数据和分组处理所测数据?

【讨论问题】

(1) 试比较牛顿环与劈尖干涉条纹的异同点.

(2) 为什么说读数显微镜测量的是牛顿环的直径,而不是显微镜内牛顿环的放大像的直径? 如果改变显微镜筒的放大倍数,是否会影响测量的结果?

(3) 由于环中心不易确定,因而实验中所测牛顿环直径实际为接近直径的各种弦长,请问对实验结果有无影响? 为什么?

(4) 在此实验中,假如平玻璃板上有微小的凸起,则凸起处空气薄膜厚度减小,导致等厚干涉条纹发生畸变.试问这时牛顿(暗)环将局部内凹还是局部外凸? 为什么(请画出条纹的形状)?

【附录】　读数显微镜

一般显微镜只有放大物体的作用,不能测量物体的大小. 如果在显微镜的目镜中装上十字叉丝,并把镜筒固定在一个可以移动的拖板上,而拖板移动的距离由螺旋测微计或游标尺读出来,则这样改变的显微镜成为读数显微镜. 它主要用来精确测定微小的或不能用夹持量具测量的物体的尺寸,如毛细管内径、金属杆的线膨胀量、微小钢球的直径等. 测量的准确度一般为0.01mm.

1. 结构

主要部分为放大待测物体的显微镜和读数用的主尺及附尺. 附尺有两种形式:一种是游标尺的形式,另一种是螺旋测微计的形式. 其读数的原理分别与游标尺和螺旋测微计的读数原理相同.

转动旋钮,即转动丝杆,能使套在丝杆上的螺母套管移动. 调节固定螺钉,可使装有显微镜的拖板脱开或者固定在螺母套管上. 脱开时,用于对准待测物体;固定时,用来测读数据.

显微镜由目镜、物镜和十字叉丝组成. 使用时,镜筒可以垂直于水平面,还可以将显微镜的基座旋转 $90°$,以端面作为底面,用来测量毛细管内液柱的上升高度等. 测量时,为使显微镜有明亮的视场,还附有照明器.

2. 使用方法

(1) 根据测量对象的具体情况,决定读数显微镜的安放位置. 把待测物体放在显微镜的物镜的正下方或正前方.

(2) 调节目镜,使十字叉丝成像清楚.

(3) 调节旋钮,可以改变镜筒跟物体的间距,以便在目镜中看到一个清晰的物像. 旋转目镜的镜筒,使十字叉丝和主尺的位置平行,另一条丝用来测定物体的位置.

(4) 旋动转钮或轻轻移动待测物体,使显微镜十字叉丝中的一条丝和待测物体的一条边相切,从主尺和附尺上读出与这位置对应的读数 x. 然后,保持待测物体的位置不变,转动旋钮,使显微镜的十字叉丝与待测物体的另一边相切,读出 x'. 于是待测物体的长度 L 为

$$L = |x - x'|$$

3. 注意事项

(1) 当眼睛注视目镜时,只准镜筒移离待测物体,以防止碰破显微镜物镜.

(2) 在整个测量过程中,十字叉丝的一条丝必须和主尺平行.

(3) 在多次测量(如 x 和 x' 的测量)中,旋钮只能向一方转动,不能时而正转,时而反转. 如果正向前行的拖板突然停下朝反向进行,则旋钮(丝杆)一定在空转(即转动丝杆而拖板不动),转动几圈后才能重新推动拖板后退,这是因为丝杆和螺母套筒之间有间隙的缘故.

7.5 偏振光的观测

【实验目的】

(1) 观察光的偏振现象;

(2) 利用布儒斯特定律测玻璃的折射率.

【实验装置】

分光计,三棱镜,偏振片,钠光灯.

【实验原理】

我们从光的干涉和衍射现象中了解了光的波动性. 又从光的偏振现象中证实光波是横波. 对于光的偏振现象的研究,使人们对光的传播(反射、折射、吸收和散射)规律有了新的认识,它在光学计量、晶体结构的研究和实验应力分析等技术领域中有着广泛的应用.

光波从本质上来说是电磁波. 它的电矢量 E 和磁矢量 H 相互垂直,并都与光的传播方向垂直,如图 7-5-1 所示. 通常用矢量 E 代表光振动,亦称光矢量(因引起视觉和光化学反应的是电矢量 E),电矢量 E 与光的传播方向所构成的平面称为光振动面. 光在传播过程中,如果电矢量的振动方向始终偏于某一确定方向,则称此光为平面偏振光或线偏振光,见图 7-5-2(a). 光源发光是由大量原子或分子的辐射构成的,单个原子或分子的辐射光是偏振的. 由于大量原子或分子的热运动和辐射的随机性,它们所发射的光的振动面的方位,在各个方向的概率是相同的,一般说在 10^{-6} s 内各个方向电矢量的时间平均值相等,这种光源发射的光对外不显示偏振的性质,被称为自然光(见图 7-5-2(b)). 在发光过程中,有些光的振动面在某个特定方向上出现的概率大于其他方向,即在较长的时间内电矢量在某方向上较强,这样的光称为部分偏振光,见图 7-5-2(c). 还有一些光,其振动面的取向和电矢量的大小随时间做有规律的变化,而电矢量末端在垂直于传播方向的平面上的轨迹呈椭圆或圆,这种光称为椭圆偏振光或圆偏振光.

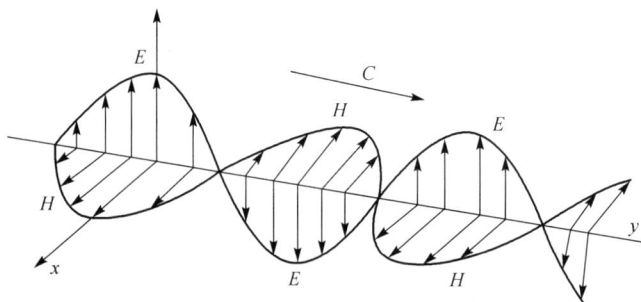

图 7-5-1 光波的传播

自然光经过某些物质的反射、折射或吸收后，这些物质能够削弱自然光中某一部分的振动，使自然光变为偏振光，这种过程称为起偏，起偏的装置称为起偏器.常用的起偏装置主要有以下几种.

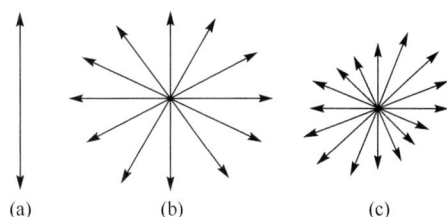

(a)　　　　　(b)　　　　　(c)

图 7-5-2　光振面的光矢量

1.反射起偏器(或透射起偏器)

当自然光在两种介质的界面上反射或折射时，反射光和折射光都将成为部分偏振光.逐渐增大入射角，当达到某一特定值时，反射光成为完全偏振光，其振动面垂直于入射面，如图 7-5-3 起偏角(亦称布儒斯特角).

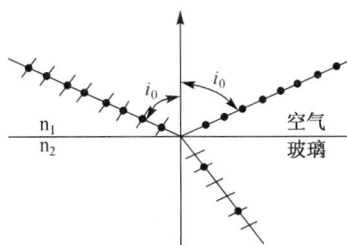

图 7-5-3　反射起偏光路

由布儒斯特定律可得

$$\tan i_0 = \frac{n_2}{n_1}$$

例如，当光由空气射向 $n=1.54$ 的玻璃平面时，$i_0 = 57°$.

若入射光以起偏角 i_0 射到玻璃面上，则反射光为全偏振光，折射光不是全偏振光，但这时它的偏振化程度最高.如使自然光以起偏角 i_0 入射并透过多层玻璃(称玻璃片堆)，则透射出来的光也将接近于全偏振光，它的振动面与入射面平行.

2.晶体起偏器

利用某些晶体的双折射现象，也可获得全偏振光，如尼科耳棱镜等.

3.偏振片(分子型薄膜偏振片)

聚乙烯醇胶膜内部含有刷状结构的链状分子，在胶膜被拉伸时，这些链状分子被拉直并平行排列在拉伸方向上.由于吸收作用，拉伸过的薄膜只允许振动取向平行于分子排列方向(此方向称为偏振片的偏振轴)的光通过.利用它可获得线偏振光.偏振片是一种常用的"起偏"元件，用它可获得截面积较大的偏振光束.而且出射偏振光的偏振化程度可达 98%.

鉴别光的偏振状态的过程称为检偏，它所用的装置称为检偏器.实际上，起偏器和检偏器是通用的，用于起偏的偏振片称为起偏器，把它用于检偏，就成为检偏器了.

按照马吕斯定律，强度为 I_0 的线偏振光，通过检偏器后.透射光的强度为

$$I = I_0 \cos^2 \theta$$

式中 θ 为入射光偏振方向与检偏器偏振轴之间的夹角.显然，当以光线传播方向为轴转动检偏器时，透射光强度将会发生周期性变化.当 $\theta = 0°$ 时，透射光强度最大；当 $\theta = 90°$ 时，透射光强度为极小(消光状态)，接近于全暗；当 $0° < \theta < 90°$ 时，透射光强度介于最大和最小之间.因此，根据透射光强度变化情况，可以区别线偏振光、自然光和部分偏振光.图 7-5-4 表示自然光通过起偏器和检偏器的变化情况.

本实验是利用反射起偏器观察偏振光的偏振情况，并应用布儒斯特定律测玻璃相对于空气的折射率.

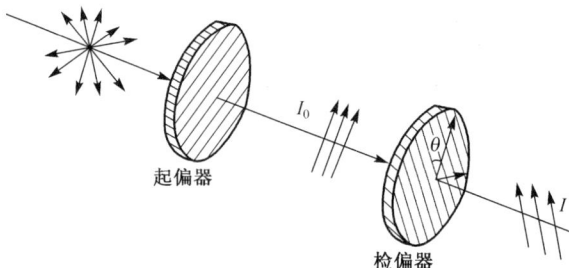

图 7-5-4　自然光经过起偏器和检偏器的情况

【实验内容】

（1）调节分光计（调节要求参看 7.2 节）.

（2）在望远镜 F 的物镜处装上偏振片.

（3）如图 7-5-5 所示，将望远镜移到 W 位置，对准平行光管 K 的变化，如亮度无变化说明什么问题？

（4）将三棱镜放到平台上，使其中一个光学面和平台中心重合，如图 7-5-5 所示.

（5）将望远镜移到 Ⅰ 位置，寻找缝的反射像，找到后再缓缓旋转偏振片（注意缝像的亮度变化），使缝亮度最弱.

（6）转动转盘以改变棱镜方位（即改变入射角 i），同时移动望远镜，使缝的反射像始终在视场内，这时会发现缝像的光强发生变化，这说明反射光的偏振化程度随入射角而变. 当转到某一位置时，亮度最弱并接近全黑，这时的入射角就是起偏角 i. 固定转盘和望远镜，旋转偏振片，使缝像变亮，用微调螺旋调节望远镜的位置，使垂直叉丝对准缝像，记下两边游标位置的读数 V_1 和 V_2.

（7）固定转盘不动，取下三棱镜，移动望远镜至 W 位置，对准平行光管，调节叉丝与缝像重合，记下两边游标位置的读数 V_1' 与 V_2'.

（8）重复上述步骤（4）～（7）记下第二次读数.

（9）将三棱镜放到图 7-5-5 中的虚线位置，并把望远镜移到 Ⅱ 位置，重复步骤（4）～（7），再记下两次游标位置读数.

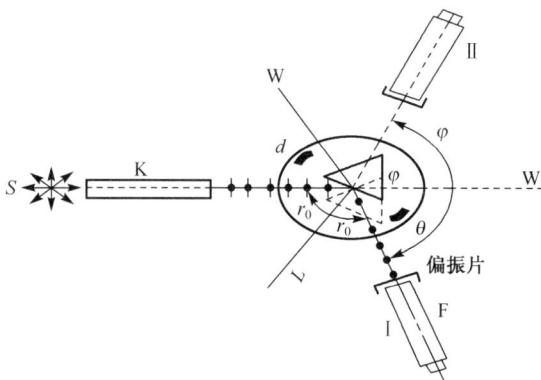

图 7-5-5　用分光计观察反射偏振现象

根据以下关系式，算出 i_0 的平均值，由图 7-5-5 可知

$$\varphi = \frac{1}{2}(|V_1 - V_1'| + |V_2 - V_2'|)$$

$$i_0 = \frac{1}{2}(180° - \varphi)$$

$$\overline{i_0} = \frac{1}{4}(i_{01} + i_{02} + \cdots + i_{04})$$

【实验数据和结果处理】

将实验所测数据填入下表：

F 位置	次数	θ	α	θ'	α'	φ	i_0	$\Delta i = \overline{i_0} - i_0$
I	1							
	2							
II	3							
	4							

$$\overline{i_0} = \underline{\quad}, \quad \overline{\Delta i_0} = \underline{\quad}, \quad n = \tan\overline{i_0} = \underline{\quad}, \quad \text{平均绝对误差} = \underline{\quad}$$

$$\Delta n = \frac{\overline{\Delta i_0}}{\cos^2 i_0}\underline{\quad}, \quad n \pm \Delta n = \underline{\quad}, \quad E = \frac{\Delta n}{n}\% = \underline{\quad}$$

【预习思考题】

（1）什么叫偏振光？产生偏振光有哪几种方法？

（2）怎样检查线偏振光？如何判断线偏振光的振动方向？

（3）什么叫布儒斯特角？怎样测量？

【讨论问题】

（1）求下列情形下理想起偏器和理想检偏器两偏振轴之间的夹角是多少？① 透射光是自然光强的 1/3；② 透射光是最大透射光的 1/3.

（2）如果在相互正交的偏振片 P₁ 和 P₂ 之间插一块 $\frac{\lambda}{2}$ 的波片，使其光轴和起偏器的光轴平行，那么通过检偏器 P₂ 的光斑是亮斑还是暗斑？为什么？将检偏器 P₂ 转过90°后，光斑的亮暗是否变化？

（3）如何设计一个实验装置来区别椭圆偏振光和部分偏振光？

7.6　光电效应及普朗克常量的测定

【实验目的】

（1）了解光的量子性；

（2）利用爱因斯坦方程，测出普朗克常量 h.

【实验装置】

稳压电源，水银灯，滤色片，光电管，交流放大器，交流毫伏计，直流伏特计，滑线变阻器.

【实验原理】

在光的照射下，电子从金属表面溢出的现象称为光电效应. 光电效应的基本规律有二：

（1）在照射光频率不变的情况下，光电流大小与入射光强度大小成正比.

（2）光电子的最大能量随入射光频率的增加而线性增加,与入射光的强度无关.

为了解上述现象,爱因斯坦提出:光是一些能量为 $E = h\nu$ 的粒子组成的粒子流,这些粒子统称为光子.光的强弱取决于粒子的多少故光电流与入射光强度成正比又因每个电子只能吸收一个光子的能量($h\nu$)所以电子获得的能量与光强无关,而只与频率成正比.写出方程式即是

$$h\nu = \frac{1}{2} m\upsilon_{max}^2 + e_\phi \qquad (7\text{-}6\text{-}1)$$

这就是爱因斯坦方程.式中 h 称为普朗克常量, $\frac{1}{2} m\upsilon_{max}^2$ 是光电子溢出表面后具有的最大动能, e_ϕ 为溢出功,即一个电子从金属内部克服表面势垒溢出所需的能量, ν 为入射光的频率,它与波长 λ 的关系是

$$\nu = \frac{c}{\lambda} \qquad (7\text{-}6\text{-}2)$$

式中 c 为光速.

从式(7-6-1)可知, $h\nu < e_\phi$ 时将没有光电流,即存在一个截止频率 ν_0 ,只有入射光的频率 $\nu > \nu_0$ 时才能产生光电流.不同的金属逸出功 e_ϕ 的数值不同,所以截止频率也不相同.

本实验采用"减速电位法"来验证爱因斯坦方程,并由此求出 h ,实验原理线路图见图7-6-1.

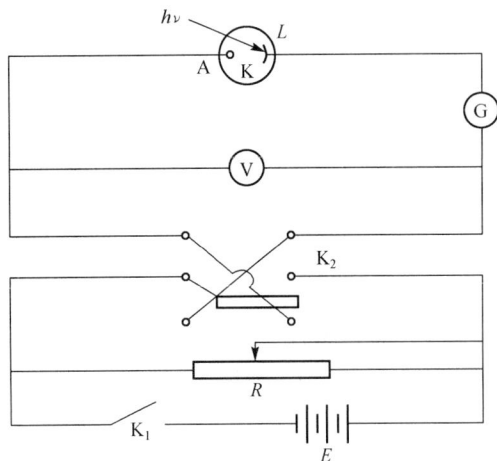

图 7-6-1　光电效应实验原理图

图中 K 为光电管的阴极,涂有钾钠铯或锑等材料,A 为阳极.光子 $h\nu$ 射到 K 上打出光电子,当 A 加正电位 K 加负电位时,光电子被加速.若 K 加正电位 A 加负电位时,光电子被减速.若所加的负电压 $U = U_s$,而 U_s 满足方程:

$$\frac{1}{2} mv_{max}^2 = eU_s \qquad (7\text{-}6\text{-}3)$$

时,光电流将为零,式中 U_s 为截止电压.光电流与电压的关系见图 7-6-2.对比式(7-6-3)和式(7-6-1)可得

$$eU_s = h\nu - e_\phi \qquad (7\text{-}6\text{-}4)$$

改变入射光的频率 ν ,可测得不同的截止电压 U_s ,作为 U_s - ν 曲线图(图7-6-3),此曲线是一直线,此直线的斜率

$$k = \tan\phi = \frac{\Delta U_s}{\Delta \upsilon} = \frac{h}{e} \qquad (7\text{-}6\text{-}5)$$

式中 e 为电子电荷($e = 1.6 \times 10^{-19}$ C),由此可算出 h .

实际上测出的光电流和电压的关系曲线较图 7-6-2 所示的复杂(图 7-6-4),主要是由如下两个因素所致:

(1) 暗电流和本底电流. 光电管没有受到光照式也会产生电流,这种电流称为暗电流. 它是由于热电子发射、光电管管壳漏电等原因造成的. 本底电流是因为室内各种漫反射光射入光电管所致,它们均使光电流不可能将为零,且随电压的变化而变化.

(2) 反向电流. 由于制作时阳极 A 也往往溅射有阴极材料,所以当光射到 A 上或由 K 漫反射到 A 上时,A 也有光电子发出,当 A 加负电位,K 加正电位时,对 K 发射的光电子起了减速作用,而对 A 发射的光电子起了加速作用,所以 I-U 的关系就如图 7-6-4 所示. 为了正确地确定截止电压 U_s,就必须去掉暗电流和反向电流的影响,使 I-U 的关系符合图 7-6-2 的情况,以便由 $I=0$ 的位置来确定 U_s.

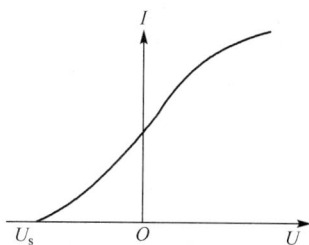

图 7-6-2 光电管的伏安特性

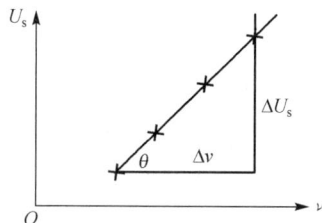

图 7-6-3 截止电压与入射光频率曲线

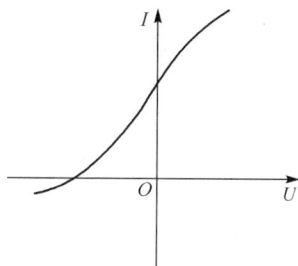

图 7-6-4 实际情况下光电管的伏安曲线

图 7-6-5 为实验装置的框图,各部分的简述如下:

(1) 光源采用水银灯,其主要谱线有 3650×10^{-10} m(近紫外)、4047×10^{-10} m(紫外)、4358×10^{-10} m(蓝色)、5461×10^{-10} m(绿色)、5770×10^{-10} m(黄色). 由于谱线相隔都较远,所以经过(吸收)滤光片后就可以得到相应的单色光. 水银灯是由 50Hz 的市电供电的,所以光强也是交流的,频率为 100Hz,因而光电流也以 100Hz 的频率在改变测量电流时可用交流放大器和交流毫伏表,选用交流放大有下列好处:避免了暗电流和本底电流的影响,可以准确的来判断截止电压,由暗电流产生的机制可知它是直流电流,在直流测量中无法把它和光电流区别出来. 另外由于室内漫反射所产生的本底电流也是一个变化极为缓慢的直流电流,而用的交流放大器只能放大交变的光电流,故暗电流和本底电流不影响测量的数值.

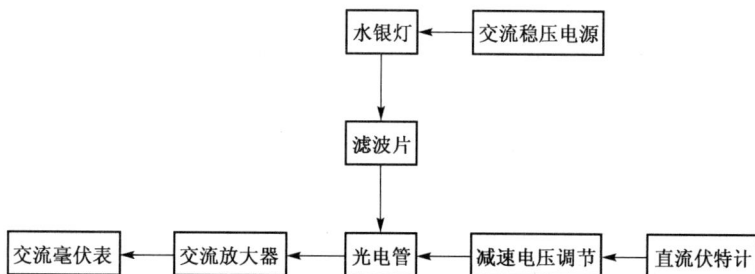

图 7-6-5 实验装置框图

（2）交流小电流放大器实际上是一个场效应管的源性输出器,其线路见图 7-6-6 当光电管加反向电压时,光电流的数值极小,特别是在截止电压附近,光电流只有 10^{-13} A 左右,虽然和光电管串联的电阻 R_g 取得很大(约 $10^9\,\Omega$),但在 R_g 上的电压降也只有 0.1mV. 一般晶体管输入阻抗远小于 R_g,故不适用.场效应管的阻抗可大于 $10^{10}\,\Omega$,且噪声小,符合我们的要求.经放大后的交流电流可直接用交流毫伏表测量,且光电流 I 的大小为

$$I = \frac{U}{R}$$

式中 U 为交流毫伏表的读数.

（3）减速电压电路,其线路如图 7-6-7 所示,可用电位器 R 来调节,电压变化的范围为 0～3V,电压 U 由直流伏特计测量.为了减小外界的干扰,可将光电管、小电流放大器、电位器、6V直流电源全部屏蔽起来.

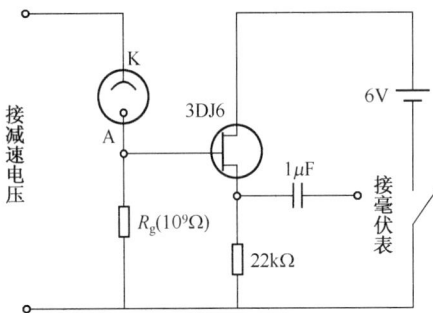

图 7-6-6　交流放大器电路图　　　　图 7-6-7　减速电压调节电路图

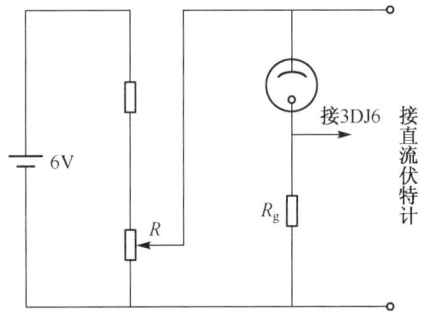

（4）光电管用真空光电管,其结构如图 7-6-8 所示,阴极 K 就在玻璃泡的壁上,阳极 A 为一金属圆环,为了避免阳极产生反向电流,首先应避免光直接射在阳极上,故把接近阳极 A 处的玻璃泡外壁都用石墨涂黑,只留顶端一部分作为入射窗口,但有时阴极 K 表面的反射光仍然能反射到阳极 A 上产生反向电流,所以还要转动光电管改变入射光的方向,使入射光不能反射到 A 上去,这样可使反向电流小到可以忽略的程度.

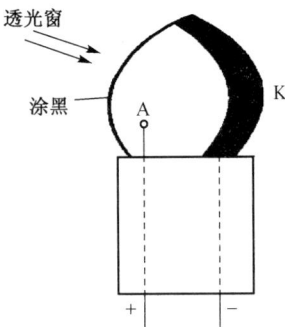

图 7-6-8　光电管的结构

【实验内容】

（1）安装好仪器,连接好电路.

（2）调反向电流使之为零,方法是使减速电压远大于截止电压(2.5V),这时光电流应为零.如这时毫伏计有指示,则表示光电流不是零,调整光电管入射光的方向,使毫伏计指示为零.

（3）把减速电压调为零,这时应有光电流,毫伏计有指示,记下其读数(10～20mV).从零开始,每隔0.1V测一个光电流值 $I_{光}$(用 mV 数值作为指示即可),一直到截止电压为止,在截止电压附近光电流很小,应反复、多次地判断光电流为零时的电压值 U_s,稍不注意就能引起很大的误差.

（4）换一滤光片,重复上述(2)、(3)步骤,测出相应的 I,U 值,并定出对应的截止电压 U_s.如此重复多次,测出各不同频率时的 I,U 对应值.

【实验数据和结果处理】

(1) 记录数据表格自行设计.

(2) 用 $\Delta\nu$ 数值较大的两种频率做出两条 I-U 关系曲线(用 mV 数据表示 I).

(3) 作 U_s-ν 图,用式(7-6-5)求出斜率 k 值,由于 $k=\dfrac{h}{e}$,故可求出 h 值.

(4) 将求得的 h 值与标准值 $h=6.626\times10^{-34}$ J・s 进行比较,求出百分误差.

【预习思考题】

(1) 如何准确测定截止电压?

(2) 如何减小暗电流和本底电流的影响?

(3) 如何防止反向电流的产生?

【讨论问题】

(1) 光电管中充有气体对实验有何影响?

(2) 阴极 K 能否同时涂有几种金属材料? 为什么?

7.7 迈克耳孙干涉仪

【实验目的】

(1) 了解迈克耳孙干涉仪的构造原理并掌握仪器的调节方法;

(2) 测定 He-Ne 激光的波长;

(3) 测定 Na 黄光的双线波长差.

【实验装置】

迈克耳孙干涉仪(SG-1 型),He-Ne 激光器,钠光灯(及其电源),透镜及其支架,毛玻璃片及支架.

【实验原理】

迈克耳孙干涉仪的光路如图 7-7-1 所示.图中 S 为光源.L 为透镜,G_1,G_2 为两块同材料等厚度的光学平板玻璃.在 G_1 的一个面上镀上半透明薄银层,照到它上面的光线,一半被反射,一半被透过,因而称为半反射透镜.G_2 仅起光程的补偿作用,以免两光束的光程差太大,故称补偿片.

M_1,M_2 是全反射平面镜,每个后边均有三个调节螺丝,可以调节其方向,M_1 固定在干涉仪上,M_2 可凭螺杆(有粗调与细调)使之前后移动.

当光线自 S 发出,经过透镜 L 到 G_1 后分为两束,一束经 G_1 反射到 M_2 上,而后沿原路(当光线垂直 M_2 时)回到 G_1 并透过 G_1,如图 7-7-1 中光束 2.另一束透过 G_1,G_2 射到 M_1 上而后沿原路(当光线垂直 M_1 时)透过 G_2 回到 G_1,经 G_1 反射,如图 7-7-1 中光束 1.

设 G_1(镀银面上任一点)到 M_1,M_2 的距离

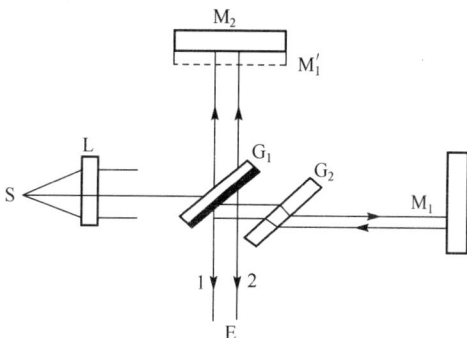

图 7-7-1 迈克耳孙干涉仪光路

差为 x，则从光源 S 上一点发出的光线(它对眼的入射角为 φ)在经过两条不同路线后进入眼内的光程差为

$$\Delta = 2x\cos\varphi \tag{7-7-1}$$

根据光的干涉条件，如 $\Delta = K\lambda(K=0,1,2,\cdots)$ 则为明条纹，如 $\Delta=(2K+1)\dfrac{\lambda}{2}(K=0,1,2,\cdots)$ 则为暗条纹，即

$$\Delta = 2x\cos\varphi = \begin{cases} K\lambda, & \text{明条纹} \\ (2K+1)\dfrac{\lambda}{2}, & \text{暗条纹} \end{cases} \tag{7-7-2}$$

在实验中当我们调节到 M_2 与 M_1'(M_1 的像)完全平行时，在视场中得到一系列等倾干涉的圆环状条纹. 由上式可以看出:

(1) 当 x,K,λ 不变时，明暗条纹随 φ 值而变，当 φ 值为一常数时，则条纹明暗条件不变，因此条纹是圆形光环.

(2) 当 K,λ 不变，x 减小，φ 也应变小，因此看起来条纹光环"内缩"，当 x 增大，φ 也应增大，因此条纹光环"外扩".

(3) 对光环中心 $\varphi=0$. 它的明暗条件由下式决定

$$2x_1 = \begin{cases} K_1\lambda, & \text{明点} \\ (2K_1+1)\dfrac{\lambda}{2}, & \text{暗点} \end{cases} \tag{7-7-3}$$

如使 x_1 变为 x_2 时，则

$$2x_2 = \begin{cases} K_2\lambda, & \text{明点} \\ (2K_2+1)\dfrac{\lambda}{2}, & \text{暗点} \end{cases} \tag{7-7-4}$$

由式(7-7-3)和式(7-7-4)可得 $2(x_2-x_1)=(K_2-K_1)\lambda$，即

$$\lambda = \frac{2\Delta x}{\Delta K} \tag{7-7-5}$$

式中，ΔK 为变化的条纹数，Δx 为变化的距离，λ 为光的波长. 故测出 $\Delta K,\Delta x$ 后可求出 λ. 如已知 λ，只要测出 ΔK 就可求出变化的长度 Δx.

测量时，转动测微手轮，使 M_2 镜移动，记录视场中心处干涉条纹的消失或涌出的数目 ΔK (数 50 或 100 个)，读出距离的改变值 Δx，由上式可求出 λ.

如不用单色光，而是用两种不同波长但相差不大的光做光源，而且两者光强近于相等，这时两种不同的光将各自产生干涉条纹，当满足条件 $\Delta_1=K_1\lambda_1=(2K_1+1)\dfrac{\lambda_2}{2}$ 时，在一种光的明条纹处，另一种光恰好产生暗条纹，这样，在整个视场中将看不到干涉条纹(称为视见度为 0). 同样当 $\Delta_2=K_2\lambda_1=(2K_2+1)\dfrac{\lambda_2}{2}$ 时，视见度亦为 0. 两次视见度为 0 时的光程总的变化定为 $\Delta_2-\Delta_1=(K_2-K_1)\lambda_1=(K_2-K_1+1)\lambda_2$. 由此可得

$$K_2-K_1+1 = \frac{\lambda_2}{\lambda_1-\lambda_2}$$

$$\Delta_2-\Delta_1 = \frac{\lambda_1\lambda_2}{\lambda_1-\lambda_2}$$

$$\Delta_2-\Delta_1 = 2\Delta x, \quad \lambda_2-\lambda_1 = \Delta\lambda, \quad \lambda_1\lambda_2 = \overline{\lambda^2}$$

故

$$\Delta\lambda = \frac{\overline{\lambda^2}}{2\Delta x} \tag{7-7-6}$$

式中 $\Delta\lambda$ 为两光线的波长差, $\overline{\lambda}$ 为两光线的平均波长, Δx 为干涉仪上 M_2 的移动距离. 只要测出 Δx, 已知 $\overline{\lambda}$ 就可以求出 $\Delta\lambda$.

【实验内容】

1. 测量 He-Ne 激光波长

(1) 点燃 He-Ne 激光器, 使光束成45°角照射在 G_1 面, 在 E 处放一毛玻璃片, 如仪器未调整好, 则在玻璃片上看到由 M_1, M_2 反射来的两光点不重合, 这时必须调节 M_1, M_2 后边的盘头螺钉, 使两光点完全重合, 再在 G_1 与 S 之间放上透镜. 如位置合适则在毛玻璃片上就能看到圆形条纹. 继续调节盘头螺钉及螺套, 使条纹清晰并当眼睛移动时条纹稳定为止.

(2) 测量与计算. 当圆形条纹调节好后, 再慢慢地转动微调手轮, 可以由毛玻璃观察到中心条纹向外一个个涌出或者向中心陷入. 此时可开始计数, 计数前先使微调手轮沿某一方向转过一定距离, 看到条纹明显涌出或内陷, 记下此时 M_2 镜的位置 x_0 (由转动手轮与微调手轮上读出). 继续沿同方向转动微调手轮, 每改变 50 条条纹记一次 x 值, 记到 250 条为止. 用逐差法 ($\Delta K = 150$) 求出 Δx, 用式 (7-7-5) 计算出 λ, 将各次计算所得的 λ 求出平均值, 并与标准值 $\lambda = 6328 \times 10^{-10}$ m 比较, 求出百分误差.

2. 测钠光的双线波长差 $\Delta\lambda$

(1) 仪器调整. 将光源换成钠光灯. 重复上述调节步骤.

(2) 圆形干涉条纹调好后, 缓慢移动 M_2 镜, 使视场中心的视见度趋为 0, 记下此时 M_2 镜的位置 x_1, 再沿原来方向移动 M_2 镜使视场视见度再次为 0, 记下 M_2 的位置 x_2. 连续 4 次记下 M_2 的位置, 求出 Δx 的平均值 $\overline{\Delta x}$, 以钠黄光的平均波长 $\overline{\lambda} = 5893 \times 10^{-10}$ m 代入式 (7-7-6) 即可求出 $\Delta\lambda$.

【实验数据和结果处理】

(1) 计算出 He-Ne 激光的波长, 将实验数据填入下表:

	K	t	λ/mm
K_0	0	t_0	
K_1	50	t_1	
K_2	100	t_2	
K_3	150	t_3	
K_4	200	t_4	
K_5	250	t_5	

(2) 计算钠黄光的双线波长差, 将实验数据填入下表:

$\Delta K = 150$

$\Delta t = t_{i+3} - t_i$	$\lambda = \dfrac{2\Delta t}{\Delta K}$	$\overline{\lambda}$	$\Delta\lambda$	$\overline{\Delta\lambda}$

He-Ne 激光的波长 $\lambda_0 = 6328 \times 10^{-10}$ m (6328Å).

(3)计算钠黄光的双线波长差(实验数据表格自行设计)

实验值　$\bar{\lambda} = \underline{\quad\quad}(\times 10^{-10}\text{m})$

百分误差　$E = \dfrac{|\lambda_0 - \bar{\lambda}|}{\lambda_0} \times 100\% = \underline{\quad\quad}\%$

相对误差　$E = \dfrac{\Delta\lambda}{\bar{\lambda}} \times 100\% = \underline{\quad\quad}\%$

平均绝对误差　$\overline{\Delta\lambda} = \underline{\quad\quad}(\times 10^{-10}\text{m})$

$\bar{\lambda} \pm \overline{\Delta\lambda} = \underline{\quad\quad}(\times 10^{-10}\text{m})$

【注意事项】

(1)本仪器的精密度很高,在调节过程中,要十分细心、耐心. 计数、读数必须非常认真.

(2)本实验仪器对光学面的要求很高,特别对半反射面、反射镜镀膜面等,切不可用手触摸,如有灰尘,要用吹气球吹掉.

(3)为了防止"空回",每次测量必须沿同一方向旋转,不得中途倒退.

【预习思考题】

(1)在迈克耳孙干涉仪中,各光学元件起什么作用?

(2)欲测量某单色光的波长,干涉仪应如何调试? 读数如何读?

(3)测双线波长差时,应如何理解视见度的变化规律的?

【讨论问题】

(1)当 M_1' 与 M_2 之间有一很小的角度时(即不平行时),干涉仪条纹会有什么变化?

(2)为什么看到的条纹,有的是"涌出"的,有的是"内陷"的,这对实验结果有何影响?

(3)当迈克耳孙干涉仪中的"1"光路沿东西方向、"2"光路沿南北方向时,你是否考虑了地球自转对光束的影响? 这是相对论中一个重要的问题.

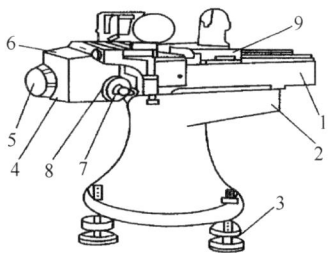

图 7-7-2　迈克耳孙干涉仪装置
1.导轨;2.底座;3.水平调节螺钉;
4.传动合盖;5.转动大手轮;6.窗口;
7.微调手轮;8.刻度轮;9.移动镜拖板

【附录】

图 7-7-2 是迈克耳孙干涉仪装置图. 精密的导轨固定在底座上,底座上有 3 个调节水平的螺钉,在导轨内装有一根 M16×1 的精密丝杆,与丝杆相连的是装在转动合盖内的轮系,转动大手轮即可使轮系带动丝杠,由丝杠传动带动镜拖板前后移动. 仪器有 3 个读数尺,主尺附在导轨侧面,最小分度为 1mm,从窗口内可以看见一个 100 等分的圆盘,圆盘转动一分格,相当于拖板直线移动 0.01mm,转动微调手轮,它带动一个 1:100 的涡轮,通过蝶形压簧转动圆盘同时带动丝杠,所以微调手轮转一圈,等于圆盘转一小格,微调手轮的刻度轮分为 100 等分,因此刻度轮上一小格对应拖板移动 0.1μm.

7.8　弗兰克-赫兹实验

【实验目的】

(1)研究夫兰克—赫兹管中电流变化的规律;

(2)通过测定氩原子的第一激发电位,了解和证明原子能级的存在.

【实验原理】

根据玻尔的原子模型理论,原子是由原子核和以核为中心沿各种不同轨道运动的一些电子构成的.对于不同的原子,这些轨道上的电子束分布各不相同.一定轨道上的电子具有一定的能量.当同一原子的电子从低能量的轨道跃迁到较高能量的轨道时,原子就处于受激状态.若轨道 1 为正常态,则较高能量的 2 和 3 依次称为第一受激态和第二受激态等.但是原子所处能量状态并不是任意的,而是受到玻尔理论的两个基本假设的制约:

(1) 定态假设.原子只能处在稳定状态中,其中每一状态相应于一定的能量值 $Ei(i=1,2,3,\cdots)$,这些能量值是彼此分立的,不连续的.

(2) 频率定则.当原子从一个稳定状态过渡到另一个稳定状态时,就吸收或放出一定频率的电磁辐射.频率的大小取决于原子所处两定态之间的能量差,并满足

$$h\nu = En - Em \tag{7-8-1}$$

其中 $h = 6.63 \times 10^{-34} J \cdot s$ 称作普朗克常数.

原子状态的改变通常在两种情况下发生,一是当原子本身吸收或放出电磁辐射时,二是当原子与其他粒子发生碰撞而交换能量时.本实验就是利用具有一定能量的电子与汞原子相碰撞而发生能量交换来实现汞原子状态的改变.

由玻尔理论可知,处于基态的原子发生状态改变时,其所需能量不能小于该原子从基态跃迁到第一受激态时所需的能量,这个能量称作临界能量.当电子与原子碰撞时,如果电子能量小于临界能量,则发生弹性碰撞;若电子能量大于临界能量,则发生非弹性碰撞.这时,电子给予原子以跃迁到第一受激态时所需要的能量,其余能量仍由电子保留.

一般情况下,原子在受激态所处的时间不会太长,短时间后会回到基态,并以电磁辐射的形式释放出所获得的能量.其频率 ν 满足

$$h\nu = eU_g \tag{7-8-2}$$

式中为汞原子的第一激发电位.所以当电了的能量等于或大于第　激发能时,原子就开始发光.

【实验装置】

本仪器采用 1 只充氩气的四极管,其工作原理图如图 7-8-1 所示.

四极 F-H 管包括同心筒状电极灯丝 H,氧化物阴极 K,两个栅极 G_1、G_2 和阳极 A.阴极 K 罩在灯丝 H 外,由灯丝 H 加热阴极 K,改变 H 的电压 V_H 可以控制 K 发射电子的强度.靠近阴极 K 的是第一栅极 G_1,在 G_1 和 K 之间加有一个小正电压 V_{G1K},其作用一是控制管内电子流的大小,二是抵消阴极 K 附近电子云形成的负电位的影响.第二栅极 G_2 远离 G_1 而靠近阳极 A,G_2 和 A 之间加

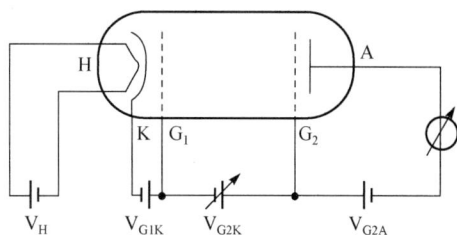

图 7-8-1　夫兰克-赫兹实验原理图

一小的拒斥负电压 V_{G2A},使得与原子发生了非弹性碰撞,损失了能量的那些电子不能到达阳极.G_1 和 G_2 之间距离较大,为电子与气体原子提供较大的碰撞空间,从而保证足够高的碰撞概率.由 K 发射的电子经 G_2、K 间电压 V_{G2K} 的加速而获得能量,它们在 G_2、K 空间与氩原子不断遭遇碰撞,把部分或全部能量交换给氩原子,并在 G_2、A 间经拒斥电压作用减速达到阳极 A,检流计指示出阳极电流 I_A 的大小.

实验表明,初始阶段 V_{G2K} 电压较低,电子与氩原子的碰撞是弹性的. 简单计算可知,在每次碰撞中,电子几乎没有能量损失. 随着 V_{G2K} 上升,当 $V_{G2K}=11.5V$ 时,电子在 G_2 附近将获得 $11.5eV$ 的能量,并与氩原子发生非弹性碰撞,因此,将引起共振吸收,电子把能量全部传递给氩原子,自身速度几乎降为零. 而氩原子则实现了从基态向第一激发态的跃迁. 由于拒斥电压的作用,失去了能量的电子将不能到达阳极,I_A 陡然下降,形成第一个峰.

当 $11.5V<V_{G2K}<23.0V$ 时,随 V_{G2K} 从 $11.5V$ 逐渐增加,电子重新在电场中加速,不过由于 F-H 管内 $11.5V$ 电位位置变化,第一次非弹性碰撞区逐渐向 G_1 移动. 因为到达 G_2 时电子重新获得的能量小于 $11.5V$,故非弹性碰撞不会再发生,电子将保持其动能达到 G_2,从而能克服 V_{G2A} 的阻力到达阳极,表现为 I_A 的又一次上升. 当 $V_{G2K}=23.0V$ 时,电子在 G_2、K 间与氩原子进行两次非弹性碰撞而失去全部能量,I_A 再一次下降,曲线出现第二个峰.

显然,每当 $V_{G2K}=11.5nV(n=1,2,\cdots)$ 时,都伴随着 I_A 的一次突变,出现一次峰值,峰间距为 $11.5V$. 连续改变 V_{G2K},测出 I_A 与 V_{G2K} 的关系曲线,即可求出氩原子的第一激发电位.

不难预料,对于那些能量大于 $11.5V$ 的激发态,由于电子在加速过程中积蓄的能量还未达到这些激发态的能量之前,已与氩原子进行了能量交换,实现了氩原子向第一激发态的跃迁,故向高激发态跃迁的概率就很小了.

【实验内容及步骤】

本实验仪有三种实验方法可供选择:示波器测量、手动测量和计算机采集测量. 下面分别加以叙述,叙述中请参见如图 7-8-2 和图 7-8-3 所示的仪器面板介绍.

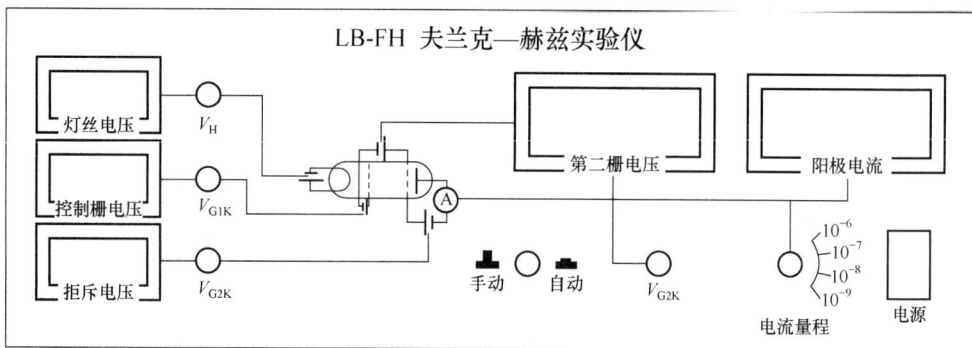

图 7-8-2　夫兰克-赫兹实验仪前面板

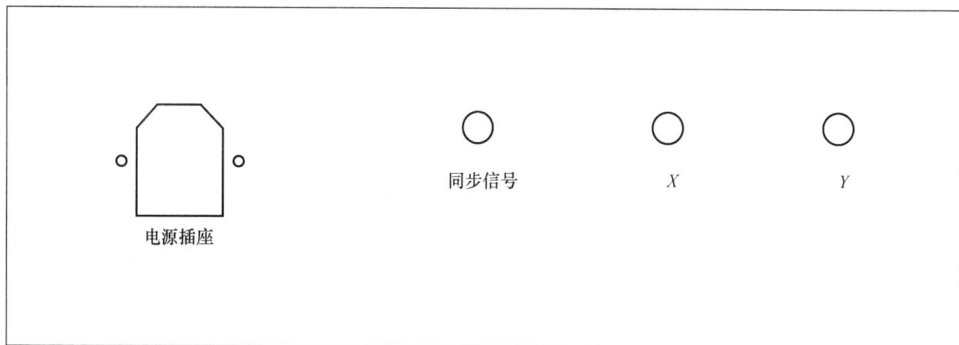

图 7-8-3　夫兰克-赫兹实验仪后面板

1. 示波器测量

（1）插上电源，打开电源开关，将"手动/自动"档切换开关置于"自动"档.（"自动"指 V_{G2K} 从 0～120V 自动扫描，"自动"档包含示波器测量和计算机采集测量两种.）

（2）先将灯丝电压 V_H、控制栅（第一栅极）电压 V_{G1K}、拒斥电压 V_{G2A} 缓慢调节到仪器机箱上所贴的"出厂检验参考参数". 预热 10 分钟，如波形不好，可微调各电压旋钮. 如需改变灯丝电压，改变后请等波形稳定（灯丝达到热动平衡状态）后再测量（各电压对波形的影响参见附录一）.

注意：每个 F—H 管所需的工作电压是不同的，灯丝电压 V_H 过高会导致 F—H 管被击穿（表现为控制栅（第一栅极）电压 V_{G1K} 和拒斥电压 V_{G2A} 的表头读数会失去稳定）. 因此灯丝电压 V_H 一般不要高于出厂检验参考参数 0.2V 以上，以免击穿 F-H 管，损坏仪器.

（3）将仪器上"同步信号"与示波器的"同步信号"相连，"Y"与示波器的"Y"通道相连."Y增益"一般置于"0.1V"档；"时基"一般置于"1ms"档，此时示波器上显示出夫兰克—赫兹曲线.

（4）调节"时基微调"旋钮，使一个扫描周期正好布满示波器的 10 格，如图 7-8-4 所示；扫描电压最大为 120V，量出各峰值的水平距离（读出格数），乘以 12V/格，即为各峰值对应的 V_{G2K} 的值（峰间距），可用逐差法求出氩原子的第一激发电位的值，可多测几组算出平均值.

（5）将示波器切换到 X-Y 显示方式，并将仪器的"X"与示波器的"X"通道相连，仪器的"Y"与示波器的"Y"通道相连，调节"X"通道增益，使整个波形在 X 方向上满 10 格，如图 7-8-5 所示，量出各峰值的水平距离（读出格数），乘以 12V/格，即为峰间距，可用逐差法求出氩原子的第一激发电位的值，可多测几组算出平均值.

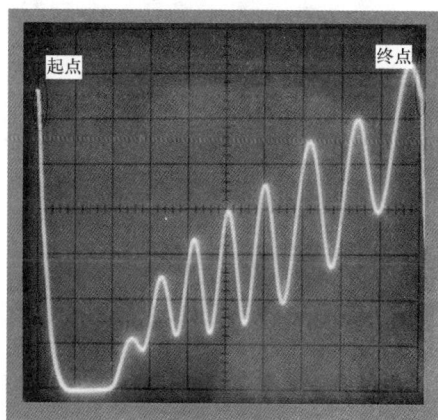

图 7-8-4　示波器普通方式显示

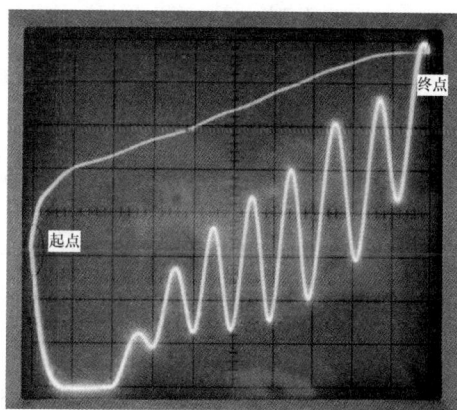

图 7-8-5　示波器 X-Y 方式显示

2. 手动测量

（1）插上电源，打开电源开关，将"手动/自动"档切换开关置于"手动"档，微电流倍增开关置于"10^{-9}"档.

（2）先将灯丝电压 V_H、控制栅（第一栅极）电压 V_{G1K}、拒斥电压 V_{G2A} 缓慢调节到仪器机箱上所贴的"出厂检验参考参数". 预热 10 分钟，如波形不好，可微调各电压旋钮. 如需改变灯丝电压，改变后等波形稳定（灯丝达到热动平衡状态）后再测量.（各电压对波形的影响参见附录一）

注意：每个 F-H 管所需的工作电压是不同的，灯丝电压 VH 过高会导致 F-H 管被击穿（表现为控制栅（第一栅极）电压 VG1K 和拒斥电压 VG2A 的表头读数会失去稳定）. 因此灯丝电压 VH 一般不要高于出厂检验参考参数 0.2V 以上,以免击穿 F-H 管,损坏仪器.

（3）旋转第二栅极电压 V_{G2K} 调节旋钮,测定 $I_A - V_{G2K}$ 曲线. 使栅极电压 V_{G2K} 逐渐缓慢增加(太快电流稳定时间将变长),每增加 0.5V 或 1V,待阳极电流表读数稳定(一般都可立即稳定,个别测量点需若干秒后稳定)后,记录相应的电压 V_{G2K}、阳极电流 I_A 的值(此时显示的数值至少可稳定 10 秒以上).

注意:因有微小电流通过阴极 K 而引起电流热效应,致使阴极发射电子数目逐步缓慢增加,从而使阳极电流 IA 缓慢增加. 在仪器上表现为:在某一恒定的 VG2K 下,随着时间的推移,阳极电流 IA 会缓慢增加,形成"飘"的现象. 虽然这一现象无法消除,但此效应非常微弱,只要实验时方法正确,就不会对数据处理结果产生太大的影响:即 VG2K 应从小至大依次逐渐增加,每增加 0.5V 或 1V 后读阳极电流表读数,不回读,不跨读.

以下两种操作方法是不可取的,应尽量避免:1)回调 VG2K 读阳极电流 IA. 因为电流热效应的存在,前后两次调至同一 VG2K 下相应的阳极电流 IA 可能是不同的. 2)大跨度调节 VG2K . 这时阳极电流表读数进入稳定状态所需的时间将大大增加,影响实验进度. 此时可将微电流倍增开关旋至"10-6"档,后再旋回至"10-9"档,可使电流稳定时间缩短.

（4）根据所取数据点,列表作图. 以第二栅极电压 V_{G2K} 为横坐标,阳极电流 I_A 为纵坐标,作出谱峰曲线. 读取电流峰值对应的电压值,用逐差法计算出氩原子的第一激发电位.

（5）实验完毕后,请勿长时间将 V_{G2K} 置于最大值,应将其旋转至较小值.

【数据处理】

1. 示波器测量

表 7-8-1　第一激发电位测量数据

序号	1	2	3	4	5	6	7	8
峰值格数								
V_{G2K}(V)								

2. 手动测量

表 7-8-2　手动数据记录

N	1	2	3	4	5	6	7	8	9	10	11	12	13
V_{G2K}													
I_A													
N	14	15	16	17	18	19	20	21	22	23	24	25	26
V_{G2K}													
I_A													
N	27	28	29	30	31	32	33	34	35	36	37	38	···
V_{G2K}													
I_A													

3. 利用逐差法计算氩原子的第一激发电位

$$\overline{V}_0 = \frac{1}{16}(V_5 - V_1 + V_6 - V_2 + V_7 - V_3 + V_8 - V_4) = \underline{\qquad}(V)$$

$$\Delta V_i = V_{i+1} - V_i$$

$$\sigma_{V_0} = \sqrt{\frac{\sum_{i=1}^{n}(\Delta V_i = \overline{V}_0)^2}{n-1}} = \underline{\qquad}(V)$$

标准形式：$V_0 = \overline{V}_0 \pm \sigma_{V_0}$ (V)

氩原子第一激发电位：_____.

【思考题】

(1) 为什么 I_P-U_a 呈周期性变化？

(2) 拒斥电压 U_r↑时，I_p 如何变化？

(3) 灯丝电压 U_f 改变时，弗兰克——赫兹管内什么参量发生变化？

7.9　光电管的特性研究

【实验目的】

(1) 研究光电管的光电流与其极间电压的关系；

(2) 研究光电流与光通量之间的关系，验证光电效应第一定律；

(3) 掌握光电管的一些主要特性，学会正确使用光电管.

【实验装置】

暗箱(装光电管及小灯)，光电效应实验仪(仪器内包括 24V/12 V 稳压电源、调节光电管电压的电位器、调小灯电流的可变电阻).

【实验原理】

金属和金属化合物在光的照射下有电子逸出的现象，称为光电效应，或称为光电发射. 产生光电发射的物体表面通常接电源的负极，所以又称为光电阴极，光电阴极往往并不由纯金属制成，而常用锑钯或银氧钯的复杂化合物制成，因为这些金属化合物阴极的电子逸出功远较纯金属小，这样就能在较小的光照下得到较大的光电流. 把光电阴极和另一个金属电极-阳极一起封装在抽成真空的玻璃壳里就成了光电管. 光电管在现代科学技术中，如自动控制、电影、电视，以及光信号测量等都有重要的应用，我们实验中所用的光电管结构和工作原理线路如图 7-9-1 及图 7-9-2 所示.

在图 7-9-2 中，阴极对于阳极有负电位，用适当频率的光照射于阴极时，阴极即发射出电子，这些电子称为光电子. 光电子在阴阳极间电场的作用下达到阳极，于是回路里就有了电流，在电流计上读数为 I，这个电流值与无光照射时的电流(称暗电流)值 I_g 之差 I_ϕ 称为光电流($I_\phi = I - I_g$). 每只光电管的暗电流在出厂说明书上都已标明，本实验使用的 GD-24 型光电管其暗电流 I_g 不大于 1×10^{-3}A，因而有 $I \approx I_\phi$，故可用电流 I 代替光电流 I_ϕ，实验过程中不要求测暗电流 I_g.

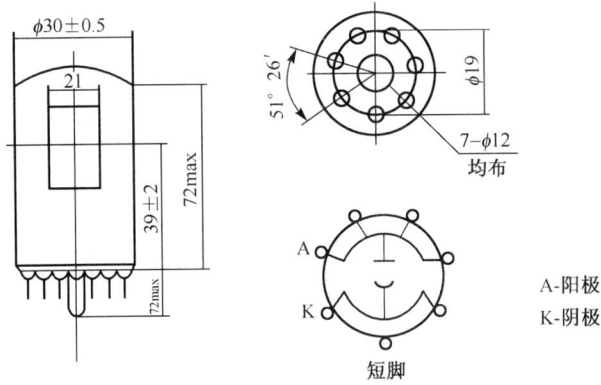

图 7-9-1   光电管的结构

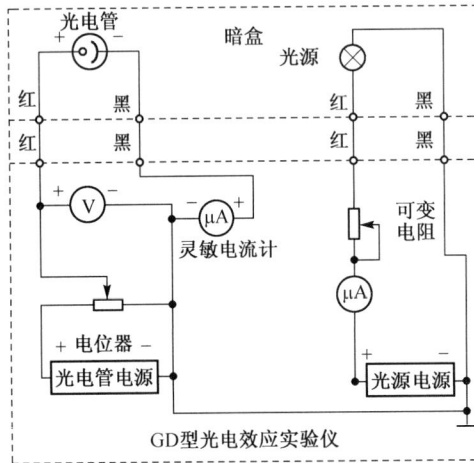

图 7-9-2   测试线路

光电流的大小是由光电管本身的性质(主要是阴极的性质)及外界条件(光的频率、强度和光电管极间电压大小)来决定的. 我们要使用光电管就必须了解光电流与上述这些条件的关系,以下就是光电管的一些特性,主要的有以下几种.

1. 伏安特性

当光照一定时(即阴极上所承受的各频率的光通量一定时),起初光电流是随着极间电压的增大而增大的(图 7-9-3, ab 段),但是当电压增加到某一值之后尽管继续增加极间电压,光电流却不在增加或增加很少,这时几乎所有光电子都参加了导电,这就是所谓的饱和现象(图 7-9-3, bc 段). 能使光电流饱和的最小极间电压称为饱和电压,此时的光电流称为饱和光电流 $I_{\phi 0}$. 当光通量增大时所需的饱和电压就高些,饱和光电流也大些,值得注意的是当极间电压等于零时,光电流并不等于零,这是因为电子从阴极逸出时还具有初动能的原因,只有加上

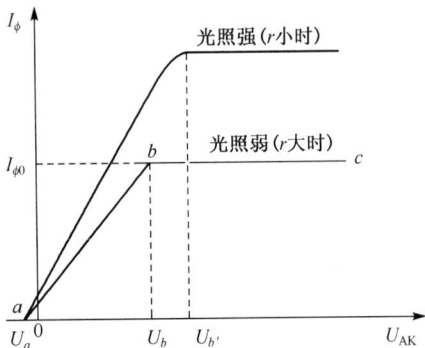

图 7-9-3   伏安特性曲线

适当的反向电压时,光电流才等于零,这一电压称为反向遏制电压 U_a.

2.光电特性

按照光电效应第一定律:当光源频率一定或光源频谱分布一定时,饱和光电流与光电阴极的光通量具有严格的正比关系,即

$$I_{\phi 0} \propto \phi$$

式中, ϕ 为光通量, $I_{\phi 0}$ 为饱和光电流.

我们实验中验证这一定律的方法如下:

强度为 E_0 的电光源,它在距离为 r、面积为 S 的阴极上的光通量(当 $r \gg$ 阴极线度时)为

$$\phi = \frac{E_0 S}{r^2}$$

可见,如果保持小灯电流不变,即 E_0 不变,而阴极面积 S 是固定的,那么 ϕ 就正比于 $\frac{1}{r^2}$,也就是饱和光电流 $I_{\phi 0}$ 正比于 $\frac{1}{r^2}$ 了.我们由实验求出 $I_{\phi 0}$ 与 $\frac{1}{r^2}$ 的一一对应关系,画出的关系曲线如果它是一根直线那就验证了光电效应第一定律.

【仪器简介】

GD-I 型光电效应实验仪是一组成套仪器,包括实验仪和暗箱两大部分.使用这套仪器可以进行光电效应的研究,测定光电管的伏安特性和光电特性.

暗箱内有光电管和小灯泡.关闭暗箱后,箱内即成为一个微型暗室,外界光线进不去,作为点光源的小灯泡装在活动支架上,并可在暗箱外调节其位置,以改变灯泡到光电管的距离.有了暗箱,实验即可在明亮房间内进行,给实验操作带来了方便.

实验仪包括两路完全独立的稳压电源和一个高灵敏度的检流计.实验仪面板如图 7-9-4 所示.当面向仪器面板时,左侧为 24V 稳压电源,并且内附电位器调压装置,在接线柱上可获得 0～24V 连续可变的电压,该电压由数字电压表显示.右侧为 12V 稳压电源,并且内附可变电阻电流调节装置,在接线柱上连接灯泡后可连续调节灯泡的发光度,电流值由数字电流表显示.推荐的灯泡电流值为 400～500mA.

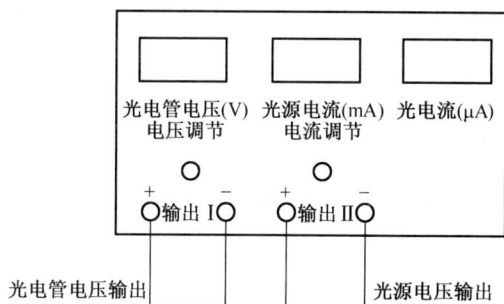

图 7-9-4　实验仪面板图

GD-I 型光电效应实验仪使用说明:如图 7-9-5 所示,用导线将实验仪和暗箱连接起来.实验仪上的红色接线柱为输出电压的正端,黑色为负端.暗箱上光电管的红色接线柱为光电管的阳极,黑色接线柱为光电管的阴极.暗箱下端有一抽板,上有标尺,作为光源用的小灯固定在

抽板上,抽板可抽出或推进,以改变光源与光电管之间的距离.实验仪上还有光电管的电压和光源电流调节旋钮,其电压和电流值由相应的数字表读出.

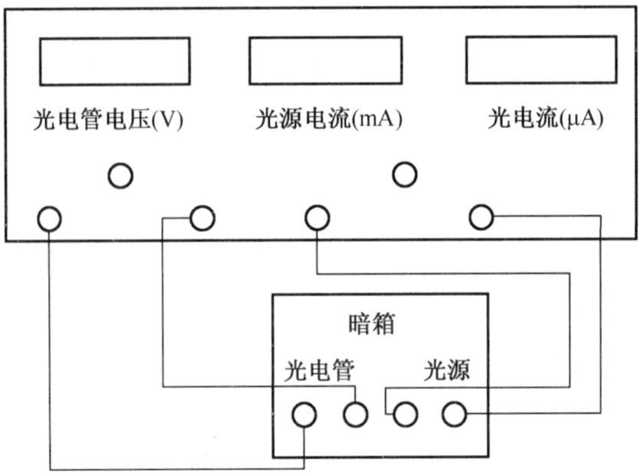

图 7-9-5 实验仪与暗箱连线示意图

【实验内容】

1.测光电管的伏安特性

(1)按图 7-9-2(或图 7-9-5)连接线路,调节可变电阻 R,使小灯电流为规定值(推荐的小灯电流值为 400~500mA),并且在实验过程中小灯电流要始终保持不变.

(2)使光源与光电管阴极间的距离为 r_1,极间电压由零开始逐渐升高,测出若干个电压下的光电流,并将测量数据填入表 7-9-1 中.

(3)将光电管接线的极性对调,即在光电管两极加上反向电压,测定反向截至电压 U_a.

(4)使光源与光电管阴极间的距离变为 r_2,重复以上(1)~(3)步骤,并将测量数据填入表 7-9-2.然后,绘制两条伏安特性曲线.

2.测光电管的光电特性

使极间电压 U_m 保持一定值,改变光源与阴极间的距离 r,测出若干个距离下的饱和光电流 $I_{\phi 0}$,并将测量数据填入表 7-9-3 中.最后以 $\frac{1}{r^2}$ 为横坐标,$I_{\phi 0}$ 为纵坐标,画出光电特性曲线.

【实验数据和结果处理】

(1)将测伏安特性曲线所得数据填入表 7-9-1 和表 7-9-2 中.

表 7-9-1

小灯电流=___mA 距离 r_1=10cm											
U/V											
$I_\phi/\mu A$											

表 7-9-2

小灯电流=___mA 距离 r_2=10cm											
U/V											
$I_\phi/\mu A$											

在同一坐标纸上以 I_ϕ 为纵坐标, U 为横坐标, 画出光电管的两条伏安特性曲线.

（2）将测光电特性曲线所得数据填入表 7-9-3 中.

表 7-9-3

	小灯电流=___mA　　极间电压 U_m=___V									
r/cm										
$I_{\phi 0}/\mu\text{A}$										

在坐标纸上以 $\dfrac{1}{r^2}$ 为横坐标, $I_{\phi 0}$ 为纵坐标, 画出光电管的光电特性曲线.

【注意事项】

（1）灯泡电流的稳压与否对实验结果影响很大, 必须做到接触良好. 当发现光电流不稳定时, 应首先检查灯泡插座及接线是否良好.

（2）当输出 I 与光电管反向连接时（阳极接负电压, 阴极接正电压）, 电流表指示的电流是光电管阴极至阳极的电流, 因而实际的电流与指示的电流极性正好相反. 测量时一定要注意.

【预习思考题】

（1）阅读理论教材中有关光电效应的内容, 了解光电效应的有关定律.

（2）理解每一实验步骤的意义.

（3）如何解释饱和光电现象？为什么存在遏制电压？

【讨论问题】

（1）试讨论光电管伏安特性曲线形成的原因, 了解这种特性有何意义？

（2）光电流与光通量有直线关系的前提是什么？掌握光电特性有什么意义？

（3）做本实验时, 如果光源小灯与光电管靠得太近, 误差就比较大, 为什么？

7.10　激光全息照相

普通的照相技术, 是反映从物体表面反射（或漫射）来的光或物体本身发出的光, 经过物镜成像, 将光强度记录在感光底片上, 再在照相纸上显示出物体的平面像.

而全息照相技术不仅要在感光底片上记录下物光的光强分布, 而且还要把物光的相位也记录下来, 也就是把物体的全部信息（振幅与相位）记录下来, 然后经过一定的手续"再现"出物体的立体图像. 我们把这种既记录振幅又记录相位的照相称为全息照相.

光学全息照相是 20 世纪 60 年代发展起来的一门新技术, 它在精密测量、无损检验、信息存储和处理等方面有着广泛的应用. 全息照相的基本原理是以波的干涉和衍射为基础, 它对其他波动过程, 如红外、微波、X 射线及声波等也适用. 因此有相应的红外全息、微波全息、超声全息等, 使全息技术发展成为科学技术上的一个新领域.

本实验将通过对静态光学全息照片的拍摄和再现观察, 了解光学全息照相的基本原理、主要特点和操作要领.

【实验目的】

（1）了解全息照相的基本原理和实验装置；

（2）初步掌握全息照相的有关技术和再现观察方法；

（3）了解全息技术的主要特点．

【实验原理和仪器描述】

1. 光波的信息

任何物体表面上所发出的光波，可以看成是其表面上各物点所发出元光波的总和，其表达式为

$$y = \sum_{i=1}^{n} A_i \cos\left(\omega t + \varphi_i - \frac{2\pi x_i}{\lambda}\right) = A\cos\left(\omega t + \varphi - \frac{2\pi x}{\lambda}\right)$$

其中振幅 A 与相位 $\omega t + \varphi - \dfrac{2\pi x}{\lambda}$ 是此光波的两个主要特征，又称为波的信息．当实验中用单色光作光源时，相位信息中反映光的颜色特征的 ω（或 λ）可不予讨论．在一般的非全息照相中，因感光乳胶的频率响应跟不上光波的频率（$10^{14}\,\mathrm{Hz}$ 以上），其感光的程度只与总曝光量有关，即只与光强有关，因而感光乳胶上所记录的信息只反映光波的振幅分布．也就是被摄物表面上各点光波振幅的信息分布，而不反映相位的信息．因此，也不能反映被摄物表面凸凹及远近的情况，故无立体感．而全息照相在记录物光波的振幅信息的同时，也记录了相位的信息，因而它具有立体感．

2. 全息照相的记录原理

全息照相是根据光的干涉原理进行的，它首先由伦敦大学的丹尼斯·伽柏（D. Gabor）在 1948 年提出．由于当时没有理想的强相干光源，因此没有实现．直到 1960 年激光问世以后，这种不用透镜成像的三维照相技术才能成为现实．

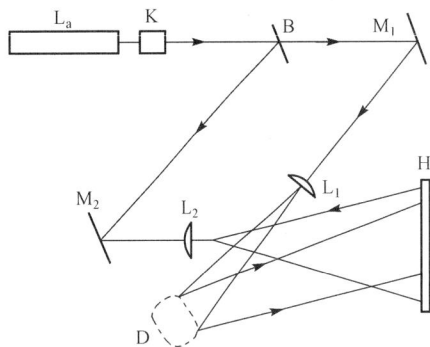

图 7-10-1　拍摄全息照片的光路

根据光的干涉理论分析，干涉图像明暗条纹之间的亮度差异（反差），主要取决于参与干涉的两束光波的强度（振幅的平方），而干涉条纹的疏密程度则取决于这两束光的相位差（或光程差）．全息照相就是根据干涉原理，以干涉条纹的形式记录物光波的全部信息．拍摄全息照片的光路如图 7-10-1 所示．激光束经过分光板后分成两束光，一束光经 M_1 反射后，再经透镜 L_1 扩束后均匀地照射在被摄物 D 的表面上，并使被摄物表面漫射的光波（物波）能射到感光板 H 上．另一束光（参考光）经反射镜 M_2 和扩束镜 L_2 后，直接照射到感光板 H 上．当参考光和物光在感光板 H 上相遇时，叠加形成的干涉条纹被 H 记录下来．

由光路图可知，到达全息感光板 H 上的参考光波的振幅和相位是由光路决定的，与被摄物无关，而射至 H 上的物光波的振幅和相位，却与物体表面各点的分布和漫射状况有关．从不同物点来的物光的光程（相位）不同，因而参考光和物光干涉的结果与被摄物的形象有对应关系．一个物点的物光形成一组干涉条纹，它与其他物点对应的干涉条纹的疏密、走向和反差等分布均不相同．由这些干涉图像叠加在一起，就形成了通常所称谓的全息图．

3. 全息照相的再现

全息干板上记录的全息图不是被摄物的直观形象,而是一些复杂的干涉条纹,故观察时必须采用一定的再现手段. 再现观察时的光路如图 7-10-2 所示,用一束被扩束了的激光(称为再现光)从特定方向照射向全息照片,对于再现光束来说,全息照片相当于一块透射率不均匀的障碍物,再现光通过时会发生衍射. 由全息图的构成知道,被摄物的全息图是许多组干涉条纹的集合,每一组干涉条纹好比一幅复杂的光栅,其衍射情况与光栅衍射类似.

4. 全息照片的特点

全息照相与普通照相不同,其主要特点如下:

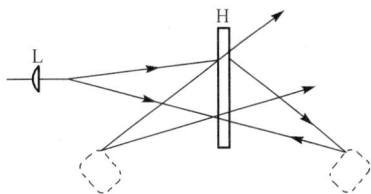

图 7-10-2　全息照片的再现观察

(1) 由于全息照相记录了物体光波的全部信息,所以再现出来的物体的像和原来的物体一模一样,它是一个十分逼真的立体图像. 这种立体像还具有一些普通立体照片所没有的极为有趣的特点,即它和观察实物时完全一样,具有相同的视觉效应. 例如,从某一方面观察时,一物被另一物遮住,但只需把头偏移一下,就可绕过原来的障碍物,看到原来被遮住的部分. 当观察者把视线从景物中的近景移到远景时,眼睛必须重新调焦,这和直接观察景物时完全一样.

(2) 全息照片的每一部分不论有多大,总能再现出原来物体的完整图像,就是说,可以把全息照片分成若干小块,每一块都可以再现原物的像,只是当全息片缩小后,像的分辨率减小了. 全息照相的这一特点,是由于照片上的每一部分都受到被摄物上各点的反射光的作用,所以全息照片即使有缺损,也不会使再现像失真.

(3) 同一张全息干板可进行多次曝光记录,一般在每次拍摄前稍微改变全息干板的方位,或改变参考光束的方向,或改变物体在空间的位置,就可在同一张感光板上重叠记录,并能互不干扰地再现各个不同的图像. 若物体在外力作用下产生微小的位移或形变,并在变化前后重复曝光,则再现时物光波形成反映物体形态变化特征的干涉条纹,这就是全息干涉计量的基础.

(4) 全息照片的再现像可放大或缩小. 用不同波长的激光照射全息照片,由于与拍摄所用激光的波长不同. 再现像就会发生放大或缩小.

(5) 全息照片易于复制,如用接触法复制新的全息照片,将使原来透明部分变成不透明,原来不透明部分变为透明. 用这张复制照片再现出来的像. 仍然和原来全息照片的像完全一样.

5. 仪器

要想获得一张较好的全息图,除要求有较好的相干光源外,还需要有分辨率高的感光材料、机械稳定性良好的光学元件装置和抗震性好的工作台,现分述如下.

1) 光源

拍摄全息照片必须用良好的相干光源,氦氖激光是比较理想的相干光源. 它的相干长度较大,单色性也好. 一般用小型氦氖激光器(1~3mW)来拍摄较小的漫射物,就可获得较好的全息图. 激光功率越大,曝光时间可相应缩短,减少干扰. 此外,氩离子激光器、红宝石激光器等也常用作全息照相的光源.

2）感光器

记录介质记录全息图应当采用性能良好的感光材料(主要指分辨率、灵敏度和其他感光特性).理论指出,全息干涉条纹的间距取决于物光和参考光的夹角 θ (图 7-10-3).其关系为 $\bar{\Delta} = \dfrac{\lambda}{2\sin\dfrac{\theta}{2}}$,$\bar{\Delta}$ 为干涉条纹的平均间距,一般用它的倒数表示,即

$$\eta = \frac{1}{\bar{\Delta}} = \frac{2\sin\dfrac{\theta}{2}}{\lambda}$$

式中,η 称为条纹的空间频率或感光材料的分辨率,它表示 1mm 中的干涉条纹条数.一般全息干板要求 $\eta > 1000$ 条/毫米(普通照相的感光胶片 η 约为 100 条/毫米).

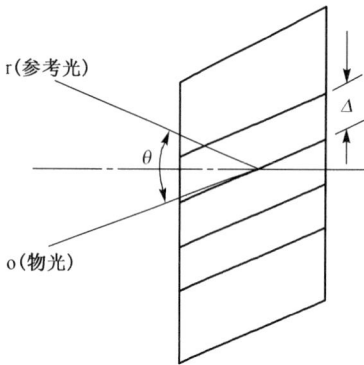

图 7-10-3　$\bar{\Delta}$ 与 θ 示意图

曝光后的干板,其显影和定影等化学处理过程与普通感光胶片的处理相同,显影液和定影液由实验室制备.我们所用的全息干板对红光敏感,处理时要在暗绿色安全灯下操作.

除以上乳胶感光材料外,还有铌酸锂、铌酸锶钡晶体、光导热塑薄膜等也可作为全息照相的记录介质.

3）光路系统

选择合理的光路是获得优质全息图的关键之一,在安排光路时应考虑:

（1）尽量减少物光和参考光的光程差,一般使光程差控制在几厘米之内.

（2）参考光与物光的光强比 I_r/I_o 一般取1:1～10:1,为此要选配反射率合适的分光板和衰减片以满足此要求.

（3）投射到感光板上的参考光和物光的夹角 θ,一般选取范围为 $45° \sim 90°$.

（4）为减少光能的损失和干扰,选用的光学元件数应越少越好.

（5）需特别注意将光学元件(包括感光干板)装夹牢固,因为光路中各光学元件之间的任何微小移动或震动,对产生干涉的影响很大,甚至会破坏全息图,使拍摄失败.

4）全息实验台

拍摄全息照片除了要保证光学系统中各元件有良好的机构稳定性外,用一个防震系统来保证所需要的光学稳定性是绝对必要的.全息实验台一般都是在它的厚重的台面下垫以各种减震装置,如泡沫塑料、沙箱、气囊、减震器等,以隔绝地面的震动.

为了获得较好的防震效果,实验室一般设在底层并离震源较远处.为了检验实验台的防震效果,可在它的台面上布置迈克耳孙干涉光路,如果在所需的曝光时间内,干涉条纹稳定不动,表明防震效果良好.

【实验内容】

1.拍摄静物的全息照片

按图 7-10-1 所示的光路布置好光学元件,拍摄不透明静物的全息照片.拍摄时应按下列程序检查实验的准备工作:

(1) 被摄物及全息感光板是否被均匀照明.

(2) 物光和参考光的光程差是否控制在几厘米以内.

(3) 物光和参考光能否均匀地照射在感光板上.

(4) 各光学元件装夹得是否牢固.

(5) 有无杂散光干扰.

(6) 曝光时间选择是否合适.

拍摄的具体参数由实验室提供. 放置感光板时需用遮光板遮掉激光,并注意感光乳胶面是否对向激光束. 曝光后的感光板经显影、定影、漂白等处理后漂洗晾干,即成全息照片. 用图 7-10-2 所示的光路,可观察到再现虚像.

如果冲洗出来的全息片看不到再现像,最大的可能是曝光过程中有振动或位移. 如再现像中能看到载物台,但看不到被摄物,表明被摄物未固定好. 若曝光过度或显影过度,可将感光板漂白补救.

2. 观察全息照片的再现物像

首先判别处理后的全息片的哪一面为乳胶面,仔细观察其上所记录的干涉图样,然后照图 7-10-2所示的光路,将全息片 H 放到光束截面被放大的激光束中,注意乳胶面应面向再现光束,再现光束的扩束镜 L 的位置最好与拍摄时一致. 观察的角度由全息片的大小与被摄物的距离决定,观察再现虚像的位置和亮度,然后改变观察位置,从不同角度观察再现虚像,注意所观察的景物有何变化,是否有立体感. 最后总结观察的结果,比较全息照相与普通照相的异同.

【注意事项】

(1) 严禁用手触摸各光学元件的表面,要保持各光学元件的清洁,否则将损坏仪器,或使拍摄质量受影响. 各光学表面被玷污或有灰尘,应按实验室规定的办法处理,不可用手、手帕或纸片擦拭.

(2) 曝光过程中切勿触及实验台,人员也不宜随意走动,不要对着光路呼吸,也不要大声谈话,以免引起空气的振动,影响全息图质量.

(3) 绝对不可用眼睛直视未经扩束的激光束,以免造成视网膜的永久损伤(经透镜扩束后的激光除外).

【预习思考题】

(1) 全息照相和普通照相有何不同? 全息照相的主要特点是什么?

(2) 拍好全息照相必须具备哪些条件?

(3) 为什么不能用普通照相的底片拍摄全息照片?

【讨论问题】

(1) 为什么要求物光和参考光的光程尽量相等?

(2) 为什么个别光学元件安置不牢靠将导致拍摄失败?

(3) 在观察全息照片的虚像时,你能否尝试用手去触及再现景物? 而你手的移近或远离再现景物时,你能否据此来判断像的位置、大小及深度?

7.11 照相技术

照相(又称摄影)是人们生活、工作、学习和科研中不可缺少的一种基本的实验技术,是光信息存储与提取的一种简便而又有效的方法.应用它,人们可以获取信息、处理与传递信息、记录与保存信息,因此,在工农业、国防、医学等领域中得到了广泛的应用.摄影也是反映现实生活,记录社会和自然现象的一种形象化手段,也是人们表达思想、情感的一种手段.摄影形象的真实、直观和可视等特点,成为人们在社会联系、交流思想和传播信息中的一种共同语言.作为工科院校的大学生——祖国未来的高级工程技术人才,掌握好摄影这门技术,对今后的工作和生活无疑有很大的帮助.

摄影技术也是一种艺术.一幅精美的照片就是一件艺术品,它给人以启迪、给人以美的感受.要制成一幅精美的照片,要涉及如下一些基本的技术步骤:

(1) 选择.当你决定用摄影来传递信息或表达情绪时,你就要进行选择,确定主题和基本的被摄物体.

(2) 构图与用光.决定如何安排被摄体的位置与照明,以便最好地再现你头脑中所预见的情景.

(3) 照相机的基本控制.操作孔径(光圈)、快门速度和测距(调焦).

(4) 曝光.在最恰当的瞬间启动快门,使胶片曝光.

(5) 显影与定影.应充分表达被摄体的影调和质感,制成上乘的底片.

(6) 印制和放大.由底片通过印制或放大,得到一幅精美的照片.

实验一 黑白照相技术

【实验目的】

(1) 掌握照相原理和技术;

(2) 了解照相技术的全过程.

【实验装置】

照相机,胶卷,放大机,印相机,相纸,显影和定影液,上光机,显影和定影用具等.

【实验原理】

1. 照相机及其附件

照相机是摄影最主要的工具,一个半世纪以来,它取得了很大的发展.从早期的单纯光机产品发展为集光学、机械、电子、传感与计算技术于一体的高科技产品.近年来,又出现了新型的数字照相机,它的图像既可以用显示器或电视机显示,又可以进行编辑和通过网络传输.为了区别,我们暂且将除数字相机以外的照相机称为成像照相机,这类相机的种类繁多,但其中的基本原理和基本组成部分大致相同.这里,我们以用途广、成像质量高、适于艺术创作的单镜头反光照相机为例,介绍照相机的基本组成部分及其作用.

图 7-11-1 单镜头反光照相机

单镜头反光照相机的外形如图 7-11-1 所示,它包含镜头、快门、机身、输片装置、取景器、测距器、闪光连动装置以及其他控制装置.

1)镜头

镜头是照相机最重要的组成部分,其作用是把被摄的景物成像于感光胶片上. 镜头的主要部分是透镜. 为了减小像差,满足成像质量的要求,镜头常由多个透镜组合而成,其中正负透镜总的作用效果可用一个会聚透镜等效.

镜头的基本性能指标是焦距 f 和孔径. 一般标在镜头的前端或边缘,如"1∶1.7mm,50mm". 它表示该镜头的焦距 $f=50$mm,相对孔径(镜头的孔径与其焦距之比)为 1.7 分之一.

焦距表达镜头的聚光能力,焦距愈小,镜头的聚光能力愈强. 焦距的长短也影响景深(即在胶片上成清晰像所对应的距相机最近与最远的景物之间的距离)和视场(即最大可拍摄范围)的大小. 焦距越小景深和视场越大. 常见镜头的焦距有 16mm,18mm,28mm,30mm,35mm,50mm,90mm,105mm,135mm 等. 焦距小于 18mm 的镜头称为鱼眼镜头;焦距为 18~30mm 的镜头属广角镜头;使用 35mm 电影胶片、$f=50$mm 的镜头称为标准镜头;$f=60~105$mm 的镜头称为中焦镜头;$f>105$mm 的为长焦(即摄远)镜头. $f=5~135$mm 的镜头最适合肖像摄影.

相对孔径决定相面的照度(光强)和景深,一般是相对孔径大,则相的照度大,但景深小;相对孔径小则相反.

在镜头的透镜之间有一个常由六片薄铜片组成的六边形通光孔,俗称为光圈. 通过改变光圈的大小来控制光通量的大小. 为简单起见,将光圈视为圆孔. 若直径为 D,则 D/f 称为镜头的相对孔径,其倒数称为光圈或 F 数,即 $F=f/D$. 显然,F 数愈大,通光孔径愈小,光通量也愈小. 镜头的 F 数标在镜筒上,常为 1.6,2,2.8,4,5.6,8,11,16,22 等. 光圈数每增大一挡,光通量减小一半.

2)快门

在照相机上控制胶片曝光时间的装置称为快门. 快门开启的时间以秒为单位计算,有慢至 16s,快至 1/200s 等多级自动控制. 照相机制造越精密,快门装置也越完备,快门级数也就越多,也就越能适应各种拍摄情况的需要. 快门速度一般标刻在镜筒上. 例如标记为 B,1,2,4,15,30,60,125,500,1000,2000 等. 标记值"250"表示该档所对应的曝光时间为 1/250s,上列数值一般称为快门速度. B 门为慢门,它是在按动快门钮时开,抬手就关,实现人为控制曝光时间. 有的相机还有"T"门. "T"门也是慢门,第一次按快门钮时开,第二次按快门钮时它才关,它适于长时间曝光使用.

一般除手动曝光外,还有光圈优先式自动曝光、快门速度优先式自动曝光和程序式自动曝光功能.

3)取景器

在相机上用来选取景物时调整构图、选择画面大小的装置称为取景器. 取景器的视场与镜头的视场一致或略小一些.

4)测距(调焦)装置

在拍摄不同距离的景物时,为了在胶片上得到各种景物的清晰影像,必须调整和标识镜头至被摄物之间的距离. 照相机上的这种装置称为测距(调焦)装置. 除了在照相机的镜筒上刻有距离标尺 0.4,1,2,3,4,∞外,还可采取各种测距. 例如,若某相机采用光测截影式测距器,则可在取景器视场中央一个小圆形区域内看到一横线将景物分成上下两部分. 当上下两部分景物完全吻合而不错开时,表明调焦准确;否则,需仔细转动镜筒使其完全吻合.

5)机身和卷片装置

机身是照相机的躯体,外壳起暗箱的作用.机身的后壁是放置感光片的部位.传递感光片的部件称为卷片装置.我们只要转动轴钮,便可以将感光片一张一张地顺序卷过去,实现分幅拍摄.同时还有转动的记数装置,供人们随时观察已拍张数.

照相机上还有不少别的控制器,如自拍机、闪光连动装置、电子测距器、遥控拍摄装置等.

6)照相机的附件

照相机的附件很多,主要的有辅助镜头、遮光罩、三脚架、快门线、近拍镜、倍率镜、偏光镜、各种滤光镜、特殊效果装置(如多棱镜、柔焦镜)等.

2.感光材料

感光材料包括感光片和相纸.前者用作照相底片,后者用于印相和放大,制成正片.它们共同之处是在载体上涂有感光乳胶和保护层等.感光材料之所以能对光敏感(感光)是由于感光乳胶中含有感光物质卤化银,卤化银经光的作用,将外界景物变为影像,聚积在感光材料上,形成潜影.经过曝光留有潜影的感光材料在显影液的作用下,曝过光的卤化银颗粒膨胀变大,并被还原成金属银,使人眼可见.感光多,还原出来的银粒就多;感光少,还原出来的银粒就少;未感光的就没有银粒还原出来.再经过定影和水洗将未感光的银盐洗去,就形成了清晰可见并能长期保存的影像.

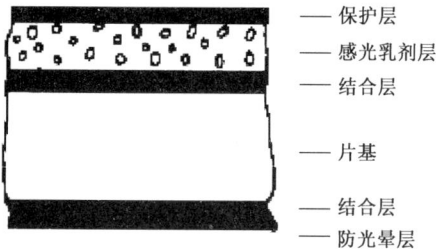

图 7-11-2　黑白感光片的结构

感光材料根据对色光敏感程度的不同,分为黑白和彩色两大类.

黑白感光片的组成结构如图 7-11-2 所示.随载体片基的不同,感光片分为干板和感光胶片两类.照相机用的感光片常制成卷片,故称为胶卷.用得最多的是 135 型,是 35mm 小型相机的专用胶卷,画面尺寸为$(24 \times 36)mm^2$或$(24 \times 4)mm^2$.

感光片的第一个性能指标是感色性.由于不同的黑白感光片加入不同的感光物质,因此它们对各种色光的响应,即"感色性"是不同的.按"感色性"的大小,人们又将黑白片分为色盲片、全色片、分色片、红外片、X 射线片等.色盲片对色光的敏感范围窄,但银粒很细,成像纹影清晰,故常用于文献翻拍和幻灯片的制作.全色片适用于风光摄影.

感光片的第二个性能指标是感光度.它是表征感光片感光速度高低的物理量.各国对感光度的标准和单位都不一致.我国感光标准用 GB 表示;德国用定制(DIN)表示,与我国的相当;美国为 ASA 制;俄罗斯用高斯特(TOCT)等.现在通用 ISO 标准,它与 ASA 一致.几种重要的感光标准如表 7-11-1 所示.

表 7-11-1　感光度标准

GB	15	18	21	24	27	30
定(DIN)	15	18	21	24	27	30
ASA	25	50	100	200	400	800
TOCT	22	45	90	180	350	600

注意:感光度每相差一级,感光量就相差一倍.例如,GB24 胶卷的感光速度比 GB21 的快一倍.

黑白感光片性能指标之三是宽容度.宽容度就是感光片在感光上的可伸缩性.当拍摄时曝光量控制不准,出现或多或少的情况,但只要不超出该感光片规定的范围,景物的各种层次仍能充分表现出来.

注意:感光度愈高的胶片,宽容度也愈大.

黑白感光片的另一个重要性能指标是反差.反差就是像的黑白色调的对比差数.通俗地说,黑白对比分明就是反差强,反之则弱.

银粒的粗细也显著地影响照片的质量.若银粒粗,景物的细部就很难清晰地记录下来.国产相纸无论是印相纸还是放大纸,都按反差的大小分为 1 号、2 号、3 号和 4 号.1 号反差弱,层次丰富,对景物的强光部分影纹表现力强;2 号为中性,反差适中;3 号和 4 号是反差强的所谓硬性纸,这种纸影调明朗,对景物阴暗部分的层次有较强的表现力.

印相纸和放大纸的主要区别在于感光物质不同,因此感光度不同.印相纸用 $AgCl$ 乳剂制成,感光速度慢;放大纸用 $AgBr$ 乳剂制成,感光速度较快;若用 $AgCl$ 和 $AgBr$ 混合乳剂制成,则感光速度介于二者之间,既可作印相纸用,又可作放大纸用.

3.显影液和定影液

显影液的配方很多,要印好一张照片,选好显影液是很重要的.冲洗相纸的显影液只能用 D-72 显影液,在 20℃ 的温度下显影时间为 2～3min,其配方见表 4-29-2;冲洗胶卷的显影液本实验用 D-76 显影液,在温度为 20℃ 的条件下显影时间为 16～20min,其配方见表 7-11-2.

表 7-11-2　显影液

配料名称	D-72 显影液	D-76 显影液
温水(52℃)	750mL	750mL
米吐尔(对甲氨基酚硫酸盐)	3.1g	2g
无水亚硫酸钠	45g	100g
几奴尼(对苯二酚)	12g	5g
无水碳酸钠	67.5g	—
溴化钾	1.9g	—
硼砂	—	2g
加冷水至	1000g	1000g

定影液应用较多的是 F-5 酸性坚膜定影液,它既适用于感光片又适用于感光纸,在 20℃ 温度下定影时间不少于 15min,其配方由表 7-11-3 给出,本实验就采用这种配方.

表 7-11-3　F-5 定影液

温水(52℃)	750mL
结晶硫代硫酸钠	240g
无水亚硫酸钠	15g
醋酸(28%)	48mL
硼酸(晶体)	7.5g
硫酸铝钾(铝钾矾)	15g
加冷水至	1000mL

【实验内容】

1. 摄影

确定主题,选择被摄物:取景构图应以突出主题为出发点,兼顾画面的明快与简洁.根据照明条件和景深适当选取光圈和快门速度.

调焦:在对突出主题最有利的瞬间启动快门曝光.

2. 冲洗胶卷

在全黑的条件下取出胶卷,水洗使乳胶浸水发胀,放入显影液显影,过一半显影时间后方可打开安全绿灯,观察显影情况,若不够再继续显影,直至图像影调适合为止.在清水中洗掉显影液,或者在停显液中漂洗之后再定影和水洗,最后用冷风吹干.

3. 印相或放大

印相:根据底片的密度与反差、被摄景物主体与景物影纹选取适当的印相纸.印相过程包括曝光、显影、定影、水洗、干燥上光等步骤.

放大:在掌握放大机的原理、结构和用法后,才能进行操作,应尽量做到调焦准确、曝光量正确、显影适当、定影充分.

【数据处理】

摄影时应记录:相机牌号、胶卷牌号和规格、感光度、拍摄时间(年、月、日、时)、天气和照明条件、光圈系数、快门速度等.

冲洗胶卷时应记录:室温、显影液、显影时间、停显液、定影液、定影时间.

放大印相时应记录:放大机、负片、放大纸号、光圈、曝光时间以及显影定影应记的数据.

【注意事项】

(1) 使用照相机之前,应掌握各部件的功能和操作方法.注意保护镜头,不得溅水受潮,不得用手、布或纸张擦拭镜头.

(2) 要严格遵守暗室操作规程.

【思考题】

(1) 如何确定和控制曝光量?

(2) 印好一张照片的关键是什么?

(3) 照相、显影、定影的原理是什么?

实验二　彩色照相技术

彩色照相指使用彩色胶片摄影、冲洗得到彩影负(底)片,再用彩色相纸加工成美丽的彩色照片的全过程.彩色照相能够较为真实地记录自然界各种景物的丰富色彩,得到非常逼真而美丽的相片.因此应用非常广泛,且受到人们普遍喜爱.经济的发展和彩色片性能的提高,使得彩色摄影逐渐取代了黑白摄影的地位.懂得了黑白摄影,学习彩色摄影并不是一件很难的事,因为两者在许多方面的操作及其要求是类似的.彩色摄影与黑白摄影由于记录影像的性质不同,存在各自的特性,本实验就彩色照相的全过程从实际运用的角度作简要的介绍.

【实验目的】

(1) 了解光与物体的颜色及光的三原色原理等基本知识;

(2) 学会制作彩色照片.

【实验装置】

照相机,胶卷,彩色放大机,安全灯,相纸,显影和定影液,上光机,显影和定影用具等.

【实验原理】

1. 光与物体的颜色

"色"是人对射入眼的电磁波(光波)的一种感光. 不同波长的光波使人产生不同的感觉——色感. 人们将不同波长的光称为不同颜色的光. 如波长为 $500\sim565nm$ 的光称为绿光;波长为 $620\sim760nm$ 的光称为红光等. 波长在 $390\sim760nm$ 范围的光波都能引起人的光感,称为可见光. 人们将可见光粗略地分为红、橙、黄、绿、青、蓝、紫七种色光. 彩色是人们对各种颜色的统称.

众所周知,我们把三种独立的颜色如红、绿、蓝,按不同的比例组合起来就可以得到各种各样的颜色,这三种独立的颜色称为三原色. 例如,红色光、绿色光、蓝色光按等量相加后就产生白色光. 从光学上来说,任何两种光相加后,如能产生白色光,这两种光就互为补色光. 实验证明,红色光与青色光互为补色光,绿色光与品红色光互为补色光,蓝色光与黄色光互为补色光. 如果我们从白光中分别减去红、绿、蓝三种颜色,就可得到青、品红和黄三种颜色. 彩色感光片和相纸就是根据上述三原色原理制成的.

我们之所以能看见自然界中各种颜色的物体,是由于来自于各种物体的色光射入了我们的眼睛. 不同的物体对各种色光或者有不同的发射能力,或者有不同的吸收本领,或者有互异的反射本领,或者兼而有之. 例如,某物体强烈地反射红光,我们看到它是红色的;若强烈地吸收红光,在白光照射下,我们看到它显青色;若辐射绿光的能力最强,我们看到它是绿色的;He-Ne 激光光源发射波长为 632.8nm 的光,因此看起来是红色的.

任何物体在任何温度都能辐射电磁波,其辐射能量按波长有一定的分布. 随着温度的升高,能量向短波长方向移动. 当温度达到一定值时,辐射的主要能量在可见光波段. 温度变化,峰值波长即颜色亦跟着发生变化. 颜色与温度存在对应关系. 于是,在照相技术上,将温度称为色温. 例如,万次闪光灯的色温是 $5300\sim6000K$,摄影用钨丝灯的色温是 3200K,60W 电灯光的色温是 2500K. 自然光的色温随时间和气候而变化. 例如,日出两小时的阳光,色温为 400K;中午直射阳光为 $5000\sim5300K$;有薄云的蓝天,色温是 13000K 等.

2. 彩色感光片

彩色感光片的基本结构可概括为"感光层"、"辅助层"和"片基"三大部分,如图 7-11-3 所示. 彩色感光片的感光层是由"感蓝层"、"感绿层"、"感红层"三层感色性能不同的感光乳剂依次涂在同一片基上叠合而成. 感蓝层只对被摄物体反射光中的蓝光起敏感反应,感蓝层带有黄色成色剂,曝光、冲洗

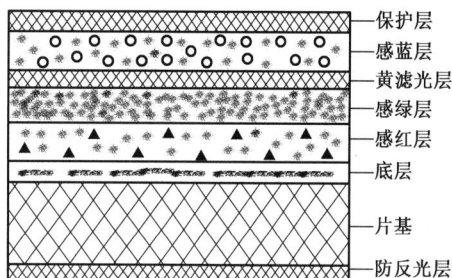

图 7-11-3　彩色感光片

后感蓝层形成黄色的单色染料影像.曝光多的部位,黄色影像密度大,反之密度就小,没有曝光的部位就没有黄色影像.感绿层和感红层与感蓝层同理,分别形成品红和青色的单色染料影像.感蓝层、感绿层、感红层所形成的黄、品红、青这三种单色染料影像,其不同密度叠合后,便能产生各种色彩的效果.辅助层包括保护层、防光晕层和阻止蓝光到达感绿层和感红层的黄滤光层.片基背为防光晕层.

彩色感光片按拍摄条件可分为日光型、灯光型和日光灯光通用型三种.日光型适合光线的色温为 5400K,灯光型适合的色温是 3200K.若照明条件与感光片色温不合,需用各种彩色滤色镜,如色温转换滤色镜和校正色温滤色镜等.

3.彩色底片(负片)的冲洗

有些冲洗工艺在数种负片之间可以互相代用,但有些则不能.为方便彩色片的使用者和商业性大规模作业的需要,彩色负片的生产和冲洗工艺已经趋向一致.例如,20 世纪 70 年代流行的彩色负片的升级换代产品和 80 年代初美国柯达公司首先推出的"柯达万利三型"彩色负片都推荐 C-41 工艺冲洗.尽管不少彩色负片有各自的冲洗工艺,但都是通过显影、漂白、定影(有的冲洗工艺把漂白和定影合二为一为漂定)这三种程序.

1)彩色显影

已拍摄曝光的彩色负片,在感蓝层、感绿层、感红层分别形成了相应的潜影.这些潜影在彩色显影液中被还原成黑色金属银并分别产生相应的黄色、品红、青色染料影像.这些染料产生的多少、有无,与拍摄曝光产生潜影的多少、有无以及彩色显影情况(温度、时间、药液成分)直接相关.

2)漂白

彩色显影后的彩色负片上,同时存在染料影像、黑色金属影像以及在没有感光的部位存在的卤化银.漂白液冲洗是为了把彩色负片上的黑色金属银影像漂除.在漂白液冲洗时,彩色负片上的黑色金属银影像转化为一种能与定影液起反应并在定影液中溶解掉的银盐.彩色负片中的黄色滤光层也在漂白液中被溶解掉.

3)定影

定影液冲洗就是把未经曝光的卤化银溶解在定影液中,并溶解掉经漂白后生成的那种银盐.定影后的彩色负片仅留下黄、品、青的染料影像.我们看到的彩色负片就是在此基础上再蒙上一层橙色的"马赛克",经过这样的冲洗后,原景物的色彩在负片上记录的是相应的互补色影像.

冲洗彩色负片除了包括显影、漂白、定影外,还应包括水洗以进一步提高染料影像的稳定性.

4.彩色照片的冲洗

本实验采用的冲洗照片的药剂为广东摄影化学材料厂研制的 No.1 彩色冲洗套药.其粉剂套药包括彩显剂和漂定剂,按照所附说明配制成一定容量的药剂即可使用.整个冲洗过程分为显影、水洗、漂定、水洗、干燥五个步骤.彩色照片的冲洗对温度和时间的要求十分严格,具体要求列在表 7-11-4 中.

表 7-11-4　彩色相片的冲洗工艺

工序	药液	温度/℃	时间/s
1	显影	32.8	210
2	水洗	32.8	30
3	漂定	32.8	210
4	水洗	32.8	180
5	干燥	低于 99	

冲洗彩色照片时要严格控制温度、时间、搅动的一致.每 1000mL 彩显液在不添加补充液时可冲洗 8×10 英寸彩色照片 7 张左右.

彩色放大操作与黑白放大操作的主要区别之一是前者需要校正偏色.几乎没有一张彩色负片在放大时是不需要校正偏色的,这是由于在拍摄时光源色温的变化、曝光情况、冲洗条件以及彩色相纸本身的偏色所决定的.按以上步骤冲洗一张彩色照片后,根据其偏色情况决定添加相应的滤色片.使用滤色片可依据以下两点:

(1) 照片偏什么颜色就加什么滤色片去消除.

(2) 偏色程度越大,加上滤色片的颜色密度也越大.

注意:彩色照片的印放需用自动控制的大型扩印设备.一般无法用手工制出高质量的彩色照片.

【实验内容】

1.摄影

彩色摄影与黑白摄影的操作是一样的,按我们在黑白照相中的要求拍摄出被摄物的最佳效果.

2.制作彩色照片

首先,把彩色相纸条经曝光、显影、水洗、漂定、水洗、干燥等步骤后确定照片的偏色情况.其次,根据照片的偏色情况确定相应的滤色片,把彩色相纸条再一次经以上制作步骤后,查看相纸条上的颜色是否正常,如仍不正常,调整滤色片直到正常为止.最后,把用于制作照片的彩色相纸重复以上步骤制成彩色照片.

【思考题】

(1) 如果用相机拍摄穿一身红色衣服的人,在所得的彩色负片上,人身上的衣服是什么颜色?

(2) 为什么在制作彩色照片时要添加滤色片?

(3) 制作好一张彩色照片要注意哪些问题?

7.12　硅光电池特性测试

【实验目的】

(1) 了解光电池的基本特性;

(2) 掌握光电池的开路电压和短路电流以及它们与入射光强度的关系,光电池的输出伏安特性等.

【实验装置】

硅光电池,数字万用表,电阻箱,滑线变阻器,光具座,卤钨灯,照度计,导线.

【实验原理】

1. 光电池的基本原理

半导体受到光的照射而产生电动势的现象,称为光生伏特效应.硅光电池是根据光生伏特效应的原理做成的半导体光电转换器件.

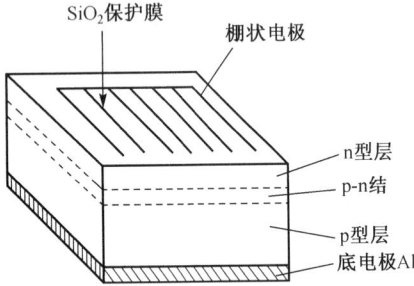

图 7-12-1　2DR 光电池结构

硅光电池的结构如图 7-12-1 所示.当光照射到 p 型层的外表面时,光可透过 p 区进入 n 区,照射到 pn 结.当光子的能量大于硅的禁带宽度时,光子能量便被硅晶格所吸收,价带电子受激跃迁到导带,形成自由电子,而价带则形成自由空穴,使得 pn 结两边产生电子-空穴对,凡是扩散到 pn 结部分形成内电场的电子-空穴对,都要受到内电场 E 的作用,电子被推向 n 区,空穴被推向 p 区,从而产生 p 为正 n 为负的电动势.若接入一负载,只要有光不断照射,电路中就有持续电流通过,从而实现了光电转换.

2. 光电池的基本特性

1) 光电池的开路电压与入射光强度的关系

光电池的开路电压是光电池在外电路断开时两端的电压,用 V_s 表示,亦即光电池的电动势.在无光照时,开路端电压为零.

光电池的开路电压不仅与光电池的材料有关,而且与入射光强度有关.在相同的光强照射下,不同材料制作的光电池的开路电压不同.理论上,开路电压的最大值等于材料禁带宽度的二分之一.例如,禁带宽度为 1.1eV 的硅光电池,开路电压为 0.5~0.6V,对于给定的光电池,其开路电压随入射光强度变化而变化.其规律是:光电池的开路电压与入射光强度的对数成正比,即开路电压随入射光强度增大而增大,但入射光强度越大,开路电压增大得越缓慢.

2) 光电池的短路电流与入射光强度的关系

光电池的短路电流就是它无负载时回路中的电流,用 I_s 表示.对于给定的光电池,其短路电流与入射光强度成正比.对此,我们是很容易理解的,因为入射光强度越大,光子越多,从而由光子激发的电子-空穴对也就越多,短路电流也就越大.

3) 在一定入射光强度下光电池的输出特性

当光电池两端连接负载而使电路闭合时,如果入射光强度一定,电路中的电流 I 和开路端电压 U 均随负载电阻的改变而改变,同时,光电池的内阻也随之变化.光电池的输出伏安特性如图 7-12-2 所示.

图中,I_s 为 $U=0$ 即短路时的电流,就是在该入射光强度下的光电池的短路电流.U_s 为 $I=0$ 即开路时的路端电压,就是光电池在该入射光强度下的开路电压,曲线上任一点对应的 I 和 U 的乘积(在图中则是一个矩形面积),就是光电池有相应负载电阻时的输出功率 P.曲线上有一点 M,

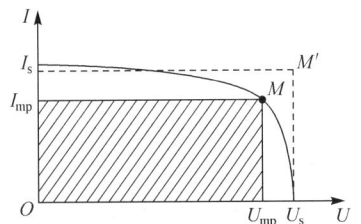

图 7-12-2　光电池的输出伏安特性

它对应的 I_{mp} 和 U_{mp} 的乘积(即图中画斜线的矩形面积)最大,即光电池的输出功率最大.注意到电压与电流的比值正是此时光电池的负载电阻值.可见,光电池仅在它的负载电阻值为 U_{mp}/I_{mp} 值时,才有最大输出功率.这个负载电阻值被称为最佳负载电阻.用 R_{mp} 表示.因此,通过研究光电池在一定入射光强度下的输出特性,可以找出它在该入射光强度下的最佳负载电阻.在该负载电阻时的工作状态为最佳状态,它的输出功率最大.

【实验内容】

1. 光电池基本常数的测定

1) 测定在一定入射光强度下硅光电池的开路电压 U_s 和短路电流 I_s

把照度计的探头固定在光学导轨上的光具座上,移动光具座,调节探头到光源的距离,直到照度计指示出适当的照度值(相当于某一入射光强)时,把照度数值及探头的位置记录下来.然后把硅光电池放在原来探头的位置,用高内阻毫伏表和毫安表分别测出硅光电池在该照度下的开路电压 U_s 和短路电流 I_s.

2) 测定硅光电池的开路电压和短路电流与入射光强度的关系

调节硅光电池在光学导轨上的位置来改变硅光电池的入射光强度,则硅光电池的开路电压和短路电流随之改变,分别用照度计、高内阻毫伏表、毫安表测出硅光电池一系列位置处相应入射光的照度 E_V、开路电压 U_s 和短路电流 I_s. 对于每个位置的测量步骤同(1).填入自拟表格,并用坐标纸画出 I_s-E_V 及 U_s-E_V 曲线.

2. 硅光电池工作在无偏压状态,在一定入射光强度下,研究硅光电池的输出特性

保持某个适当的入射光强度不变,即把硅光电池固定在光学导轨的某个适当位置不动.测量硅光电池的入射光的照度、开路电压和短路电流,方法步骤同(1).然后按照图 7-12-3 连接好线路.调节负载电阻 R,测出与每个负载电阻值相应的电流 I 和电压 U,测 U 时,使 S_2 与 a 闭合,再闭合 S_1;测 I 时打开 S_1,使 S_2 与 b 闭合.把照度、开路电压 U_s、短路电流 I_s 及一系列相应的 R,U,I 的数据填入自拟的表格.

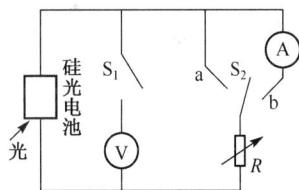

图 7-12-3 硅光电池输出特性的测试

(1) 计算在该入射光强度下,与各个 R 相对应的输出功率 $P=IU$,求出与最大输出功率 P_{max} 相应的硅光电池的最佳负载电阻 R_{mp},U_{mp},I_{mp} 之值.

(2) 作 P-R 及输出伏安特性 I-U 图线.

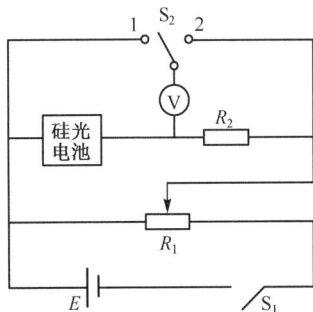

图 7-12-4 有偏压时的伏安特性测试

3. 测量硅光电池在有外加偏压下的伏安特性

硅光电池在无外界入射光的情况下,可视为一个二极管.按图 7-12-4 接线,合上 S_1,将 S_2 合向"1"位置,调节可变电阻 R_1,测出硅光电池两端的电压值.再将 S_2 合向"2"位置,测出 R_2 两端的电压值,从而计算出通过硅光电池的电流大小.通过得到的不同电压与电流值绘出其伏安特性曲线.

【思考题】

（1）硅光电池的短路电流受哪些因素的影响？

（2）测量短路电流与光强度不能完全成正比的原因是什么？

（3）硅光电池外接无偏压或有偏压时，在测量与调节方法上有些什么区别？

（4）如何获得硅光电池的最大输出功率？

7.13　密立根油滴实验

【实验目的】

（1）验证电荷的不连续性及测量基本电荷电量的；

（2）学习了解CCD图像传感器的原理与应用、学习电视显微测量方法.

【实验原理】

一个质量为 m，带电量为 q 的油滴处在两块平行极板之间，在平行极板未加电压时，油滴受重力作用而加速下降，由于空气阻力的作用，下降一段距离后，油滴将做匀速运动，速度为 V_g，这时重力与阻力平衡（空气浮力忽略不计），如图 7-13-1 所示.根据斯托克斯定律，黏滞阻力为

$$f_r = 6\pi a\eta V_g$$

式中 η 是空气的黏滞系数，a 是油滴的半径，这时有

$$6\pi a\eta V_g = mg \tag{7-13-1}$$

当在平行极板上加电压 V 时，油滴处在场强为 E 的静电场中，设电场力 qE 与重力相反，如图 7-13-2 所示，使油滴受电场力加速上升，由于空气阻力作用，上升一段距离后，油滴所受的空气阻力、重力与电场力达到平衡（空气浮力忽略不计），则油滴将以匀速上升，此时速度为 V_e，则有

$$6\pi a\eta V_g = qE - mg \tag{7-13-2}$$

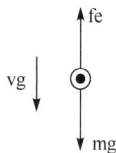

图 7-13-1

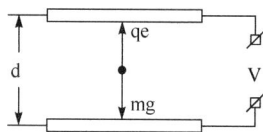

图 7-13-2

又因为

$$E = V/d \tag{7-13-3}$$

由上述式（7-13-1）、（7-13-2）、（7-13-3）可解出

$$q = mg\frac{d}{V}\left(\frac{V_g + V_e}{V_g}\right) \tag{7-13-4}$$

为测定油滴所带电荷 q，除应测出 V、d 和速度 V_e、V_g 外，还需知油滴质量 m，由于空气中悬浮和表面张力作用，可将油滴看作圆球，其质量为

$$m = 4/3\pi a^3 \rho \tag{7-13-5}$$

式中 ρ 是油滴的密度.

由式(7-13-1)和式(7-13-5)得油滴的半径为

$$a=\left(\frac{9\eta V_g}{2\rho q}\right)^{\frac{1}{2}}\tag{7-13-6}$$

考虑到油滴非常小,空气已不能看成连续媒质,空气的黏滞系数 η 应修正为

$$\eta'=\frac{\eta}{1+\dfrac{b}{pa}}\tag{7-13-7}$$

其中 b 为修正常数,p 为空气压强,a 为未经修正过的油滴半径,由于它在修正项中,不必计算得很精确,由式(7-13-6)计算就够了.

实验时取油滴匀速下降和匀速上升的距离相等,设都为 l,测出油滴匀速下降的时间 t_g,匀速上升的时间 t_e,则

$$V_g=l/t_g \qquad\qquad V_e=l/t_e\tag{7-13-8}$$

将式(7-13-5)、(7-13-6)、(7-13-7)、(7-13-8)代入式(7-13-4),可得

$$q=\frac{18\pi}{\sqrt{2\rho g}}\left[\frac{\eta l}{1+\dfrac{b}{pa}}\right]^{3/2}\frac{d}{V}\left(\frac{1}{t_e}+\frac{1}{t_g}\right)\left(\frac{1}{t_g}\right)^{1/2}$$

令

$$K=\frac{18\pi}{\sqrt{2\rho g}}\left[\frac{\eta l}{1+\dfrac{b}{pa}}\right]^{3/2}\cdot d$$

得

$$q=K\left(\frac{1}{t_e}+\frac{1}{t_g}\right)\left(\frac{1}{t_g}\right)^{1/2}/V\tag{7-13-9}$$

此式是动态(非平衡)法测油滴电荷的公式.

下面导出静态(平衡)法测油滴电荷的公式.

调节平行极板间的电压,使油滴不动,$V_e=0$,即 $t_e\to\infty$,由式(7-13-9)可得

$$q=K\left(\frac{1}{t_g}\right)^{3/2}\cdot\frac{1}{V}$$

或者

$$q=\frac{18\pi}{\sqrt{2\rho g}}\left[\frac{\eta l}{t\left(1+\dfrac{b}{pa}\right)}\right]^{3/2}\cdot\frac{d}{V}\tag{7-13-10}$$

上式即为静态法测油滴电荷的公式.

为了求电子电荷 e,对实验测得的各个电荷 q 求最大公约数,就是基本电荷 e 的值,也就是电子电荷 e,也可以测得同一油滴所带电荷的改变量 Δq_1(可以用紫外线或放射源照射油滴,使它所带电荷改变),这时 Δq_1 应近似为某一最小单位的整数倍,此最小单位即为基本电荷 e.

【仪器介绍】

(1) 仪器主要由油滴盒、CCD 电视显微镜、电路箱、监视器等组成.

(2) 油滴盒是个重要部件,加工要求很高,其结构如图 7-13-3 所示.

从图 7-13-3 上可以看到,上下电极形状与一般油滴仪不同.取消了造成积累误差的"定位台阶",直接用精加工的平板垫在胶木圆环上,这样,极板间的不平行度、极板间的间距误差都

可以控制在 0.01mm 以下. 在上电极板中心有一个 0.4mm 的油雾落入孔,在胶木圆环上开有显微镜观察孔和照明孔.

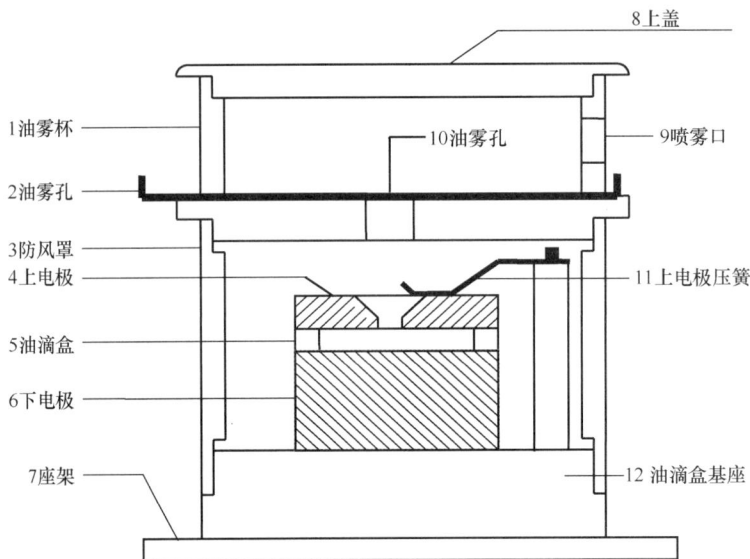

图 7-13-3　油滴盒结构图

在油滴盒外套上有防风罩,罩上放置一个可取下的油雾杯,杯底中心有一个落油孔及一个挡片,用来开关落油孔.

在上电极板上方有一个可以左右拨动的压簧,注意,只有将压簧拨向最边位置,方可取出上极板! 这一点也与一般油滴仪采用直接抽出上极板的方式不同,为的是保证压簧与电极始终接触良好.

照明灯安装在照明座中间位置,在照明光源和照明光路设计上也与一般油滴仪不同. 传统油滴仪的照明光路与显微光路间的夹角为 120°,现根据散射理论,将此夹角增大为 150°～160°,油滴像特别明亮. 一般油滴仪的照明灯为聚光钨丝灯,很易烧坏,OM99 油滴仪采用了带聚光的半导体发光器件,使用寿命极长,为半永久性.

CCD 电视显微镜的光学系统是专门设计的,体积小巧,成像质量好. 由于 CCD 摄像头与显微镜是整体设计,无须另加连接圈就可方便地装上拆下,使用可靠、稳定、不易损坏 CCD 器件.

电路箱内装有高压产生、测量显示等电路. 底部装有三只调平手轮,面板结构如图 7-13-4 所示. 由测量显示电路产生的电子分划板刻度,与 CCD 摄像头的行扫描严格同步,相当于刻度线是做在 CCD 器件上的,所以,尽管监视器有大小,或监视器本身有非线性失真,但刻度值是不会变的.

OM99 油滴仪备有两种分划板,标准分划板 A 是 8×3 结构,垂直线视场为 2mm,分八格,每格值为 0.25mm. 为观察油滴的布朗运动,设计了另一种 X、Y 方向各为 15 小格的分划板 B. 用随机配备的标准显微物镜时,每格为 0.08mm;换上高倍显微物镜后(选购件),每格值为 0.04mm,此时,观察效果明显,油滴运动轨迹可以满格.

进入或退出分划板 B 的方法是,按住"计时/停"按钮大于 5 秒即可切换分划板.

在面板上有两只控制平行极板电压的三档开关,K_1 控制上极板电压的极性,K_2 控制极板上电压的大小. 当 K_2 处于中间位置即"平衡"档时,可用电位器调节平衡电压. 打向"提升"档时,自动在平衡电压的基础上增加 200～300V 的提升电压,打向"0V"档时,极板上电压为 0V. 为了提高测量精度,OM99 油滴仪将 K2 的"平衡"、"0V"档与计时器的"计时/停"联动. 在

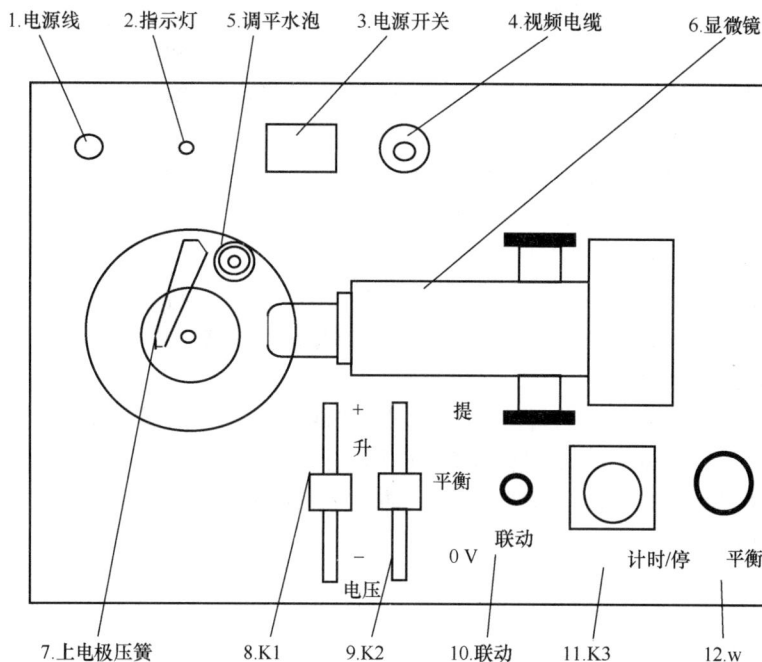

图 7-13-4　电路箱面板结构图

K_2 由"平衡"打向"0V",油滴开始匀速下落的同时开始计时,油滴下落到预定距离时,迅速将 K_2 由"0V"档打向"平衡"档,油滴停止下落的同时停止计时. 这样,在屏幕上显示的是油滴实际的运动距离及对应的时间,提供了修正参数. 这样可提高测距、测时精度. 根据不同的教学要求,也可以不联动(关闭联动开关即可).

　　由于空气阻力的存在,油滴是先经一段变速运动然后进入匀速运动的. 但这变速运动时间非常短,远小于 0.01 秒,与计时器精度相当. 可以看作当油滴自静止开始运动时,油滴是立即做匀速运动的;运动的油滴突然加上原平衡电压时,将立即静止下来. 所以,采用联动方式完全可以保证实验精度.

　　OM99 油滴仪的计时器采用"计时/停"方式,即按一下开关,清 0 的同时立即开始计数,再按一下,停止计数,并保存数据. 计时器的最小显示为 0.01 秒,但内部计时精度为 $1\mu s$,也就是说,清 0 时刻仅占用 $1\mu s$.

平均相对误差:<3%. 　　　　　　　　平行极板间距离:5.00mm ± 0.01mm.

极板电压:±DC　0~700V 可调. 　　　　提升电压:200V~300V.

数字电压表:0~999V±1V. 　　　　　　数字毫秒计:0~99.99 秒±0.01 秒.

电视显微镜:放大倍数 60×(标准物镜),120×(选购物镜).

分划板刻度:2 种分划板,电子方式,垂直线视场分八格,每格值 0.25mm.

电源:~220V、50HZ.

　　将 OM99 面板上最左边带有 Q9 插头的电缆线接至监视器后背下部的插座上,然后接上电源即可开始工作. 注意,一定要插紧,保证接触良好,否则图像紊乱或只有一些长条纹.

　　调节仪器底座上的三只调平手轮,将水泡调平. 由于底座空间较小,调手轮时应将手心向上,用中指和无名指夹住手轮调节较为方便.

　　照明光路不需调整. CCD 显微镜对焦也不需用调焦针插在平行电极孔中来调节,只需将显微镜筒前端和底座前端对齐,然后喷油后再稍稍前后微调即可. 在使用中,前后调焦范围不要过大,取前后调焦 1mm 内的油滴较好.

打开监视器和 OM99 油滴仪的电源,在监视器上先出现"OM98CCD 微机密立根油滴仪南京大学 025-3613625"字样,5 秒后自动进入测量状态,显示出标准分划板刻度线及 v 值、s 值.开机后如想直接进入测量状态,按一下"计时/停"按钮即可.

如开机后屏幕上的字很乱或字重叠,先关掉油滴仪的电源,过一会再开机即可.

面板上 K_1 用来选择平行电极上极板的极性,实验中置于＋位或一位置均可,一般不常变动.使用最频繁的是 K_2 和 W 及"计时/停"(K_3).

监视器门前有一小盒,压一下小盒盒盖就可打开,内有 4 个调节旋钮.对比度一般置于较大(顺时针旋到底或稍退回一些),亮度不要太亮.如发现刻度线上下抖动,这是"帧抖",微调左边起第二只旋钮即可解决.

喷雾器内的油不可装得太满,否则会喷出很多"油"而不是"油雾",堵塞上电极的落油孔.每次实验完毕应及时揩擦上极板及喷雾室内的积油!

喷油时喷雾器的喷头不要深入喷油孔内,防止大颗粒油滴堵塞落油孔.

喷雾器的使用请参看附录.

OM99 油滴仪电源保险丝的规格是 0.75A.如需打开机器检查,一定要拔下电源插头再进行!

【实验步骤】

1. 测试联系

练习是顺利做好实验的重要一环,包括练习控制油滴运动,练习测量油滴运动时间和练习选择合适的油滴.

选择一颗合适的油滴十分重要.大而亮的油滴必然质量大,所带电荷也多,而匀速下降时间则很短,增大了测量误差和给数据处理带来困难.通常选择平衡电压为 200～300V,匀速下落 1.5mm(6 格)的时间在 8 - 20S 左右的油滴较适宜.喷油后,K2 置"平衡"档,调 W 使极板电压为 200～300V,注意几颗缓慢运动、较为清晰明亮的油滴.试将 K2 置"0V"档,观察各颗油滴下落大概的速度,从中选一颗作为测量对象.对于 10 英寸监视器,目视油滴直径在 0.5～1mm 左右的较适宜.过小的油滴观察困难,布朗运动明显,会引入较大的测量误差.

判断油滴是否平衡要有足够的耐性.用 K_2 将油滴移至某条刻度线上,仔细调节平衡电压,这样反复操作几次,经一段时间观察油滴确实不再移动才认为是平衡了.

测准油滴上升或下降某段距离所需的时间,一是要统一油滴到达刻度线什么位置才认为油滴已踏线,二是眼睛要平视刻度线,不要有夹角.反复练习几次,使测出的各次时间的离散性较小,并且对油滴的控制比较熟练.

2. 联系测试

实验方法可选用平衡测量法(静态法)、动态测量法和同一油滴改变电荷法(第三种方法要用到汞灯,选做).

(1)平衡法(静态法)测量.可将已调平衡的油滴用 K_2 控制移到"起跑"线上(一般取第 2 格上线),按 $K3$(计时/停),让计时器停止计时(值未必要为 0),然后将 K_2 拨向"0V",油滴开始匀速下降的同时,计时器开始计时.到"终点"(一般取第 7 格下线)时迅速将 K_2 拨向"平衡",油滴立即静止,计时也立即停止,此时电压值和下落时间值显示在屏幕上,进行相应的数据处理即可.

(2)动态法测量.分别测出加电压时油滴上升的速度和不加电压时油滴下落的速度,代入相应公式,求出 e 值,此时最好将 K_2 与 K_3 的联动断开. 油滴的运动距离一般取 1mm～ 1.5mm. 对某颗油滴重复 5～10 次测量,选择 10～20 颗油滴,求得电子电荷的平均值 e. 在每次测量时都要检查和调整平衡电压,以减小偶然误差和因油滴挥发而使平衡电压发生变化.

（3）同一油滴改变电荷法. 在平衡法或动态法的基础上,用汞灯照射目标油滴(应选择颗粒较大的油滴),使之改变带电量,表现为原有的平衡电压已不能保持油滴的平衡,然后用平衡法或动态法重新测量.

【数据处理】

平衡法依据公式为

$$q = \frac{18\pi}{\sqrt{2\rho g}} \left[\frac{\eta l}{t_g \left(1 + \frac{b}{pa} \right)} \right]^{3/2} \cdot \frac{d}{V}$$

式中

$$a = \sqrt{\frac{9\eta l}{2\rho g t_g}}$$

油的密度

$$\rho = 981 \mathrm{kg \cdot m^{-3}} (20℃)$$

重力加速度

$$g = 9.79 \mathrm{m \cdot s^{-2}} \quad (南京)$$

空气黏滞系数

$$\eta = 1.83 \times 10^{-5} \mathrm{kg \cdot m^{-1} \cdot s^{-1}}$$

油滴匀速下降距离

$$l = 1.5 \times 10^{-3} \mathrm{m}$$

修正常数

$$b = 6.17 \times 10^{-6} \mathrm{m \cdot cmHg}$$

大气压强

$$p = 76.0 \mathrm{cmHg}$$

平行极板间距离

$$d = 5.00 \times 10^{-3} \mathrm{m}$$

式中的时间 t_g 应为测量数次时间的平均值. 实际大气压可由气压表读出.

计算出各油滴的电荷后,求它们的最大公约数,即为基本电荷 e 值. 若求最大公约数有困难,可用作图法求 e 值. 设实验得到 m 个油滴的带电量分别为 $q_1, q_2, \cdots, q_m$,由于电荷的量子化特性,应有 $q_i = n_i e$,此为一直线方程,n 为自变量,q 为因变量,e 为斜率. 因此 m 个油滴对应的数据在 $n \sim q$ 坐标中将在同一条过圆点的直线上,若找到满足这一关系的直线,就可用斜率求得 e 值.

将 e 的实验值与公认值比较,求相对误差.（公认值 $e = 1.60 \times 10^{-19}$ 库仑）

【实验问答题】

（1）对实验结果造成影响的主要因素有哪些?

（2）如何判断油滴盒内平行极板是否水平? 不水平对实验结果有何影响?

（3）CCD 成像系统观测油滴比直接从显微镜中观测有何优点?

第三篇　应用物理实验

第8章　计算机仿真实验

8.1　大学物理仿真实验的基本操作方法

本仿真实验所使用的软件由中国科学技术大学天文与应用物理系(原基础物理中心)人工智能与计算机应用研究室研制开发.

在仿真实验中几乎所有的操作都要使用鼠标.如果您的计算机安装了鼠标,启动 Windows 后,屏幕上就会出现鼠标指针光标.移动鼠标,屏幕上的指针光标随之移动.下面是本实验中鼠标操作的名词约定.

单击:按下鼠标左键再放开.

双击:快速地连续按两次鼠标左键.

拖动:按下鼠标左键并移动.

右键单击:按下鼠标右键再放开.

8.1.1　系统的启动

在 Windows 系统的文件管理器(或 Windows 的"开始"菜单)里双击"大学物理仿真实验 V2.0"图标,启动仿真实验系统.进入系统后出现主界面(图 8-1-1),单击"上一页"、"下一页"按钮可前后翻页.用鼠标单击各实验项目文字按钮(不是图标)即可进入相应的仿真实验平台.结束仿真实验后回到主界面,单击"退出"按钮即可退出本系统.如果某个仿真实验还在运行,则在主界面单击"退出"按钮无效,待关闭所有正在运行的仿真实验后,系统会自动退出.

图 8-1-1　仿真实验主界面

8.1.2　仿真实验的操作方法

1. 概述

仿真实验平台采用窗口式的图形化界面,形象生动,使用方便.

由仿真系统主界面进入仿真实验平台后,首先显示该平台的主窗口——实验室场景(图 8-1-2),该窗口大小一般为全屏或 640×480 像素.实验室场景内一般都包括实验台、实验仪器和主菜单.用鼠标在实验室场景内移动,当鼠标指向某件仪器时,鼠标指针处会显示相应的提示信息(仪器名称或如何操作),如图 8-1-3 所示.有些仪器位置可以调节,可以按住鼠标左键进行拖动.

图 8-1-2　实验室场景(凯特摆实验)

主菜单一般为弹出式,隐藏在主窗口里.在实验室场景上单击右键即可显示(图 8-1-4).菜单项一般包括:实验背景知识、实验原理的演示,实验内容、实验步骤和仪器说明文档,开始实验或进行仪器调节,预习思考题和实验报告,退出实验等.

图 8-1-3　提示信息

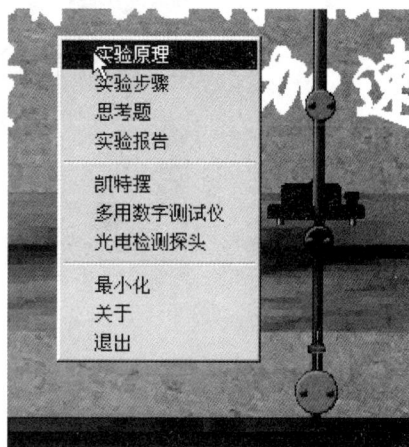

图 8-1-4　主菜单

2. 仿真实验操作

1) 开始实验

有些仿真实验启动后就处于"开始实验"状态,有些需要在主菜单上选择.

2) 控制仪器调节窗口

调节仪器一般要在仪器调节窗口内进行.

打开窗口:双击主窗口上的仪器或从主菜单上选择,即可进入仪器调节窗口.

移动窗口:用鼠标拖动仪器调节窗口上端的细条.

关闭窗口:

方法(1) 右键单击仪器调节窗口上端的细条,在弹出的菜单中选择"返回"或"关闭".

方法(2) 双击仪器调节窗口上端的细条.

方法(3) 激活仪器调节窗口,按 Alt+F4 键.

3) 选择操作对象

激活对象(仪器图标、按钮、开关、旋钮等)所在窗口,当鼠标指向此对象时,系统会给出下列提示中的至少一种.

(1) 鼠标指针提示.鼠标指针光标由箭头变为其他形状(例如手形).

(2) 光标跟随提示.鼠标指针光标旁边出现一个黄色的提示框,提示对象名称或如何操作.

(3) 状态条提示.状态条一般位于屏幕下方,提示对象名称或如何操作.

(4) 语音提示.朗读提示框或状态条内的文字说明.

(5) 颜色提示.对象的颜色变为高亮度(或发光),显得突出而醒目.

出现上述提示即表明选中该对象,可以用鼠标进行仿真操作.

4) 进行仿真操作

(1) 移动对象.如果选中的对象可以移动,就用鼠标拖动选中的对象.

(2) 按钮、开关、旋钮的操作.

按钮:选定按钮,单击鼠标即可(图 8-1-5).

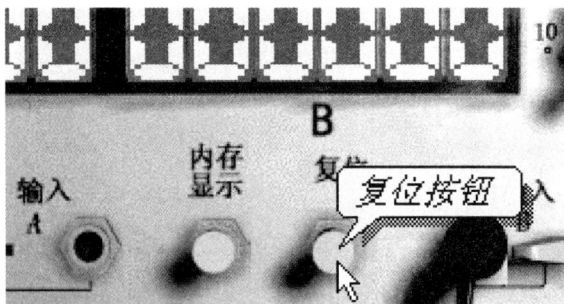

图 8-1-5　按钮

开关:对于两挡开关,在选定的开关上单击鼠标切换其状态.多挡开关,在选定的开关上单击左键或右键切换其状态(图 8-1-6,图 8-1-7).

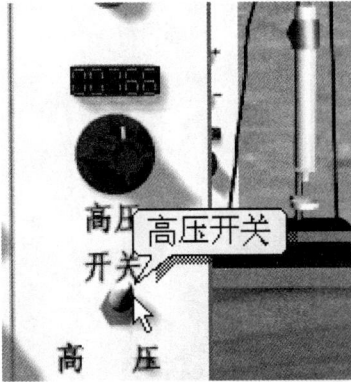

图 8-1-6　两挡开关

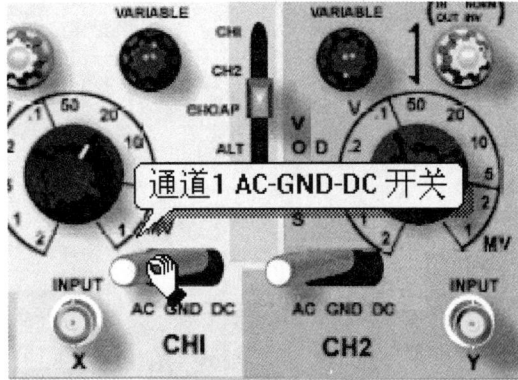

图 8-1-7　多挡开关

旋钮：选定旋钮，单击鼠标左键，旋钮反时针旋转；单击右键，旋钮顺时针旋转（图 8-1-8）.

（3）连接电路.

连接两个接线柱：选定一个接线柱，按住鼠标左键不放拖动，一根直导线即从接线柱引出.将导线末端拖至另一个接线柱释放鼠标，就完成了两个接线柱的连接（图 8-1-9）.

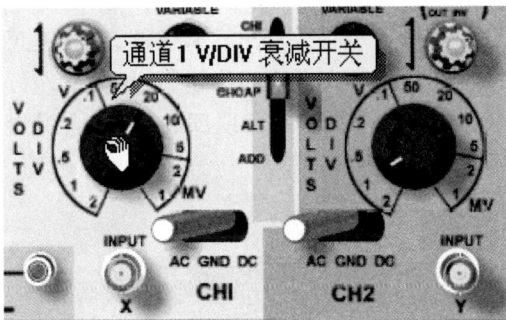

图 8-1-8　旋钮开关

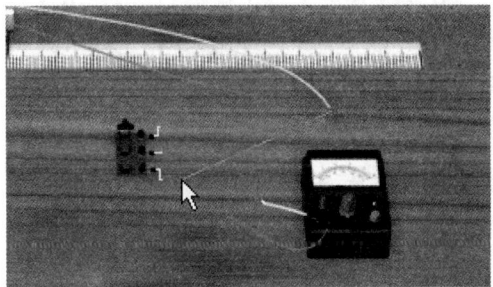

图 8-1-9　连线

删除两个接线柱的连线：将这两个接线柱重新连接一次（如果面板上有"拆线"按钮，则应先选择此按钮）.

（4）Windows 标准控件的调节. 仿真实验中也使用了一些 Windows 标准控件，调节方法请参阅有关 Windows 操作的书籍或 Windows 的联机帮助.

8.2　凯特摆测重力加速度

8.2.1　主窗口

在系统主界面上选择"用凯特摆测量重力加速度"并单击，即可进入本仿真实验平台，显示平台主窗口——实验室场景. 场景里有实验台和实验仪器，如图 8-2-1 所示. 用鼠标在实验室场景上四处移动，当鼠标指向实验仪器时，鼠标指针处会显示相应的提示信息.

图 8-2-1

实验室场景里共有三件仪器:凯特摆、多用数字测试仪、光电检测探头. 按住鼠标左键可以拖动仪器在实验室场景里移动. 当拖动到不合理的位置(例如,仪器超出实验台、两件仪器位置重叠)放开鼠标时,仪器会自动返回原位置.

在实验仪器上单击鼠标右键,弹出仪器菜单,选择"调节"项(或双击实验仪器、或在主菜单里选择相应菜单项),弹出放大的仪器窗口,仪器的具体操作就在此窗口内进行. 用鼠标左键拖动仪器窗口顶部的细条,可以移动仪器窗口. 用鼠标右键单击仪器窗口顶部的细条,会弹出仪器菜单.

8.2.2　主菜单

在主窗口上单击鼠标右键,弹出主菜单. 主菜单共有 9 项,分别为:实验原理、实验步骤、思考题、实验报告、凯特摆、多用数字测试仪、光电检测探头、最小化、退出.

(1) 选择"实验原理"菜单项,显示介绍凯特摆的有关文档,请认真阅读.

(2) 选择"实验步骤"菜单项,显示介绍本仿真实验的内容和步骤的有关文档,请认真阅读. 实验操作中如有不清楚之处,可以反复打开本文档阅读.

(3) 选择"思考题"菜单项,显示思考题.

(4) 选择"实验报告"菜单项,将调用"实验报告处理系统",用户可以建立、查看实验报告,将实验结果存档,以备教师评阅.

(5) 选择"凯特摆"菜单项,显示凯特摆调节窗口(图 8-2-2).

凯特摆由金属摆杆、四个摆锤、两个刀口 7 部分组成. 凯特摆调节窗口的左方是一个凯特摆,单击摆锤或刀口选定待调节部件,窗口右上方将显示该部件的放大图像. 右下方是两个滚动条,供调节用. 用户可以选择"粗调"或"微调"控制调节幅度.

右键单击仪器窗口顶部的细条,弹出窗口菜单(图 8-2-3).选择"倒置"菜单项(或在金属摆杆上双击),可以将凯特摆倒置.选择"返回"菜单项,可以关闭此窗口.

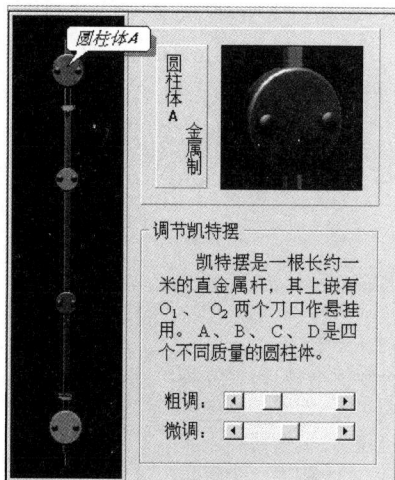

图 8-2-2　凯特摆调节窗口　　　　　　　　　　　图 8-2-3　凯特摆操作界面

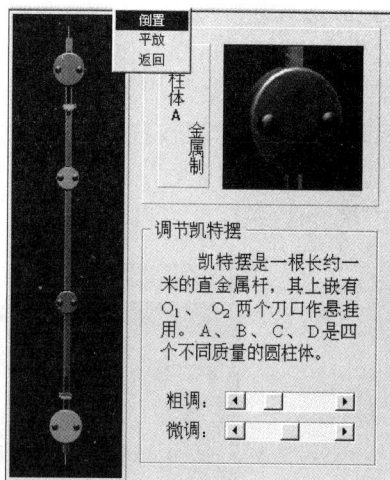

选择"平放"菜单项,可显示凯特摆测量窗口(同时自动关闭凯特摆调节窗口),这时凯特摆平放在实验台上(图 8-2-4),可以进行重心测量,选择"垂直"菜单项可以切换到测量窗口. 先调节刀口平衡(观察窗口右下角的示意图),再单击"测量距离",即可读出重心位置.

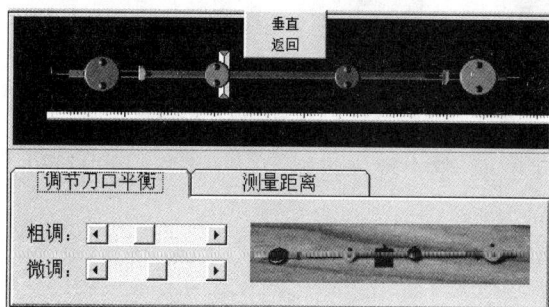

图 8-2-4　凯特摆测量窗口

(6) 选择"多用数字测试仪"菜单项,显示数字测试仪窗口,同时主窗口左上角显示一段凯特摆连续摆动的动画,为了明显起见,摆动幅度被夸大了许多(图 8-2-5).

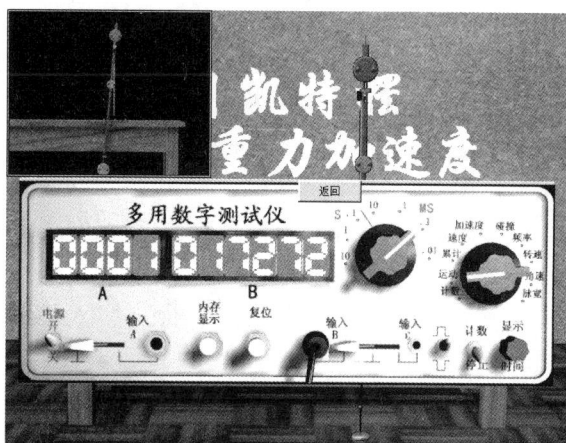

图 8-2-5　多用数字测试仪窗口

在实验室场景里将光电开关位置放好(要正对凯特摆下缘的遮光板).打开数字测试仪电源开关,选择适当的时标,然后按"复位"键进行测量.计停开关打到"停止"挡时,数字测试仪记录一个周期后自动停止计数.打到"计数"挡时,数字测试仪将连续记录(A组数码管显示周期数,B组数码管显示总时间),直到切换到"停止"挡(记录完当前周期后自动停止计数).

(7) 选择"光电检测探头"菜单项,显示光电检测探头窗口,介绍光电开关的用途(图 8-2-6).单击"确定"键,可以关闭此窗口.

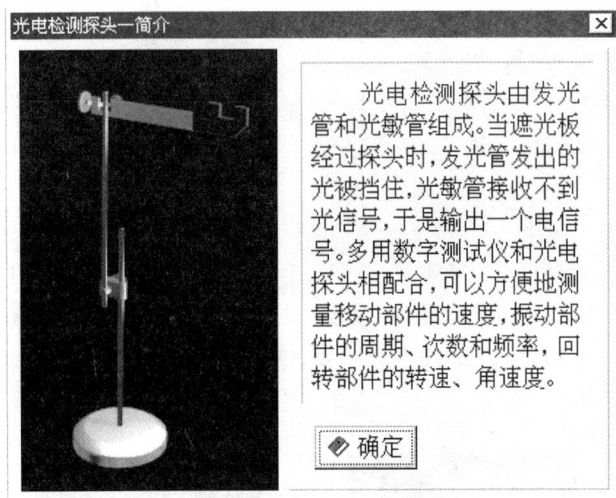

图 8-2-6 光电检测探头窗口

(8) 选择"最小化"菜单项,整个程序将缩为一个图标,用户可以方便地查看 Windows 桌面或进行任务切换.

(9) 选择"退出"菜单项,将退出本实验,返回主界面.

8.2.3 实验内容

(1) 将光电门放在凯特摆正下方,否则多用数字测试仪将无输入信号.

(2) 打开凯特摆仪器窗口,单击凯特摆的各个部件,右上角显示出放大的图形,表示该部件已被选中,可以进行调节.调节"粗调"和"细调"滚动条,选中的部件将在摆杆上移动.鼠标右键单击仪器窗口顶部的细条,在仪器菜单上选择"倒置",凯特摆将被倒置.

(3) 打开多用数字测试仪窗口,屏幕左上角显示凯特摆的摆动.打开电源,测量摆动周期.

(4) 反复调节凯特摆,直到凯特摆正、倒放置的摆动周期近似相等(小于 0.001s)为止.

(5) 测出凯特摆的等效摆长和重心位置,将以上测得的数据填入实验报告中的表格中,并计算出 g 值.

具体内容可以参考"实验步骤"(从主菜单里选择)或自行拟定.

8.3 核 磁 共 振

8.3.1 主窗口

在系统主界面上选择"核磁共振"单击,即可进入本仿真实验平台,显示平台主窗口——实验室场景.场景里有实验台和实验仪器.用鼠标在实验室场景上四处移动,当鼠标指向仪器时,鼠标指针处会显示相应的提示信息.

8.3.2　主菜单

在主窗口上单击鼠标右键,弹出主菜单. 主菜单下还有子菜单. 用鼠标左键单击相应的主菜单项或子菜单项,则进入相应的实验部分(图 8-3-1).

实验应按照主菜单的条目顺序进行.

1. 实验简介

打开实验简介文档(图 8-3-2),请认真阅读.

图 8-3-1　核磁共振主菜单界面

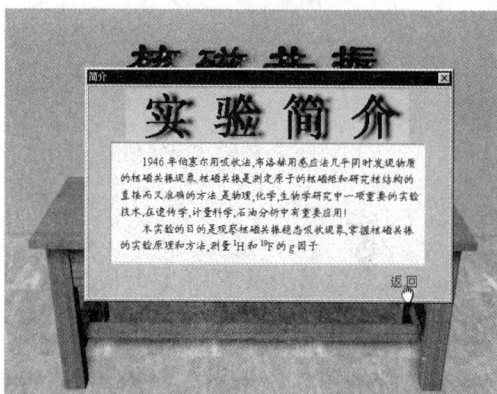

图 8-3-2　核磁共振实验简介文档

注意:鼠标移到"返回"处,鼠标变成手形,单击即可返回实验平台. 其他窗体上的"返回"类似.

2. 实验原理

选择并认真阅读"磁共振的经典观点"子菜单. 鼠标在三个图像框上移动,分别有相应演示内容的提示(图 8-3-3).

选择并认真阅读"磁共振的方法图像"子菜单. 用鼠标操作滚动条,可以改变相应磁场的大小,从而观察到不同的共振图像(图 8-3-4).

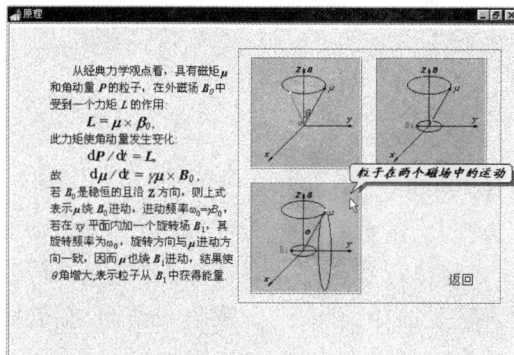

图 8-3-3　磁共振的经典观点界面

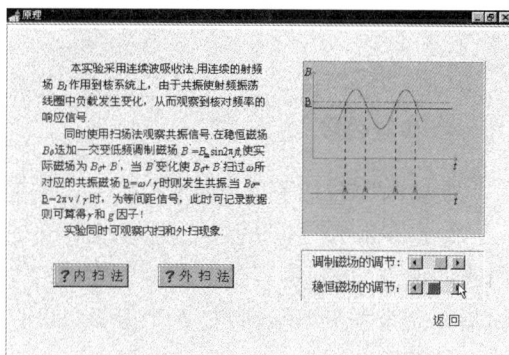

图 8-3-4　磁共振的方法图像界面

单击"内扫法"命令钮.演示示波器的内扫原理(图 8-3-5).
单击"外扫法"命令钮.演示示波器的外扫原理(图 8-3-6).

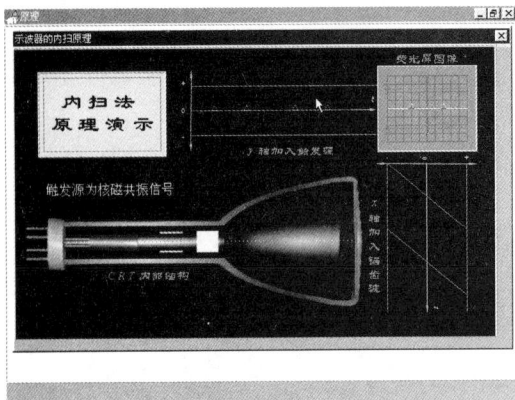
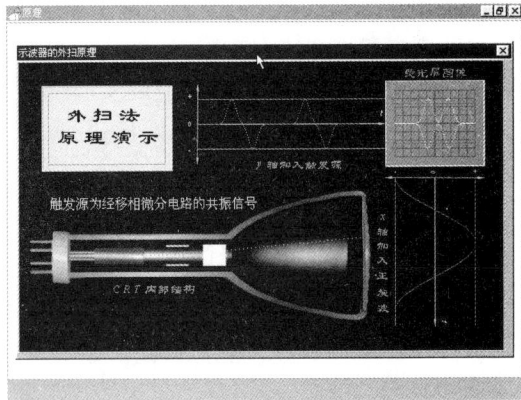

图 8-3-5　示波器的内扫原理图　　　　　图 8-3-6　示波器的外扫原理图

3. 实验仪器

实验仪器包括子菜单"仪器装置图"和"仪器介绍".单击子菜单"仪器装置图",认真阅读.单击子菜单"仪器介绍",认真阅读.单击"继续…"可以看到下一个仪器的介绍(图 8-3-7).

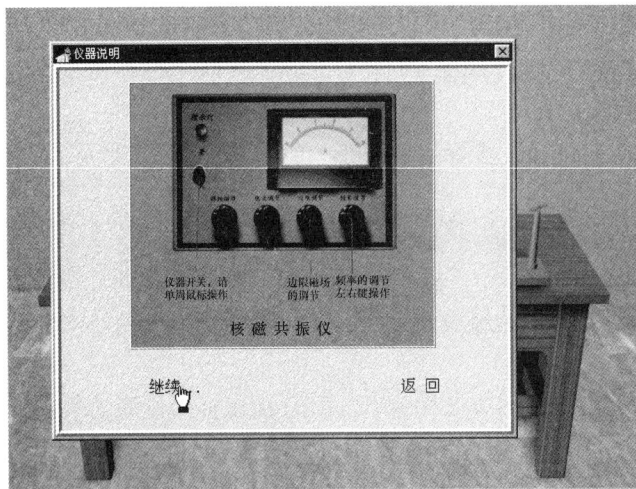

图 8-3-7　实验仪器菜单

4. 实验内容

实验内容包括子菜单"预习思考"、"实验内容"和"进行实验".

单击子菜单"预习思考",需要实验者选择正确答案.正在闪烁的方框,就是需要实验者回答的地方.正确答案包含在最下面的六个选项中.将鼠标移到您所要选择的答案上,待鼠标指针变为手形,单击选择这个答案(图 8-3-8).若答案选择正确,则继续下一个问题.若回答完所有四个问题,则可退出.若回答错误,则有相应的对话框出现,单击"OK"即可重新选择(图 8-3-9).

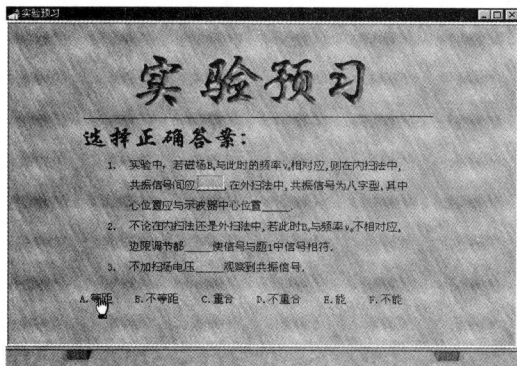

图 8-3-8　实验预习答题界面　　　　　　图 8-3-9　实验预习答题结果界面

单击子菜单"实验内容",认真阅读.按照内容的要求观察现象和记录数据.

单击子菜单"进行实验",开始实验.

基本操作方法:

(1) 旋钮的操作方法.所有的旋钮,其操作方法都是一致的(包括旋钮"边限调节"、"频率调节"以及磁铁旋柄的手动),即用鼠标右键单击,则旋钮顺时针旋转;用鼠标左键单击,则旋钮逆时针旋转(图 8-3-10).

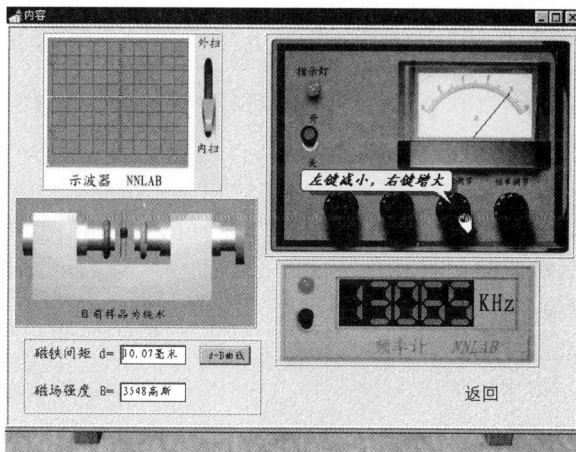

图 8-3-10　旋钮的操作界面

(2) 拨动开关(包括"核磁共振仪"的开关,"频率计"的开关,"内扫"、"外扫"开关以及样品的更换)的操作方法.用鼠标左键单击开关的上部,即把开关拨向上挡;类似的,用鼠标左键单击开关的下部,则把开关拨向下挡(图 8-3-11).

所有操作必须当鼠标指针光标由箭头变为相应手形时才能进行.

实验中注意记下正确数据,留待实验报告中输入并处理.间距值,频率值,磁场强度值均自动给出.实验者也可以点按钮"d-B 曲线",根据 d 值读出相应 B 值.

5. 现代应用

打开演示现代应用的文档.

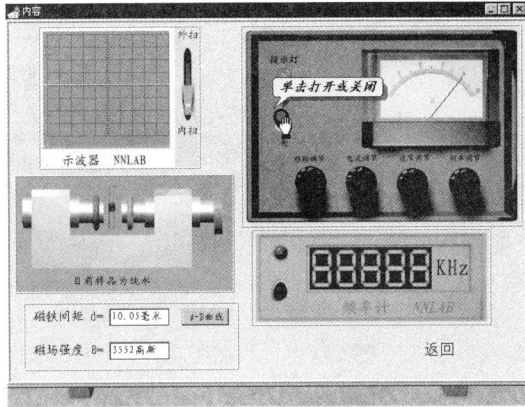

图 8-3-11　拨动开关的操作界面

6. 退出

退出实验平台.

8.4　螺线管磁场及其测量

8.4.1　主窗口

在系统主界面上选择"螺线管磁场及其测量实验"并单击,即可进入本仿真实验平台,显示平台主窗口——实验室场景,看到实验台和实验仪器.

8.4.2　主菜单

在主窗口上单击鼠标右键,弹出主菜单. 主菜单下还有子菜单. 鼠标左键单击相应的主菜单项或子菜单项,则进入相应的实验部分(图 8-4-1).

实验应按照主菜单的条目顺序进行.

1. 实验简介

选择主菜单的"简介"并单击可打开实验简介文档(图 8-4-2).

图 8-4-1　实验主菜单界面

图 8-4-2　实验简介文档界面

鼠标移到上面蓝条处将显示操作提示,双击即可返回实验平台.

2. 实验仪器

选择主菜单的"实验仪器"并单击可打开实验仪器文档,操作与查看实验简介完全类似.

3. 实验原理

实验原理包括子菜单项"实验原理一"和"实验原理二".
选中"实验原理"的"实验原理一"子菜单项并单击,将显示实验原理一(图 8-4-3).
用鼠标操作滚动条,可使画面上下滚动.
鼠标移到上面蓝条处将显示操作提示,双击可返回实验平台.
选择"实验原理"的"实验原理二"子菜单项并单击,将显示实验原理二,与"实验原理一"操作相同.

4. 实验接线

选择"接线"并单击进入接线界面.本实验中晶体管毫伏表读数会随时间产生漂移,所以做本实验的关键是要对晶体管毫伏表经常短路调零以消除误差.为方便计,宜加一单刀双掷开关.正确接线图(不止一种)见图 8-4-4.

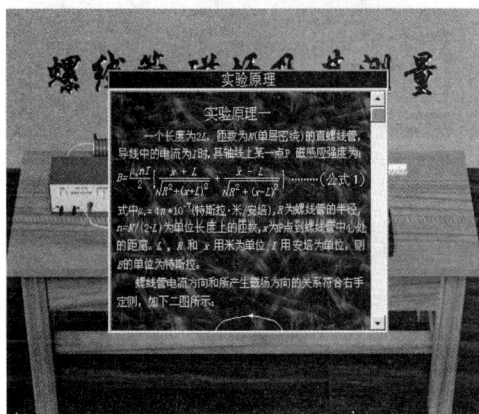

图 8-4-3　实验原理一显示界面　　　　　　图 8-4-4　正确的实验接线图

接线时选定一个接线柱,按住鼠标左键不放拖动,一根直导线即从接线柱引出.将导线末端拖至另一个接线柱释放鼠标,即可连接这两个接线柱.删除两个接线柱的连线,可将这两个接线柱重新连接一次.

接线完毕单击鼠标右键弹出菜单,选择"接线完毕"来判断接线是否正确,接线正确后才能开始实验.选择"重新接线"可删除所有导线.

5. 实验内容

接线正确后此菜单项才会有效.此菜单包括子菜单项"内容一"、"内容二"和"内容三".单击子菜单项"内容一"即可进入实验内容一进行实验(图 8-4-5).

仪器的基本操作方法：

（1）旋钮的操作方法.所有的旋钮,其操作方法是一致的,即用鼠标右键单击,则旋钮顺时针旋转;用鼠标左键单击,则旋钮逆时针旋转.包括旋钮"输出调节"、"调零旋钮",以及频率调节.

（2）按钮的操作方法.用鼠标左键单击即可按下或弹起按钮.包括"衰减"和"频率倍乘"按钮.

（3）拨动开关的操作方法.操作非常简单,用鼠标左键单击开关即可改变开关的状态.

（4）探测线圈的粗调和细调,单刀双掷开关的操作和旋钮的调节一样.

（5）毫伏表"量程"的调节和开关的操作一样.

（6）单刀双掷开关的刀打到左边是调零位置,可调节"调零旋钮"调零;打到中间是断路位置;打到右边是测量位置,可以测量电路的电压.

在此界面的上部单击鼠标右键将弹出主菜单,做完实验内容一后选择实验内容二、实验内容三继续实验.

实验时点击"实验参数"可打开实验参数文档,双击其上的蓝条关闭此文档;点击"实验内容"打开实验内容文档,双击其上的蓝条关闭此文档;实验时按实验内容文档的步骤进行实验,点击"数据记录及处理"打开数据处理窗口,将测量数据记录到相应的位置,数据处理窗口如图8-4-6所示.

图 8-4-5　实验内容一界面　　　　　　　图 8-4-6　数据处理窗口

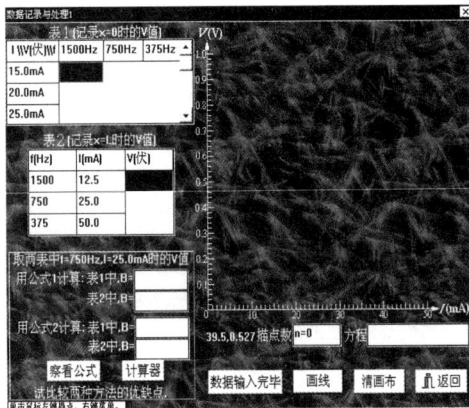

输入数据时在所要输入的空格处单击鼠标左键,再用键盘输入数据即可.

画线时先在坐标图上单击鼠标左键描点,描点完毕点击"画线"可画线,如描点错误可在错点处再单击鼠标左键即可删除该点,点击"清画布"可删除所有点,点击"返回"返回实验操作界面.

6. 实验报告

选择"实验报告"菜单项并单击,可调用实验报告系统,将前面所得数据记录到实验报告中以备教师检查,具体操作见实验报告说明.

7. 退出

退出实验平台.

8.5　检流计的特性

8.5.1　主窗口

在系统主界面上选择"检流计"并单击,即可进入本仿真实验平台,显示平台主窗口——实验室场景.用鼠标在实验室场景上四处移动,当鼠标指向仪器时,鼠标指针处会显示相应的提示信息.

8.5.2　主菜单

在主窗口上单击鼠标右键,弹出主菜单.主菜单包括以下几个菜单项:"简介"、"实验目的"、"实验原理"、"实验内容"、"思考题"、"退出系统".其中"实验原理"及"实验内容"有下一级菜单,如图 8-5-1.左键单击各项可进入相应的实验内容(若点击"退出系统",则会退出实验平台).

图 8-5-1　检流计特性研究的主菜单

实验内容应按照主菜单的条目顺序进行,否则系统提示出错.

1. 实验简介

以鼠标左键点击主菜单上"简介"项,打开实验简介文档(图 8-5-2),请认真阅读.
注意:鼠标移到"退出"处,单击左键即可返回实验平台.此外双击标题亦可关闭该窗口(将鼠标移动至标题处,可见到有关提示).其他窗口的退出操作类似.

2. 实验目的

以鼠标左键点击主菜单上"实验目的"项,打开实验目的文档(图 8-5-3),请认真阅读.

3. 实验原理

本实验原理共分三项:磁电式检流计的结构;磁电式检流计的工作原理;磁电式检流计的运动状态.
1) 磁电式检流计的结构
以鼠标左键点击"实验原理"子菜单上"磁电式检流计的结构"项,打开磁电式检流计的结构文档(图 8-5-4),请认真阅读.

2) 磁电式检流计的工作原理

以鼠标左键点击"实验原理"子菜单上"磁电式检流计的工作原理"项,打开磁电式检流计的工作原理文档(图 8-5-5),共分三项,请认真阅读.

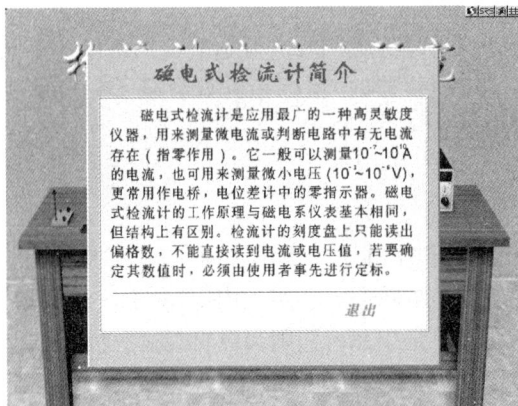

图 8-5-2　实验简介界面

图 8-5-3　实验目的界面

图 8-5-4　磁电式检流计的结构文档

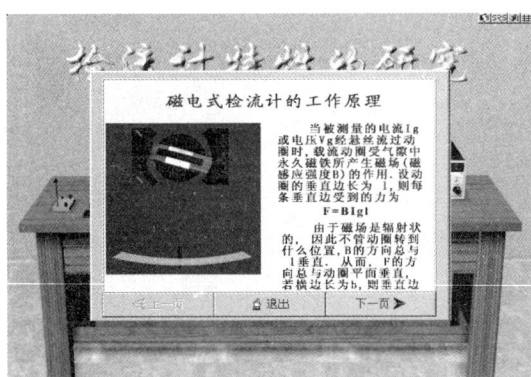

图 8-5-5　磁电式检流计的工作原理文档

3) 磁电式检流计的运动状态

以鼠标左键点击"实验原理"子菜单上"磁电式检流计的运动状态"项,打开磁电式检流计的运动状态窗口(图 8-5-6),请认真阅读.

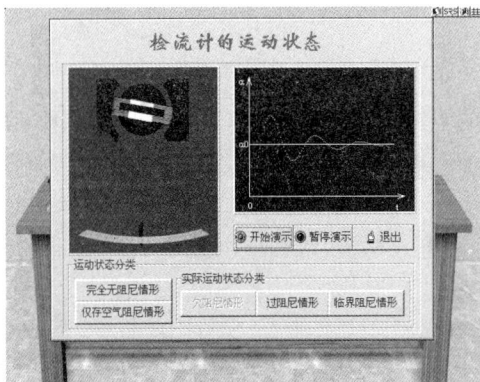

图 8-5-6　磁电式检流计的运动状态窗口

可按各按钮上的提示选择运动情形,并演示.

4. 实验内容

包括"实验电路连接"、"检流计的调零"、"测量临界电阻"、"观察检流计的运动状态"、"测量电流常数与电压常数"."计时器"项是为在观察检流计的运动状态时,调计时器而设的.

1) 注意事项

(1) 进行实验时,应按子菜单各项次序依次进行;

(2) 观察检流计的运动状态时,应注意 R_{kp} 值的选取,点击"观察检流计的运动状态"项,会出现以下提示(图 8-5-7),请依提示选取 R_{kp} 值.

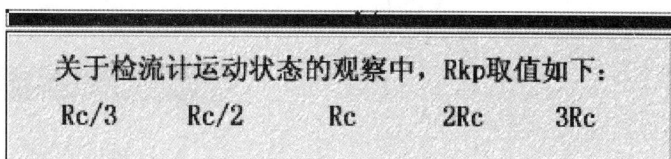

关于检流计运动状态的观察中,Rkp取值如下:
Rc/3　　Rc/2　　Rc　　2Rc　　3Rc

图 8-5-7　R_{kp} 值选取窗口

(3) 点击屏幕右下角"实验报告"按钮,可调出实验报告,请在每完成一项实验后,将所有实验数据记录下来.

2) 仪器操作指南

(1) 旋钮的操作方法.

所有的旋钮,操作方法一致,即用鼠标右键单击,则旋钮顺时针旋转;用鼠标左键单击,则旋钮逆时针旋转.

(2) 拨动开关的操作方法.

单刀开关:以左键点击单刀开关,则单刀开关可在"开"与"关"两种状态间相互切换.

双向开关:操作方法如图 8-5-8 所示.

压触开关:利用鼠标左键点击红色触头即可.

(3) 计时器(图 8-5-9)的操作方法.

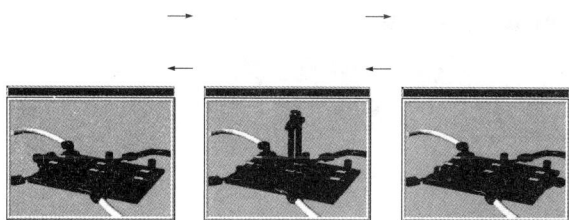

图 8-5-8　("→"表示点击鼠标左键;"←"表示点击鼠标右键)

图 8-5-9　计算器操作窗口

操作次序:

① 点击"on/off"钮,数字显示呈红色(表示计时器处于工作状态)或灰色(表示计时器处于非工作状态);

② 当计时器处于工作状态时,点击"启动自动计时/重新设置"钮,计时器可处于:

a. "启动自动计时"状态:此时该钮提示为"重新设置".该状态使单刀开关的打开与计时器开始计时同步,并给出 R_{kp}/R_c 之值;

b. "重新设置"状态:此时该钮提示为"启动自动计时". 该状态使计时器清零.

5. 思考题

实验思考题(图 8-5-10),请将答案写入实验报告,以备教师检查.

6. 退出系统

点击退出系统选项,弹出确认是否要退出系统的对话框(图 8-5-11).

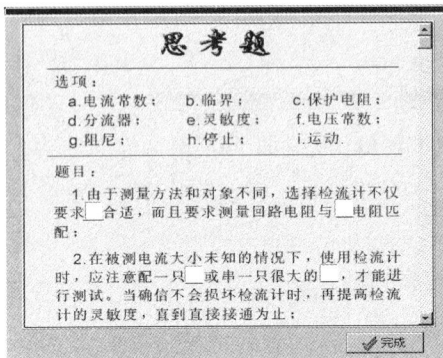

图 8-5-10　实验思考题界面

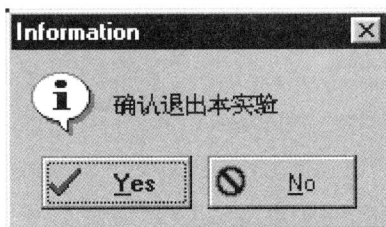

图 8-5-11　退出系统对话框

点击"Yes"按钮将退出本实验平台.

8.6　阿贝比长仪和氢氖光谱的测量

8.6.1　主窗口

在系统主界面上选择"阿贝比长仪和氢氖光谱测量"并单击,即可进入本仿真实验平台. 在平台主窗口的顶部是主菜单,其下为一段循环播放的从不同角度演示阿贝比长仪的动画(图 8-6-1).

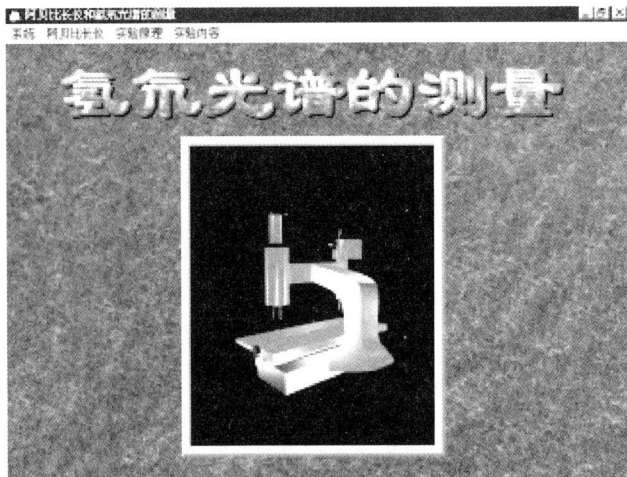

图 8-6-1　演示阿贝比长仪的动画界面

8.6.2　主菜单

1."系统"菜单

选择"系统"菜单,出现"简介"和"退出"两个选项(图 8-6-2).单击"简介"选项,弹出关于本实验的简介;单击"退出"选项,退出本实验.

2."阿贝比长仪"菜单

选择"阿贝比长仪"菜单,出现"原理"、"结构和使用"、"读数练习"三个选项(图 8-6-3).

(1)单击"原理"选项,弹出阿贝比长仪的原理图(图 8-6-4).鼠标所指的部件会变成红色,并在窗口下部的提示框里说明所指部件的名称、作用.窗口左半部分是对阿贝比长仪测量原理的文字说明.单击"返回"按钮可以退出本窗口,返回到主窗口.

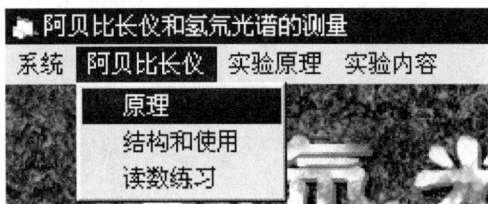

图 8-6-2　"系统"菜单　　　　　图 8-6-3　"阿贝比长仪"菜单

(2)单击"结构和使用"选项,出现阿贝比长仪的外观图(图 8-6-5),并有对每个部件的说明.窗口下方有进行本实验的步骤提示.单击"返回"可以退出本窗口,回到主窗口.

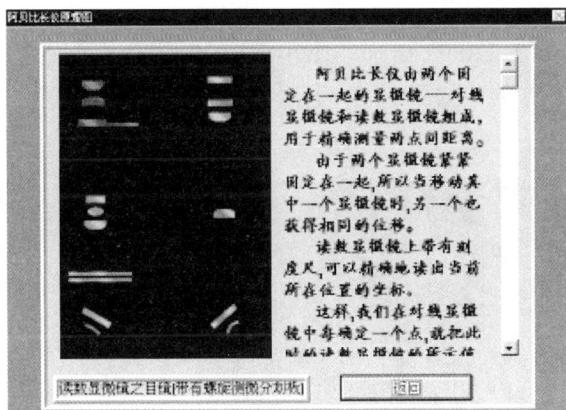

图 8-6-4　阿贝比长仪原理图　　　　　图 8-6-5　阿贝比长仪外观图

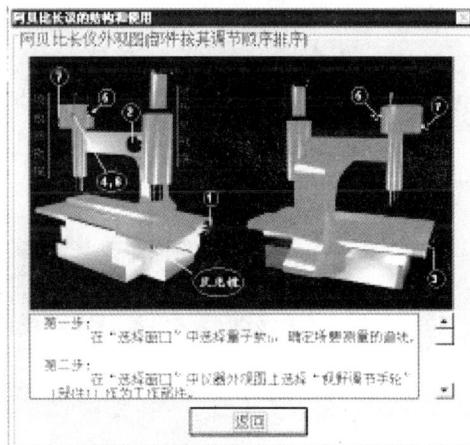

(3)单击"读数练习"选项,弹出下面的窗口(图 8-6-6),学习阿贝比长仪的读数方法.

在窗口左上方"对线显微镜视野"图中,淡青色的竖线和波长为 λ_3 的谱线重合,这时阿贝比长仪测量出的数值就表示谱线 λ_3 的位置.

① 按照窗口左下方的文字提示,在小旋钮上按住鼠标左键(或右键),直到窗口右方图片框中阿基米德双螺旋线把黄色的短竖线卡在中间,此时阿贝比长仪的读数就的 λ_3 位置(可以存在小范围的误差).

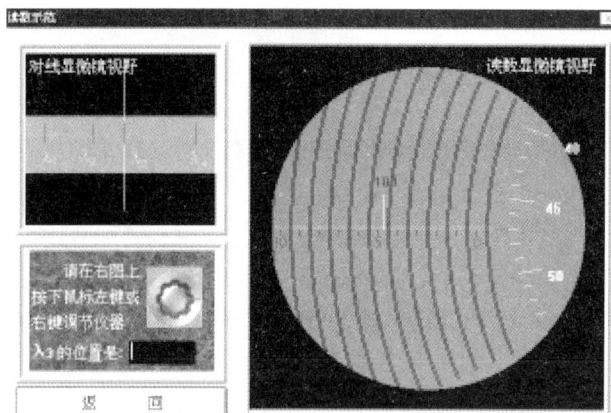

图 8-6-6　阿贝比长仪读数练习图

读数 $A=100+0.4+0.070+0.0005=100.4705$,最后的一项 0.5 是估计读数,请注意阿贝比长仪读数的有效数字到小数点后四位(图 8-6-7).

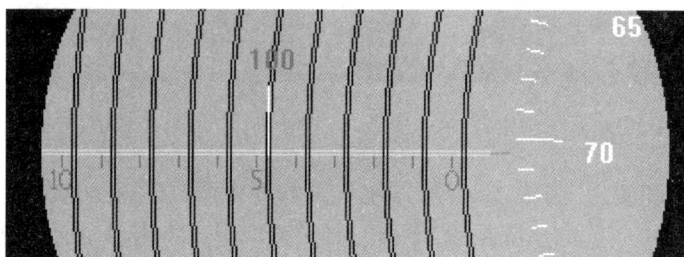

图 8-6-7　阿贝比长仪的读数图

② 在图 8-6-8 中的黑色框中输入 A 的值"100.4705",出现一个小框(正确信息).单击小框中的"确定"按钮,小框消失.再单击窗口左下方的"返回"按钮,退出本窗口,返回到主窗口(图 8-6-8).

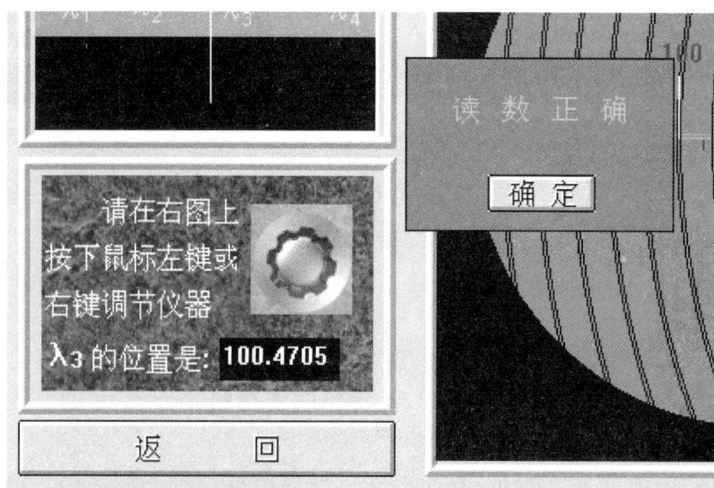

图 8-6-8　波长数据的读取

3. "实验原理"菜单

选择"实验原理"菜单,弹出"氢原子光谱"和"确定波长"两个选项(图 8-6-9).

图 8-6-9　"实验原理"菜单

(1) 单击"氢原子光谱"选项,弹出以下窗口,概述量子跃迁理论,并以本实验要测量的巴尔末系前四条谱线为例进行说明(图 8-6-10).

单击"返回"按钮可以退出本窗口,回到主窗口.

(2) 单击"确定波长"选项,弹出如图 8-6-11 所示窗口.

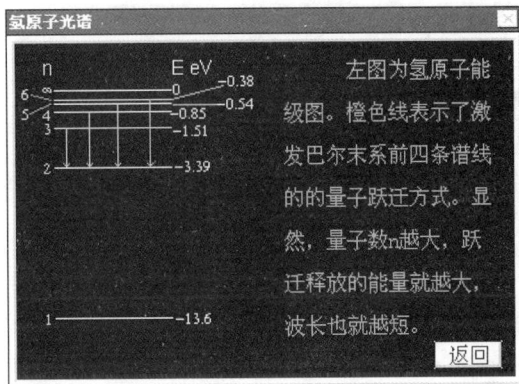

图 8-6-10　"氢原子光谱"窗口

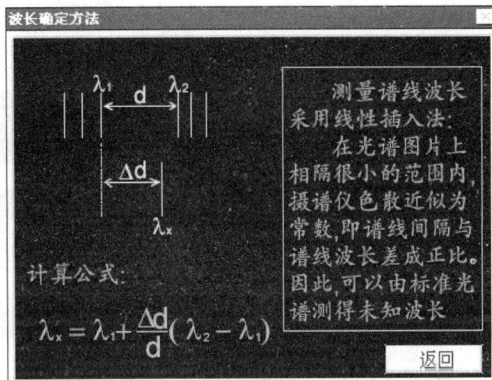

图 8-6-11　"确定波长"窗口

该窗口内容表现了用阿贝比长仪测量未知波长的理论根据,即在一固定不变的参考系下,用阿贝比长仪测量出两点的位置,其差就是两点间距离;由线性插入法,只要知道两条谱线的波长和位置,就可以算出任一未知谱线的波长.

单击"返回"按钮可以退出本窗口,回到主窗口.

4. "实验内容"菜单

单击"实验内容"菜单,正式进入实验,弹出如图 8-6-12 所示窗口.

由于该窗口的作用是用来选择所要测量的底片、所要调节的部件等,所以不妨称该窗口为"选择窗口".

(1) 首先选择量子数 $n=?$

不同的 n 值对应着巴尔末系上不同的谱线,所以该项选择确定了要测量的谱线(图 8-6-13),我们以 $n=4$ 为例对测量方法加以说明.

(2) 选择"视野调节手轮"进行调节操作,目的是把谱线底片移到对线显微镜视野的中央,方便测量.注意,该部件的调节对读数显微镜没有影响(图 8-6-14).

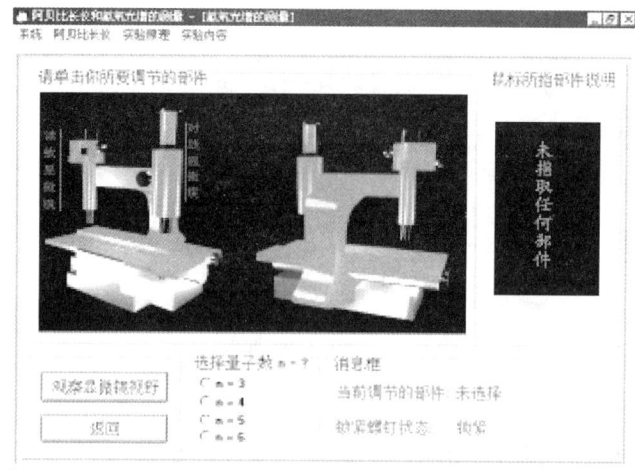

图 8-6-12　"实验内容"窗口

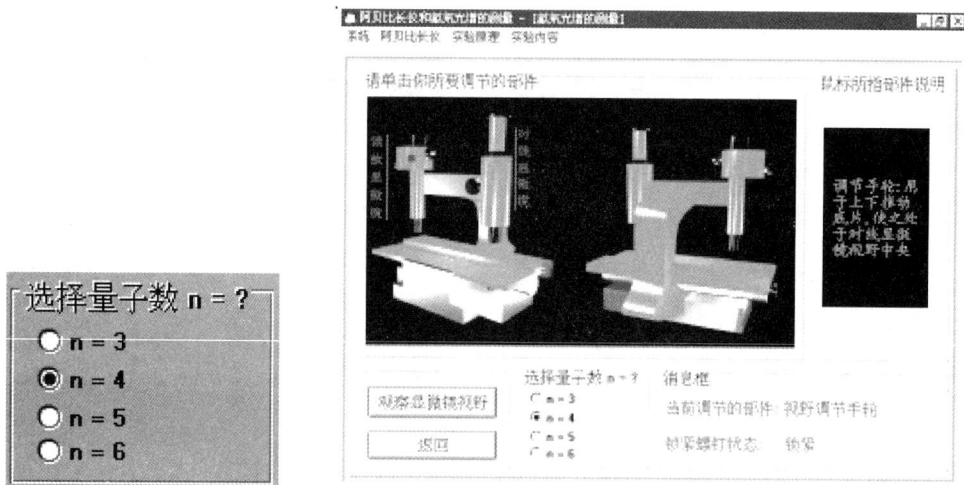

图 8-6-13　主量子数 n 选择窗口

图 8-6-14　手轮调整窗口

① 当鼠标移动到该部件上时,部件变为红色.同时窗口上部右边的黑色框里出现对该部件的文字说明.用鼠标左键单击该部件,选定它作为工作部件.一经选定,窗口下部右图的消息框里的"当前调节的部件"一项显示为"视野调节手轮".

② 单击"观察显微镜视野"按钮,进入调节窗口.

由于该窗口的作用是调节在"选择窗口"选择好的部件并观察显微镜视野的图像变化,所以称该窗口为"调节窗口"(图 8-6-15).

该图和"阿贝比长仪"菜单中"读数练习"一项所显示的图是一样的.使用者可以在这里一边调节仪器,一边观察调节所引起的显微镜视野中情况的变化.每要调节一个部件,都要先在图 8-6-15 中的旋钮上按住鼠标左键,左上图中(图 8-6-16)的底片就会向上移动.当它移动到视野中央时放开鼠标左键.

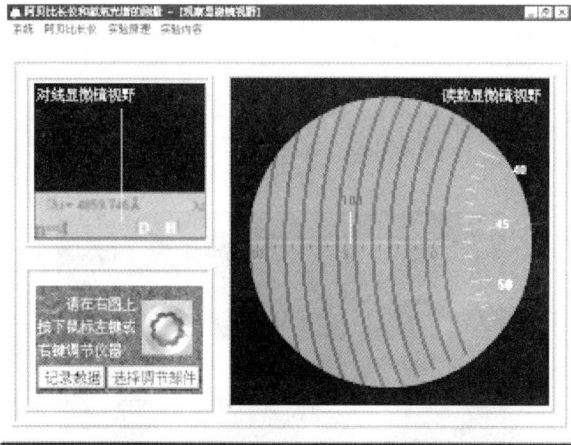

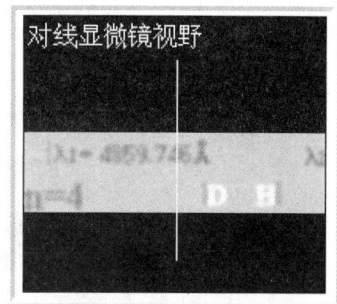

图 8-6-15　调节窗口　　　　　图 8-6-16　未调节调焦手轮前对线显微镜视野

如果移动得太靠上了,可以在图 8-6-15 中的旋钮上按住鼠标右键使底片往下移动,直到使用者满意为止.

③ 该部件调节完毕,单击图 8-6-15 中的"选择调节部件",回到"选择窗口",选择调节另一个部件.

对于每一个部件的调节,都要先在"选择窗口"中选中这个部件,然后在"调节窗口"中进行调节."调节窗口"左下方的旋钮就代表刚才选中的部件,用鼠标的左键或者右键按住这个旋钮进行调节操作.

(3) 选择"调焦手轮"进行调节操作,目的是使对线显微镜视野中的底片清晰可见(图 8-6-17).

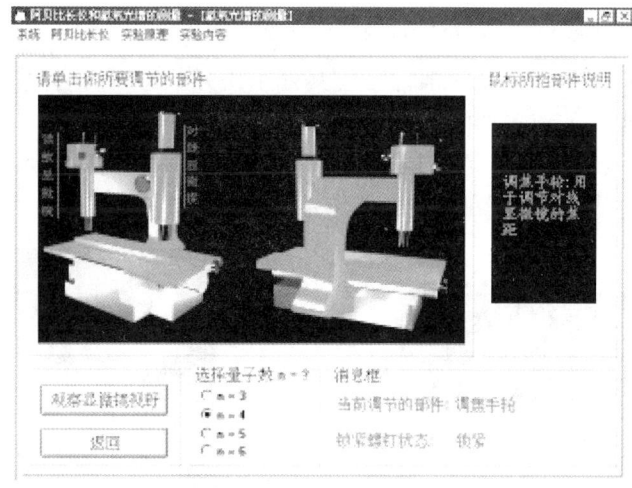

图 8-6-17　调焦手轮的调节

① 同上一步对"视野调节手轮"的操作一样,鼠标指到"调焦手轮"以后,该部件变成红色;窗口上部右边的黑色框里出现对该部件的文字说明.单击该部件后,窗口下部右边消息框里的"当前调节的部件"显示为"调焦手轮"(以后对其他部件的选择也是一样,不再赘述).

② 单击"观察显微镜视野"按钮进入"调节窗口",在左下图中的旋钮上按住鼠标左键或者

右键,直到底片清晰可见(图 8-6-18).

可以看出,图 8-6-18 中的底片比未调节"调焦手轮"之前的底片(图 8-6-16)要清晰得多.

③ 该部件已经调节完毕,单击"调节窗口"上的"选择调节部件"回到"选择窗口".

(4) 选择"对线手轮"进行调节操作,目的是用一个固定的参照系确定要测量的谱线的位置."对线手轮"在仪器上的位置如图 8-6-19 所示.

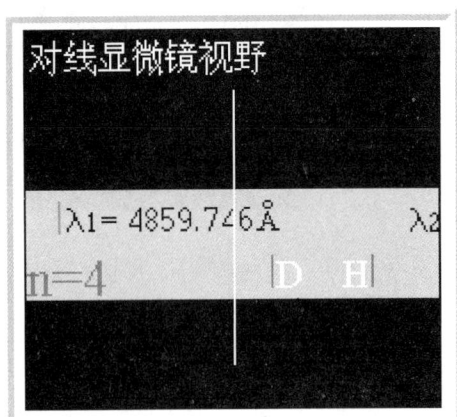

图 8-6-18　已经调节调焦手轮后对线显微镜视野　　　　图 8-6-19　对线手轮

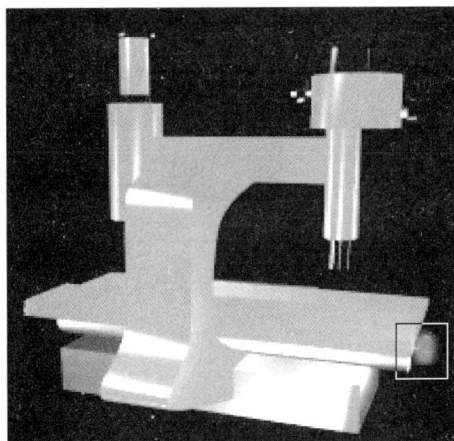

① 单击该部件,选定该部件为调节部件.

② 单击"观察显微镜视野"按钮进入"调节窗口".

③ 在"调节窗口"的左下方的旋钮上按住鼠标左键,直到在对线显微镜视野中的标准谱 λ_1 和视野中央的竖线重合(图 8-6-20).

④ 调节完毕,按下"选择调节部件"回到"选择窗口".

(5) 在"选择窗口"中单击"锁紧螺钉",使其处于松开状态.目的是配合下一步的调零操作."锁紧螺钉"在仪器上的位置如图 8-6-21 所示.

(6) 选择"调零手轮"进行调节,目的是使对于每个量子数 n 的氢氖光谱测量,起始值都为一个整数,方便计算."调零手轮"在仪器上的位置如图 8-6-22 所示.

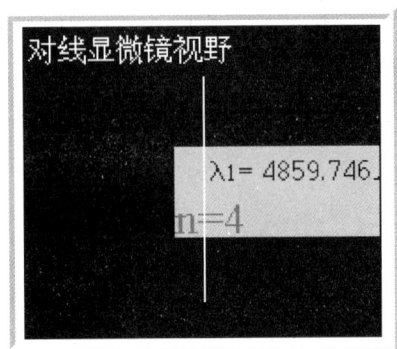

图 8-6-20　对线显微镜的调整　　　　图 8-6-21　"锁紧螺钉"的位置

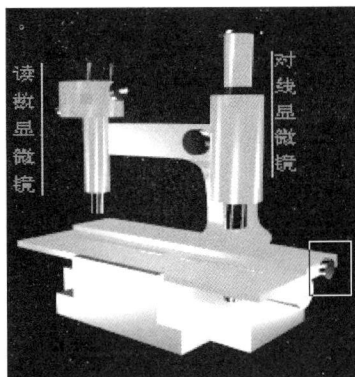

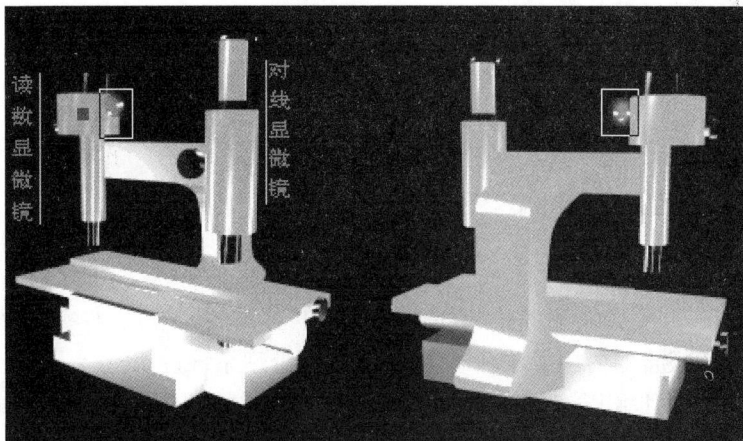

图 8-6-22　调零手轮的位置

① 单击"观察显微镜视野"进入"调节窗口".

② 在图 8-6-23 的旋钮上按住鼠标左键使读数显微镜视野中的小游标对准背景标尺的 0 刻度,如图 8-6-23 所示.

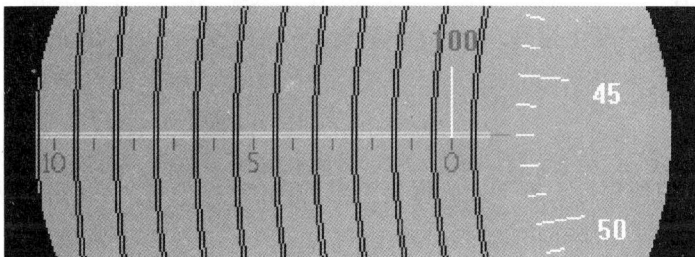

图 8-6-23　调整小游标的位置

③ 单击"选择调节部件"退回到"选择窗口"中.

(7) 单击"锁紧螺钉",使其处于锁紧状态,目的是配合下一步的读数操作.

(8) 选择"读数螺钉"进行调节操作,目的是读出该谱线的位置的数值表示. 读数螺钉在仪器上的位置如图 8-6-24 所示.

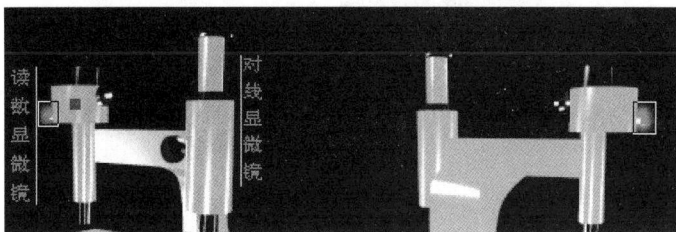

图 8-6-24　读数螺钉的位置

① 单击"观察显微镜视野",进入"调节窗口".

② 在左下图的旋钮上按住鼠标左键,直到读数显微镜视野中的小游标被阿基米德双螺旋线卡住. 此时从读数显微镜里读出的数字就是被测谱线的位置的数字表示,如图 8-6-25 所示.

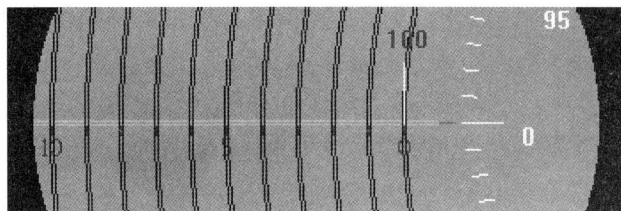

图 8-6-25　阿基米德双螺旋线

③ 记下该数字,并单击左下方的"记录数据"按钮,弹出实验报告,在实验报告的相应位置上填上该数据(实验报告的使用方法请参考"实验报告处理系统说明").

经过以上步骤,使用者就能测量出一条谱线的位置.重复以上操作,测量出对于每一个量子数 n 对应的 4 条谱线(两条标准铁谱线、一条氢谱线、一条氘谱线)位置,填写在实验报告上,并根据有关公式计算出各谱线的波长、里德伯常数,一并填写在实验报告上保存,提交教师检查.

注意:

(1) 在测量第一条谱线时已经调好了底片在对线显微镜视野中的位置和对线显微镜的焦距,以后的测量中就不必再进行这两项操作.

(2) "调零"操作对于每个确定的量子数 n 只进行一次,即第一条标准铁谱的位置为整数,其他的谱线位置测量都在此基础上进行.对于 n 等于 3、4、5、6 四种情况,只需进行四次调零操作即可.

8.7　氢氘光谱拍摄

本软件是为了使使用者了解平面光栅摄谱仪的设计原理、结构、使用方法,并且学习拍摄氢氘原子光谱巴尔末系的实验方法而设计.

8.7.1　主窗口

在系统主界面上选择"氢氘光谱拍摄"并单击,即可进入本仿真实验平台,显示平台主窗口——两米光栅摄谱仪(图 8-7-1).用鼠标在实验仪器上移动,当鼠标指向相应仪器的时候会出现相应的提示信息.单击鼠标的右键出现主菜单.

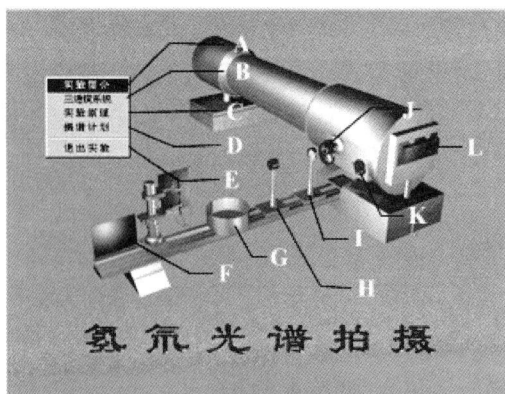

图 8-7-1　两米光栅摄谱仪

A 实验简介;B 三透镜系统;C 实验原理;D 摄谱计划;E 退出实验;F 电极架

G 废渣盘;H 透镜;I 透镜及投射光阑;J 哈特曼光阑;K 光栅转角调整;L 拍摄光屏

8.7.2　主菜单项和仪器各部分的说明

1. 主菜单

A. 实验简介(图 8-7-2).点取标题栏可拖动窗口,双击标题栏关闭窗口.以下出现的标题栏操作均如此.

B. 三透镜系统(图 8-7-3).可按右键弹出菜单选择相应项以分别演示三透镜系统中各个透镜的作用.

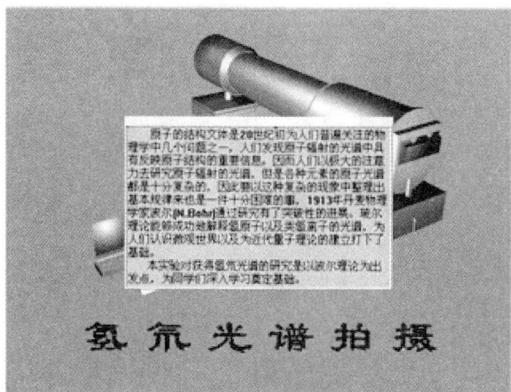

图 8-7-2　实验简介

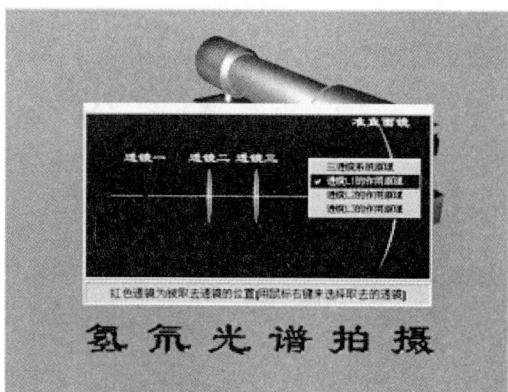

图 8-7-3　三透镜系统

C. 实验原理(图 8-7-4).用鼠标左右键点击图中的反射光栅改变转角以观察反射光栅的作用.

D. 摄谱计划(图 8-7-5).选择活页,分别进入实验目的,摄谱计划,实验预习.在"摄谱计划"一页中可制定摄谱计划.

图 8-7-4　实验原理

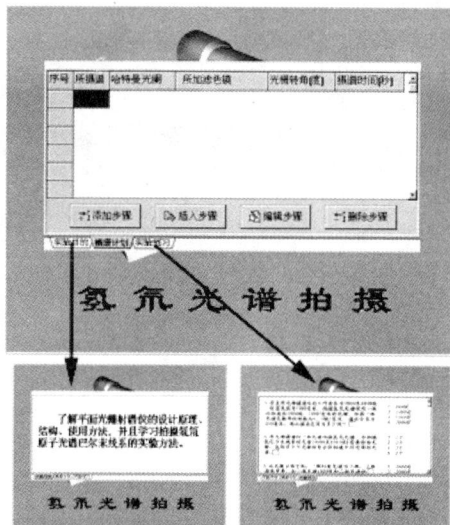

图 8-7-5　摄谱计划

E. 退出实验.返回系统主界面.

2. 仪器各部分的说明

F. 电极架(图 8-7-6). 调节五个旋钮,使观察窗内电极的间隙略宽于光阑缝、位于同一垂直线内且水平方向上居于光阑缝的中央. 可通过切换视角来调节在另一方向上电极的位置. 电极架调节好后会出现"调节成功"对话框.

I. 透镜及透射光阑(图 8-7-7). 在光阑盘上单击鼠标左键或右键选择正确的透射光阑. 未选择正确的光阑不能进行电极架的调节.

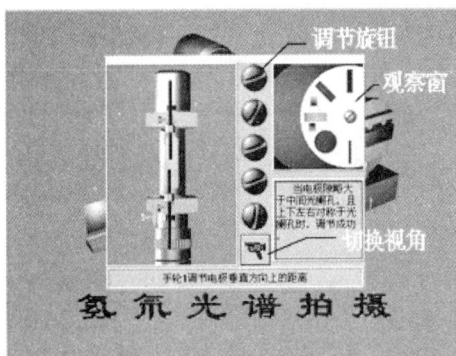

图 8-7-6　电极架

图 8-7-7　透镜及透射光阑

J. 哈特曼光阑(图 8-7-8). 在哈特曼光阑上单击鼠标左键或右键选择哈特曼光阑,单击鼠标右键弹出菜单选择所用滤色镜.

K. 光栅转角调整(图 8-7-9). 用鼠标拖动底片粗调光栅转角,在转轮上单击鼠标左键或右键细调光栅转角.

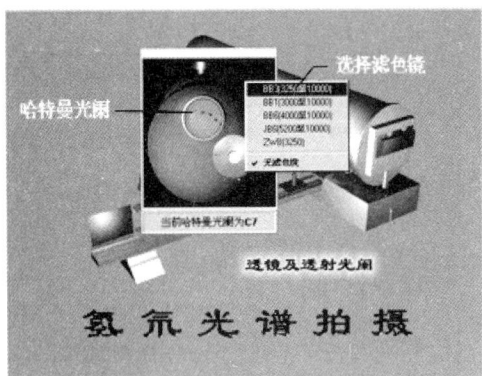

图 8-7-8　哈特曼光阑

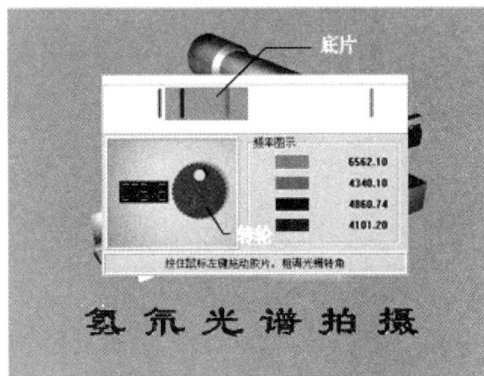

图 8-7-9　光栅转角调整

L. 拍摄光屏(图 8-7-10). 启动电子表,在光谱选择框内选择与当前步骤一致的谱线,选择合适的板移,按电子表的"start"开始拍摄,拍摄完一条谱线后用"reset"重置电子表. "拍摄新光谱"将当前所拍结果记录,并重置摄谱计划. "拍摄记录"察看最近几次拍摄的谱片记录.

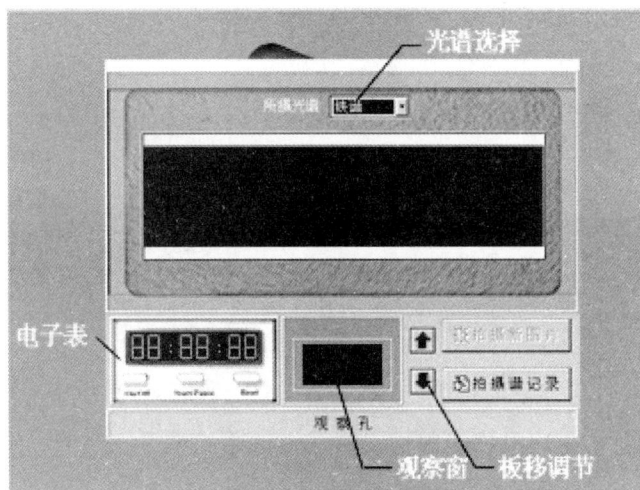

图 8-7-10 拍摄光屏

8.8 G-M 计数管和核衰变的统计规律

本实验是为了使使用者学习和掌握 G-M 计数管的工作原理和使用方法,了解 G-M 计数管的坪特性而设计的.

8.8.1 主窗口

在系统主界面上选择"G-M 计数管"并单击,即可进入本仿真实验平台,显示平台主窗口——实验室场景.双击实验台桌面上的"定标器"和"数字式万用表"可看到相应放大的、可任意操作的实验仪器窗口.双击桌面上的"书本",可查看实验原理.双击"G-M 计数管"进入仪器连接画面.用鼠标在桌面上四处移动.当鼠标箭头指向某仪器时,鼠标指针处会显示相应的提示信息.

8.8.2 主菜单

在主窗口上单击鼠标右键,弹出主菜单.上面依次列有以下六项:"实验原理"、"预习思考题"、"连接线路"、"实验内容"、"实验报告"、"退出实验".其中,在没有成功连接线路前,"实验内容"项为浅灰色即不可选;在连接完线路后,"连接线路"项会变成浅灰色."实验内容"有下一级菜单(图 8-8-1).

1. 实验原理

单击主菜单上的"实验原理"项或双击桌面上的"书本",打开实验原理窗口.单击目录中的某一条,可翻到相关页阅读(图 8-8-2).正文页的右下角有左箭头或右箭头,单击箭头可翻至下一页或回到目录页(图 8-8-3).

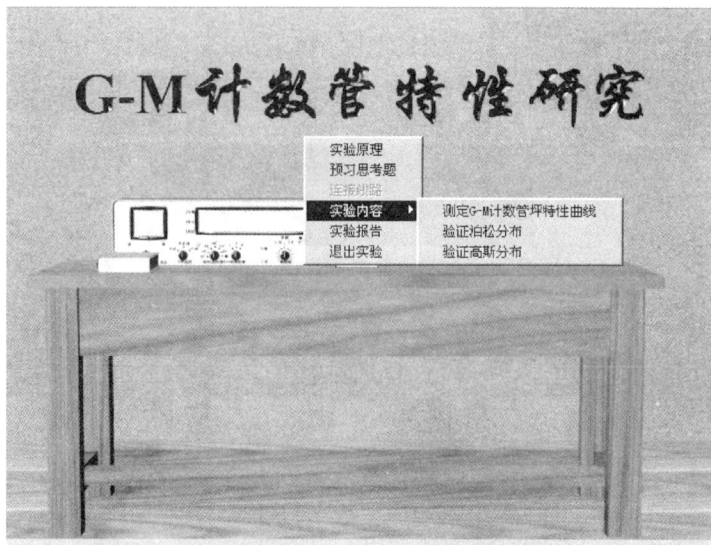

图 8-8-1　主菜单窗口

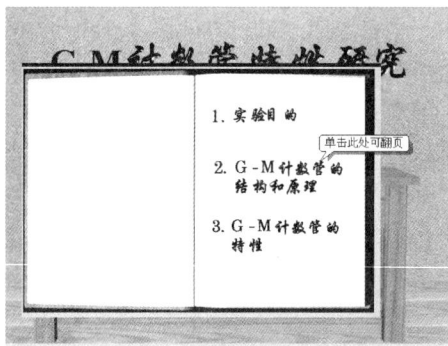

图 8-8-2　实验内容

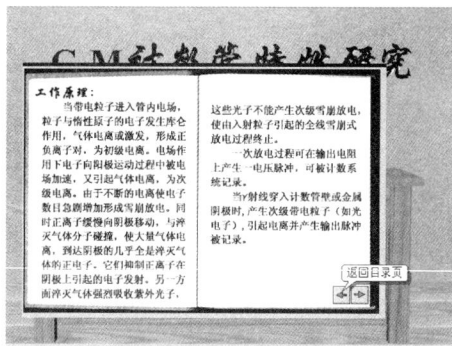

图 8-8-3　实验原理

双击窗口上端的标题条返回实验平台.

2. 预习思考题

单击主菜单上"预习思考题"项,打开预习思考题窗口(图 8-8-4).请用键盘将题目下方对应的答案代号填入空白处.按 Tab 键或鼠标选择所要填写的空白.单击确定键,可知正确率.单击返回键或双击窗口上端的标题条返回实验平台.正确完成预习思考题对顺利完成实验有很大帮助.

3. 连接线路

单击主菜单上"连接线路"项,打开连接线路窗口(图 8-8-5).按线路图接入 G-M 计数管.双击 G-M 计数管可以使其水平翻转,改变正负极的位置(如左端为正,双击后变为右端为正).

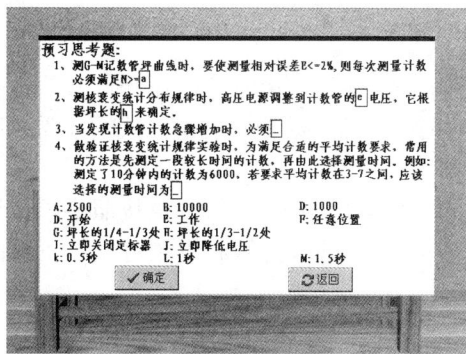

图 8-8-4　预习思考题窗口

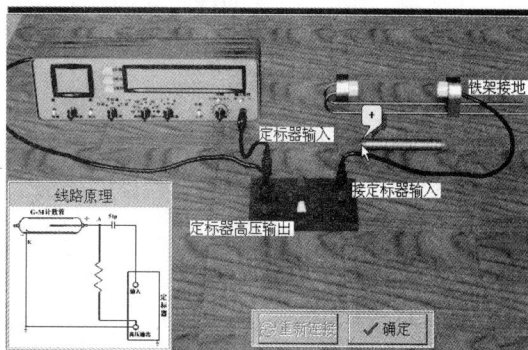

图 8-8-5　连接线路窗口

4. 实验内容

实验内容包括以下三项:"测定 G-M 计数管坪特性曲线"、"验证泊松分布"、"验证高斯分布".仪器操作具体方法如下.

(1) 开关的操作方法:用鼠标左键单击开关(图 8-8-6 和图 8-8-7),可改变开关状态开启仪器或改变仪器连接状态.

图 8-8-6　开关 1

图 8-8-7　开关 2

(2) 旋钮的操作方法:两种旋钮(图 8-8-8 和图 8-8-9)都可以通过单击鼠标左键或右键分别向左或向右旋转一次.对于可连续旋转旋钮,若按住鼠标左键或右键不放,则会向左或向右连续旋转.

(3) 按钮的操作方法:将鼠标移到按钮(图 8-8-10)上,单击鼠标左键能够完成相应的操作.

图 8-8-8　可连续旋转旋钮

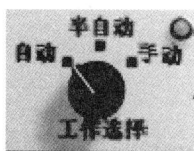

图 8-8-9　不可连续旋转旋钮

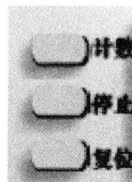

图 8-8-10　按钮

注意事项:

(1) 请仔细阅读实验过程中出现的提示.

(2) 在实验过程中,定标器的工作状态(由工作选择旋钮控制)应为自动或半自动(建议使用半自动).定标器应处于"工作"状态,而不是自检状态(由计数值观察窗口下的白色开关控制).

（3）测量 G-M 计数管的坪特性曲线时，为使进入坪区后的计数值达到要求（大于2500），计数时间应大于等于 10 秒.

（4）V_0 和 V_0 时的计数值、坪区开始时的电压和计数值、坪区结束时的电压和计数值很重要.事实上，只要有这三对值，就可以算出工作电压和坪斜.当需要绘出坪区的曲线图才需要所有数据.

（5）如果工作电压或坪斜计算得不对，将不能进行下面的实验项目.所以请按照要求仔细选取和计算工作电压和坪斜（图 8-8-11），若计算正确，则完成键可选择，此时才可继续下面的实验.

（6）在验证泊松分布和高斯分布时，应确定电压为工作电压.为满足计数范围的要求，计数时间应为 3 秒、6 秒或 9 秒.在验证泊松分布和高斯分布时，因需要测量的数据量较大（泊松分布为 400 次，高斯分布为 500 次），可以按"加速键"按钮，直接观察结果.

（7）在验证泊松分布和高斯分布时，绘图项中都有两张图.一张是实验次数低于要求时的图，另一张是达到要求时的图.按"显示理论曲线"按钮可看到理论曲线.验证高斯分布时的绘图项如图 8-8-12 所示.

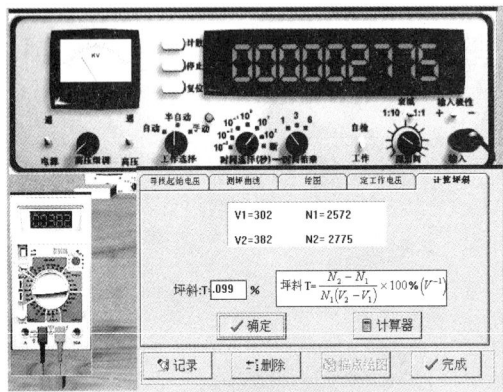

图 8-8-11 工作电压和坪斜计算图

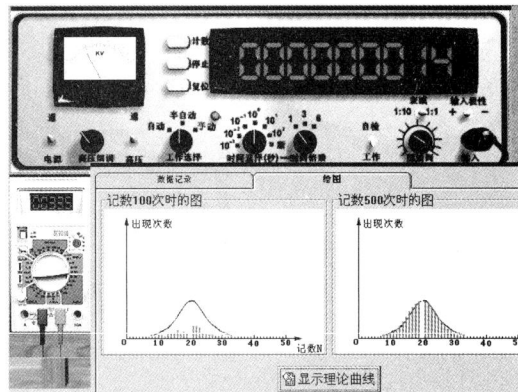

图 8-8-12 验证高斯分布时的绘图项

（8）实验过程中，若用鼠标左键单击主窗口，仪器和记录窗口会消隐.只要再用主菜单选择相应项，就可恢复.

（9）在实验过程中，可以返回重新查看实验原理和预习思考题.

（10）窗口都可以通过按"确定"、"返回"或"完成"键，或双击标题条关闭.

5. 实验报告

调用"实验报告处理系统".

6. 退出实验

单击主菜单中的"退出实验"即可退出本实验平台.

8.9 热敏电阻温度特性实验

8.9.1 实验环境

在系统主界面上选择"热敏电阻温度特性实验"并单击，即可进入本仿真实验平台，显示平台主窗口——实验室场景(图 8-9-1).

　　实验台上共有七件物品:说明书、功率调节器、电炉及热敏电阻、实验数据记录本、惠斯通电桥、检流计、稳压电源.鼠标移动到有关物体,当物体发光时再单击鼠标即进入该仪器介绍画面,可进行操作练习.鼠标移动到非桌面上物体时,单击鼠标便进入实验.

　　例如,鼠标移动到电桥上,电桥发出红光,然后单击鼠标即进入电桥介绍画面.鼠标移动到电桥盒盖,鼠标指针光标变为手形,单击鼠标可打开盒盖.盖子打开后,鼠标移动到有关零件位置,鼠标指针光标变为放大镜,单击鼠标出现该零件的局部放大图(图 8-9-2).鼠标移动到旋钮并单击后,画面变为俯视图,这时可以操作各旋钮进行仪器的操作练习,同时底部状态条提示当前的电阻正确读数.如果觉得图案不清,可以单击旋钮外任何一点,显示放大图(图 8-9-3).单击返回按钮回到电桥侧视图.单击"返回开始画面"按钮回到介绍主界面.在有关物体介绍画面中,务必要仔细阅读文字说明,这些内容对以后的实验测量有帮助.

图 8-9-1　实验室场景图

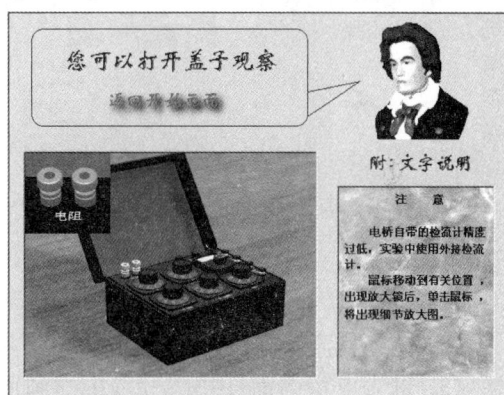

图 8-9-2　电阻箱放大图

　　阅读完各仪器介绍后,退回到介绍主界面,在非桌面物体上,单击鼠标后可选择连接导线,进行实验(图 8-9-4).

图 8-9-3　电阻箱局部放大图

图 8-9-4　实验主界面

8.9.2　连接电路

　　在介绍主界面中选择连接导线,进入接线主画面(图 8-9-5).先后单击两个接线柱后,这两个接线柱将连上或删除连接导线,具体取决于"工作状态"的选择.如果您觉得连线错误很多,可以选择"删除全部连线"按钮,这样画面上的所有连线被删除,可以重新连线.连线完成后选择"开始测量数据"按钮,如果连线正确,将进入下一步.

8.9.3　实验测量

连线正确后进入实验测量主界面(图 8-9-6),下面是正确的操作过程说明:

(1) 在测量主界面中单击稳压电源,进入稳压电源画面.打开电源并调整电压到 3.0 伏特;

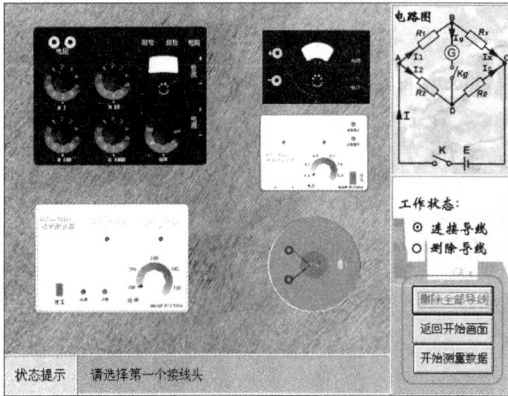

图 8-9-5　连接主画面

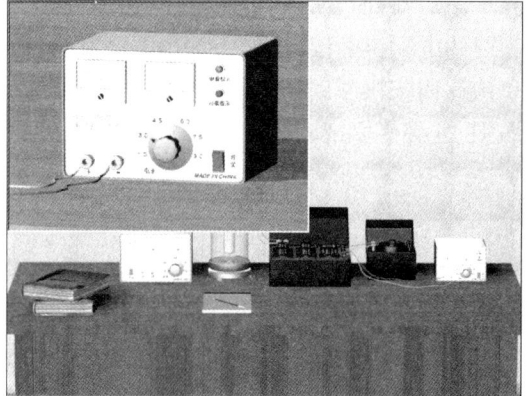

图 8-9-6　实验测量主界面

(2) 进入检流计画面,打开检流计锁定并调零;

(3) 进入电桥画面(图 8-9-7),单击画面底部的温度计,检流计,记录表格图标按钮,打开温度计、检流计,记录表格子图,这样可以避免来回切换常用画面,操作会方便些;

(4) 测量常温下热敏电阻阻值:旋转电桥旋钮调节惠斯通电桥到合适状态,单击检流计电计按钮,检查电桥是否达到平衡态.在此阶段务必记住电阻偏大偏小与检流计偏向的关系,正确关系是电阻偏大则检流计读数为正,反之为负.测量完成后,鼠标单击记录表格,选择合适位置记录数据,然后单击画面底部的记录表格图标按钮记录数据.

(5) 各操作熟悉后,进入功率调节器画面,打开电源,电炉开始工作.旋钮不要一次变化过大,以免温度变化太快,来不及测量.旋钮改变也不应改变太频繁,以免温度波动过大.然后进入惠斯通电桥画面,经常调整旋钮,保持电桥基本平衡.同时要监视温度,单击温度计,刻度可以放大或缩小.在给定温度到达时迅速调整电桥至平衡,并记录数据.必要的时候还应进入功率调节器画面调整电炉发热功率(功率调节器是电炉的固定配套设备,电炉电压值反映的是电炉功率).

(6) 重复测量完全部数据后,在测量主界面选择记录本,再选择计算结果,这时可以看到实验结果了.

(7) 在测量主画面非桌面物体上单击后选择"作图"栏,这样就可以看到各种测量曲线 3 (图 8-9-8).

(8) 全部实验完成,可选择退出实验.

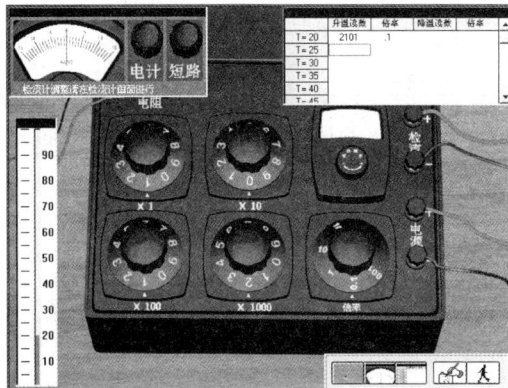

图 8-9-7　电桥画面

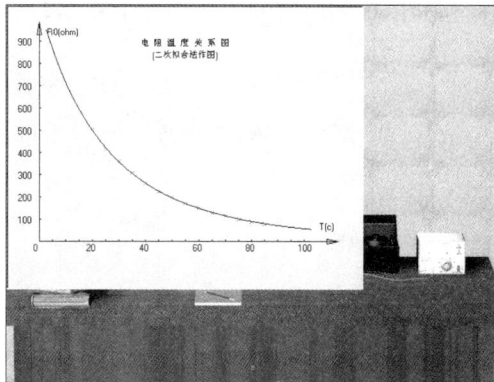

图 8-9-8　测量曲线

8.10　塞曼效应实验

8.10.1　主窗口

在系统主界面上选择"塞曼效应"并单击,即可进入本仿真实验平台,显示主实验台(图 8-10-1).

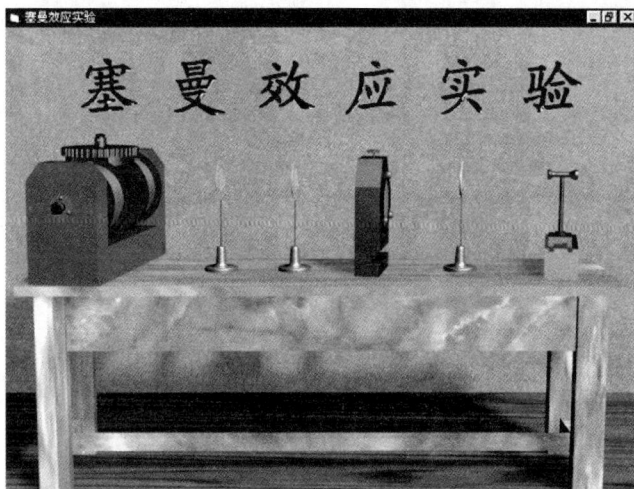

图 8-10-1　主实验台

8.10.2　主菜单

在主实验台上单击鼠标右键,弹出主菜单(图 8-10-2).

(a)

(b)

图 8-10-2　主菜单

移动鼠标到所要的实验项目上单击,就会进入相应的实验项目.

1. 实验简介

选择"实验简介"项,会出现一个文本框(图 8-10-3),鼠标左键单击"返回"按钮,回到主实验台.

2. 实验原理

(1) 选择"塞曼效应原理"项,会出现一个控制台(图 8-10-4).鼠标左键单击"滚动条",文本向上移动.鼠标左键单击"磁场控制"按钮,图形框会出现光谱线分裂情况.鼠标左键单击"返回"按钮,返回主实验台.

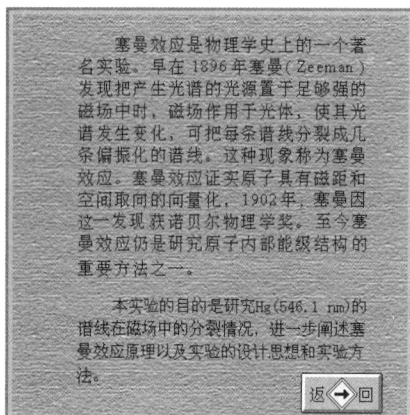

图 8-10-3 实验简介文本框

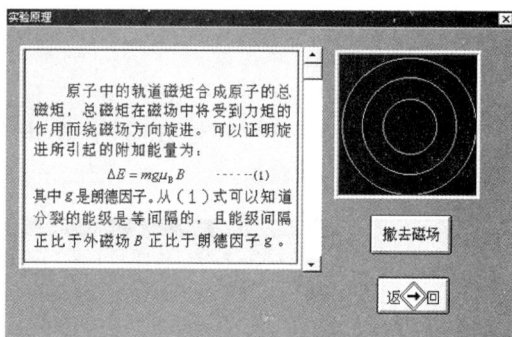

图 8-10-4 "塞曼效应原理"控制台

(2) 选择"法布里—泊罗标准具原理"项,会出现一个控制台(图 8-10-5).鼠标左键单击"滚动条",文本向上移动.鼠标左键单击"光路图"按钮,图形框会出现相应的标准具原理图.鼠标左键单击"返回"按钮,返回主实验台.

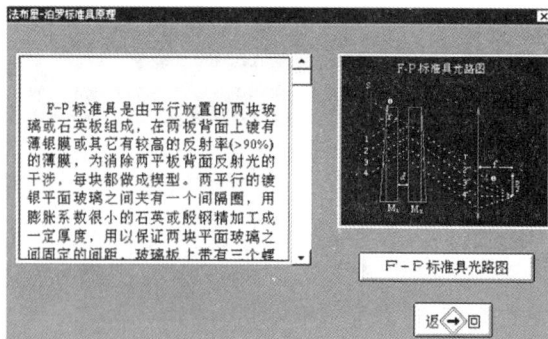

图 8-10-5 "法布里—泊罗标准具原理"控制台

3. 实验内容

分为"垂直磁场方向观察塞曼分裂"和"平行磁场方向观察塞曼分裂"两项.

4．退出

退出实验平台，返回系统主界面.

8.10.3　垂直磁场方向观察塞曼分裂

在主菜单的"实验内容"里选择"垂直磁场方向观察塞曼分裂"，进入实验台一（图8-10-6）.
鼠标在台面上移动时，最下面的信息台会出现提示. 鼠标右键在台面上单击，会出现选项菜单
（图8-10-7）：

图 8-10-6　实验台一

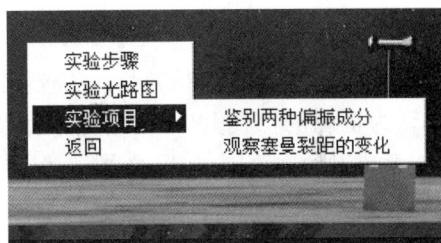

图 8-10-7　选项菜单

1．实验步骤

选择"实验步骤"项，会出现一个文本框（图8-10-8）. 阅读完后，鼠标左键单击"返回"按钮，
回到实验台一.

2．实验光路图

选择"实验光路图"项，出现一个实验光路图（图8-10-9）. 鼠标左键单击"返回"按钮，返回
实验台一.

按照实验光路图，开始安排仪器位置（图8-10-10）.

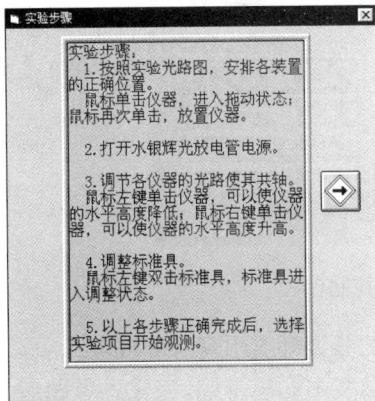

图 8-10-8　"实验步骤"文本框

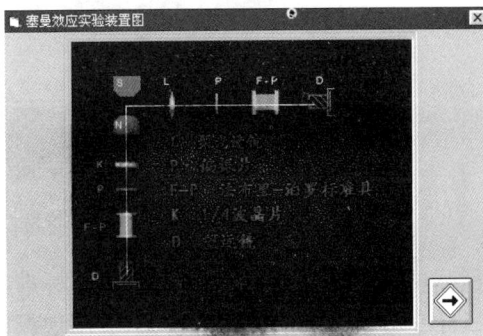

图 8-10-9　实验光路图

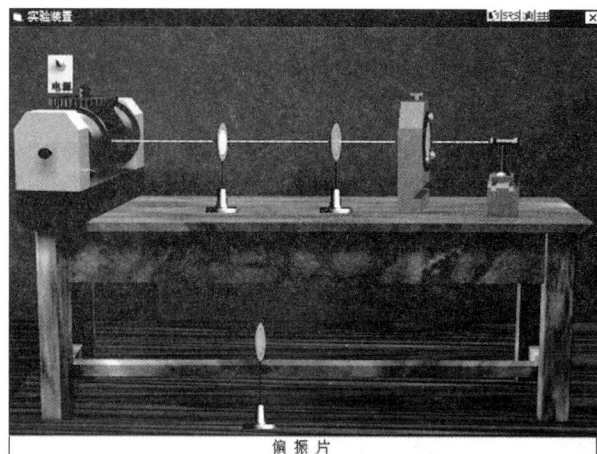

图 8-10-10　实验装置图

（1）鼠标左键单击仪器，相应的仪器进入拖动状态，移动鼠标，仪器会随鼠标拖动. 在台面上你认为正确的位置上，再次单击鼠标左键，仪器进入放置状态. 注意：如果仪器位置不到台面，或者超出台面范围，放置仪器时，仪器会回到初始位置.

（2）所有仪器相对位置正确后，鼠标左键单击"电源"按钮，开启水银辉光放电管电源. 这时，台面上会出现一条水平的光线. 注意：如果仪器的相对位置不正确，开启电源时，会出现错误提示，光线不会出现.

（3）光线出现后，开始调节各仪器，使其共轴. 鼠标左键单击仪器，相应仪器的高度会降低；鼠标右键单击仪器，相应仪器的高度会上升. 注意：标准具的高度不需要调节.

（4）当各仪器共轴后，开始调节标准具. 鼠标左键双击标准具，标准具进入调整状态，会出现标准具调节控制台（图 8-10-11）. 注意：光路不正确时，标准具不能进入调整状态.

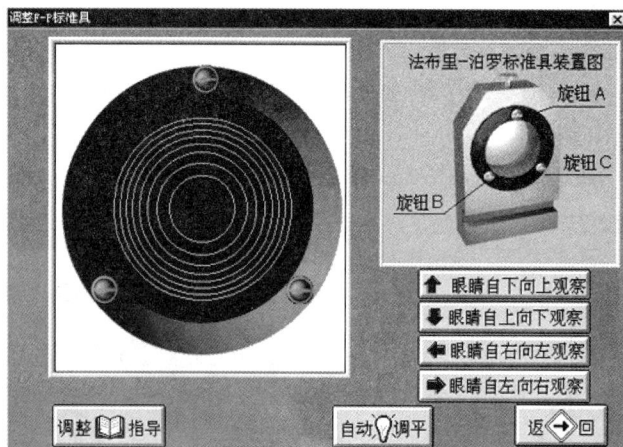

图 8-10-11　标准具调节控制台

① 鼠标左键单击不同方向的观察按钮，标准具中的分裂环会出现吞吐现象.

② 鼠标左键单击"调整指导"按钮，会出现调整指导文本和思考题，完成思考题后，出现提示信息. 鼠标右键单击文本退出"调整指导".

③ 调节标准具视框上的三个旋钮. 直到眼睛往不同方向移动时,标准具视框中的分裂环均不会出现吞吐现象. 鼠标右键单击旋钮,旋钮逆时针转动,d 增大;鼠标左键单击旋钮,旋钮顺时针转动,d 减小.

④ 由于实验中的标准具难于调整,以至于影响后面的实验进程,所以控制台中设计了"自动调平"按钮. 鼠标左键单击"自动调平"按钮,标准具自动达到调平状态.

⑤ 鼠标左键单击"返回"按钮,返回实验台一.

3. 实验项目

调节完光路和标准具后,方可选择实验项目开始观测.

(1) 选择"鉴别两种偏振成分",进入如图 8-10-12 所示的控制台. 鼠标在控制台上移动时,最下面的信息台会出现相应的操作键和视窗信息.

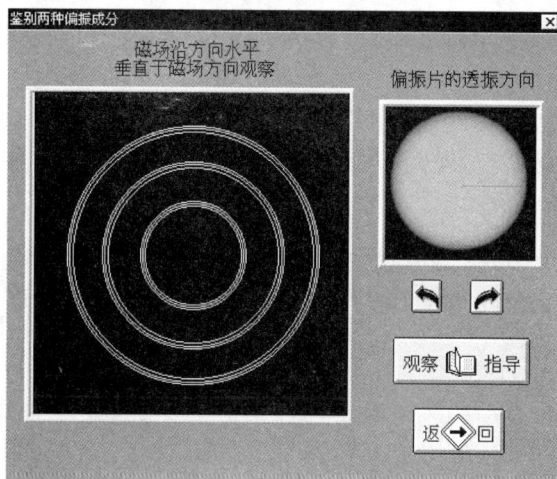

图 8-10-12 "鉴别两种偏振成分"控制台

① 鼠标左键单击"观察指导"按钮,出现一个文本框. 鼠标左键单击"返回"按钮退出.

② 偏振片视窗上的红线表示偏振片透振方向,鼠标左键单击"偏振片透振方向逆时针旋转"或"偏振片透振方向顺时针旋转"按钮,偏振片透振方向会做相应的旋转,望远镜视窗中的分裂线也会随透振方向的改变而改变.

③ 鼠标左键单击"返回"按钮,返回实验台一.

(2) 选择"观察塞曼裂距的变化"选项,进入如图 8-10-13 所示的控制台. 鼠标在控制台上移动时,最下面的信息台会出现相应的操作键和视窗信息.

① 鼠标左键单击"观察指导"按钮,会出现如图 8-10-14 所示的文本框. 阅读完后,鼠标左键单击文本框上的"返回"按钮,返回控制台.

② 鼠标左键单击(或按下不放)"电流调节旋钮",旋钮顺时针旋转,安培表指示电流增大,望远镜视窗中的塞曼裂距发生变化;鼠标右键单击(或按下不放)"电流调节旋钮",旋钮逆时针旋转,安培表指示电流减小,望远镜视窗中的塞曼裂距发生变化. 按照实验指导中的要求,记录相应的电流数据.

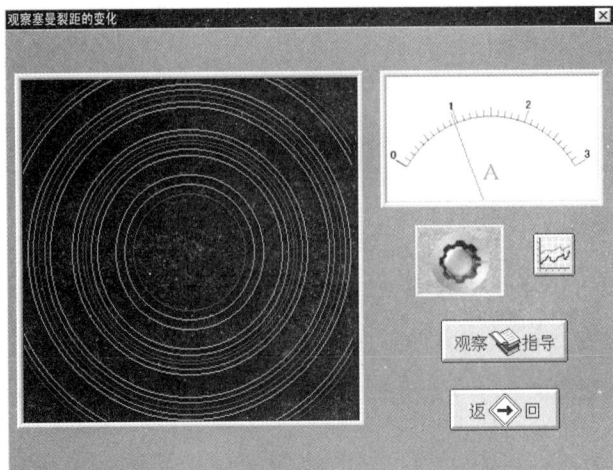

图 8-10-13 "观察塞曼裂距的变化"控制台

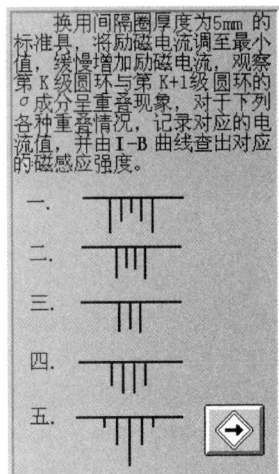

图 8-10-14 "观察指导"文本框

③ 鼠标左键单击"电流-磁场坐标图",出现如图 8-10-15 所示的坐标图. 鼠标左键点击横纵滚动条,坐标图移动,根据记录的电流值,查出相应的磁场强度值. 查完后,鼠标左键单击"返回"按钮,返回控制台.

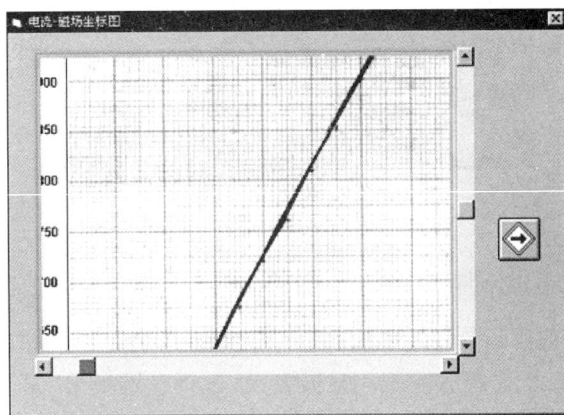

图 8-10-15 电流-磁场坐标图

④ 记录完毕后,鼠标左键单击控制台上的"返回"按钮,返回实验台一.

4. 返回

本实验台所有的实验项目完成后,选择"返回"项目,返回主实验台.

8.10.4 垂直磁场方向观察塞曼分裂

在主实验台上选择"平行于磁场方向观察塞曼分裂"选项,进入实验台二(图 8-10-16). 鼠标在实验台上移动时,最下面的信息台会出现相应的仪器信息.

鼠标右键在实验台上单击,会出现下面的实验选项(图 8-10-17).

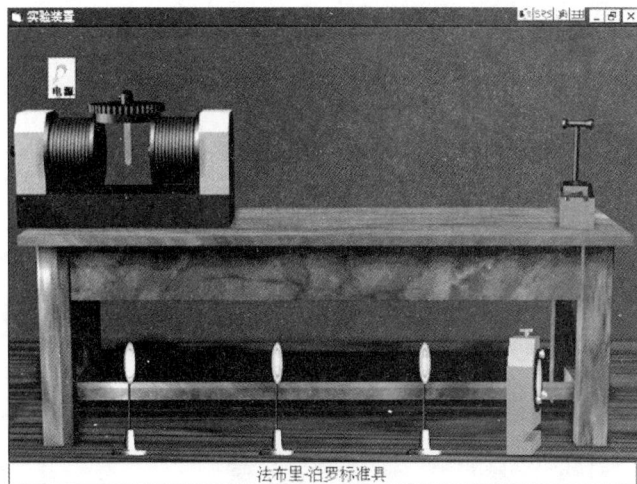

图 8-10-16　实验台二

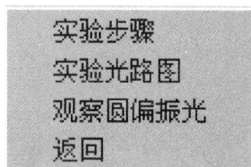

图 8-10-17　实验选项

(1) "实验步骤"、"实验光路图"与实验台一的相同.

(2) 仿照实验台一的操作方法,安排好仪器的位置,调节好光路和标准具.

(3) 选择"观察圆偏振光",进入下面的控制台(图 8-10-18). 鼠标在控制台上移动时,最下面的信息台会出现相应的操作键和视窗信息.

① 鼠标左键单击"观察指导"按钮,出现下面的文本框(图 8-10-19). 阅读完后,鼠标左键单击文本框上的"返回"按钮,返回控制台.

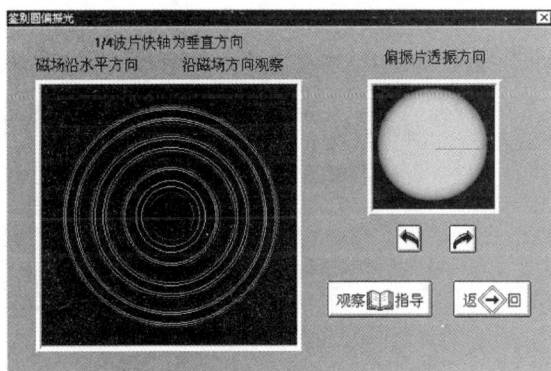

图 8-10-18　实验控制台

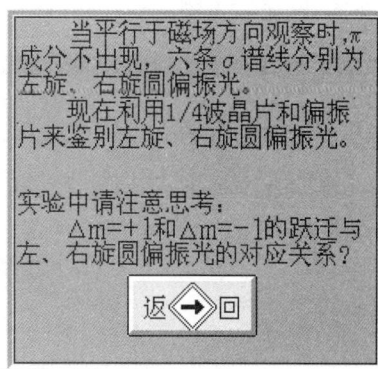

图 8-10-19　实验观察指导

② 偏振片视窗上的红线表示偏振片的透振方向,鼠标左键单击"偏振片透振方向顺时针旋转"或"偏振片透振方向逆时针旋转"按钮,偏振片的透振方向做相应的旋转,望远镜视窗中的分裂环会产生相应的变化.

③ 实验完毕后,鼠标左键单击控制台上的"返回"按钮,返回实验台二.

(4) 选择"返回"选项,返回主实验台.

实验完毕后,鼠标右键单击主实验台,在选项菜单上选择"返回"选项并点击,主实验台出现"返回"按钮,鼠标左键单击"返回"按钮,返回主界面.

8.11　γ　能　谱

8.11.1　主窗口

在系统主界面上选择"γ能谱"并单击，即可进入本仿真实验平台，显示平台主窗口（图 8-11-1）.

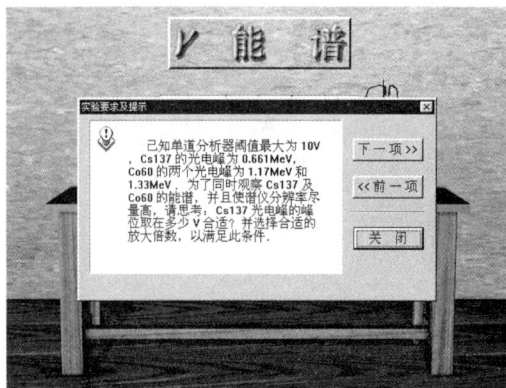

图 8-11-1　实验平台主窗口

进入仿真实验平台后自动出现"实验要求及提示"（图 8-11-2），请仔细阅读，以便准确、高效地完成实验. 单击"前一项"、"后一项"切换，阅读后关闭.

关闭"实验要求及提示"后自动出现"预习思考题"（图 8-11-3）. 请认真完成，单击"答案"可核对答案，做完后关闭.

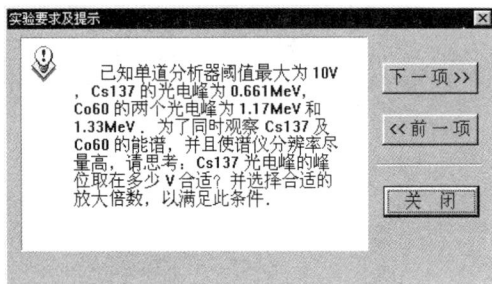

图 8-11-2　"实验要求及提示"窗口

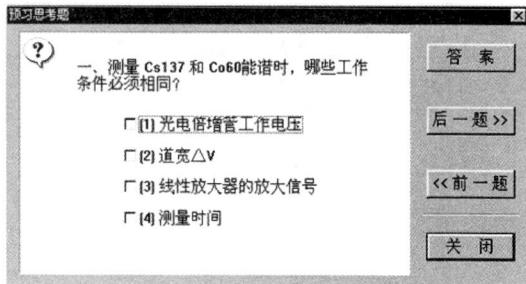

图 8-11-3　"预习思考题"窗口

8.11.2　主菜单

在实验室台面上单击右键，弹出主菜单（图 8-11-4）.

8.11.3　实验内容

1. 实验原理

在开始实验前，请认真阅读实验原理，闪烁谱仪介绍以及单道脉冲幅度分析仪介绍.

图 8-11-4　主菜单

2. 仪器调节

双击实验室桌面上的单道脉冲幅度分析仪,打开仪器调节窗口(图 8-11-5)进行调节.

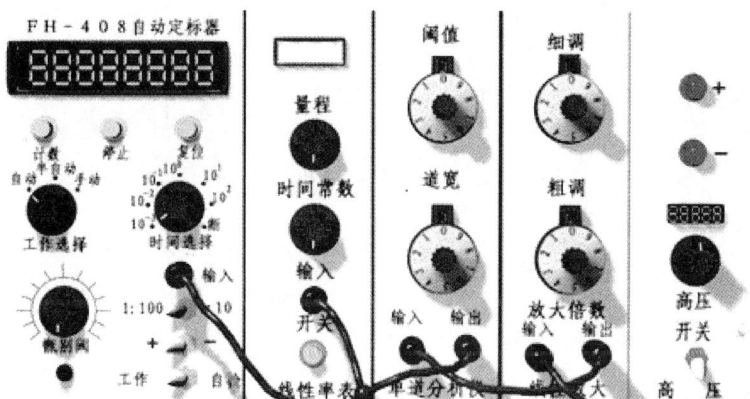

图 8-11-5　仪器调节窗口

1) 各装置简介及调节方法

(1) 🕯️🔘 开关,单击左键控制开/关.

(2) ●🔘旋钮,单击左键或右键调节对应值.

(3) •指示灯,指示仪器的工作状态.

(4) ▭线性率表表头.

(5) 88888888定标器数值显示器.

2) 仪器调节步骤

(1) 打开高压电源开关.

(2) 按实验要求调节高压值.

(3) 打开线性率表开关,调节放大倍数. 每改变一次放大倍数值,不断改变阈值,同时从线性率表中观察 Cs_{137} 的峰位,直至满足实验要求.

(4) 按实验要求调节定标器的工作选择、时间选择旋钮.

(5) 按实验要求调节道宽.

（6）调节完成,双击仪器上方的黄色标题栏,关闭仪器,返回实验室台面.

3. 进行实验

在主菜单上选择"开始实验",如果仪器调节正确,将弹出数据表格,请继续以下实验步骤,否则,系统将给出相应提示并弹出仪器,请继续调节.实验步骤如下:

（1）单击定标器上的计数按钮,开始计数.

（2）计数完毕,定标器自动停止,在实验数据表格中单击"记录数据"按钮,将此数据记录,单击"能谱图",可观察描点.若对本次数据不满意,单击"清除数据"按钮,返回第1步.

（3）适当调节阈值,返回第1步,直至所有数据测定完成.

（4）单击"能谱图",观察以描点作图法绘制出的能谱图,将鼠标指针移动到记录点上,可读出此点所对应的阈值.

4. 数据处理

在主菜单上单击"实验报告",可进入"实验报告处理系统".

5. 退出实验

在主菜单上单击"退出",可退出本实验,返回系统主界面.

8.12　电子自旋共振

8.12.1　主窗口

在系统主界面上选择"电子自旋共振"并单击,即可进入本仿真实验平台,显示平台主窗口,看到实验目的文档,请仔细阅读.

8.12.2　主菜单

在主窗口上单击鼠标右键,弹出主菜单.主菜单下还有子菜单.鼠标左键单击相应的主菜单或子菜单,则进入相应的实验部分(图 8-12-1).

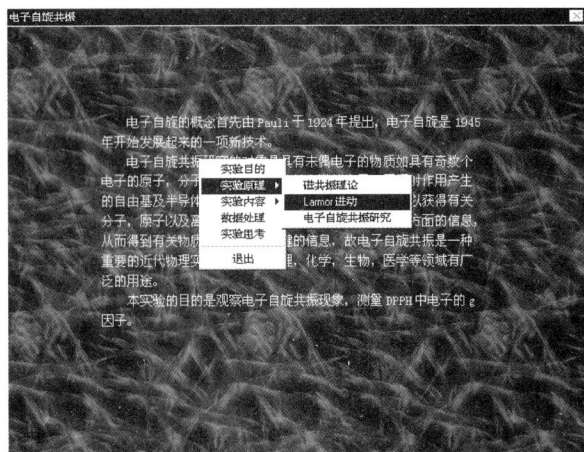

图 8-12-1　主菜单

实验应按照主菜单的条目顺序进行.

1. 实验目的

显示"实验目的"文档.

2. 实验原理

选择"磁共振理论"子菜单. 显示"磁共振理论"文档.

选择"Larmor 进动"子菜单. 使用鼠标拖动滚动条,观察磁矩在外磁场、旋转磁场及合成磁场中的进动情况(图 8-12-2).

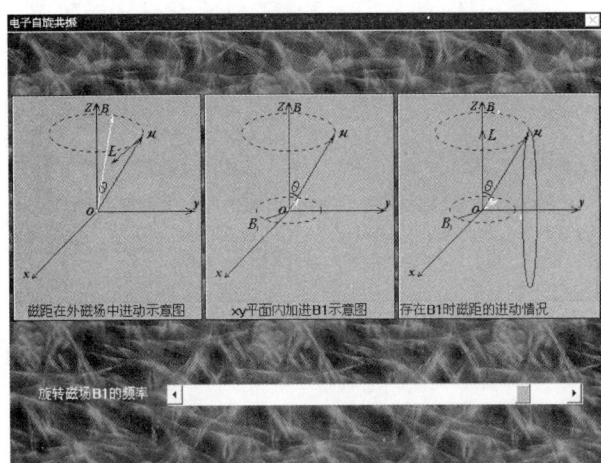

图 8-12-2 "电子自旋共振"窗口

选择"电子自旋共振"子菜单,显示"电子自旋共振"原理文档. 请认真阅读.

3. 实验内容

包括子菜单"仪器装置"和"实验步骤".

单击子菜单"仪器装置",显示仪器装置图(图 8-12-3). 用鼠标点击各个命令框,选择要观察的仪器装置(或电路图).

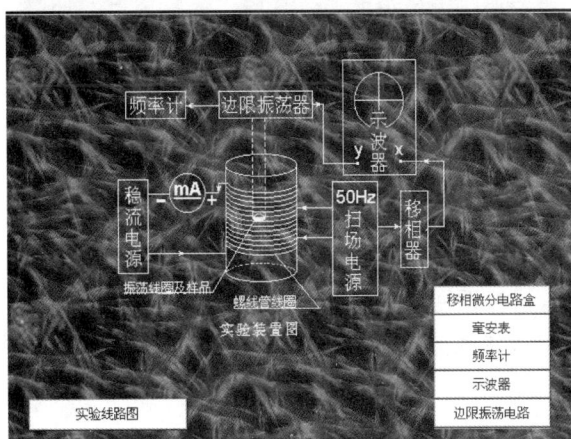

图 8-12-3 仪器装置图

4. 实验步骤

单击子菜单"实验步骤",开始具体的实验操作. 在实验操作之前,请阅读有关实验内容(图 8-12-4),按步骤逐步进行实验.

图 8-12-4　"实验内容"窗口

步骤 1:通过点击命令框"用内扫法观察电子自旋现象"(实验内容一)和命令框"测 DPPH 中的 g 因子及地磁场垂直分量"(实验内容二)来选择实验内容. 阅读完毕,可以点击命令框"继续下一步"开始下一步.

步骤 2:通过点击关键字"内扫法"和关键字"外扫法"来查看扫场法的原理演示如图 8-12-5 所示. 点击关键字"内扫法"进入步骤 2.1,点击关键字"外扫法"进入步骤 2.2,点击命令框"回到上一步"将退回到实验步骤 1,点击命令框"继续下一步"将开始实验步骤 3.

图 8-12-5　"扫场法简介"窗口

步骤 2.1:通过改变扫场信号比较观察示波器的变化即为内扫法示波器波形图,如图 8-12-6所示. 比较完毕,请按返回命令框退回到实验步骤 2. 步骤 2.2:如图 8-12-7 所示,图中示波器所示波形即为外扫法共振信号. 观察完毕,请按返回命令框退回到实验步骤 2.

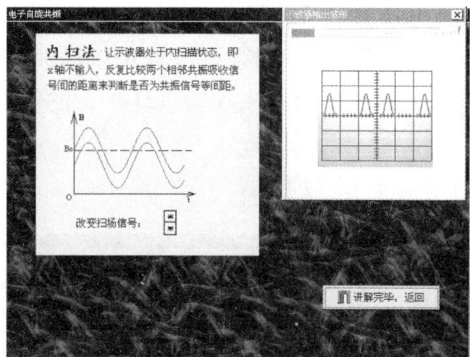

图 8-12-6　内扫法示波器波形图　　　　　　　图 8-12-7　外扫法共振信号

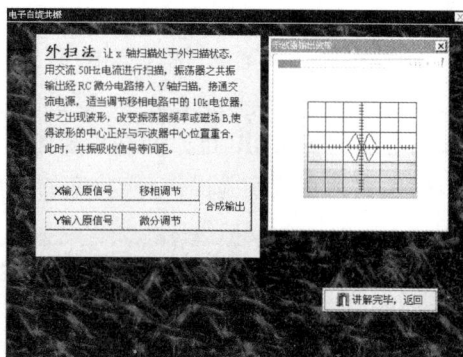

步骤 3:请仔细阅读给出的文档(图 8-12-8),并估计实验数值. 阅读完毕,点击命令框"回到上一步"将退回到实验步骤 2,点击命令框"继续下一步"将开始实验步骤 4.

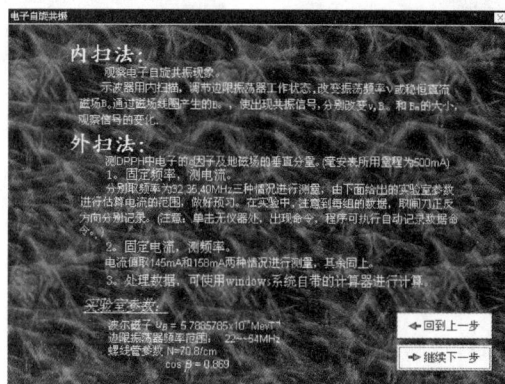

图 8-12-8　内扫法、外扫法简介

步骤 4:请仔细阅读所给出的文字(图 8-12-9),并估计实验数值. 阅读完毕,点击命令框"返回上一步"将退回到实验步骤 3,点击命令框"开始实验"将正式开始实验操作,注意:如果在步骤 1 中选择的是实验内容二,则必须正确连接实验线路方可进入实验平台,这时请按命令框"安装扫场法线路"开始步骤 4.1,对内扫法无此要求.

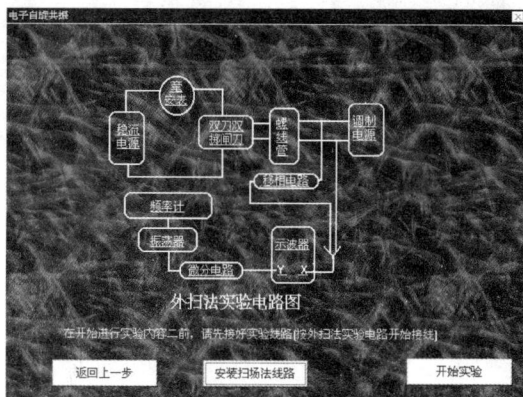

图 8-12-9　外扫法实验电路图

步骤 4.1:为了方便接线,在接线平台的下方给出接线状态(图 8-12-10),如果有错误接线,可以右击鼠标弹出菜单,选择菜单项"重新安装"清除以前接线.接线完毕,可以选择菜单项"安装完毕"判断接线结果是否正确,其最终结果将作为是否可以进入实验操作平台的依据(外扫法).单击菜单项"退出"可以回到步骤 4.

步骤 5:进入正式实验操作,实验室的操作平台如图 8-12-11 所示.

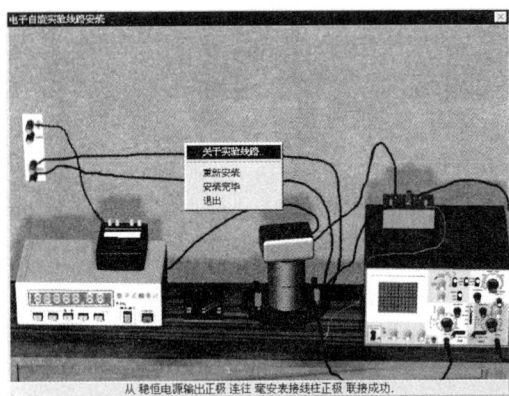

图 8-12-10 线路安装图

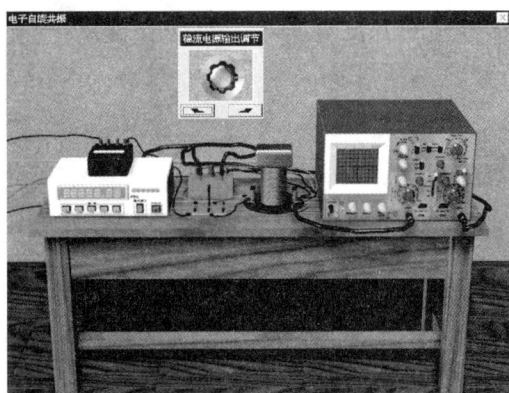

图 8-12-11 实验室的操作平台

可以点击各个仪器表面,弹出仪器以供调试或观察.

(1) 频率计:通过点击 POWER 开关,打开频率计(图 8-12-12).

用鼠标点击频率调节的上下方向键,可以增加或减少频率输出.改变倍率,将改变频率调节的幅度.

(2) 毫安表(图 8-12-13):仅供读取电流强度用,随"稳恒电流输出调节"的调节而改变.毫安表所用量程为 500mA,读数时请注意.

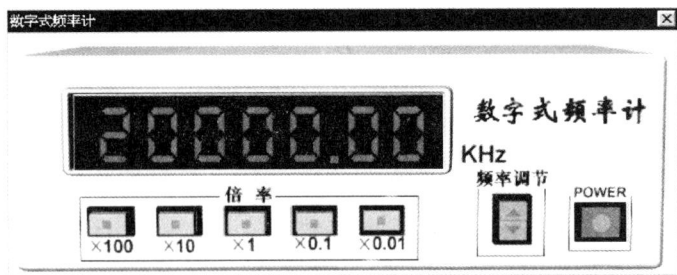

图 8-12-12 频率计

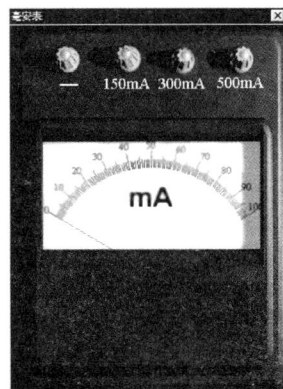

图 8-12-13 毫安表

(3) 双刀双掷闸刀:通过点击闸刀表面,改变闸刀的状态(正接,反接和断开)(图 8-12-14).

(4) 移相微分电路盒:左击和右击旋钮,可以改变示波器 X 输入的相位(图 8-12-15).

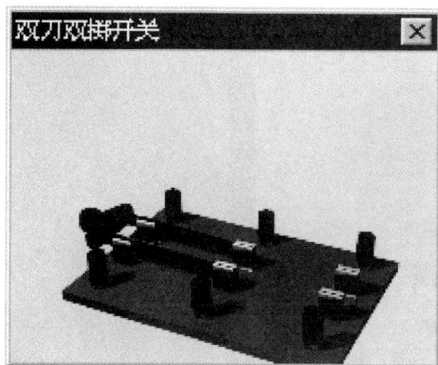

图 8-12-14　双刀双掷闸刀

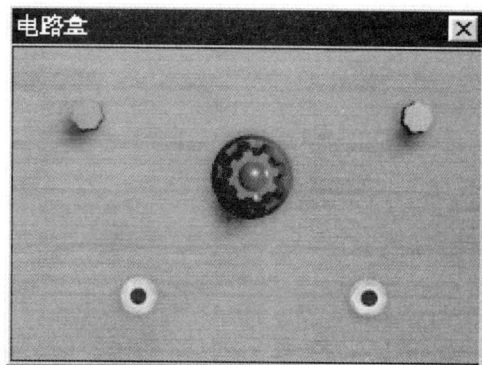

图 8-12-15　电路盒

（5）示波器波形输出：供观察和判定电子自旋共振情况（图 8-12-16）.

（6）在得到一组实验数据之后，可以右击操作平台无仪器处弹出菜单（如图 8-12-17），点击"记录实验数据"菜单项，记录实验中得到的电流强度、频率值和开关倒向. 完成实验，可以通过点击"退出实验"正常退出.

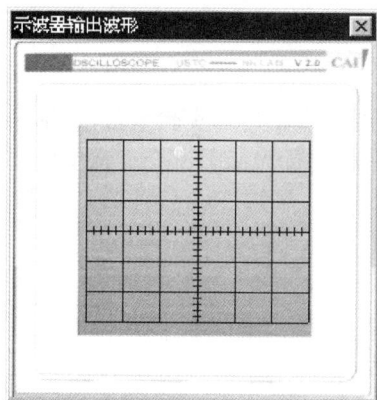

图 8-12-16　示波器波形输出

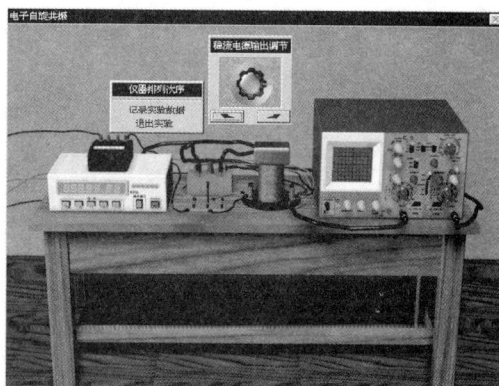

图 8-12-17　弹出实验数据记录菜单

5. 数据处理

选择"数据处理"菜单项，开始实验之后的数据处理（注意：本实验的数据处理仅提供实验记录，不对实验数据自动处理），如图 8-12-18 所示. 数据处理提供了实验室常数和部分公式，实验者可使用 Windows 系统提供的计算器进行计算.

电流值，频率值和开关倒向由程序自动记录，其余各项均由实验人员手动填入.

6. 实验思考

选择"实验思考"菜单项，回答有关问题.

7. 退出

退出实验.

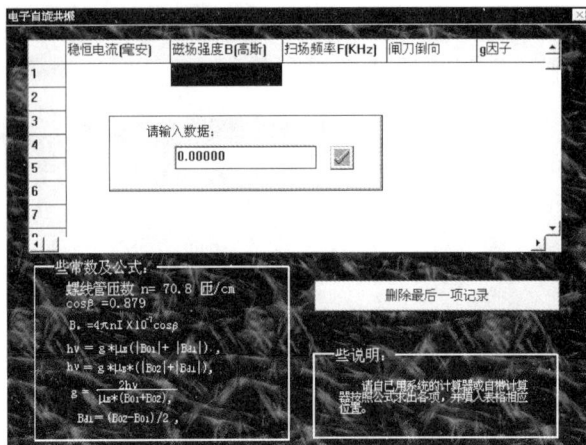

图 8-12-18　"数据处理"窗口

8.13　法布里-泊罗标准具实验

8.13.1　主窗口

在系统主界面上选择"法布里—泊罗标准具"并单击,即可进入本仿真实验平台,显示平台主窗口——实验室场景.用鼠标单击实验台上的实验仪器,鼠标指针光标附近会显示实验仪器的名称.

8.13.2　主菜单

在法布里-泊罗(F-P)标准具实验平台主窗口上单击鼠标右键,弹出主菜单(图 8-13-1).

图 8-13-1　主菜单

用鼠标单击菜单选项,即可进入相应的实验内容(若单击"退出",将弹出一个"退出"按钮,单击它就可退出实验平台).

1．实验简介

鼠标单击主菜单中"系统"选项的子菜单选项"简介"，进入实验简介部分，弹出实验简介窗口（图 8-13-2）．选择"返回"，即可返回法布里-泊罗标准具实验平台．

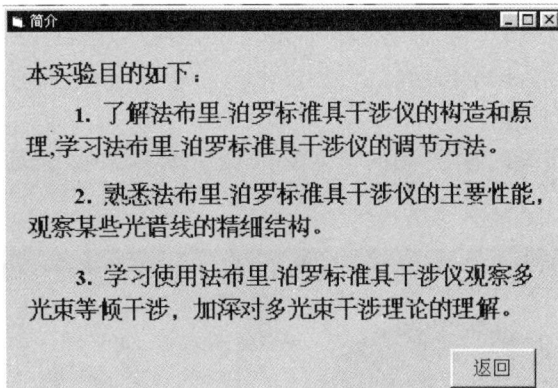

图 8-13-2　实验简介窗口

2．实验原理

（1）F-P 标准具实验装置图．

选中主菜单选项"实验原理"的子菜单选项"实验装置"，则弹出 F-P 标准具实验装置图窗口．鼠标单击实验装置窗口的"退出"按钮，即可返回法布里-泊罗标准具实验平台．

（2）法布里-泊罗标准具工作原理．

选中主菜单选项"实验原理"的子菜单选项"法布里-泊罗标准具工作原理"，则弹出法布里-泊罗标准具原理窗口（图 8-13-3）．

用鼠标按住滚动条滑块上下拖动，实验原理也相应地向上（或向下）卷动．鼠标单击" F-P 标准具光路图"按钮，按钮变为" F-P 标准具等倾干涉图"，显示窗出现 F-P 标准具等倾干涉图（图 8-13-4）．鼠标单击" F-P 标准具等倾干涉图"按钮，按钮变为" F-P 标准具光路图"，显示窗出现 F-P 标准具光路图（图 8-13-3）．

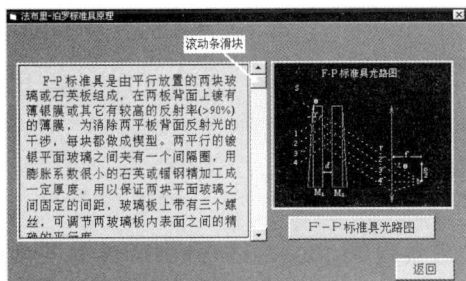

图 8-13-3　法布里-泊罗标准具原理窗口

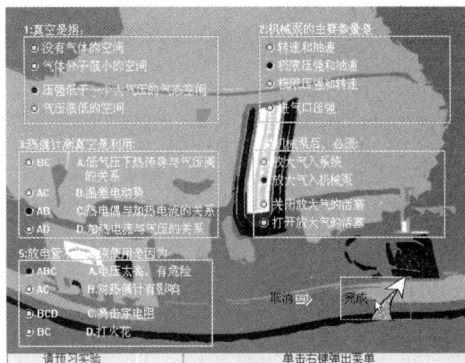

图 8-13-4　F-P 标准具等倾干涉图

3. 实验内容

实验仪器面板上按钮、旋钮的通用操作方法如下.

▣：单击鼠标左键，旋钮逆时针方向转动，单击鼠标右键，旋钮顺时针方向转动.

▣：单击鼠标左键，摇柄由外向内转动，单击鼠标右键，摇柄由内向外转动.

返回：单击鼠标左键，按下按钮.

1) F-P 标准具装置调整

鼠标单击主菜单"实验内容"选项的子菜单的"F-P 装置调整"选项，即可弹出 F-P 标准具调整窗口(图 8-13-5).

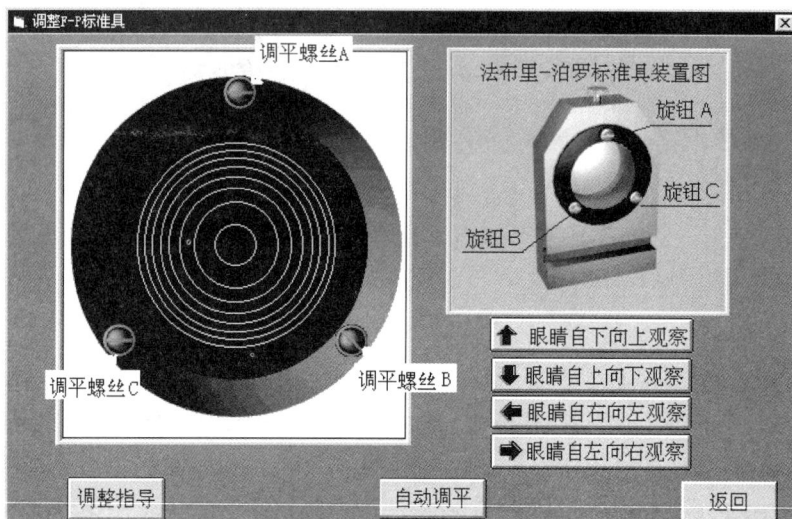

图 8-13-5　F-P 标准具调节窗口

用鼠标单击"眼睛自下向上观察"按钮，选择观察方式是眼睛自下向上观察干涉图像.
用鼠标单击"眼睛自上向下观察"按钮，选择观察方式是眼睛自上向下观察干涉图像.
用鼠标单击"眼睛自右向左观察"按钮，选择观察方式是眼睛自右向左观察干涉图像.
用鼠标单击"眼睛自左向右观察"按钮，选择观察方式是眼睛自左向右观察干涉图像.

若经过观察，发现法布里-泊罗标准具不平行，则可以通过调整 3 个调平螺丝来调平法布里-泊罗标准具.

单击"调整指导"按钮，弹出调整指导窗口(图 8-13-6).

回答问题时，在横线处输入选择，按 Enter 键转到下一横线处. 完全输入选择后，双击鼠标，系统自动判定答案正误. 单击鼠标右键，退出窗口.

单击"自动调平"按钮，系统自动调平法布里-泊罗标准具.

2) 观察现象和测量

鼠标单击主菜单"实验内容"选项的子菜单的"观察现象和测量"选项，即可弹出 F-P 标准具调整窗口，单击望远镜镜头，弹出观察图像窗口(图 8-13-7)，鼠标右键单击观察图像窗口，即可隐藏观察图像窗口.

(1) 鼠标单击读数显微镜窗口，弹出读数显微镜放大的主尺图和副尺图(图 8-13-8).

调整指导：

实验中所给的 F-P 标准具，常常两反射面并不平行，因此必须进行判断和调整。

判断和调整的依据是干涉方程：$2d\cos\theta = K\lambda$

调整方法：

用鼠标选中 F-P 标准具的调节螺丝 A，B，C。顺时针转动螺丝时(单击鼠标左键)，将使相应的板间距 d 减小，逆时针转动螺丝(单击鼠标右键)，将使相应的板间距 d 增大。

问题 1：

判断两反射面是否平行的方法是：用眼睛上下、左右移动观察干涉圆环时有无吞吐现象，若无吞吐现象，说明两反射面平行。请思考为什么？

问题 2：

若眼睛自上面下移动观察时，干涉圆环向外吐，说明两反射面间距＿＿＿，应该＿＿＿螺丝拧紧(即减小 d)。

A) 上面大于下面　　　　C) 上面小于下面
B) 上面　　　　　　　　D) 下面

图 8-13-6　调整指导窗口

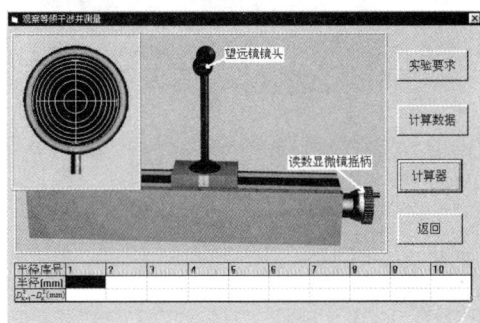

图 8-13-7　观察图像窗口

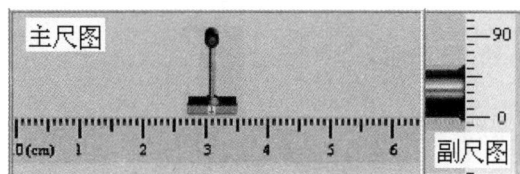

图 8-13-8　主尺图和副尺图放大图

鼠标右键单击主尺图窗口，即可隐藏主尺图窗口.

（2）单击"实验要求"按钮，弹出实验要求窗口. 在实验要求窗口单击鼠标右键，隐藏实验要求窗口.

（3）读数显微镜的使用. 鼠标左键单击读数显微镜摇柄，摇柄由外向内转动，主尺图中缩小的读数显微镜向左移动；鼠标右键单击读数显微镜摇柄，旋钮由内向外转动，主尺图中缩小的读数显微镜向右移动.

（4）数据处理. 用鼠标单击数据表格，在光标处输入实验数据. 全部输完 10 组数据后，鼠标单击"计算数据"按钮，系统自动给出计算结果.

（5）单击"计算器"按钮，弹出计算器.

（6）返回. 鼠标单击"返回"按钮，返回法布里-泊罗标准具实验平台.

8.14　低真空的获得和测量

8.14.1　主窗口

在系统主界面上选择"低真空实验"并单击,即可进入本仿真实验平台,显示平台主窗口——实验室场景.场景里是实验台和实验仪器,用鼠标在实验室内四处移动,当鼠标指向仪器时,仪器发光,同时鼠标指针处会显示相应的提示信息(图 8-14-1).

8.14.2　主菜单

在实验室台面上以鼠标右键单击,弹出主菜单.主菜单下还有子菜单(图 8-14-2).鼠标左键单击相应的主菜单或子菜单,则进入相应的实验部分.

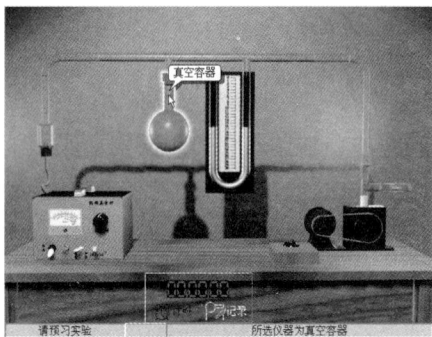

图 8-14-1　实验平台窗口

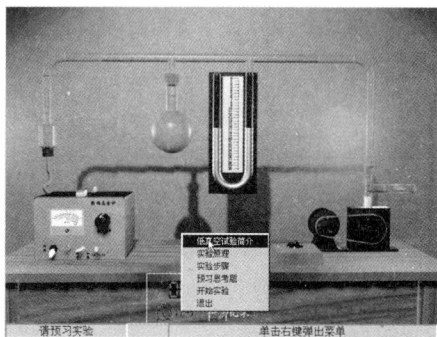

图 8-14-2　子菜单界面

实验应按照主菜单的条目顺序进行.

1. 实验简介

选择"低真空实验简介"子菜单并单击,即可查看实验简介.单击"下一页"按钮可转到下一页,此时会出现"关闭"按钮,单击可回到主窗口(图 8-14-3,图 8-14-4).

图 8-14-3　实验简介

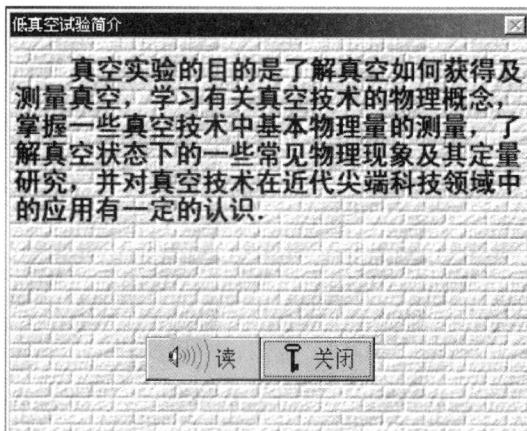

图 8-14-4　关闭界面

"实验原理"、"实验步骤"的操作与此类似,不再多述.

2. 预习思考题

单击"预习思考题"子菜单,显示预习思考题窗口(图 8-14-5).做完所有题目后按"完成"按钮,系统检查答案.最好在实验之前先做思考题,并且最好一次通过,因为失败的次数会影响成绩,以防止学生通过穷举的办法避开实际问题.

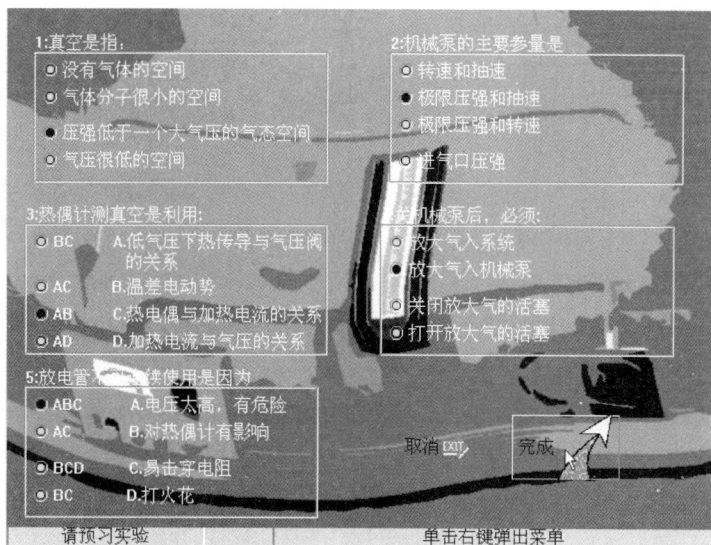

图 8-14-5　预习思考题窗口

3. 开始实验

单击子菜单"进行实验".基本操作方法如下:

（1）旋钮的操作方法:所有的旋钮,其操作方法是一致的,即用鼠标右键单击,则旋钮顺时针旋转;用鼠标左键单击,则旋钮逆时针旋转(图 8-14-6).

（2）拨动开关的操作方法:用鼠标左键单击开关的上部,即把开关向上拨,用鼠标左键单击开关的下部,则把开关向下拨.同样活塞以及横向拨动开关的操作也很类似,只需在其上单击鼠标左键即可(图 8-14-7).

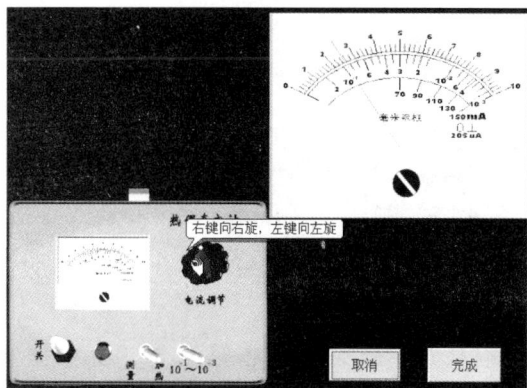

图 8-14-6　旋钮操作图

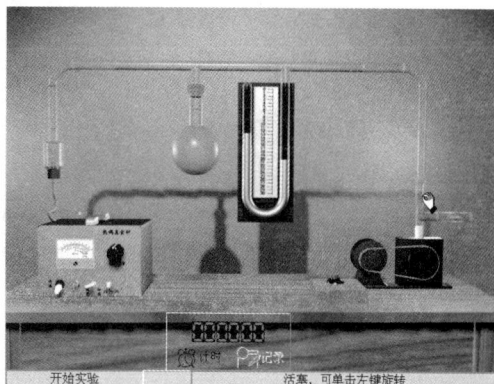

图 8-14-7　拨动开关操作图

当鼠标变成手形时都是可以单击调节的.因此对于打开、关闭电源开关以及进入调节电流状态的方法就不再一一叙述了.

（3）在观察火花检漏仪检查辉光放电现象时,直接将鼠标移到上方玻璃管处,此时鼠标变成检漏仪状(图8-14-8),单击即可弹出放大的玻璃管窗口(图8-14-9),点击"确定"按钮即可关闭.在操作时尽量多观察,即多次用检漏仪观察颜色变化(与成绩相关).

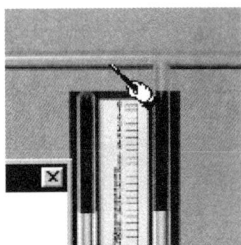

图 8-14-8　检漏仪检查窗口　　　　　图 8-14-9　局部放大的玻璃管窗口

（4）注意,当U形计两端接近等高时,确定此时的热偶计是打开的,打开的方法很简单,只需单击热偶真空计即可.

（5）当实验做好时,会有浮动字串告诉你已经做好了,此时方可关闭热偶计,停止秒表,结束实验前,注意关闭电源和活塞的操作顺序.

8.15　油滴法测电子电荷

8.15.1　主窗口

在系统主界面上选择"油滴实验"并单击,即可进入本仿真实验平台,显示平台主窗口——实验室场景.场景里有实验台和实验仪器.用鼠标在实验台上四处移动,当鼠标指向仪器时,仪器发光,同时鼠标指针处显示相应的提示信息(图8-15-1).

图 8-15-1　实验平台

单击书本,进入"实验简介";单击Millikan油滴仪,开始做实验;单击笔记本,开始数据处理;单击右下角的门形图标,退出仿真平台.

8.15.2　操作方法

1. 旋钮的操作方法

所有的旋钮(包括调平螺丝),其操作方法是一致的,即用鼠标右键单击,则旋钮顺时针旋转;用鼠标左键单击,则旋钮逆时针旋转.如果按住鼠标键不放,则旋钮持续向相应方向旋转(图 8-15-2).

2. 拨动开关的操作方法

用鼠标左键单击开关的上部,即把开关拨向上挡;类似地,用鼠标左键单击开关的中、下部,则把开关拨向中、下挡(图 8-15-3).

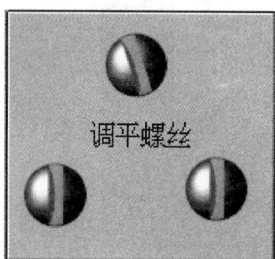

图 8-15-2　旋钮

图 8-15-3　拨动开关图

3. "返回"图标和"退出"按钮

单击窗口右下角的门形图标或"退出"按钮,关闭窗口,返回上一层.

4. 提示信息

在平台主窗口中,当鼠标移到可以点击的地方时,该处以高亮度(发光)显示(图 8-15-4);并会显示浮动的提示条.在"开始实验"时的选择界面上同样,当鼠标移到可以点击的地方时,该处也会以高亮度(发光)显示.

图 8-15-4　提示信息图

8.15.3　使用说明

1. 实验简介

在主窗口的实验台上单击书本,进入"实验简介"窗口.该窗口中,蓝色下划线的字代表一种链接,鼠标单击可跳转至另外的窗口或显示相应的图片.

在实验简介中的"预习思考题"项中,供选择的答案显示在窗口底部.用鼠标单击所选答案,如果选择不正确,不会有显示,直到选择了正确答案时,才会将正确答案显示出来.在没有将题目完全回答正确之前是无法离开的.

2. 开始实验

在主窗口的实验台上单击 Millikan 油滴仪,进入"开始实验"窗口(图 8-15-5).

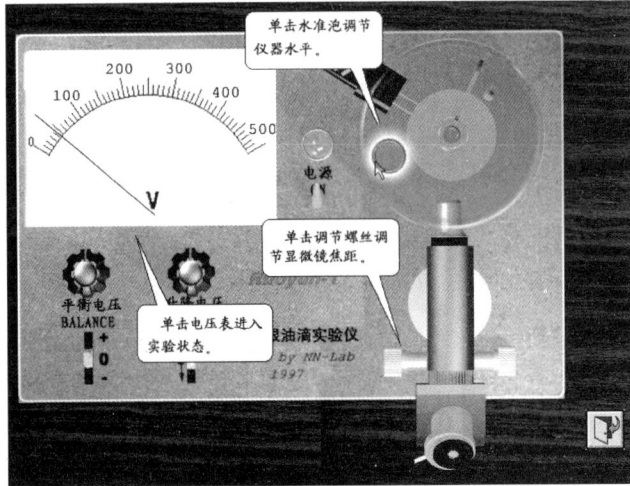

图 8-15-5 "开始实验"窗口

（1）调节水平.用鼠标单击水准泡,即进入调节水平状态,调节螺丝的操作方法如上所述,当使气泡停留在中央的圆圈内部时,即可认为已经调平(图 8-15-6).

（2）显微镜调焦.鼠标单击调焦手轮,即进入调节焦距状态,调节螺丝的操作方法同上所述,当视野中的金属丝最为清晰时,即可认为焦距已经调好.

（3）开始实验.用鼠标单击电压表,进入实验状态.进入实验状态后,单击电源开关可进行开/关仪器电源的操作.平衡、升降电压调节旋钮及其对应的反向开关操作方法如前所述.单击油滴盒或显微镜则弹出观察窗,观察窗下部是秒表及其操作开关(图 8-15-7).

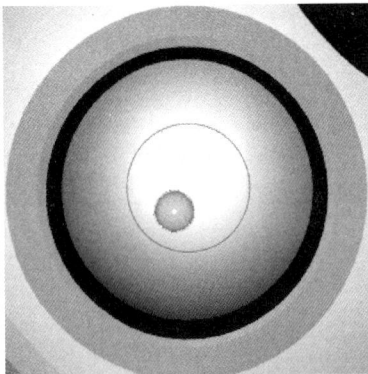

图 8-15-6 调节水平图

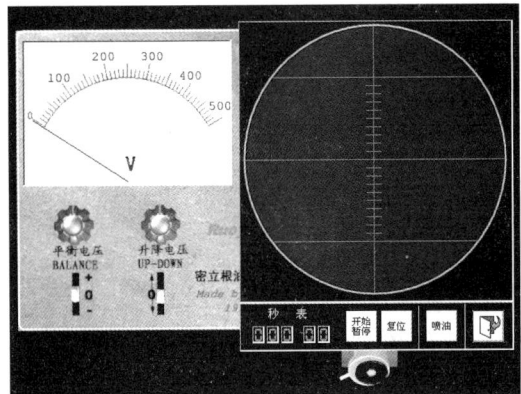

图 8-15-7 观察窗

按"开始/暂停"按钮(或按键盘上的"s"键),秒表开始或暂停计时.按"复位"按钮(或按键盘上的"r"键),秒表清零复位.按"喷油"按钮,开始喷油.

3. 数据处理

完成实验后,在主窗口上单击笔记本进入数据处理状态. 用鼠标右键单击数据区,会弹出快捷菜单(图 8-15-8). 可根据需要,选择"新建一组数据",或"新建一个油滴的数据组";或因为误差太大,选择删除一组数据或一个油滴的全部数据.

图 8-15-8　数据处理菜单

可使用数据选择按钮来选择当前编辑的数据,在数据区内所要编辑的数据上单击,即可填写或编辑数据. 当数据全部填写完全后,单击"检查数据"钮会检查是否有漏填的数据及计算的每个油滴所带电量是否误差过大.

注意:

(1) 每个油滴所带电量需要自己计算,其误差不得超过 3%.

(2) 单击"计算器"钮会弹出一台函数计算器,以方便计算.

(3) 在检查数据通过后,单击"计算数据"钮即会自动计算出基本电荷 e,及其标准差和相对误差. 如果填写的数据既有平衡法的也有动态法的,会提示选择其中一种数据进行计算或选择全部数据进行计算.

第9章　普通传感器实验

9.1　金属箔式应变片传感器实验(一)

【实验目的】

了解金属箔式应变片单臂电桥的工作原理和工作情况.

【实验装置】

直流稳压电源,差动放大器,电桥,测微器,V/F 表.

有关旋钮的初始位置:直流稳压电源输出置于 0 挡,V/F 表置于 V 表 20V 挡,差动放大器增益旋钮置于最大.

注意事项:

(1) 电桥单元上部所示的 4 个桥臂电阻(R_x)并未安装,仅作为组桥示意标记,表示在组桥时应外接桥臂电阻(如应变片或固定电阻).R_1,R_2,R_3 作为备用的桥臂电阻,按需要接入桥路.电桥单元面板和差动放大器单元示意图见图 9-1-1(a),(b).

(2) 做此实验时应将低频放大器、音频放大器的幅度调至最小,以减小其对直流电桥的影响.

(3) 实验过程中,直流稳压电源输出不允许大于 4V,以防应变片过热损坏.

(4) 不能用手触摸应变片及过度弯曲平行梁,以免应变片损坏.

(5) 实验中用到某单元时,则该单元若有电源开关的应合上开关,完成实验后应关闭所有开关及输出.

【实验内容】

(1) 观察梁上应变片,了解结构和粘贴位置(对应受力,变形方向见图 9-1-1(c)).

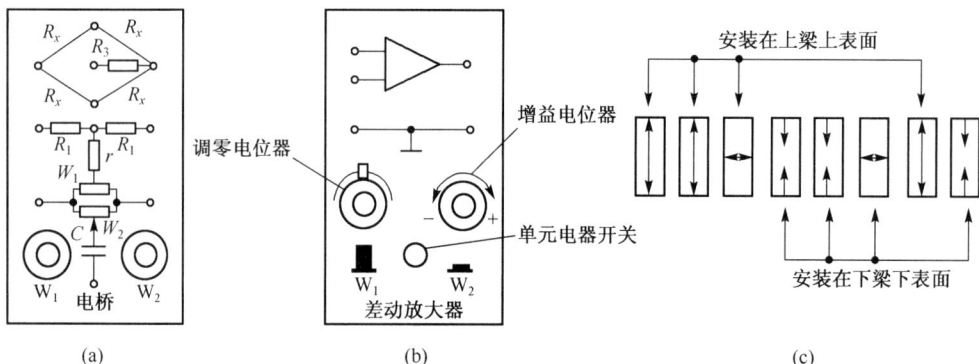

图 9-1-1　电桥单元面板和差动放大器单元示意图

(2) 将差动放大器调零.用导线将差动放大器的正负输入端与地端连接起来.然后将差动放大器的输出端接至电压表的输入端,电压表的量程取 2V 挡,调整差动放大器上的调零旋钮,使电压表指示为零. 稳定后去除差动放大器输入端的导线.

(3) 根据图 9-1-2 的电路结构,将一片应变片与电桥平衡网络、差动放大器、电压表、直流稳压电源连接起来,组成一个测量线路(这时直流稳压电源应置于 0 挡,电压表应置于 20V挡). 此时,应变片接入图 9-1-2 的 R_x 位置.

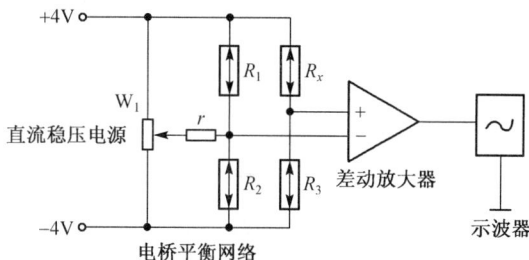

图 9-1-2　电路结构图(一)

(4) 转动测微器,将梁上振动平台中间的磁铁与测微头相吸(必要时松开测微器的固定螺钉,使之完全可靠吸附后,再拧紧固定螺钉),并使双平行梁处于(目测)水平位置.

(5) 将直流稳压电源置于 4V 挡,调整电桥平衡电位器 W_1,使电压表指示为零. 稳定数分钟后,将电压表量程置于 2V 后,再仔细调零.

(6) 往下旋动测微器,使梁的自由端往下产生位移,记下电压表显示的数值. 每次位移 0.5mm 记一个电压数值,将所记数据填入下表,根据所得结果计算灵敏度 $S,S = \Delta U/\Delta X$(式中 ΔU 为电压变化, ΔX 为相应的梁端位移变化),并作出 U-X 关系曲线.

X/mm										
U/mV										

【讨论问题】

(1) 本实验电路对直流稳压电源有何要求,对放大器有何要求.

(2) 将应变片换成横向补偿片后,又会产生怎样的数据,并根据其结构说明原因.

9.2　金属箔式应变片传感器实验(二)

【实验目的】

了解金属箔式应变片全臂电桥的工作原理和工作情况,与 9.1 节进行线性度与灵敏度比较.

【实验装置】

直流稳压电源,差动放大器,电桥,测微器,V/F 表.

有关旋钮的初始位置:直流稳压电源输出置于 0V 挡,V/F 表置于 V 表 20V 挡,差动放大器增益旋钮置于最大.

注意事项:双臂电桥的 4 片应变片应注意工作状态与方向,不能接错.

【实验内容】

(1) 根据图 9-2-1 的电路结构,将 4 片应变片与电桥平衡网络、差动放大器、电压表、直流稳压电源连接起来,组成一个测量线路(这时直流稳压电源输出应置于 0 挡,电压表应置于

20V 挡). 此时 4 片应变片组成全桥.

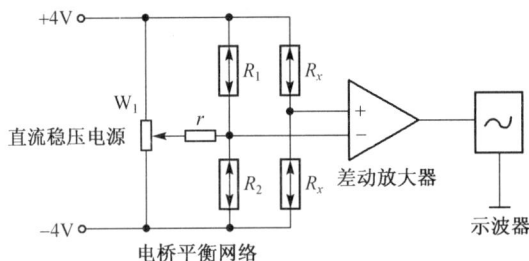

图 9-2-1   电路结构图(一)

(2) 转动测微器, 使双平行梁处于(目测)水平位置, 再向上位移 5mm, 使梁的自由端往上位移.

(3) 将直流稳压电源置于 4V 挡, 调整电桥平衡电位器 W_1, 使电压表指示为零, 稳定数分钟后, 将电压表量程置于 2V 挡后, 再仔细调零.

(4) 往下旋动测微器, 使梁的自由端产生位移, 记下电压表显示的数值. 每次位移 1mm 记一个电压数值, 将所记数据填入下表, 根据所得结果计算灵敏度 $S. S = \Delta U / \Delta X$ (式中 ΔU 为电压变化, ΔX 为相应的梁端位移变化), 并作出 U-X 关系曲线.

X/mm									
U/mV									

【讨论问题】

(1) 如果不考虑应变片的受力方向, 结果又会怎样.

(2) 比较单臂、半桥、全桥各种接法的灵敏度.

9.3   金属箔式应变片传感器实验(三)

【实验目的】

了解金属箔式应变片振动的性能及其应用.

【实验装置】

直流稳压电源, 差动放大器, 电桥, V/F 表, 低频振荡器, 双线示波器(自备).

有关旋钮的初始位置: 直流稳压电源输出置于 0 挡, V/F 表置 V 表 20V 挡, 差动放大器增益旋钮置于最大, 按下低频振荡器的振动控制开关, 低频振荡器的幅度旋钮置于最小.

注意事项:

(1) 实验过程中, 低频振荡器的调幅旋钮不能过大, 以梁振动时不碰撞其他部件为宜.

(2) 低频振荡器的频率调节是按对数型调节的, 故调节时频率的低端变化较小而高端变化较大.

(3) 在测量过程中, 注意随时调节示波器的灵敏度, 使其便于观察.

【实验内容】

(1) 根据图 9-2-1 的电路结构, 将 4 片应变片与电桥平衡网络、差动放大器、电压表、直流稳压电源连接起来. 组成一个测量线路(这时直流稳压电源应置于 0 挡, 电压表应置于 20V

挡). 此时 4 片应变片组成全桥.

（2）转动测微器,用手将梁上振动平台中间的磁铁与测微头分离,这时平行梁处于自由静止状态,并将测微头缩至测微器中,使梁振动时不至于再被吸住.

（3）将直流稳压电源置于±4V 挡,调整电桥平衡电位器 W_1,使电压表指示为零.

（4）去除差动放大器输出端与电压表的连线. 将差动放大器输出与示波器连起来,如图 9-3-1. 将 V/F 表置于 F 表 2kHz 挡,并将低频振荡器的输出端与频率表的输入端相连,用来观察振动频率.

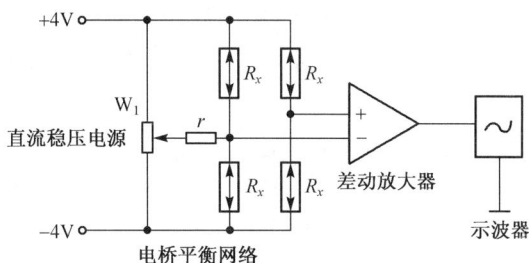

图 9-3-1　电路结构图（一）

（5）按下激振器的开关,固定低频振荡器的幅度旋钮至某一位置,调节低频振荡器频率,用频率表监测频率值,用示波器读出峰-峰值填入下表,并作出幅频特性曲线:

F/Hz	3	4	5	6	7	8	9	10	20	30	
U_{pp}/V											

【讨论问题】

（1）在实验过程中,观察示波器的读出频率与频率表示值是否一致,据此,根据应变片的幅频特性可作何应用.

（2）根据实验结果,可以判断梁的共振频率大致为多少.

（3）在某一频率固定时,调节低频振荡器的幅度旋钮,改变梁的振动幅度,通过示波器读出的数据,是否可以推算出梁振动时的位移.

（4）试想一下用其他方法来测量梁振动时的位移,并与本实验结果进行比较.

9.4　电涡流式传感器实验（一）

【实验目的】

了解电涡流式传感器的工作原理和工作情况,与其他实验进行线性度和灵敏度比较.

【实验装置】

涡流变换器,涡流传感器探头,铁测片测微器,V/F 表.

有关旋钮的初始位置:V/F 表置于 V 表 20V 挡.

注意事项:

（1）被测体与涡流传感器探头平面必须平行,并将探头尽量对准被测体中间,以减小涡流损失.

（2）由于调理单元的特殊电路结构,使得涡流变换器的输出始终为负值. 涡流变换器的面板示意见图 9-4-1(a).

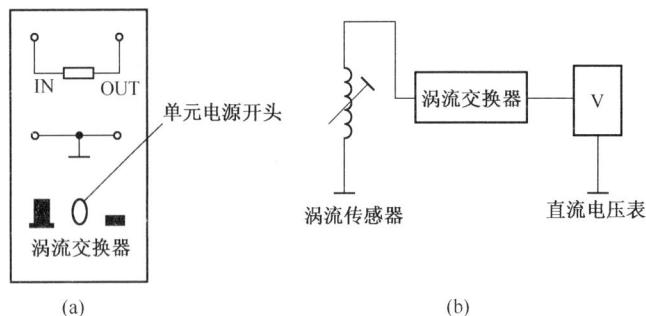

图 9-4-1 涡流交换器的面板及电路示意图

【实验内容】

（1）转动测微器,将梁上振动平台中间的磁铁与测微头相吸,并使双平行梁处于（目测）水平位置,按注意事项要求调整好涡流传感器探头（这时被测体铁测片与涡流传感器探头平面相接触）.

（2）根据图 9-4-1(b)的电路结构,将涡流传感器探头、涡流变换器、电压表连接起来,组成一个测量线路.

（3）往下旋动测微器,使梁的自由端往下产生位移（刚开始时,电压表显示的数值为零,一直到有一定距离后才会发生变化,以这时的数据作为起始数据）. 每位移0.25mm,记一个电压表数值. 将所记数据填入下表,根据所得数据计算灵敏度 $S. S = \Delta U/\Delta X$（式中 ΔU 为电压变化,ΔX 为相应的梁端位移变化）,并作出 U-X 关系曲线.

X/mm												
U/mV												

【讨论问题】

（1）刚开始时,电压表显示的数值为零,一直到有一定距离后才会发生变化,这是为什么?

（2）根据测试结果,找出当前被测体为铁测片时,线性范围的中点位置（最佳工作点）及涡流传感器探头与铁片的距离.

（3）如何能提高其线性范围?

（4）与其他传感器比较有什么优缺点.

9.5 电涡流式传感器实验（二）

【实验目的】

了解电涡流式传感器的振动性能及其应用.

【实验装置】

涡流变换器,涡流传感器探头,铁测片,测微器,直流稳压电源,差动放大器,电桥,V/F表,低频振荡器,双线示波器（自备）.

有关旋钮的初始位置:直流稳压电源置于 0 挡,V/F 表置于 V 表 20V 挡,差动放大器增益旋钮置于最小,按下低频振荡器的振动控制开关,低频振荡器的幅度旋钮置于最小.

注意事项:

(1) 实验过程中,低频振荡器的调幅旋钮不能过大,以梁振动时不碰撞其他部件为佳.

(2) 本实验中差动放大器与电桥平衡网络组成了一个电平移动电路,使得在最佳工作点系统的输出为零,以便反映出位移的正负值(以工作点为基准),也使实际使用更为方便.

(3) 如果加大涡流传感器探头与被测体初始间距,虽然可测较大的振幅,但会产生明显的失真.

(4) 在实验过程按图 9-5-1 重新接线时,应确保涡流探头的位置不能变动.

【实验内容】

(1) 根据图 9-5-1(a)的电路结构,将涡流传感器探头、涡流变换器、电压表连接起来,组成一个测量线路.

(2) 转动测微器,将梁上振动平台中间的磁铁与测微头分离,并将测微头缩至测微器中,使梁振动时不至于再被吸住(这时平行梁处于自由静止状态),适当调节涡流传感器探头的高低位置.

(3) 根据图 9-5-1 的电路结构接线,将涡流传感器探头、涡流变换器、电桥平衡网络、差动放大器、电压表、直流稳压电源连接起来,组成一个测量线路(这时直流稳压电源应置于10V 挡).

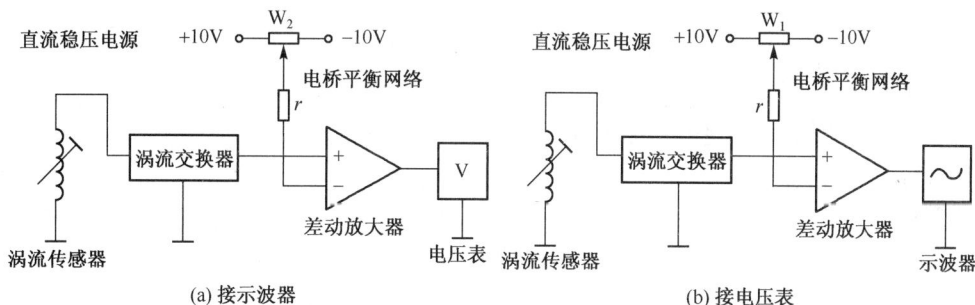

图 9-5-1　差动放大器接口示意图

(4) 调节电桥平衡网络,使电压表读数为零.

(5) 去除差动放大器与电压表的连线,将差动放大器的输出与示波器连起来,如图 9-5-1(b)所示.将 V/F 表置于 F 表 2kHz 挡,并将低频振荡器的输出端与频率表的输入端相连.

(6) 固定低频振荡器的幅度旋钮至某一位置(以梁谐振时不碰撞其他为好),调节时用频率表监测频率,用示波器读出峰-峰值填入下表:

F/Hz	3	4	5	6	7	8	9	10	20	30	
$U_{\text{p-p}}$/V											

【讨论问题】

(1) 根据实验结果,可以知道梁的自振频率大致为多少?

(2) 如果已知被测量梁振幅为 0.2mm,传感器是否一定要安装在最佳工作点.

(3) 如果此传感器仅用来测量振动频率,工作点问题是否仍十分重要.

9.6　差动面积式电容传感器实验(一)

【实验目的】

了解差动变面积式电容传感器的工作原理和工作情况.

【实验装置】

电容变换器,差动放大器,低通滤波器,V/F 表,测微器.

有关旋钮的初始位置:差动放大器增益旋钮置于中间,V/F 表置于 V 表 20V 挡.

注意事项:电容片的一组动片和两组定片不能相碰(图 9-6-1).

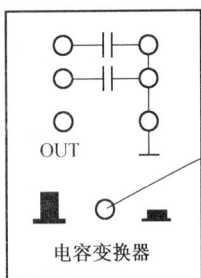

(a) 面板示意图

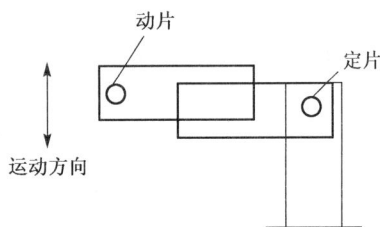

(b) 定、动片结构

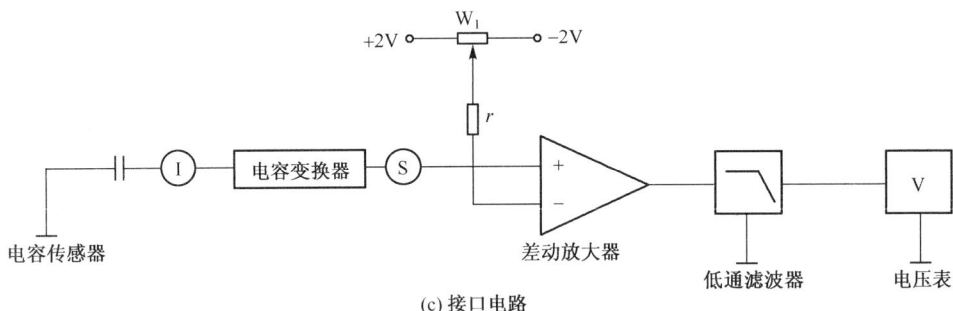

(c) 接口电路

图 9-6-1　差动面积式电容传感实验接线图

X/mm													
U/mV													

【实验内容】

(1) 转动测微器,将梁上振动平台中间的磁铁与测微头相吸,使双平行梁处于(目测)水平位置,再向上转动 5mm,使梁的自由端往上位移(这时电容片的一组动片一般处于上组定片的中间).

(2) 根据图 9-6-1(c)的电路结构接线,将电容片的动片和上下两组定片,与电容变换器、差动放大器、低通滤波器、电压表连接起来,组成一个测量线路.

(3) 往下旋动测微器,使梁的自由端往下产生位移,从而改变电容片的动片和定片的相对位置(改变覆盖面积).每位移 1mm,记一个电压表数值,将所记数据填入下表.根据所得数据计算灵敏度 S,$S = \Delta U/\Delta X$(式中 ΔU 为电压变化,ΔX 为相应的梁端位移变化),并作出 U-X 关系曲线.

【讨论问题】

结合电容变换器的原理分析,为什么读数会过零.

9.7　差动面积式电容传感器实验(二)

【实验目的】

了解差动变面积式电容传感器振动时的性能及其应用.

【实验装置】

电容变换器,差动放大器,低通滤波器,测微器,V/F 表,示波器.

有关旋钮的初始位置:差动放大器增益旋钮置于中间,按下低频振荡器的振动控制开关,低频振荡器的幅度旋钮置于最小. V/F 表置于 F 表 2kHz 挡.

注意事项:

(1) 实验过程中,低频振荡器的调幅旋钮不能过大,以梁振动时不碰撞其他部件为佳.

(2) 必要时要调整电容片的相对位置,使电容片的一组动片处于两组定片的中间附近.

【实验内容】

(1) 转动测微器,将梁上振动平台中间的磁铁与测微头分离,并将测微头缩至测微器中,使梁振动时不至于再被吸住(这时平行梁处于自由静止状态,电容片的一组动片处于两组定片的中间附近).

(2) 根据图 9-6-1(c)的电路结构,将电容片的动片和两组定片,与电容变换器、差动放大器、低通滤波器、示波器连接起来,组成一个测量线路.将 V/F 表置于 F 表 2kHz 挡,并将低频振荡器的输出端与频率表的输入端相连.

(3) 固定低频振荡器的幅度旋钮至某一位置,调节频率,调节时用频率表监测频率,用示波器读出峰-峰值填入下表:

F/Hz	3	4	5	6	7	8	9	10	20	30	
$U_{p\text{-}p}/V$											

【讨论问题】

(1) 根据实验结果,可以知道梁的自振频率大致为多少?

(2) 如果不着重调整电容片的相对位置,会有什么现象,对测量频率是否很重要.

9.8　霍尔式直流激励传感器实验(一)

【实验目的】

了解霍尔式传感器的工作原理和工作情况.

【实验装置】

霍尔式传感器,直流稳压电源,差动放大器,电桥,测微器,V/F 表.

有关旋钮的初始位置:直流稳压电源输出置于 0 挡. V/F 表置于 V 表 20V 挡,差动放大器增益旋钮置于中间.

注意事项：

（1）双平行梁处于（目测）水平位置时，霍尔片应处于环形磁铁（图 9-8-1（a））的中间.

（2）直流激励电压不能过大，以免损坏霍尔片.

（3）本实验测出的实际上是磁场的分布情况，它的线性越好，位移测量的线性度也越好，它的变化越陡，位移测量的灵敏度也就越高.

【实验内容】

（1）观察霍尔式传感器的结构，根据图 9-8-1（b）的电路结构，将霍尔式传感器、直流稳压电源、电桥、差动放大器、电压表连接起来，组成一个测量线路（这时直流稳压电源应置于 0 挡，电压表应置于 20V 挡）.

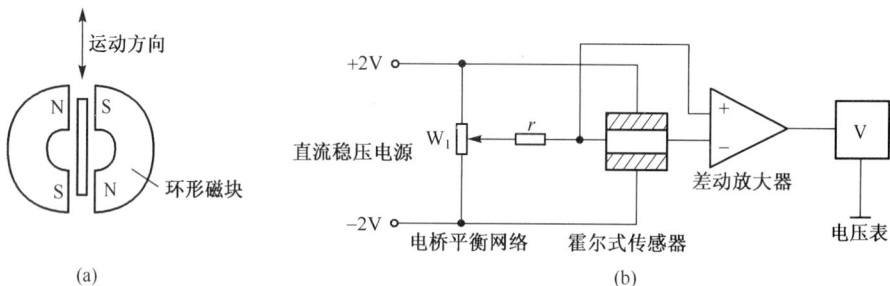

图 9-8-1　电路结构图

（2）转动测微器，使双平行梁处于（目测）水平位置，再向上转动 2mm，使梁的自由端往上位移.

（3）将直流稳压电源置于 2V 挡，调整电桥平衡电位器 W_1，使电压表指示为零，稳定数分钟后，将电压表量程置于 2V 挡，再仔细调零.

（4）往下旋动测微器，使梁的自由端产生位移，记下电压表显示的数值. 每次位移 0.4mm 记一个电压数值，将所记数据填入下表，根据所得结果计算灵敏度 S，$S = \Delta U / \Delta X$（式中 ΔU 为电压变化，ΔX 为相应的梁端位移变化），并作出 U-X 关系曲线.

X/mm											
U/mV											

【讨论问题】

结合梯度磁场分布，解释为什么霍尔片应处于环形磁铁的中间.

9.9　霍尔式直流激励传感器实验（二）

【实验目的】

了解霍尔式传感器直流激励下振动时幅频性能和工作情况.

【实验装置】

霍尔式传感器，直流稳压电源，差动放大器，电桥，V/F 表，低频振荡器，双线示波器（自备）.

有关旋钮的初始位置：直流稳压电源输出置于 0 挡，V/F 表置于 V 表 20V 挡，差动放大器增益旋钮置于中间，按下低频振荡器的振动控制开关，低频振荡器的幅度旋钮置于中间.

注意事项：

（1）双平行梁处于（自由）水平位置时,霍尔片应处于环形磁铁的中间,否则要调环形磁铁的位置.

（2）实验过程中,低频振荡器的调幅旋钮不能过大,以梁振动时不碰撞其他部件为佳,而且可避免输出波形失真严重.

【实验内容】

（1）根据图 9-8-1(b)的电路结构,将霍尔式传感器、直流稳压电源、电桥平衡网络、差动放大器、电压表连接起来,组成一个测量线路(这时直流稳压电源应输出置于 0 挡,电压表应置于 20V 挡).

（2）转动测微器,将梁上振动平台中间的磁铁与测微头分离,并将测微头缩至测微器中,使梁振动时不至于再被吸住(这时平行梁处于自由静止状态).

（3）将直流稳压电源输出置于 2V 挡,调整电桥平衡电位器 W_1,使电压表指示为零.

（4）去除差动放大器与电压表的连线,将差动放大器的输出与示波器连起来,见图 9-9-1,将 V/F 表置于 F 表 2kHz 挡,并将低频振荡器的输出端与频率表的输入端相连.

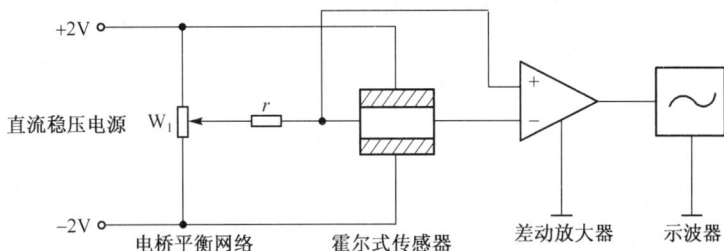

图 9-9-1　差动放大器接口示意图

（5）低频振荡器的幅度旋钮固定至某一位置,调节频率,调节时用频率表监测频率,用示波器读出峰-峰值填入下表：

F/Hz	3	4	5	6	7	8	9	10	20	30	
$U_{\mathrm{p\text{-}p}}/\mathrm{V}$											

【讨论问题】

（1）根据实验结果,可以知道梁的自振频率大致为多少？

（2）在某一频率固定时,调节低频振荡器的幅度旋钮,改变梁的振动幅度,通过示波器读出的数据与 9.8 节对照,是否可以推算出梁振动时的位移？

（3）试想一下用其他方法来测量梁振动时的位移,并与本实验结果进行比较验证.

9.10　霍尔式交流激励传感器实验(一)

【实验目的】

了解霍尔式传感器在交流激励下的工作情况.

【实验装置】

霍尔式传感器,差动放大器,电桥,音频振荡器,移相器,相敏检波器,测微器,V/F 表,低通滤波器,双线示波器(自备).

有关旋钮的初始位置:音频振荡器频率为 4kHz,LV 输出幅度为峰-峰值 2V,差动放大器增益旋钮置于中间,V/F 表置于 V 表 20V 挡.

注意事项:

(1) 双平行梁处于(目测)水平位置时,霍尔片应处于环形磁铁的中间.

(2) 音频振荡器的信号从 LV 输出端输出.

【实验内容】

(1) 根据图 9-10-1 的电路结构,将霍尔式传感器、电桥平衡网络、差动放大器、音频振荡器、移相器、相敏检波器、低通滤波器、电压表连接起来,组成一个测量线路.将示波器探头分别接至差动放大器的输出端和相敏检波器的输出端.

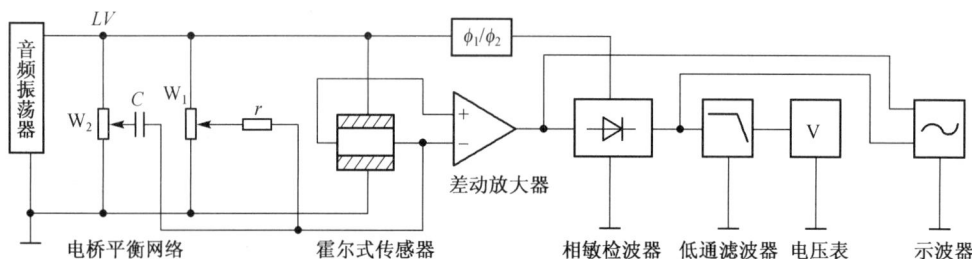

图 9-10-1　差动放大器接口示意图

(2) 转动测微器,使双平行梁处于(目测)水平位置.调整电桥平衡电位 W_1 和 W_2,使差动放大器的输出为最小(用示波器观察),稳定数分钟后,再仔细调零.

(3) 向上转动测微器 2mm,使梁的自由端往上位移.调整移相器电位器,电压表指示为最大(绝对值),同时观察相敏检波器的输出波形.

(4) 往下旋动测微器,使梁的自由端产生位移,记下电压表显示的数值.每次位移 0.4mm记一个电压数值,将所记数据填入下表,根据所得结果计算灵敏度 $S,S = \Delta U/\Delta X$(式中 ΔU为电压变化,ΔX 为相应的梁端位移变化),并作出 U-X 关系曲线.

X/mm									
U/mV									

【讨论问题】

试叙述并解释示波器上观察到的波形.

9.11　霍尔式交流激励传感器实验(二)

【实验目的】

了解霍尔式传感器在交流激励下振动时幅频性能的工作情况.

【实验装置】

霍尔式传感器,差动放大器,电桥,音频振荡器,移相器,相敏检波器,测微器,V/F 表,低通滤波器,低频振荡器,双线示波器(自备).

有关旋钮的初始位置:音频振荡器频率为 4kHz,0°输出幅度为峰-峰值 5V,差动放大器增益旋钮置于最小,按下低频振荡器的振动控制开关,低频振荡器的幅度旋钮置于最小.

V/F 表置于 V 表 20V 挡.

注意事项:

(1) 双平行梁处于(自由)水平位置时,霍尔片应处于环形磁铁的中间,否则要调整环形磁铁的位置.

(2) 音频振荡器的信号从 0° 输出端输出.

(3) 实验过程中,低频振荡器的调幅旋钮不能过大,以梁振动时不碰撞其他部件为佳.

【实验内容】

(1) 根据图 9-11-1 的电路结构,将霍尔式传感器、电桥平衡网络、差动放大器、音频振荡器、移相器、相敏检波器、低通滤波器、电压表连接起来,组成一个测量线路.将示波器探头分别接至差动放大器的输出端和相敏检波器的输出端.

(2) 转动测微器,使双平行梁处于(目测)水平位置.调整电桥平衡电位器 W_1 和 W_2,使差动放大器的输出端为最小(示波器上观察),预热数分钟后,再仔细调零.

(3) 向上转动测微器 2mm,使梁的自由端往上位移.调整移相器电位器,电压表指示为最大.

(4) 转动测微器,用手将梁上振动平台中间的磁铁与测微头分离,这时平行梁处于自由静止状态,并将测微头缩至测微器中,使梁振动时不至于再被吸住.

(5) 去除低通滤波器与电压表的连线,将低通滤波器的输出与示波器连起来,见图 9-11-1,将 V/F 表置于 F 表 2kHz 挡,并将低频振荡器的输出端与频率表的输入端相连.

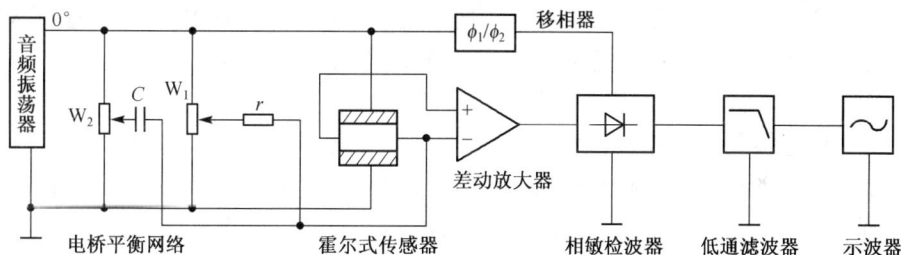

图 9-11-1　电路结构图

(6) 低频振荡器的幅度旋钮固定至某一位置,调节频率,用频率表监测频率,用示波器读出峰-峰值填入下表.

F/Hz	3	4	5	6	7	8	9	10	20	30	...
$U_{p\text{-}p}$/V											

【讨论问题】

(1) 根据实验结果,可以知道梁的自振频率大致为多少?

(2) 在某一频率固定时,调节低频振荡器的幅度旋钮,改变梁的振动幅度,通过示波器读出的数据,是否可以推算出梁振动时的位移距离?

(3) 试想一下用其他方法来测量梁振动时的位移,并于本实验结果进行比较验证.

第 10 章　光纤传感器实验

10.1　光纤传感基础知识

光纤传感器的技术已经日趋成熟,这一新技术的影响目前已十分明显.光纤传感器具有许多优点,如灵敏度较高,可以制成任意形状的光纤传感器,可以制造传感各种不同物理信息的器件,光纤传感器可以用于高压、电气、噪声、高温、腐蚀或其他恶劣环境,而且具有与光纤遥测技术的内在相容性.目前,正在使用和研制中的光纤传感器有磁、声、压力、温度、加速度、陀螺、位移、液面、转矩、光声、电流和压变等类型的光纤传感器.

光纤传感器的主要特点如下:

(1)光纤是一种很灵敏的检测元件,其灵敏度、线性、动态范围均不亚于常规传感器.

(2)光纤传感器外径很小,因此有利于在狭小空间环境下测量.正是由于体积小、重量轻,因此便于在飞行器内使用.

(3)光纤传感器具有耐高温性,因此可用于高温下测量;又具有耐水性,可置于水中测量.

(4)光导纤维传感器具有可挠性,因此可在振动情况下测量.

(5)光导纤维传感器频带很宽,有利于超高速测量.

(6)光纤传感器是非电连接,且内部没有机械活动零件,因此将光纤传感器用于非接触、非破坏以及远距离测试,与常规测试方法相比有其独特的优越性,且具有广泛的用途.

光纤传感器的基本原理是将光源的光经光纤送入调制区,在调制区内,外界被测参数与进入调制区的光相互作用,使光的光学性质(如光的温度、波长、频率、相位、偏振态等)发生变化,成为被调制的信号光,再经光纤送入光探测器,经解调而获得被测参数.光纤传感器按其传感原理分为两类:一类是传光型(或称非功能型)光纤传感器,另一类是传感器型(或称功能型)光纤传感器.在传光型光纤传感器中,光纤仅作为传播光的介质,对外界信息的感觉功能是依靠其他物理性质的功能元件来完成的.在传感器型光纤传感器中,是利用对外界信息具有敏感能力和检测能力的光纤作为传感元件的,光纤不仅起传光作用,而且利用其在外界信息作用下的光学特性(如光强、相位、偏振态等)的变化来实现传感功能.目前在已实用的光纤传感器中,传光型占大多数.光纤传感器的分类也有按光在光纤中被调制的原理来划分的或按测量对象来划分.

10.2　光纤位移传感器实验

位移是一种常见量,它是线位移和角位移的总称.位移测量在工程中得到广泛应用许多物理量和机械量都可以通过某些弹性元件和传动机构转换成位移而被测得.

位移的含义是表示物体上某点在某一确定方向上的位置变动.因而它是一个有大小和方向的矢量.测量位移的方法很多,按测量原理分有机械法和电气法两种.在电气法位移测量中有很多的位移传感器,而光纤位移传感器是其中的一种.

光纤位移传感器也有多种类型,主要可分为强度型和干涉型两大类.本实验采用的是传光型反射式光纤位移传感器,属于强度型.

【实验目的】

掌握运用传光型反射式光纤位移传感器来测量位移,了解位移-输出电压特性,并学会分析外界干扰的影响,以及扩充位移传感器的应用范围.

【实验装置】

本实验用位移测量原理图如图 10-2-1 所示.

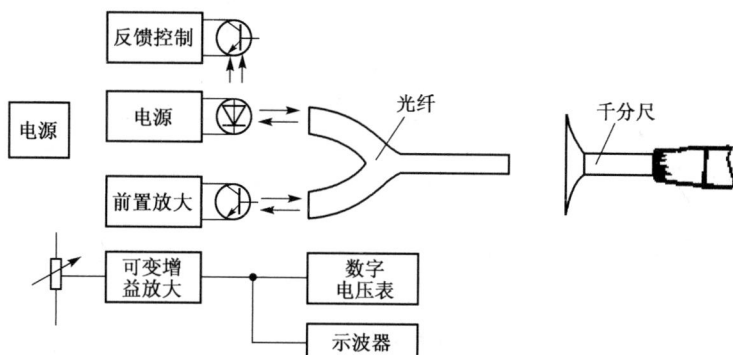

图 10-2-1　位移测量原理图

主要设备有以下几种:

(1) 位移测量架(含千分尺、反射镜).用于位移调整和参考读数(位移量).

(2) Y 型光纤束及探头.用于传光(光发射和光接收).

(3) 光纤传感器实验仪的电源单元、光纤激励光源单元、反馈控制单元、光接收信号调理(前置放大和可变增益放大)单元.用于提供稳定的激励光源以及接收测量得到的 $U\text{-}\Delta x$ 关系曲线.

(4) 数字电压表单元.输出电压测量.

(5) 外配可监测波形的示波器(选用).帮助监测 $U\text{-}\Delta x$ 关系曲线.

(6) 交流稳压电源.用于整个实验装置的电源供给.

【实验原理】

光纤位移传感器是利用光导纤维能传输光信号的功能,根据探测到的反射光的强度来测量被测反射表面的距离,光纤位移传感器原理示意图,如图 10-2-2 所示.

标准的光纤位移传感器由 600 根光导纤维组成一个直径为 0.762mm 的光缆,光纤内芯是折射率为 1.62 的火石玻璃,包层用折射率为 1.52 的玻璃,光缆的后部被分为两支,一支用于光发射,一支用于光接收.光源是 2.5V 白炽灯泡,而接收光信号的敏感元件是光电池,光敏检测器产生与接收到的光强成正比的电信号.对于每 $0.25\mu m$ 的位移产生 1V 的电压输出,分辨率是 $0.025\mu m$,光纤位移传感器的工作原理是:当光纤探头端部紧贴被测件时,发射光纤中的光不能反射到接收光纤中去,因而就不能产生光电流信号.当被测表面渐渐远离光纤探头时,发射光纤照亮的被测表面面积 A 越来越大,因而相应的发射光锥和接收光锥重合的面积 B_1 也越来越大,接收光纤端面上被照亮的 B_2 区也越来越大,此时,有一个线性增长的输出信号

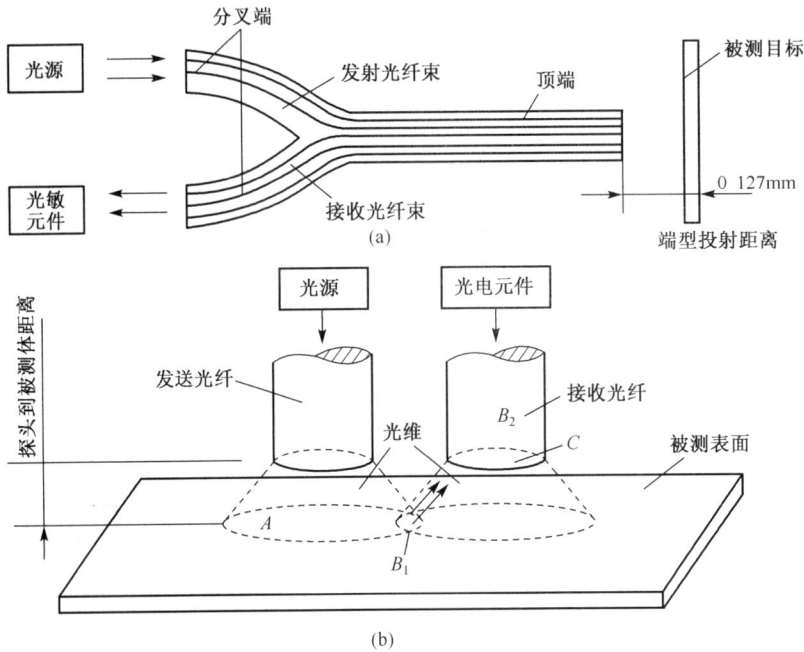

图 10-2-2　光纤位移传感器原理示意图

就会达到位移-输出信号曲线上的"光峰点". 光峰点以前的这段曲线叫前坡区,当被测表面继续远离光纤探头时,由于被反射光照亮的 B_2 面积大于 C,即有部分反射光没有被反射进入接收光纤,当接收光纤更加远离被测表面时,接收到的光强逐渐减小,光敏检测器的输出信号逐渐减弱. 此时便进入曲线的后坡区.

位移-输出电压特性见图 10-2-3 所示. 在后坡区,信号的减弱与探头和被测表面之间的距离平方成反比. 在前坡区,输出信号的强度增加得非常快,所以这一区域可以用来进行微米级的位移测量. 后坡区域可用于距离较远而灵敏度、线性度和精度要求不高的测量. 在所谓的光峰区域,输出信号对于光强度变化的灵敏度要比对于位移变化的灵敏度大得多,所以这个区域可用于对表面状态进行光学测量.

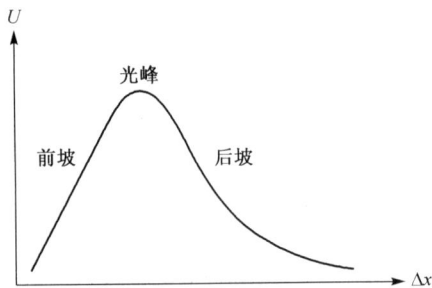

图 10-2-3　位移-输出电压特性曲线

传光型反射式光纤位移传感器的灵敏度与所使用的光纤束特性有关,这些特性包括光导纤维的数量、光导纤维的尺寸和分布,以及每一根纤维的数值孔径等,其中,在光纤探头端部,发射光纤和接收光纤的分布状况是决定探头的测量范围和灵敏度的主要因素. 例如,将接收光纤和发射光纤一个一个交错排列,可以获得最大位移灵敏度. 但是这样排列很困难,费时费力,成本也高,若控制好光导纤维,随机排列也可近似地达到灵敏度的最佳值.

不同的光纤分布,以及改变光纤的一两个特性,也会影响可测位移范围,例如半球状分布的探头,测量范围比随机分布时要大. 把每根光导纤维的直径加粗,也有同样的效果. 但是位移范围的加大,又会伴随着灵敏度下降. 一般在光纤探头的端头,发射光纤与接收光纤有以下四种分布:(a)随机分布(R);(b)半球形分布(H);(c)共轴内发射分布(CⅡ);(d)共轴外发射分布(CTD),如图 10-2-4 所示.

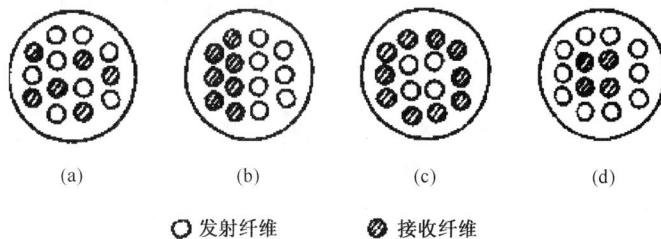

☉ 发射纤维　　　❀ 接收纤维

图 10-2-4　典型光纤传感器的光纤分布

　　光纤传感器位移-输出电压曲线的分布取决于光纤探头的结构特性,但输出信号的绝对值却是被测表面反射率的函数.为了使传感器位移灵敏度与被测表面反射率无关,可以采取"归一化"过程,即将光纤探头调整到位移-输出曲线的光峰位置上,因为在这个位置上位移是独立于光强的.调整输入光,使输出信号达到满量程,这样就对被测表面的颜色、灰度进行了补偿.归一化后,就可将探头移到前坡区或后坡区进行位移测量了.这种归一化方法是人工的,实际上现在已经有专门的技术和电子线路用来对表面反射率进行自动补偿了.

　　为使传光型反射式光纤传感器具有较高的分辨率和灵敏度,必须把敏感探头置于距被测件 0.127~2.54mm 地方,这是一个很小的投射距离.为了扩大传感器的应用范围,可在光纤探头的前端加一专门的透镜系统,可使投影距离增加到 12.7mm 或更大,而保持原有位移灵敏度.

【实验内容】

　　1.实验准备

　　(1)检查光纤位移传感器安装情况,若未安装好,则①移去遮光罩,转动千分尺卡手把,将反射镜移向右侧;②将光纤探头插入位移架左侧探头位,并用螺丝固定.

　　(2)开启交流稳压电源,待电压稳定后,接上实验仪电源,开启开关,预热 5min.

　　(3)将显示表测量转换开关置于电压测量挡,将输入短路,检查其是否显示零电压,若显示正常后,可将输入和光纤传感器输出相连接.

　　(4)用擦镜纸轻擦光纤探头端面和反射镜,除去灰尘且不留纸屑,盖上遮光罩,可以开始测量位移-输出特性.

　　2.实验操作

　　(1)左右来回缓慢移动反射镜,在距光纤探头 0.5~1.0mm 内,寻找输出峰值(即光峰点),调节放大器增益,使峰值定为 10.00V(归一化操作).此步骤需来回几次细心调整,待读数稳定后,方可进行下一步操作.

　　(2)转动千分尺手把,使反射镜轻微接近光纤探头(小心不要过分按压,以免损坏光纤探头端面和反射镜),此时传感器输出接近零,千分尺上的读数是位移读数.

　　(3)然后每隔 0.01mm 读出电压表读数,填入下表:

千分尺卡读数/mm						
输出电压/V						

（4）做出电压与位移曲线，计算灵敏度及线性度．

（5）为观察外界光影响，可在除去遮光罩以及改变环境光照情况下重复上述实验．

（6）有条件时，可使用不同的分布光纤探头，诸如半圆探头、同心探头、随机探头等重复上述实验．

（7）如做重复性测量时，需要重新进行实验步骤（1），作峰值寻找及归一化调整到10.00V，以克服系统的漂移，使测量重复性良好．

（8）实验结束后．一切恢复原状，保护好光纤探头和反射镜，并按开机时的相反顺序关闭电源．

【注意事项】

（1）光纤输出端不允许接地，否则损坏内部元件；

（2）表头输入端的负端，内部已接地；

（3）由于前置放大，增益较大和内部热噪电压显示在0.05左右跳动属正常；

（4）为了保护反光镜片，不允许光纤探头与之接触相碰（机构中的保护挡块不允许去除）．

【讨论问题】

（1）光纤位移传感器的工作原理及其优越性？

（2）有哪些因素会影响输出特性曲线的形状、线性范围等？

（3）影响测量稳定的因素有哪些？

（4）如何克服环境光影响？

（5）你能构思一台光纤表面粗糙度测量仪吗？

10.3　光纤振动传感器实验

在近代科学技术中，涉及机械振动的问题非常广泛，有关振动方面的测量已渗透到各个领域．为了解决振动问题和发展振动理论，必须对振动参数提供可靠的依据．

"振动"在物理学术语中的定义是：一个物理量的值在观测时间内不停地经过极大值和极小值而变化，这种变化状态称为振动．如果每隔一固定的间隔，振动量的变化就完全重复一次，这种振动称为周期振动．在振动测量中，需要测量的基本参数是振动的三要素——振幅、频率和相位．不过，根据不同的测试目的，它们可以有不同的表现形式．振动测量中的电测法是采用机电传感器把待测的振动参数转换成各种电量．根据转换原理来分，传感器主要有磁电式、压电式、电阻式、电涡流式、电容式、光电式等，其中光电式主要用于非接触振动传感器．而光纤振动传感器是光电式中的一种．

对于纯正弦波振动信号，频率测量时可采用比较简单的两种方法：直接法和比较法．直接法是把传感器的输出信号送至各种频率计，直接读出被测振动信号的频率；而比较法是指将已知频率的电压信号同未知频率的振动信号进行比较，从而确定振动信号的频率．

本实验是用基于传光型反射式光纤位移传感器的结构安装成的光纤振动传感器来直接测量振动频率，在光纤振动传感器中，常见的结构还有为远距离测量振动而设计的双波长交替差动式光纤转动传感器，以及利用低频相位调制来测量小机械振动的光纤三维振动测量传感器等．

【实验目的】

考察光纤位移传感器的动态响应及用它来测量振动.

【实验装置】

振动台(含振动源,频率振幅可调),Y 型光纤束,光纤激励光源单元,反馈控制单元,F/V 转换单元,数字电压表,示波器(选用),交流稳压电源.

【实验原理】

本实验用测量框图如图 10-3-1 所示.这种传感器的结构不复杂,只要把前面介绍的光纤位移传感器的探头片粘贴在振动片上,就成为测振传感器,如图 10-3-2 所示.

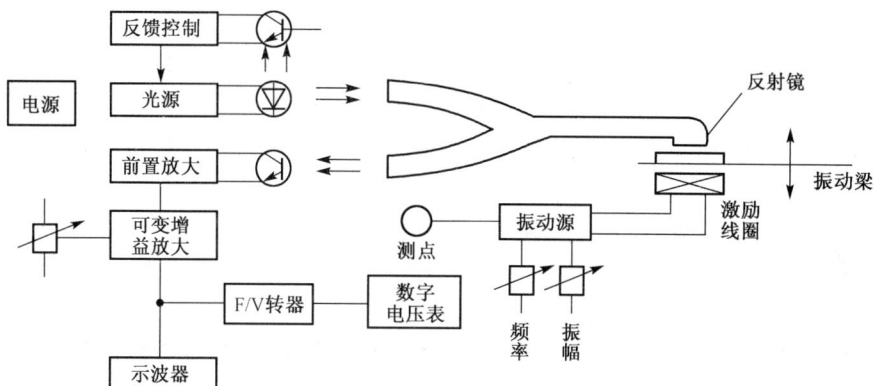

图 10-3-1　振动测量框图

这种传感器的工作原理类同光纤位移传感器,光源发出的光由发射光纤传输并投射到反射镜片的表面,反射后由接收光纤接收并传回光敏元件.当反射膜片随振动而位置发生变化时,则输出的信号也发生变化,如果振动是周期性的,那么反射膜片的位置变化也是周期变化的,从而输出信号也是周期变化的.根据位移-输出特性曲线,适当选取光纤探头反射片的起始位置,就可正确测量出振动频率.

光纤振动传感器中的一个关键问题是如何提高传感器响应线性度问题.作为上述原理的实际应用,传统的光纤振动传感器模型如图 10-3-3 所示.

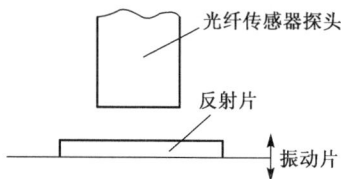

图 10-3-2　光纤振动传感器原理器　　　　图 10-3-3　传统的光纤振动传感器结构模型

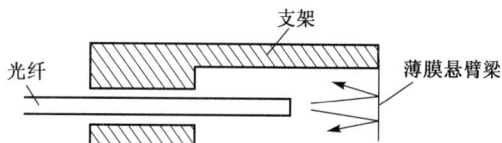

对于这种结构模型的传感器,常常是以压缩传感器的动态范围来换取较好的线性度,此外,由于工作范围的局限,致使传感器的装调过程还存在静态工作点的设置范围问题,这无疑将限制了传感器的应用范围,同时,也给传感器的制作带来了较大的困难.有人通过对传统的光纤振动传感器理论耦合模型的研究,找出了影响传统传感器线性度的原理性因素,如果能借助某种机械传动装置,将图 10-3-3 中的薄膜悬臂梁的振动转化为平动问题,那么一些非线性因子就能被排除,从而提出了一种新型光纤振动传感器的结构模型,如图 10-3-4 所示.

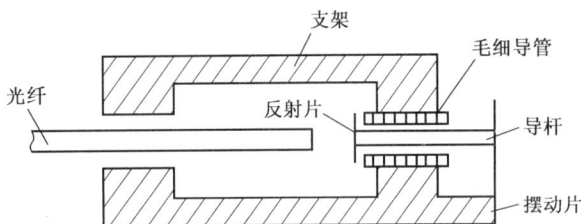

图 10-3-4　新型光纤振动传感器结构模型

【实验内容】

1. 实验准备

（1）检查光纤振动传感器安装情况,若未安装好,则将光纤探头插入振动测量架,并对准振动梁反射面中心,事先用擦镜纸轻擦光纤探头和反射面.细心调节探头和反射面距离,使之在 0.5mm 左右(即利用前坡区测量),若实验中测量值误差偏大时,可重新调整,以取得周期性良好的振动波形.

（2）开启交流稳压电源,待电压稳定后,再开启实验仪电源,并预热 5min.

（3）显示表测量转换开关置于频率测量挡,检查其振动源情况,将其输入短路,检查是否显示零频率,而后,将输入和振动信号源输出相连接.

（4）将振动源输出幅度调至最小附近,再开启振动源开关,看显示表是否有稳定显示(范围在 3～30Hz),若无,则稍微增加振动源输出幅度,以有稳定显示为限. 这是因为输出幅度过大,特别是在振动梁的共振频率(在 10～15Hz)附近时,其振幅很大,会损坏光纤探头,输出幅度过小达不到 F/V 转换单元输入灵敏度,则无稳定显示.

（5）调节振动源频率旋钮,观察振动源输出范围是否在 3～27Hz,并观察振动梁振动是否正常,一般在微小输出时,共振频率两侧难见明显振动,在共振点附近可见明显振动.

（6）将传感器输出增益调至最大.

2. 实验步骤

（1）调节振动源输出频率,使振动频率输出 5～25Hz,每隔 1Hz 观察光纤传感器测量值,并填入下表:

振动源频率 f_1											
光纤输出频率 f_2											

具体操作是:将显示表输入接至振动源输出;将振动源输出调定在某一待测频率 f_{1i};将显示表输入转接至传感器输出,略微加大振动源输出振幅,使振动梁起振,并在反射面不击打探头的情况下将振幅调节到尽可能大,待显示值稳定后读 f_{2i};将显示表输入转接回振动源输出,并尽可能减少输出振幅,但要以显示表读数仍然稳定为限.

重复上述各步,测量其余各频点.

（2）作出 f_1-f_2 曲线,计算线性度和误差.

【注意事项】

（1）在激励源不变的情况下,振动梁在谐振处附近(包括谐振点)振幅会突然增大,容易损坏光纤探头,需格外小心(一般该谐振点在 11 Hz 左右).

（2）反光膜片有污损时,应及时更换.

【讨论问题】

（1）光纤振动传感器的工作原理及其优越性是什么？

（2）有哪些因素会影响测量的准确性？

（3）影响测量稳定性的因素有哪些？

（4）你能构思一台手持式非接触型光纤振动测量仪吗？

10.4　光纤转速传感器实验

近年来开发的光纤转速传感器(光陀螺)与机械陀螺相比有着许多突出的优点,光纤转速传感器(光陀螺)大多根据萨拉奈克效应构成的,本实验所用的光纤转速传感器是基于光电式转速计的原理,采用传光型反射式光纤位移式传感器是的基本结构来实现的.

转速就是转轴的旋转速度,严格讲是指圆周运动的瞬时角速度. 在机械行业中,对机械设备的转速测量,通常采用平均速度测量法,即求某一段时间的平均速度,一般采用每分钟的转数(r/min)来表示.

由于转速测量的方法很多,所以转速传感器的种类也不少,按其结构不同可以分为模拟式和数字式,也可以分为非接触式和接触式,其中光电式转速测量是一种非接触式测量.

【实验目的】

掌握运用单头反射式光纤位移传感器测量转速的方法,并与一般光电式转速测量法进行比较.

【实验装置】

转动台(含调速器、转速可调和光电转速测量单元),Y 型光纤束,(光纤传感器实验仪中的)光纤激励源单元、反馈控制单元,光接收信号调整电路 F/V 转换单元,数字电压表,示波器(选用)和交流稳压电源.

【实验原理】

转速测量框图如图 10-4-1 所示.

光纤转速传感器的结构不很复杂,利用前面介绍的光纤位移传感器的探头,将反射膜粘贴在转动圆片上,就成为测转速的传感器了,如图 10-4-2 所示.

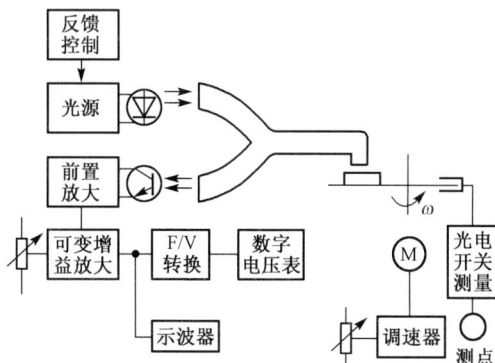

图 10-4-1　转速测量框图　　　　　　　图 10-4-2　光纤转速原理

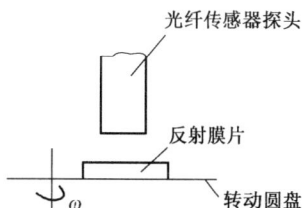

这种传感器的工作原理也类同光纤位移传感器. 光源发出的光由发射光纤传输并投射到反射膜片的表面,反射后由接收光纤接收并传回光敏元件. 当反射膜片随转动台旋转时,位置发生变化,输出的信号也发生变化,其变化周期就是转动周期,由此也可测量速度. 这种结构的单头反射式光纤转速传感器主要用于非接触测量,将被测物反射回来的光信号转变成电脉冲信号,供计数使用.

【实验内容】

1. 实验准备

(1) 检查光纤转速传感器安装情况,若未安装好,则将光纤探头插入振动/转动测量架,并对准转盘半径的中点,事先用擦镜纸轻擦光纤探头和圆盘表面,并检查转盘反射面是否完整;细心调节探头距转盘表面的距离,使之在 2mm 左右(即在后坡线性区中央附近).

(2) 开启交流稳压电源,待电压稳定后,开启实验仪电源,并预热 5min.

(3) 将显示表测量转换开关置于频率测量挡,检查其显示情况,将其输入短路,检查其是否显示零频率,尔后,将输入和转动源的光电输出相连接.

(4) 将转速输出调至最小,再开启转动电源开关,此时,转盘应低速旋转,如转盘与光电开关有摩擦,应立即关闭转动电源,待排除故障后再开启.

(5) 调节转动电源输出,转盘旋转由低速向高速变化,且均无转动故障,此时显示表稳定显示在 10～60Hz(相当于 600～3600r/min).

(6) 将传感器输出增益调至最大.

2. 实验步骤

(1) 调节转动源输出电压,使转速从 10Hz～60Hz,每隔 5Hz 观察光纤传感器测量值,并填入下表:

转动源光电开关控制频率 f_1					
光纤转速传感器测试频率 f_2					

具体步骤为:将转动源输出调定在某一待测频率 f_{1i};将显示表输入转接至传感器输出,待读数稳定后,读出测量频率 f_{2i}. 重复上述步骤,测量其余各频点.

(2) 做出 f_1-f_2 曲线,计算线性度和误差.

【注意事项】

作为转动件,其边缘的水平跳动不能大于 2mm,否则会影响测量的准确性,与光纤探头相碰还会损坏光纤探头和转动元件.

【讨论问题】

(1) 光纤转速传感器的工作原理及其优越性是什么?

(2) 有哪些因素会影响测量的准确性?

(3) 影响测量稳定性的因素有哪些?

(4) 你能构思一台手持式非接触式光纤转速仪吗?

第 11 章　应用物理实验

11.1　CCD 数字图像处理

图像处理是为满足科学应用或人们的视觉需要而对图像信息进行加工和分析的技术. 图像处理常用的方法有光学方法和电子学方法. 光学图像处理, 如光学滤波、激光全息技术等, 具有处理速度快, 分辨率高等优点, 但稳定性较差. 随着现代电子计算机技术的进步, 数字图像技术获得了迅速发展. 所谓数字图像处理就是利用数字计算机(或其他数字硬件设备)对从图像信息转换而来的电信号进行某些运算、处理和分析, 以提高图像的实用性, 从而达到希望的结果. 数字图像处理能大规模、高速地从现场获取信息, 连续地进行处理和分析, 反过来又能通过硬件和计算机软件来控制和管理现场的试验过程. 作为图像传感器的 CCD 器件, 是 20 世纪 70 年代发展起来的半导体光电器件. CCD 摄像器件体积小, 重量轻, 功耗小, 工作电压低, 而且在分辨率、动态范围、灵敏度、实时转移和自动扫描等方面具有其他摄像器件所无法比拟的优越性. 无论在民用领域如零件尺寸自动检测、电视图文制作和传真等方面, 或空间遥控遥测、卫星侦察及水下扫描摄像机等军事侦察系统中, 都发挥着重要作用.

【实验目的】

通过实验对 CCD 摄像和图像卡有初步的了解, 着重对数字图像进行编程处理.

【实验装置】

本节对数字图像处理系统作一般性介绍. 一般的数字图像处理系统构成如图 11-1-1 所示. 系统以进行数字图像处理的计算机为主, 并配以输入输出设备. 图像存储器用来存储图像信息, 一般用磁盘或磁带, 计算机内部的存储器只作为缓存. 对静态图像文件也可存入容量较大的计算机硬盘中.

近年来, 对图像处理的速度和精度要求越来越高, 一般计算机已无法满足高速实时处理的要求, 都在计算机外设计一个起缓冲作用的帧存储器. 大容量和高速度存储器的出现为这种设计提供了条件. 计算机的选型依处理任务的速度要求而不同. 有些场合, 如导弹制导系统, 要求处理速度快, 常采用一个并行处理器; 而在字幕、电视图文制作等场合则要求加强图形功能而采用图形芯片.

图 11-1-1　一般数字图像处理系统

图像输入设备是将图像数字化的设备. 它将图像信息转换为计算机能识别并进行运算处理所需要的数字信号, 其中包括采样和模数转换等环节. 实时图像处理系统常采用 CCD 摄像机.

图像输出设备的目的是将处理过的图像数据转换为人能理解的形式, 有硬拷贝和软拷贝

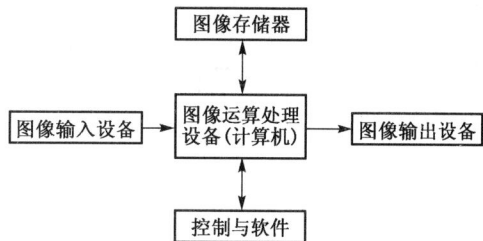

两种输出方式.硬拷贝如打印、照片等,供留底保存;软拷贝指供观看的监视器显示.

图像处理系统的软件主要包括输入(采样)、输出、存储器管理和处理程序四部分.为了进行图像的实时采样和处理,用同步逻辑与控制电路来协调系统各部分工作.由计算机产生的串行口的读写控制时序,通过接口电路访问控制/状态寄存器,实现对硬件系统工作方式的控制.完整的图像处理系统接口由三部分组成:控制寄存器接口、存储体映射接口和输入输出查寻表接口.

本实验用的图像采集输入系统原理如图 11-1-2 所示.CCD 传感器将光信号转化为电荷脉冲送入图像卡,信号经过数字化转换器转化成数字信号送入帧存储器储存.并由显示逻辑将数字信号转换成视频信号,在监视器上显示.计算机通过软件访问帧存储器进行各种数据处理.

1.CCD 摄像机

CCD 是电荷耦合器件的英文(charge coupled device)缩写,这种器件在固体图像传感技术中有着广泛的应用.

电荷耦合器件的突出特点是以电荷作为信号(不同于其他以电流或电压为信号的大多数器件).CCD 的基本功能是电荷的存储和电荷的转移.器件有基本单元 MOS(金属-氧化物-半导体)结构和 CCD 电极(包括转移电极、转移沟道、信号输入、信号检测)等结构组成.

用于摄像的 CCD 器件能把二维光学图像信号变为一维视频信号输出.其简要工作原理是:用光学成像系统(光学镜头)将景物图像成像在以硅片为衬底的 CCD 像敏面上.像敏面将照在每一像敏单元(MOS)上的图像照度信号转变为少数载流子数密度信号存储于像敏单元电路中,再转移到 CCD 的位移寄存器(转移电极下的势阱)中.在驱动脉冲作用下顺序地移出器件,成为视频信号.

这种像敏的 CCD 又简称为 ICCD,可分为两类:线阵器件和面阵器件.线阵器件可直接接收一维光信息.为了得到二维图像的视频信号,需用扫描的方式来实现.图 11-1-3 画出了一个单沟道线型 ICCD 结构图.线型器件能满足一般 256 位图像摄影的需要.面阵 ICCD 是将一维线阵的光敏单元和位移寄存器排列成二维阵列.

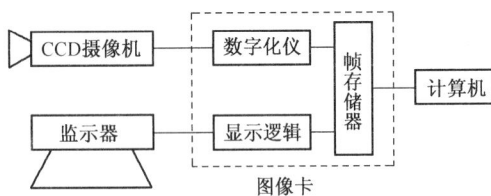

图 11-1-2　CCD 图像实时采集系统　　　　图 11-1-3　单沟道线阵 ICCD 结构

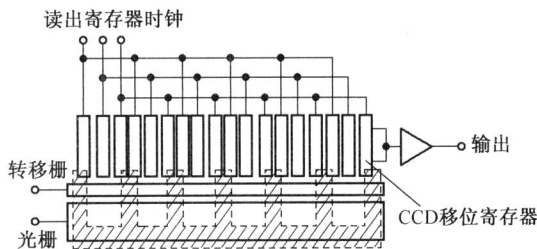

下面介绍一种常用的面阵 ICCD,也称为帧转移面阵 ICCD.图 11-1-4 为一种三相面阵帧转移摄像器的结构.它由成像区(光敏区)、暂存区和水平读出寄存器三部分组成.成像区由并列排列的若干电荷耦合沟道组成(图中虚线方框).各沟道间用沟阻隔开,水平电极横贯各沟道.假定有 M 个转移沟道,每个沟道有 N 个成像单元,则整个成像区共有 $M\times N$ 个单元,暂存区结构和单元数与成像区相同.暂存区与水平读出寄存器被遮盖(不接收光),其工作过程如下:图像经物镜成像到光敏区.当光敏区的某一相电极(如 $I_{\phi1}$)加有适当偏压时,光生电荷将

被收集到这些电极下方的势阱里. 如此,被摄光学图像便成了光积分电极下的电荷包图像. 光积分周期结束时,加到成像区和存储区极上的时钟脉冲使所收集到的信号电荷迅速转移到存储区中,然后依靠加在存储区和水平读出寄存器上的适当脉冲并由它经输出极输出一帧信息. 当第一场信息读出时,第二场信息通过光积分又收集到势阱中. 第一场信息被全部读出后,第二场信息马上被送给寄存器,使之继续读出.

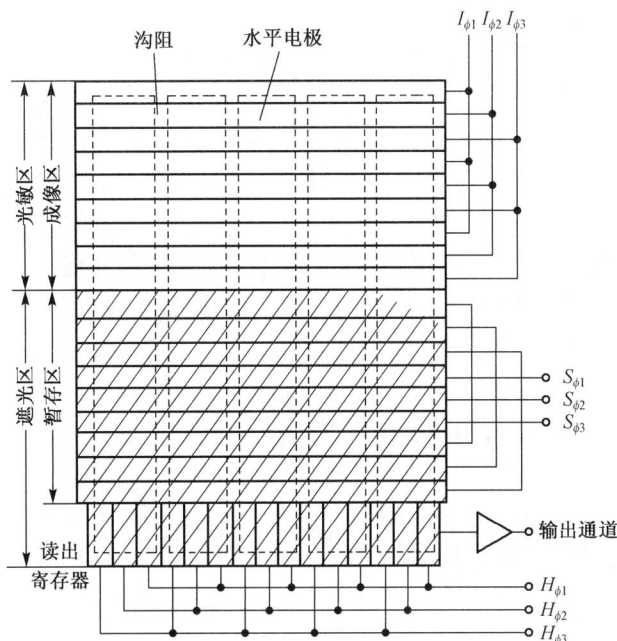

图 11-1-4　三相帧转移面阵栅结构图

这种面阵 CCD 结构简单,光敏单元尺寸小,但光敏面积占总面积也小. 除此之外还有隔列转移面阵和线转移型面阵 ICCD 等结构.

ICCD 的基本特性参数有以下几个方面.

1) 光电转换因子

因 ICCD 电荷包是由入射光被硅衬底吸收产生少数载流子形成的,其光电转换特性较好,光电转换因子可达 99.7%.

2) 光谱响应

为避免众多电极产生的反射和散射带来噪声,ICCD 多采用背面照射的方法. 用硅作衬底的 ICCD 其光谱响应范围为 0.4~1.1nm,平均量子效率为 25%,绝对光谱响应为 0.1~0.2A/W. 但在转移沟道必须遮光的结构中,量子效率将降低许多.

3) 动态范围

它被定义为势阱中可存储的最大电荷量和由噪声决定的最小电荷量之比. 可存储最大电荷量与 CCD 的电极有效面积 A、栅电电压 U_G 和 MOS 结构中单位氧化膜面积的电容量 C_{OX} 有关,可近似用下式表达:

$$Q = C_{OX}U_G \cdot A$$

CCD 中有下列几种噪声源:① 电荷注入器件引起的噪声;② 电荷转移过程中电荷量变化引起的噪声;③ 检测(输出)时产生的噪声. 噪声电平可有几百到几千电子数. 此外,CCD 传感器中的入射光子统计噪声、输出电路的热噪声等也是重要的噪声来源.暗电流是一随机过程,因而也成为噪声源.若每一个 CCD 单元的暗电流不相同,就会产生图形噪声.

4) 暗电流

和许多其他光敏器件均存在暗电流一样,对于图形元件,暗电流在整个摄像区分布不均匀时,影响更大.因此它是判断摄像机质量的重要标准.

产生暗电流的因素很多,如有来自硅衬底中电子自价带至导带的本征跃迁.少数载流子在中性体内的扩散,还有来自 SiO_2 界面和基片之间的耗尽区,尤其受硅材料体内杂质和缺陷的影响而能在像敏单元中产生每 $1cm^2$ 几百纳安的局部暗电流.为了减小暗电流,应采用缺陷尽可能少的晶体并防止器件在工艺制造中的玷污.最后,暗电流还与温度有关.温度越高,热激发产生的载流子越多,暗电流就越大.据计算,工作温度每降低 10℃,暗电流可降低 1/2.

5) 分辨率

分辨率是图像传感器的重要特性.一般说,摄像机中 CCD 光敏单元数越多,其分辨率越高.对二维面阵器件,其水平和垂直方向上的分辨率需要分别计算.现有面阵器件像敏单元数从 $100×108$~$1024×1024$ 多种.本实验用的 ICCD 传感器像敏单元数为 $500(H)×582(V)$,分辨率优于 410 条电视水平线.

图像卡可直接插入计算机的接口槽中.图 11-1-5 画出了一个实时采集图像系统硬件原理图.

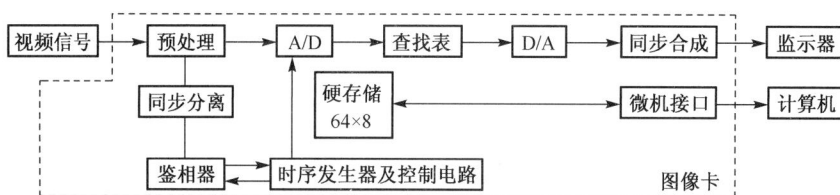

图 11-1-5　实时采集图像系统硬件原理图

来自 CCD 摄像机的视频信号经预处理电路将视频信号放大(并可进行对比度、高度调节、同步钳位等)后送入 A/D 转换电路.模数转换由高速视频转换芯片完成.为了实现实时采集图像,图像卡中设置图像帧存储器.帧存储器由两片存储容量为 32k×8bit 的高速静态存储器芯片组成.存储器的数据选择器的输入端分别接微机的低 16 位地址线和图像系统中时序发生器所产生的地址信号输出端.究竟接受何种地址信号,由控制电路控制选择器的选择端决定.当微机的地址信号有效时,可访问帧存储器.当采集系统的地址信号有效时,在软件控制下可实时存储或连续显示帧存图像.

输出查找表是一片高速 SRAM,其容量为 256bit 即可用于 256 灰度级的图像数据.电路中输出查找表的地址线接帧存储器的数据线,其数据线接 D/A 及微机的数据.可以选择接收微机来的数据写入查找表以修改查找表的内容,或由帧存储器传送来的每个数据(取值范围 0~255),即选中查找表中的一个对应存储单元.该单元预先由微机写入了相应的图像变换所需要的数据.该数据由查找表的数据线输出,经 D/A 至监视器,显示灰度变换后的图像.

时序发生器除用于产生图像采集与显示所需的帧存地址信号外,还产生行、场同步信号,以便与 D/A 输出的视频信号合成为全电视信号.控制电路的核心器件是一片可编程逻辑阵列(如 PAL16L8),它的引脚可由用户定义其功能以利于实现各种组合逻辑.

同步锁相电路使视频信号经同步分离后产生的行场同步信号与图像显示控制器 CRTC

输出的行场同步信号锁相,保持二者同步.

图像卡的种类繁多.与微机配合使用的有 8 位、16 位、32 位卡.V256 系列卡价格较便宜,空间分辨率为 256×256×8bit;灰度等级 256,8bitA/D;帧存体 256×256×8bit;64k 映射内存;具有内外同步自动切换、连续采集与隔场采集功能.其 A/D 转换器实时视频速率 10MHz,结构简单合理,易于编程,是一实用性较好的图像采集工具,可用于工业在线控制等方面.

国内市场上还有分辨率更好的图像卡,如 V512,VP32,VC32 以及多媒体卡等,可根据需要选用,使用时可直接插入 PC 机的 I/O 槽口中.图像卡通常都具备采集、放大、漫游、图形叠加、图形覆盖和输入输出查找表等基本功能,支持 NTSC 和 PAL 两种制式的视频解码,可作为开发图像处理应用的主要硬件平台.

2.图像设备的驱动

图像设备的驱动是用计算机软件通过接口进行的.驱动软件是根据图像公司提供用户的图像板(卡)的驱动程序接口规范制作的.V256 卡驱动程序可在 MS-DOS 环境下或 WIN95/WIN98 环境下运行.面向 WINDOES 环境制定的图像设备驱动程序是以动态连接库(DLL)的形式提供给用户的.用户通过一般动态连接库连接技术可以在 C/C++语言程序中调用库中的基本函数,实现对图像设备的控制、读写和访问,开发各种 WINDOWS 图形应用系统.

CCD 数字图像处理实验系统框图如图 11-1-2 所示,包括下列 4 个部分.

1) CCD 摄像机

敏通公司 MS-168P 型摄像机如图 11-1-6 所示.

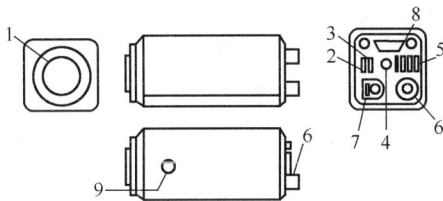

图 11-1-6　摄像机(MS-168P)

1.连接光学镜头;2.γ校正选择;3.AGC/MGC 选择;4.MGC 调整(VR)旋钮;5.倒向开关;6.视频信号输出(BNC);7.直流电源输入;8.针"D"插座;9.机架接孔

滑动开关 3 用以选择增益控制方式,当倒向 AGC 时,摄像机按探测到的亮度自动调整增益,倒向 MGC 时为手动,用旋钮 4 予以调整.开关组 5 有 4 个小开关,分别选择快门方式、最大增益和扫描方式.CCD 器件主要技术参数如下:

成像器件　1/3 英寸 ICCD

像敏面尺寸　4.9mm(H)×3.7mm(V)

像素　500(H)×582(V)

水平频率　15.625kHz

垂直频率　50Hz

分辨率　410TV 线

失真校正　$\gamma=0.25,0.45,1$ 可选

功率消耗　2.4W

工作电源　直流 12V

2) 图像卡

桓志图像公司的 V256A(E)卡,其驱动程序用 C 语言编制,可工作于 MS-DOS 或 WIN95/WIN98 环境.一帧图像 64k 映射内存(图 11-1-5),有 256 个灰度级别.V256E 卡有输入输出查寻表.输入计算机的图像文件按 16 进制数编写,可用 PCTOOLS 或 NC 等工具软件调出进行阅读和编程处理.调出的数据格式是:从第一个字节起直到第 510 字节,每个字节代表一个像元的灰度值.最后两个字节代表图像的长度和宽度.可用 C/C++语言开发各种应用程序对图像文件进行处理.

3) 计算机

本实验用 P166 微机,16M 内存,程序语言用 Borlande C++.

4) 监视器

监视器接收图像卡输出的模拟信号,也可直接接收摄像机 BNC 口的输出信号.本实验用 23cm 高分辨黑白 CRT,其中心分辨率优于 800TV 线.

【实验内容】

(1) 选取物像进行图像的存、取、二值化处理、反转黑白及打印输出等练习.

(2) 编写程序将图像文件复原于计算机屏幕上.

提示:一般计算机的 VGA 可支持各种标准显示模式.本实验图像卡的图像格式为分辨率 256×256,灰度等级 256 种.由于受到颜色寄存器固有的限制,显示在屏幕上为 64 种灰度级.对颜色寄存器编程,通过改变显示 RAM 的组织方式和显示的其他参数进行读写,使图像按要求的分辨率和灰度等级及图像尺寸显示在计算机的屏幕上.这样,图像文件可随时被计算机调用、复原,而不必再返回到图像系统的监视器上.

(3) 设计实验装置并利用 CCD 数字图像处理系统观察布朗运动,求分子的平均自由程.

(4) 设计实验装置并利用 CCD 数字图像处理技术观察 Hg 原子 5461×10^{-10} m 线的塞曼效应,编写程序求精细结构在磁场下的裂距,计算 g 因子(提示:从图像文件中找出对应等灰度的干涉圆环,从上取三点,用三点定圆法求出各干涉圆环的直径.要仔细调整光学系统以得到清晰的干涉图像.)

(5) 设计实验系统并利用 CCD 数字图像处理技术检测光学透镜的球差(参见王庆有,孙学珠编写的《CCD 应用技术》,7.5 节 CCD 光学测量系统).

11.2 光电探测器的光谱灵敏度研究

光电探测器是可将光信号转变成电信号的器件.它在光谱技术、测光技术以及光电自动技术等方面占有重要的地位.光电探测器的种类繁多,一般可分为两大类.

1. 光电效应型探测器

属于这类器件的有光电管、光电倍增管(PMT)、微通道板光电倍增管(MCP)、光导管(光敏电阻)、光电池,以及光学多道探测器等.这类器件的光敏部分受到光照后,或使感光面上释放出光电子(外光电效应),或使体内的电子能态发生变化(内光电效应),从而形成光电流.这种光电流与整个感光面所吸收的光辐射通量成正比(在一定条件之下),并且与入射光的波长有关.

2. 热电效应型探测器

这类器件的光敏表面受光照射后,其热学、电学性质的变化与照射光的辐射通量成正比,而与入射光的波长无关,故又称此类器件为无选择性器件,如热电偶、热释电探测器及热辐射计等,便属于这一类.

由于光电探测器类型很多,使用时须根据要求和条件以及各种探测器的特性来选择合适的器件.光谱灵敏度就是光电器件重要特性之一.入射光的单位辐射通量引起探测器反应的大小,称为"响应率"或"积分灵敏度".光电或热电器件最后输出的信号可以是电流,也可以是电压,因此灵敏度的常用单位是 V/W(伏/瓦)、A/W(安/瓦)或 A/lm(安/流明).对于某一波长的单色光的响应率,称为"光谱灵敏度"或称"光谱响应率".描述光谱灵敏度与波长关系的曲线称为探测器的光谱灵敏度分布曲线.通常将曲线中的最大值定为 1,并求出其他灵敏度的相对数值(归一化),这种曲线称为归一化相对光谱灵敏度曲线.定义长波方向灵敏度降到最大值的 1/10 处的波长为探测器的长波限.知道了光探测器的光谱灵敏度分布,就可根据实际需要来选择适当的探测器.

【实验目的】

利用二级标准光源(钨带灯)测量光电倍增管、光电导及光电池的相对光谱灵敏度分布曲线.

【实验装置】

1. 实验装置

(1) 单色仪.本实验所用的单色仪内部装有瓦兹华斯色散系统,其光路如图 11-2-1 所示.光线由 S_1 缝入射到球面镜 M_1 上,又以平行反射光投射到平面镜 M_2 上,由 M_2 反射的光经棱镜 P 色散后,由球面反射镜 M_3 将色散光束聚焦在 S_2 的平面上.其中满足最小偏向角的单色光束将自 S_2 缝出射.旋转棱镜 P 以及固定在 P 上的 M_2,可使其他波长的辐射光束由 S_2 缝出射.此种反射装置,只要替换不同材料的棱镜便可以使单色仪工作在不同的波段.

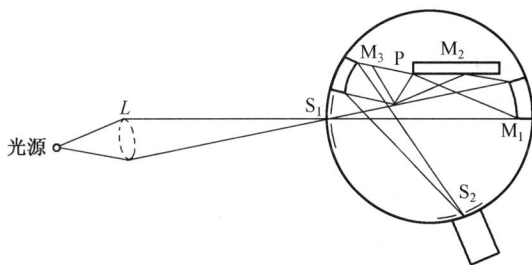

图 11-2-1　测量 $S(\lambda)$-λ 曲线的实验装置图

(2) 钨带灯.钨带灯作为标准光源,由电源供电.当电流值为额定值(由实验室给出)时,其各波长的光谱辐射亮度 $L_w(\lambda, t_w)$ 可由数表查得.

(3) 光电倍增管.图 11-2-2 是 GDB-235 型光电倍增管的直流工作电路.分压电路采用电阻式均匀分压方法.管子及分压电阻都安装在电磁屏蔽罩内,罩前端有一窗口,光线可经窗口入射至 PMT 的光阴极上.PMT 不工作时,窗口端罩以防护罩,以避免强光照射光阴极而受损害.屏蔽罩后部有两个电缆插座,一个是高压输入插座,另一个是阳极输出插座,它们的公共点与屏蔽盒相连,并接到高压电源的正极(即电源正极接地).

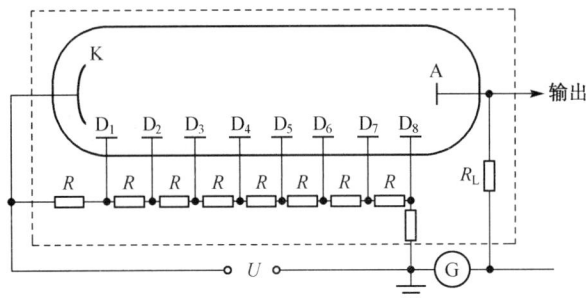

图 11-2-2　光电倍增管直流工作电路图

2. 单色仪色散曲线的测量

单色仪的波长鼓轮读数 α 与出射光的中心波长对应的关系曲线称为单色仪色散曲线(或称单色仪定标曲线).

选用已知光谱波长值的高压汞灯作为光源,在可见光区,用一低倍显微镜在出射狭缝口处观测入射光谱线.使入射缝宽尽量地缩小,同时左右转动单色仪的读数鼓轮,使某一根光谱线保持在出射缝的中央,并逐渐减小出射缝宽,直到该光谱线的边缘与出射光缝的两边刀口切合为止,记下光谱线的波长值及鼓轮读数.转动鼓轮,依次测得各谱线的鼓轮读数 α 值,在方格纸上绘出 λ-α 曲线.

3. PMT 的光谱灵敏度曲线的测量

按图 11-2-1 所示安置光源和照明系统,并调整光路.要求透镜将光源成像于入射缝上,并使缝 S_1 对透镜所张之角等于缝对 M_1 镜所张之角.为此可开启单色仪的上盖,用白纸卡检查照在 M_1 上的光斑充满情况,如此可使杂散光为最小且不降低单色仪的分辨本领.

将待测的 PMT 的窗口接入单色仪的出射狭缝 S_2 上,然后按图 11-2-2 连好 PMT 的电路.要注意,PMT 的高压接头和检流计接头两者不要搞错.必须确保 PMT 与出射缝之间的密接无漏光.这时可将单色仪两狭缝调至最小,电流计置于最灵敏处,然后试接高压.注意在接通瞬间,如果电流过大($>10^{-6}$A)则应立即切断电源,检查原因,采取措施,使电流变小.

钨带灯的工作电流应取实验室指定的数值,但刚启动时由于灯的温度逐渐升高,钨带的电阻变化,致使电流变小,因此在达到热平衡之前.应随时调整电流值.钨带的温度并不均匀,边缘部分温度偏低,因此在光路调节时,应注意把中央部分的像成在单色仪的入射狭缝上.

如果挡住单色仪的入射狭缝,光电倍增管仍有输出电流,这时应首先检查是否有漏光.如无漏光,这时的电流称为"暗电流".因此入射辐射所产生的光电流 $i(\lambda)$ 应为

$$i(\lambda) = \text{实测电流值} - \text{暗电流}$$

在测量过程中,应随时测取暗电流值,并对实测光电流进行修正.

单色仪狭缝的宽度直接关系到出射光的单色性,因此在测量精度允许的条件下,应尽可能将缝宽调得小些.由于所用单色仪的两个物镜焦距相同,所以入射缝和出射缝宽度应该相等,如此即可使出射光的中心波长的相对光功率为最大.

从短波开始,依次测量不同波长的光电流 $i(\lambda)$,根据单色仪鼓轮读数,由 λ-α 曲线查出波长值.从数表(由实验室提供)中查得 $T(\lambda)$、$L_{\mathrm{w}}(\lambda,t_{\mathrm{w}})$、$\left(\dfrac{\mathrm{d}\lambda}{\mathrm{d}\alpha}\right)_{\lambda}$ 之值,代入式(11-2-4)(见原理部

分)计算 $S(\lambda)$ 值,并作出相对光谱灵敏度曲线. 根据此曲线确定最大值,作归一化的相对光谱灵敏度曲线.

【实验原理】

1. 光电倍增管

图 11-2-3 为光电倍增管的工作原理图. 图中 K 为光阴极, D_1, D_2, $\cdots$, D_n 为二次电子发射极(又称倍增极或打拿极),A 为阳极,它们都封在一个真空玻璃泡中. 光阴极上涂有光电发射材料(如 Cs-Sb 膜). 当受光照时,光阴极便释放出自由电子,即发生外光电效应,这种电子称为光电子. 如果在 K 与 D_1, D_2, $\cdots$, D_n 之间加有直流高电压,则这些光电子便在 K 与 D_1 之间的电场作用下飞向 D_1. 由于各打拿极上也涂有二次发射体(如 Cs-Sb、氧化银-镁合金及氧化铜-钴合金等),因此发生二次电子发射. 这时从 D_1 发射的电子数为入射电子的 σ 倍(σ 称为二次发射系数, $\sigma > 1$),这些电子又在电场作用下被加速到 D_2. 从 D_2 再发射的电子又基本上是入射电子数的 σ 倍,如此重复,光电子逐级放大,从最后一个打拿极发射的电子则是光电子的 σ^n 倍. 这些电子由阳极收集,便在阳极回路形成放大了的光电流,如图 11-2-3 所示. 一般 σ 值在 3~6, n 在 10 左右,所以一般光电倍增管的总增益约在 10^8 数量级上. 可见 PMT 的探测灵敏度是非常高的,可达 10~40A/lm. 但是,PMT 的额定最大电流只有 $100\mu A$,一般工作电流不超过 $1\mu A$,因此只能用于探测弱光,否则将导致光阴极和打拿极"疲乏",灵敏度下降,甚至损坏. 因此在使用 PMT 时,必须避免强光照射,即使在不加高压的情况下,光阴极也不应直接受强光照射.

PMT 虽然适用于测量弱光,然而它可探测的入射光功率也有一个最低的界限,这就是说 PMT 具有一定的极限灵敏度. 极限灵敏度主要取决于 PMT 的暗电流和噪声的大小. 暗电流和噪声主要是由光阴极和打拿极的热电子发射所引起的热电流和极间的漏电流所造成的. 因此在使用中降低 PMT 的温度或适当减小极间电压,可显著减小暗电流和噪声.

PMT 有很短的响应时间,一般在 10^{-9} s 以下,也就是可以有从直流(0Hz)到 1000MHz 的频率响应. 所以 PMT 既可以在直流情况下工作,又可以检测极短的光脉冲信号.

PMT 也存在一些缺点. 例如,它工作时需要有稳定的高电压,适用的光谱波段不宽,对长波波段灵敏度不高等.

2. 光电池(光敏二极管)

光电池是一种利用内光电效应(或光生伏特效应)的光电器件. 光电池有两类,一类是半导体-半导体型,另一类是金属-半导体型. 两种类型的物理机理很相似,下面仅以金属-半导体型为例,简单地说明其工作原理.

半导体片两面蒸镀有金属电极 A 和 B,如图 11-2-4 所示. A 极为受光面,它是很薄的金属膜,可以使光透入半导体. 金属与半导体接触时,由于存在接触电势差,在半导体表面形成一阻挡层,层中存在固有电场约 10^4 V/cm. 当入射光子在阻挡层被吸收时,便产生电子-空穴对,对于 p 型半导体,阻挡层内的电场是由表面指向半导体内部的. 因此电子被推到金属电极 A,同时空穴被推到半导体内部. 这时如果外接一回路,则在持续光照下,便有持续电流由金属流向半导体内部.

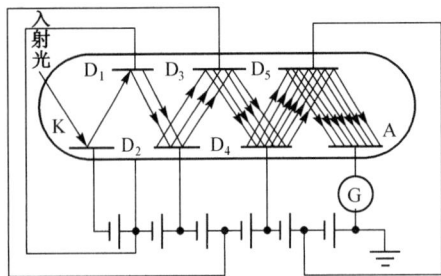

图 11-2-3　光电倍增管工作原理示意图

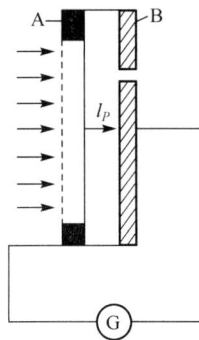

图 11-2-4　光电池结构示意图

如果入射光子穿过阻挡层在半导体内部才被吸收,产生的电子-空穴对在扩散长度之内时,则电子仍旧能通过阻挡层到达金属电极 A.

光电池的最大优点是工作时不需外加工作电源,也无暗电流.常用的光电池有硒光电池、硅光电池和锗光敏二极管.它们的光谱灵敏度峰值波长分别在 $0.55\mu m$,$0.8\mu m$ 及 $1.5\mu m$ 处.

3. 光导管(光敏电阻)

光导管是用一块本征半导体或非本征半导体制作而成的.光导管受光照射后,它的电阻变小,在一定条件下,照射光线的通量越大,它的阻值变得越小,因此可用来测定入射辐射通量的大小.

对于本征型的光导管,在未受光照射时,导带几乎不存在电子,而价带则全部被电子充满,因而不能导电,电阻值很大.当某一波长范围的光束入射到光导管中并被吸收后,价带内的电子被激励到导带中,这时导带中具有自由电子,而价带内则留下空穴,它们在外加电场的作用下发生电荷的运动,在回路中形成光电流,即光导管在光照射下具有导电的能力,电阻变得很小.因为本征型半导体的禁带宽度都比较大,所以要求光照的波长在可见光区.属于此类的光导管有 CdS、CdSe、PbS、PbSe 等.

对于非本征型的掺杂半导体制作的光导管,由于在禁带中增加了施主能级或受主能级,一般情况下,施主能级很靠近导带底,而受主能级则接近价带顶.这种类型的光导管,由于离化能比禁带能隙小得多,因此适用于测量红外辐射光源.属于这类的光导管有 Ge:Au,Ge:Hg,Ge:Cu 等.

光导管的工作线路如图 11-2-5 所示.设在无光照时,光导管具有暗电阻 R_d,回路中电流为 i_d(R_L 为负载电阻);有光照时电阻 $R = R_d - R_p$,电流为 i_d,因此由于光通量 ϕ 引起的光电流 $i_p = i_b - i_d$.

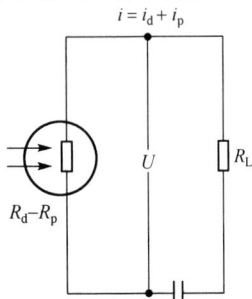

图 11-2-5　光导管工作原理图

光电流不仅与入射通量 ϕ 有关,而且还与工作电压 U 有关.当入射光通量较小时 i_p 与 ϕ 近似成正比.光导管的灵敏度定义为

$$K = \frac{i_p}{U_\phi}　（在规定的入射通量 \phi 条件下）$$

光导管的光谱灵敏度分布与其材料有关.在可见光区和近红外光区,最常用的是 CdS 和 GdSe.前者灵敏度峰值

波长为 5600×10^{-10} m 左右,后者在 7200×10^{-10} m 左右.它们的光谱灵敏度分布还与光导管的工作温度有关,当温度降低时,光谱灵敏度分布向长波方向移动.

4. 光电探测器相对光谱灵敏度的测量原理

光电探测器的光谱灵敏度定义为单位单色辐射功率所产生的光电流,即

$$S(\lambda)=\frac{i(\lambda)}{P(\lambda)} \tag{11-2-1}$$

式中,$P(\lambda)$ 为波长为 λ 的入射辐射功率,$i(\lambda)$ 为相应产生的光电流.可见测量 $S(\lambda)$,要用一束已知波长和辐射功率 $P(\lambda)$ 的光照射光电器件,并测出光电流 $i(\lambda)$.已知辐射功率光谱分布的光源称为标准光源,理想的标准光源是绝对黑体.但由于黑体的制作和使用都比较复杂,因此实验中常用温度等于 2800K 的钨带灯作为二级标准光源.钨带灯的辐射经过单色仪分光后,出射的功率为

$$P(\lambda)=T(\lambda)L_{\mathrm{W}}(\lambda,t_{\mathrm{W}})\Delta\lambda \tag{11-2-2}$$

式中,$T(\lambda)$ 为钨带灯和光电探测器之间的整个光学系统的透射率,$T(\lambda)$ 的绝对值很难测量,故实验中使用 $T(\lambda)$ 的相对值.$L_{\mathrm{W}}(\lambda,t_{\mathrm{W}})$ 为钨带灯的光谱辐射亮度,而 $L_{\mathrm{W}}(\lambda,t_{\mathrm{W}})\Delta\lambda$ 则是在热平衡状态下,温度为 t_{W},在垂直于表面的法线方向上的单位立体角内,单位面积的钨带,波长从 $\lambda\sim\lambda+\Delta\lambda$ 的辐射功率.在测量中,$L_{\mathrm{W}}(\lambda,t_{\mathrm{W}})$ 的值可由定标过的钨带灯通过额定电流由数表查得,或根据关系式,$L_{\mathrm{W}}(\lambda,t_{\mathrm{W}})=E_{\mathrm{W}}(\lambda,t_{\mathrm{W}})L_B(\lambda,t_{\mathrm{W}})$,测出钨带的实际温度,由数表查出 $E_{\mathrm{W}}(\lambda,t_{\mathrm{W}})$ 及 $L_B(\lambda,t_{\mathrm{W}})$ 之值.式中 $E_{\mathrm{W}}(\lambda,t_{\mathrm{W}})$ 为钨的光谱发射率;$L_B(\lambda,t_{\mathrm{W}})$ 是绝对黑体的光谱辐射亮度.

式(11-2-2)中的 $\Delta\lambda$ 是单色仪出射光的波长区间,它是单色仪出射光中心波长和缝宽、缝高的函数,即

$$\Delta\lambda=K\left(\frac{\mathrm{d}\lambda}{\mathrm{d}\alpha}\right)_{\lambda} \tag{11-2-3}$$

式中 K 与波长无关,但与单色仪狭缝宽度和高度有关;$\left(\frac{\mathrm{d}\lambda}{\mathrm{d}\alpha}\right)_{\lambda}$ 是单色仪定标曲线在波长 λ 处的斜率.

由式(11-2-1)~式(11-2-3)可求得光电探测器的相对光谱灵敏度为

$$S_{\mathrm{rel}}=\frac{i(\lambda,t_{\mathrm{W}})}{T_{\mathrm{rel}}(\lambda)E_{\mathrm{W}}(\lambda,t_{\mathrm{W}})L_B(\lambda,t_{\mathrm{W}})\left(\frac{\mathrm{d}\lambda}{\mathrm{d}\alpha}\right)_{\lambda}} \tag{11-2-4}$$

式(11-2-3)中的 K 在这里被当做常数而省略,因此在改变入射光波长,测量相对光谱灵敏度 S_{rel} 时,单色仪的狭缝宽度和高度都必须保持不变.

应该注意,由式(11-2-1)测定相对光谱灵敏度,是以 $i(\lambda)$ 与入射辐射功率 $P(\lambda)$ 为线性关系,也即 $S(\lambda)$ 是一个与 $P(\lambda)$ 无关的数值为前提条件的.而对于各种光电探测器只有当入射辐射功率或相应的光电流之值处于一定范围时,$i(\lambda)$ 才近似与 $P(\lambda)$ 成线性关系.例如,对于 PMT,应使 $i(\lambda)\leqslant10^{-6}$ A.

【实验内容】

(1) 测量 PMT 归一化相对光谱灵敏度曲线.

(2) 测量光电池的归一化相对光谱灵敏度曲线.

(3) 测量单色仪的色散曲线.

【讨论问题】

（1）在作归一化 $S(\lambda)$-λ 曲线时，$S_{max}(\lambda)$ 值的选取需由 $S_{rel}(\lambda)$-λ 曲线中确定而不能从 $S_{rel}(\lambda)$ 测得的数据中挑选，为什么？

（2）为何获得相对光谱灵敏度曲线 $S_{rel}(\lambda)$-λ 后，还要归一化？

（3）在已知光电探测器的相对光谱灵敏度曲线的基础上，如何测定某一未知光源的相对光谱辐射功率？

11.3　薄膜折射率及厚度测量

当样品对光存在着强烈吸收（如金属）或者待测薄膜厚度远远小于光的波长时，通常用来测量折射率的几何光学方法和测量薄膜厚度的干涉法均不再适用. 这里介绍一种用反射型椭偏仪测量折射率和薄膜厚度的方法. 用反射型椭偏仪可以测量金属的复折射率，并且可以测量很薄的薄膜，当把它安装在超高真空系统上时，可对从准单原子层开始的薄膜生长过程或其反过程——薄膜的溅射刻蚀过程进行即时监测. 反射型椭偏仪又称为表面椭偏仪，它在表面科学研究中是一个很重要的工具. 本实验通过测量金属复折射率及薄膜厚度，学习椭偏测量的基本原理及方法.

【实验目的】

学习反射型椭偏仪测量折射率和薄膜厚度的方法.

【实验装置】

本实验所使用的仪器为国产 TP-77 型椭圆偏振测厚仪. 其主要部件如图 11-3-1 所示. 该仪器采用波长为 6328×10^{-10} m 的 He-Ne 激光器作为单色光源. 入射角和反射角均可在 $0°\sim90°$ 内自由调节. 该仪器的样品台可绕铅垂轴转动，其高度和水平均可调节. 如图 11-3-1 右方所示，检偏器旁设有一观察窗，窗下面有一个转换旋钮，可以改变旋钮的位置，使经过检偏器的光或者射向观察窗，或者进入光电倍增管. 为了保护光电倍增管，正确的操作应该是使转换旋钮经常处于观察窗位置. 只有当观察窗中光线变得相当暗时，才能进一步利用光电倍增管和弱电流放大器来判断最佳的消光位置.

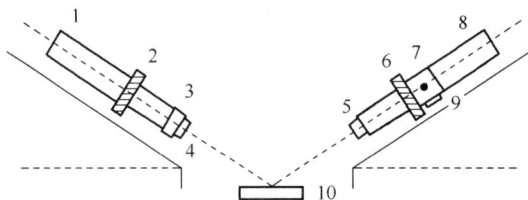

图 11-3-1　椭圆偏振测厚仪主要部件

1. He-Ne 激光器；2. 起偏器；3. 1/4 波片；4, 5. 光阑；6. 检偏器；
7. 观察窗；8. 光电倍增管；9. 光路转换旋钮；10. 样品台

【实验原理】

反射型椭偏仪的基本原理是：用一束椭圆偏振光作为探针照射到样品上，由于样品对入射光中平行于入射面的电场分量（以下简称 p 分量）和垂直于入射面的电场分量（以下简称 s 分量）有不同的反射、透射系数，因此从样品上出射的光，其偏振状态相对于入射光来说要发生变化. 下面将看到, 样品对入射光电矢量的 p 分量和 s 分量的反射系数之比 G 正是把入射光与反射光的偏振状态联系起来的一个重要物理量. 同时, G 又是一个与材料的光学参量有关的函数. 因此, 设法观测光在反射前后偏振状态的变化可以测定反射系数比, 进而得到与样品的某些光学参量(如材料的复折射率、薄膜的厚度等)有关的信息.

下面就样品的光学参量与反射系数比的关系以及如何用椭偏法测量反射系数比这两方面的问题作简单介绍.

1. 反射系数比

这里只考虑与本实验有关的两种情况.

1) 光在两种均匀、各向同性介质分界面 L 上的反射如图 11-3-2 所示, 单色平面波以入射角 φ_1 自折射率为 n_1 的介质 1 射到两种介质的分界面上, 介质 2 的折射率记为 n_2, 折射角为 φ_2. 我们选用 p, s 分量的方向分别与入射光、反射光、透射光的传播方向构成右旋直角坐标系, 并且用 (E_{ip}, E_{is}), (E_{rp}, E_{rs}), (E_{tp}, E_{ts}) 分别表示入射、反射、透射光电矢量的复振幅. 它们之中的每一个分量均可以表示为模和幅角的形式. 例如, $E_{ip} = |E_{ip}| \exp(i\beta_{ip})$, $E_{is} = |E_{is}| \exp(i\beta_{is})$, 等等.

图 11-3-2　光在界面上的
反射和折射

定义下列反射和透射系数:

$$\begin{cases} r_p = E_{rp}/E_{ip}, & r_s = E_{rs}/E_{is} \\ t_p = E_{tp}/E_{ip}, & t_s = E_{ts}/E_{is} \end{cases} \tag{11-3-1}$$

根据麦克斯韦方程和界面上的连续条件, 可得波在界面上反射的菲涅耳(Fresnel)公式:

$$r_p = \frac{(n_2\cos\varphi_1 - n_1\cos\varphi_2)}{(n_2\cos\varphi_1 + n_1\cos\varphi_2)} \tag{11-3-2a}$$

$$r_s = \frac{(n_1\cos\varphi_1 - n_2\cos\varphi_2)}{(n_1\cos\varphi_1 + n_2\cos\varphi_2)} \tag{11-3-2b}$$

$$t_p = \frac{2n_2\cos\varphi_1}{(n_2\cos\varphi_1 + n_1\cos\varphi_2)} \tag{11-3-2c}$$

$$t_s = \frac{2n_1\cos\varphi_1}{\sin(\varphi_1 + \varphi_2)} \tag{11-3-2d}$$

利用折射定律 $n_1\sin\varphi_1 = n_2\sin\varphi_2$, 可以把式(11-3-2)写成另一种形式:

$$r_p = \frac{\tan(\varphi_1 - \varphi_2)}{\tan(\varphi_1 + \varphi_2)} \tag{11-3-3a}$$

$$r_s = \frac{\sin(\varphi_1 - \varphi_2)}{\sin(\varphi_1 + \varphi_2)} \tag{11-3-3b}$$

$$t_p = \frac{2\sin\varphi_2\cos\varphi_1}{\sin(\varphi_1 + \varphi_2)\cos(\varphi_1 - \varphi_2)} \tag{11-3-3c}$$

$$t_s = \frac{2\cos\varphi_1\sin\varphi_2}{\sin(\varphi_1 + \varphi_2)} \tag{11-3-3d}$$

由公式(11-3-2)可以看出: 由于 n_1 和 n_2 一般可能为复数, 故 r_p, r_s, t_p, t_s 亦可能为复数; 界面对于入射光电矢量的 p 分量和 s 分量有着不同的反射系数和透射系数. 因此, 反射光的偏振状态与入射光的偏振状态是不同的.

为了分别考察反射对于光波振幅和相位的影响, 我们把 r_p, r_s 写成如下的复数形式:

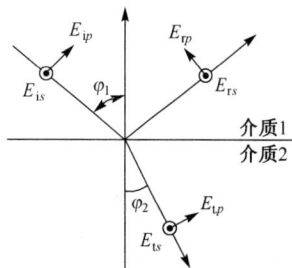

$$r_p = |r_p| \exp(\mathrm{i}\delta_p), \quad r_s = |r_s| \exp(\mathrm{i}\delta_s) \tag{11-3-4}$$

式中，r_p 表示反射光 p 分量与入射光 p 分量的振幅比，δ_p 表示经过反射以后 p 分量的相位变化. 与 s 分量对应的 r_s 和 δ_s 具有与上相同的物理意义.

由式(11-3-1)我们有

$$E_{rp} = r_p E_{ip} \tag{11-3-5a}$$

$$E_{rs} = r_s E_{is} \tag{11-3-5b}$$

并定义反射系数比

$$G = r_p / r_s \tag{11-3-6}$$

则有

$$\left|\frac{E_{rp}}{E_{rs}}\right| = \exp[\mathrm{i}(\beta_{rp} - \beta_{rs})], \quad \left|\frac{E_{ip}}{E_{is}}\right| = \exp[\mathrm{i}(\beta_{ip} - \beta_{is})] \tag{11-3-7}$$

我们知道，入射光的偏振状态取决于 E_{ip}、E_{is} 的振幅比 $|E_{ip}/E_{is}|$ 和相位差 $(\beta_p - \beta_s)$，同样，反射光的偏振状态取决于 $|E_{rp}/E_{rs}|$ 和相位差 $(\beta_{rp} - \beta_{rs})$. 这样，从式(11-3-7)可以看出，入射光和反射光的偏振状态通过反射系数比 G 彼此互相关联.

通常我们把 G 写成如下形式：

$$G = \tan\Psi \mathrm{e}^{\mathrm{i}\Delta} \tag{11-3-8a}$$

由式(11-3-4)和式(11-3-6)可知

$$\tan\Psi = |r_p/r_s|, \quad \Delta = \delta_p - \delta_s \tag{11-3-8b}$$

式中 Ψ, Δ 称为椭偏参数. 由于它们具有角度的量纲，所以也称为椭偏角. 我们之所以用 Ψ, Δ 来表示 G. 一方面因为 Ψ, Δ 具有明确的物理意义，即 Ψ 的正切给出了反射前后 p、s 两分量的振幅衰减比，Δ 给出了两分量的相位之差，显然 Ψ, Δ 直接反映出反射前后光的偏振状态的变化；另一方面我们将看到，Ψ, Δ 可以通过实验直接测量得到.

结合式(11-3-6)和式(11-3-2a)、(11-3-3)，我们有

$$n_2 = n_1 \sin\varphi_1 \left[1 + \left(\frac{1-G}{1+G}\right)^2 \tan^2\varphi_1\right]^{1/2} \tag{11-3-9}$$

由式(11-3-9)可以看出，如果 n_1 是已知的，那么在一个固定的入射角 φ_1 下测定反射系数比 G，则可以确定介质 2 的复折射率 n_2.

作为一个例子，我们先看光在金属表面反射的情形. 我们知道金属对光具有吸收性，因此金属的折射率为复数，可以分解为实部和虚部，即

$$n_2 = N - \mathrm{i}NK \tag{11-3-10}$$

为了求 N 和 K，可以引入参量 a 和 b，使

$$(n_2^2 - n_1^2 \sin^2\varphi_1)^{1/2} = a - \mathrm{i}b \tag{11-3-11}$$

由式(11-3-10)和式(11-3-11)有

$$\begin{cases} N = \dfrac{1}{\sqrt{2}} \left[(A^2 + B^2)^{1/2} + A\right]^{1/2} \\ K = \left[(A^2 + B^2)^{1/2} - A\right]/B \end{cases} \tag{11-3-12}$$

其中

$$A = a^2 - b^2 + n_1^2 \sin^2\varphi_1, \quad B = 2ab \tag{11-3-13}$$

另一方面，由式(11-3-9)和式(11-3-8a)，则有

$$(n_2^2 - n_1^2 \sin^2\varphi_1)^{1/2} = n_1 \sin\varphi_1 \tan\varphi_1 \left(\frac{1-G}{1+G}\right)$$

$$= \frac{n_1 \sin\varphi_1 \tan\varphi_1 \cos2\Psi}{1 + \sin2\Psi\cos\Delta} - \mathrm{i}\, \frac{n_1 \sin\varphi_1 \tan\varphi_1 \sin2\Psi\sin\Delta}{1 + \sin2\Psi\cos\Delta} \qquad (11\text{-}3\text{-}14)$$

比较式(11-3-11)和式(11-3-14),则有

$$a = \frac{n_1 \sin\varphi_1 \tan\varphi_1 \cos2\Psi}{1 + \sin2\Psi\cos\Delta} \qquad (11\text{-}3\text{-}15a)$$

$$b = \frac{n_1 \sin\varphi_1 \tan\varphi_1 \sin2\Psi\sin\Delta}{1 + \sin2\Psi\cos\Delta} \qquad (11\text{-}3\text{-}15b)$$

这样,式(11-3-12)、式(11-3-13)和式(11-3-15)给出了 (N,K) 与 (Ψ,Δ) 的完整关系式.可见,若 n_1 的数值已知,那么只要在某个确定的入射角 φ_1 下测量椭偏参数 Ψ 和 Δ,即可以依序利用式(11-3-15)、式(11-3-13)和式(11-3-10)求出金属的复折射率 n_2.

当 n_2^2 的幅值 $N^2(1+K^2)$ 比 $n_1^2 \sin^2\varphi_1$ 大得多时,可以取如下近似关系:

$$(n_2^2 - n_1^2 \sin^2\varphi_1)^{1/2} \approx n_2$$

于是有 $N \approx a, NK \approx b$.利用式(11-3-15)可以得到

$$\begin{cases} N = \dfrac{n_1 \sin\varphi_1 \tan\varphi_1 \cos2\Psi}{1 + \sin2\Psi\cos\Delta} \\ K = \tan2\Psi\sin\Delta \end{cases} \qquad (11\text{-}3\text{-}16)$$

式(11-3-16)是求金属复折射率的近似公式.

2) 光在介质薄膜上的反射

这里我们只讨论偏振光在单层薄膜上反射的情况,如图 11-3-3 所示.我们假设:① 薄膜两侧的介质是半无限大的,折射率分别为 n_1 和 n_3.通常介质 1 为周围的环境,如真空、空气等;介质 3 为薄膜的衬底材料.② 薄膜折射率为 n_2,它与两侧介质之间的界面 1 和界面 2 彼此平行并且都是理想的光滑平面.两界面之间的距离,即膜厚度为 d.③ 三种介质都是均匀和各向同性的.当光线以入射角 φ_1 从介质 1 射到薄膜上时,由于薄膜上、下表面(即界面 1,2)对光的多次反射和折射.我们在介质 1 内得到的总反射波是多次反射被相干叠加的结果.下面讨论这个总反射波的复振幅 (E_{rp}, E_{rs}) 与入射波的复振幅 (E_{ip}, E_{is}) 之间的关系.

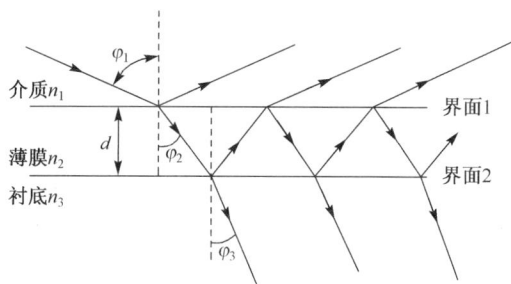

图 11-3-3　光在介质薄膜上的反射

由于光在界面 1 和界面 2 之间多次反射、折射的物理过程对入射光的 p 分量和 s 分量是相同的,故我们暂且舍去下角标 p,s,并用 r_{12}, t_{12} 和 r_{21}, t_{21} 分别表示界面 1 对来自介质 1 一方的光线和来自介质 2 一方的光线的反射、透射系数,用 r_{23}, t_{23} 表示界面 2 对来自介质 2 一方光线的反射、透射系数.这样,总反射波中各分波的复振幅依次为 $r_{12}E_i, t_{12}t_{21}r_{23}e^{-i2\delta}E_i$, $t_{12}t_{21}r_{23}^2 r_{21}e^{-i4\delta}E_i, t_{12}t_{21}r_{21}^2 r_{23}^3 e^{-i6\delta}E_i, \cdots$,其中 2δ 表示两相邻分波之间的相位差,由图 11-3-3 不难导出 $2\delta = 4\pi d n_2 \cos\varphi_2/\lambda$,或写成

$$2\delta = \frac{2\pi d}{D_0}, \quad D_0 = \frac{\lambda}{2\,(n_2^2 - n_1^2 \sin^2\varphi_1)^{1/2}} \tag{11-3-17}$$

这些分波的和,即总反射波的复振幅 E_r 是一个无穷几何级数:

$$E_r = E_i(r_{12} + t_{12}t_{21}r_{23}\,\mathrm{e}^{-\mathrm{i}2\delta} + t_{12}t_{21}r_{21}r_{23}^2\,\mathrm{e}^{-\mathrm{i}4\delta} + t_{12}t_{21}r_{21}^2r_{23}^3\,\mathrm{e}^{-\mathrm{i}6\delta} + \cdots)$$

$$= E_i\left[r_{12} + t_{12}t_{21}r_{23}\,\mathrm{e}^{-\mathrm{i}2\delta}\sum_{t=0}^{\infty}(r_{21}r_{23}\,\mathrm{e}^{-\mathrm{i}2\delta})^l\right] \tag{11-3-18}$$

求这个无穷几何级数的和,考虑到当 $|x|<1$ 时 $\sum_{t=0}^{\infty}x^l = \frac{1}{1-x}$ 成立,可得

$$E_r = \left(r_{12} + \frac{t_{12}t_{21}r_{23}\,\mathrm{e}^{-\mathrm{i}2\delta}}{1 - r_{21}r_{23}\,\mathrm{e}^{-\mathrm{i}2\delta}}\right)E_i \tag{11-3-19}$$

可以证明,如果光从介质 2 以 φ_2 角入射到界面 1 上,在介质 1 一方的折射角为 φ_1,那么 r_{12},t_{12} 和 r_{21},t_{21} 之间存在下述关系:

$$r_{21} = -r_{12}, \quad t_{12} = \frac{1-r_{12}^2}{t_{12}} \tag{11-3-20}$$

上式所表示的关系对 p 分量和 s 分量均适用. 根据式(11-3-20),我们可以把式(11-3-19)进一步写成如下形式:

$$E_r = \frac{r_{12} + r_{23}\,\mathrm{e}^{-\mathrm{i}2\delta}}{1 + r_{12}r_{23}\,\mathrm{e}^{-\mathrm{i}2\delta}}E_i \tag{11-3-21}$$

现在我们把式(11-3-21)分别加上角标 p 和 s,为了方便,以下我们用 $r_{1p},r_{2p},r_{1s},r_{2s}$ 分别代替 $r_{12p},r_{23p},r_{12s},r_{23s}$,这样我们便得到总反射波的复振幅($E_{rp},E_{rs}$)与入射波复振幅($E_{ip}$,$E_{is}$)之间的关系为

$$E_{rp} = \frac{r_{1p} + r_{2p}\,\mathrm{e}^{-\mathrm{i}2\delta}}{1 + r_{1p}r_{2p}\,\mathrm{e}^{-\mathrm{i}2\delta}}E_{ip} \tag{11-3-22a}$$

$$E_{rs} = \frac{r_{1s} + r_{2s}\,\mathrm{e}^{-\mathrm{i}2\delta}}{1 + r_{1s}r_{2s}\,\mathrm{e}^{-\mathrm{i}2\delta}}E_{is} \tag{11-3-22b}$$

定义薄膜对于入射光电矢量 p 分量和 s 分量的总反射系数分别为

$$R_p = \frac{E_{rp}}{E_{ip}}, \quad R_s = \frac{E_{rs}}{E_{is}} \tag{11-3-23}$$

则有

$$R_p = \frac{r_{1p} + r_{2p}\,\mathrm{e}^{-\mathrm{i}2\delta}}{1 + r_{1p}r_{2p}\,\mathrm{e}^{-\mathrm{i}2\delta}} \tag{11-3-24a}$$

$$R_s = \frac{r_{1s} + r_{2s}\,\mathrm{e}^{-\mathrm{i}2\delta}}{1 + r_{1s}r_{2s}\,\mathrm{e}^{-\mathrm{i}2\delta}} \tag{11-3-24b}$$

同样可以定义反射系数比 G

$$G = \frac{R_p}{R_s} \tag{11-3-25}$$

由式(11-3-22),我们有

$$\frac{E_{rp}}{E_{rs}} = G\frac{E_{ip}}{E_{is}} \tag{11-3-26}$$

如果用振幅和相位来表示电矢量各分量的复振幅,则上式可写为

$$\left|\frac{E_{rp}}{E_{rs}}\right|\exp[\mathrm{i}(\beta_{rp}-\beta_{rs})] = G\left|\frac{E_{ip}}{E_{is}}\right|\exp[\mathrm{i}(\beta_{ip}-\beta_{is})] \tag{11-3-27}$$

由上式我们看到,对于薄膜反射的情形,反射系数比 G 依然是把反射前后光的偏振状态

联系起来的一个物理量. 我们仍用 $\tan\Psi$ 和 Δ 分别表示 G 的模和幅角, 于是有

$$G = \tan\Psi \mathrm{e}^{i\Delta} = \frac{R_p}{R_s} = \frac{r_{1p} + r_{2p}\mathrm{e}^{-i2\delta}}{1 + r_{1p}r_{2p}\mathrm{e}^{-i2\delta}} \cdot \frac{r_{1s} + r_{2s}\mathrm{e}^{-i2\delta}}{1 + r_{1s}r_{2s}\mathrm{e}^{-i2\delta}} \tag{11-3-28}$$

其中

$$r_{1p} = \frac{n_2\cos\varphi_1 - n_1\cos\varphi_2}{n_2\cos\varphi_1 + n_1\cos\varphi_2}$$

$$r_{2p} = \frac{n_3\cos\varphi_2 - n_2\cos\varphi_3}{n_3\cos\varphi_2 + n_2\cos\varphi_3}$$

$$r_{1s} = \frac{n_1\cos\varphi_1 - n_2\cos\varphi_2}{n_1\cos\varphi_1 + n_2\cos\varphi_2}$$

$$r_{2s} = \frac{n_2\cos\varphi_2 - n_3\cos\varphi_3}{n_2\cos\varphi_2 + n_3\cos\varphi_3}$$

$$2\delta = 4\pi d n_2 \cos\varphi_2 / \lambda$$

$$n_1\sin\varphi_1 = n_2\sin\varphi_2 = n_3\sin\varphi_3$$

由式 (11-3-28) 可以看出, 反射系数比 G 最终是 $n_1, n_2, n_3 、 d 、 \lambda$ 和 φ_1 的函数, 即

$$G = f(n_1, n_2, n_3, d, \lambda, \varphi_1) \tag{11-3-29a}$$

或者写成

$$\Psi = \arctan|f|, \quad \Delta = \arg|f| \tag{11-3-29b}$$

式中 $|f|, \arg|f|$ 分别为函数 f 的模和幅角. 对于某一给定的薄膜-衬底光学体系 (图 11-3-3), 如果波长 λ 和入射角 φ_1 确定, G 便为定值, 或者说 Ψ 和 Δ 有确定的值. 若能从实验上测出 Ψ 和 Δ, 就有可能求出 n_1, n_2, n_3 和 d 中的两个未知量. 例如, 已知介质 1 和介质 3 对所使用的波长 λ 的折射率 n_1 和 n_3, 可以由 (Ψ, Δ) 的测量值确定一个透明薄膜的复折射率 n_2 及其厚度 d 的值; 又如当 n_1, n_3 以及薄膜厚度已知时, 可以求出薄膜复折射率的实部和虚部. 对于未知量的数目大于 2 的情况, 如欲求对光有吸收的薄膜厚度及其复折射率, 或者更一般的情况即 $n_2 、 n_3$ 的实部、虚部以及薄膜厚度 d 均为未知时, 可以选取适当数目的不同入射角来测量 Ψ, Δ.

附带指出, 当 n_1 和 n_2 均为实数时, 式 (11-3-17) 中的 D_0 亦为实数. 此时 D_0 称为一个厚度周期. 由式 (11-3-17) 看出, 薄膜厚度 d 每增加一个 D_0, 所对应的相位差 2δ 改变 2π, 这样就使厚度相差 D_0 的整数倍的薄膜具有相同的 (Ψ, Δ) 值, 即厚度为 d_1 的薄膜与厚度为 $d_m = d_1 + (m-1)D_0$ 的薄膜具有相同的 (Ψ, Δ) 值, 式中 $m = 1, 2, 3, \cdots$ 表示膜厚所在的周期数. 待测薄膜的厚度究竟在第几个周期内, 需要参照其他考虑或其他测量方法来判断, 不过鉴于椭偏法的优点正是在于它能够测量极微小的厚度, 所以一般要做椭偏测量的样品, 其厚度大体均在 $0 \sim D_0$ 取值, 即相当于 $m = 1$ 的情况.

2. 用椭偏法测量反射系数比

如前所述, 通常我们把 G 写成 $G = \tan\Psi \cdot \mathrm{e}^{i\Delta}$ 的形式, 因此反射系数比的测量归结为两个椭偏角 Ψ, Δ 的测量. 上文讨论的两种情形中, 我们都得到了下面的关系式 [参见式 (11-3-7) 和式 (11-3-27)]:

$$\tan\Psi \mathrm{e}^{i\Delta} = \frac{|E_{rp}/E_{rs}| \exp[i(\beta_{rp} - \beta_{rs})]}{|E_{ip}/E_{is}| \exp[i(\beta_{ip} - \beta_{is})]} \tag{11-3-30}$$

由上式看出, 为了测量 Ψ 和 Δ, 需要测量 4 个量, 即分别测量入射光中两分量的振幅比和相位差以及反射光中两分量的振幅比和相位差. 如果设法使入射光成为等幅椭偏光 (即

$|E_{ip}/E_{is}|=1$),问题可以大大简化. 此时,式(11-3-30)可写成

$$\tan\Psi = \left|\frac{E_{rp}}{E_{rs}}\right|$$

$$\Delta + \beta_{ip} - \beta_{is} = \beta_{rp} - \beta_{rs} \tag{11-3-31}$$

由上式看出,对于确定的 Ψ 和 Δ 来说,如果入射光电矢量两分量之间的相位差($\beta_{ip} - \beta_{is}$)可以连续调节,那么就有可能使反射光成为线偏振光,即 $\beta_{rp} - \beta_{rs} = 0$ 或 π. 这样一来,只需要测定 $|E_{rp}/E_{rs}|$ 以及 $\beta_{ip} - \beta_{is}$ 就可以得到 (Ψ, Δ) 的数值了.

综上所述,椭偏法的要点首先是要获得 ($\beta_{ip} - \beta_{is}$) 连续可调的等幅椭偏入射光,其次,对不同的样品,改变 ($\beta_{ip} - \beta_{is}$) 的数值,使反射光成为线偏振光并用检偏器来检测.

下面结合反射型椭偏仪的基本光路图 11-3-4,具体讨论如何获得相位差连续可调的等幅椭偏光,以及如何检测反射线偏振光. 从而导出 Ψ, Δ 的测量公式.

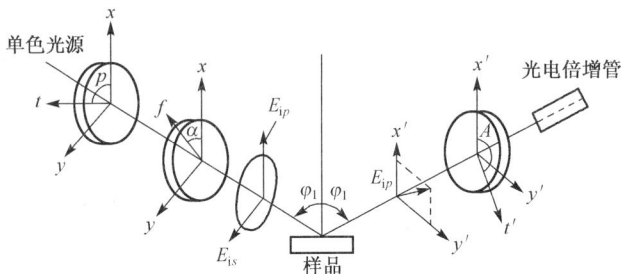

图 11-3-4   反射椭偏仪的基本测量光路图

1) 等幅椭偏光的获得

图 11-3-4 是反射型椭偏仪的基本光路图. 图中的入射面就是纸平面. 为了讨论方便,对于

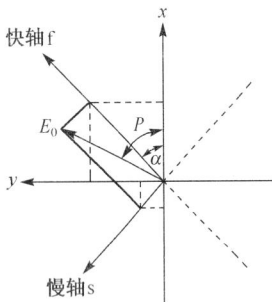

图 11-3-5   等幅椭偏光的获得

入射光和反射光分别设立两个直角坐标系 xy 和 $x'y'$,其中 x 轴和 x' 轴均在入射面内并且分别垂直于入射光和反射光的传播方向,y 轴和 y' 轴均垂直于入射面. 入射到待测样品上的椭圆偏振光由单色光束经起偏器和 1/4 波片而得到. 反射的线偏振光由检偏器和光电倍增管来检测. 在入射光路中有两个可以调节的角度,一个是 1/4 波片的快轴 f 与 x 轴的夹角 α,当 α 取值为 $\pm\pi/4$ 时,可以使入射到样品上的椭圆偏振光成为等幅椭圆偏振光;另一个是起偏器的透光方向 t 与 x 轴的夹角 P. 参照图 11-3-5 我们将看到,调节 P 的数值便可达到使入射等幅椭偏光两分量的相位差 ($\beta_{ip} - \beta_{is}$) 成为连续可调.

在图 11-3-5 中,我们用 E_0 表示单色光经起偏器后形成的线偏振光的电矢量,它与 x 轴的夹角为 P. 当 E_0 入射到快轴与入射面的夹角的 $\alpha = \pi/4$ 的 1/4 波片上时,在快轴 f 和慢轴 s 上分解为 E_f 和 E_s 通过 1/4 波片以后,E_f 的相位比 E_s 超前 $\pi/2$,故有

$$E_f = E_0 e^{i\pi/2}\cos\left(P - \frac{\pi}{4}\right)$$

$$E_s = E_0 \sin\left(P - \frac{\pi}{4}\right) \tag{11-3-32}$$

将 E_f 和 E_0 在 x, y 方向上的分量合成可得

$$\begin{cases} E_x = E_f\cos\dfrac{\pi}{4} - E_s\sin\dfrac{\pi}{4} = \dfrac{\sqrt{2}}{2}E_0\,\mathrm{e}^{\mathrm{i}\pi/2}\,\mathrm{e}^{\mathrm{i}(P-\pi/4)} \\[2mm] E_y = E_f\sin\dfrac{\pi}{4} + E_s\cos\dfrac{\pi}{4} = \dfrac{\sqrt{2}}{2}E_0\,\mathrm{e}^{\mathrm{i}\pi/2}\,\mathrm{e}^{-\mathrm{i}(P-\pi/4)} \end{cases} \qquad (11\text{-}3\text{-}33)$$

由于 x 轴在入射面内,而 y 轴与入射面垂直,故 E_x 就是 E_{ip},E_y 就是 E_{is},因此有

$$\begin{cases} E_{ip} = \dfrac{\sqrt{2}}{2}E_0\,\mathrm{e}^{\mathrm{i}(P+\pi/4)} \\[2mm] E_{is} = \dfrac{\sqrt{2}}{2}E_0\,\mathrm{e}^{-\mathrm{i}(P-\pi/4)} \end{cases} \qquad (11\text{-}3\text{-}34)$$

可见,当 $\alpha = \pi/4$ 时,入射光的两个分量 (E_{ip}, E_{is}) 的振幅 $|E_{ip}|$,$|E_{is}|$ 均为 $\dfrac{\sqrt{2}}{2}E_0$,它们之间的相位差为 $2P-\pi/2$,这样,改变 P 的数值便得到相位可调的等幅椭圆偏振光. 这一结果可写成

$$|E_{ip}/E_{is}| = 1, \quad \beta_{ip} - \beta_{is} = 2P - \pi/2 \qquad (11\text{-}3\text{-}35)$$

同样可以证明,当 $\alpha = -\pi/4$ 时,也可以得到等幅椭圆偏振光,振幅仍为 $\dfrac{\sqrt{2}}{2}E_0$,相位差变为 $-(2P-\pi/2)$.

2)反射光的检测及 $(\varPsi, \Delta)$ 的测量公式

对于相位差连续可调的等幅椭偏入射光来说,由式(11-3-31)有

$$\begin{cases} \tan\varPsi = |E_{rp}/E_{rs}| \\[2mm] \Delta + 2P - \dfrac{\pi}{2} = \beta_{rp} - \beta_{rs} \end{cases} \qquad (11\text{-}3\text{-}36)$$

这时我们可以改变起偏角 P 的数值,使得 $(\beta_{ip} - \beta_{is})$ 等于 π 或等于 0,亦即使反射光成为线偏振光. 对于线偏振光,很容易用检偏器来检测它. 当检偏器的透光方向 t' 与线偏振光垂直时,便形成消光状态. 把 t' 与入射面的夹角记为 A,称为检偏角,它的数值可以从仪器上直接读出. 下面结合图 11-3-6 分别讨论反射线偏振光的两种不同情况. 图中 x' 轴在入射面内,y' 轴与入射面垂直,x',y' 与反射光的传播方向构成右旋直角坐标系.

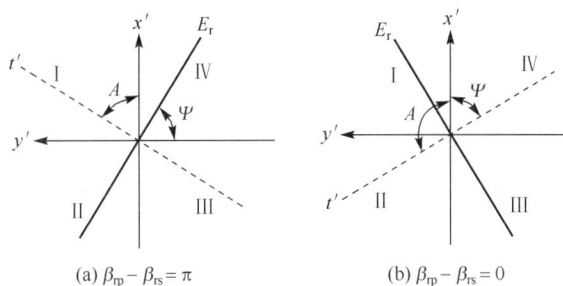

图 11-3-6　反射线偏振光的检测

(1) $\beta_{rp} - \beta_{rs} = \pi$. 此时,反射光的偏振方向在第 II,第 IV 象限,因此 A 的数值在第 I,第 III 象限. 通常仪器中 A 取第 I,第 II 象限的数值(即 $0\sim180°$),为了清楚起见,我们把取值在第 I 象限的 A 记作 A_1,并把与它相应的起偏角记为 P_1;把取值在第 II 象限的 A 记作 A_2,与它相应的 P 记作 P_2. 由图 11-3-6(a)不难看出,

$$\tan\varPsi = |E_{rp}/E_{rs}| = \tan A_1$$

从而有 $\varPsi = A_1$,由于这时 $\beta_{rp} - \beta_{rs} = \pi$,根据式(11-3-36)有

$$\Delta = \frac{3\pi}{2} - 2P_1$$

(2) $\beta_{rp} - \beta_{rs} = 0$. 此时,反射光的偏振方向在第Ⅰ,第Ⅲ象限,因此,A 的数值在第Ⅱ,第Ⅳ象限. 按照上面的约定,把取值在第Ⅱ象限的 A 记作 A_2,则由图 11-3-6(b)和式(11-3-36)有

$$\Psi = \pi - A_2$$

我们把上面两种情况归纳如下:

$$当\ 0 < A_1 < \pi/2\ 时,\Psi = A_1,\Delta = \frac{3\pi}{2} - 2P_1 \qquad (11\text{-}3\text{-}37a)$$

$$当\ \pi/2 < A_1 < \pi\ 时,\Psi = \pi - A_1,\Delta = \frac{\pi}{2} - 2P_2 \qquad (11\text{-}3\text{-}37b)$$

式(11-3-37)给出的关系式正是我们所要导出的 Ψ,Δ 测量公式.

显然,对于确定的体系和确定的测量条件(入射角 φ_1 和入射光的波长 λ),Ψ,Δ 的值应该是确定的,当 A 和 P 的取值范围限制在 0~180°时,式(11-3-37)中的 (A_1,P_1) 与 (A_2,P_2) 之间有下面的转换关系:

$$A_1 = \pi - A_2$$
$$P_1 = \begin{cases} P_2 + \dfrac{\pi}{2}, & P_1 > P_2 \\ P_2 - \dfrac{\pi}{2}, & P_1 < P_2 \end{cases} \qquad (11\text{-}3\text{-}38)$$

【实验内容】

1. 样品

本实验待测样品有三种:① 在硅衬底上生长的 SiO_2 膜;② 在玻璃衬底上蒸镀的一层 ZnS 膜;③ 表面经过研磨和抛光的钢块. 前两种样品,膜的折射率均为实数,要求测出折射率及厚度(实验室给出的样品,膜厚为 10^{-7}~10^{-8}m 数量级). 对第三种样品,要求测出其复折射率的实部和虚部.

2. 测试方法要点

(1) 测试前首先要调节样品台的高度并保持水平(调节方法参见仪器说明书),以确保从样品上反射的光在观察窗中呈现为完整的圆形亮斑;当转动样品台时,亮斑不转动或不出现残缺;当转动 P 和 A 两个角度调节旋钮时,对应于消光状态和非消光状态,圆斑亮度应有非常明显的变化.

(2) 光电倍增管的高压可取 700~800V. 适当选择弱电流放大器的灵敏度,反复仔细调节 P 和 A 使光电流达到极小值. 注意保护光电倍增管. 当光电流已达到极小值时,先把图 11-3-1 中所示的转换旋钮拨到观察窗位置再去读 P 和 A 的数值.

(3) 为了消除因 1/4 波片不精确造成的 A 值偏差,应在 (A_1,P_1) 和 (A_2,P_2) 两个不同的消光位置分别反复测量几次. 根据测量结果求 P 和 A 的平均值.

(4) 测量过程中 He-Ne 激光电源的输出光功率应该是稳定的,一般 He-Ne 激光管点亮后需要稳定半小时再进行测量.

3. 数据处理

(1) 计算金属的复折射率. 金属复折射率的实部 N 和虚部 K 与椭偏角 Ψ,Δ 有较简单的解

析式(11-3-10)、式(11-3-25)、式(11-3-13)和式(11-3-15)或近似公式(11-3-16),故数据处理比较简单.

（2）求薄膜的实折射率 n_2 和膜厚 d. 根据式(11-3-37)和式(11-3-38),有了 (A,P) 值就可以求出 (Ψ,Δ). 再由式(11-3-28),对于给定的 n_1,n_3 的数值,原则上即可求出薄膜的实折射率 n_2 及厚度 d. 但式(11-3-28)给出的是 (Ψ,Δ) 与 (n_2,d) 之间的递推关系. 由于式(11-3-28)所包括的那些等式的非线性和超越性,使得除少数几个简单的特例以外,欲对它们进行数学反演从而得到 (n_2,d)-(Ψ,Δ) 函数关系的解析式是困难的,所以问题的求解一般要求助于计算机. 通常,测量透明膜的厚度和折射率时,可采取查表的方法,即利用预先制作的 (Ψ,Δ)-(n_2,d) 数据表.

本实验室备有两种表格可供查对.

（1）TP-77 型椭偏仪所附的 (A,P)-(n_2,d) 数据表,供测量 SiO_2 膜的折射率 n_2 和厚度 d 使用. 实验时可根据多次测量得到的 (A_1,P_1) 平均值,直接查表得到最佳的 (n_2,d) 值.

（2）本实验室编制的 (Ψ,Δ)-(n_2,d) 数据表,供测量镀在玻璃衬底上的 ZnS 膜的折射率 n_2 和厚度 d 使用. 实验时可将测得的 (A_1,P_1) 平均值按式(12-3-37)换算成 (Ψ,Δ) 值,查表得到最佳的 (n_2,d) 值.

4. 用玻璃样品测定椭偏仪的仪器误差（选做）

我们所用的 1/4 波片是用天然云母片剥制筛选得到的. 光通过 1/4 波片后,快、慢轴分量的附加相位差不严格为 $\pi/2$. 此外,夹持云母片的玻璃产生的应力还会引起附加程差. 首先,假定快、慢轴附加相位差偏离 $\pi/2$ 的数值为 δ_1;其次,在安装调整过程中 1/4 波片快轴与入射面夹角 α 也可能不严格为45°,假定偏离45°的数值为 δ_2;最后,起偏角 P 和检偏角 A 还可能存在零点误差 δ_P 和 δ_A. 这些都是 Ψ,Δ 测量中系统误差的来源.

对于 Ψ 的测量,分析表明,用两个不同消光位置的测量值求平均可以抵消 δ_A 引入的误差,同时也可以基本上消除 δ_1 和 δ_2 产生的系统误差（剩余的系统误差是二级小量）,因此可以用检偏角的直接读数 A_1 与 A_2 按公式

$$\Psi = (\pi - A_2 + A_1)/2 \tag{11-3-39}$$

计算 Ψ. 但对于 Δ 的测量,这些因素带来的系统误差却不能抵消. 分析又表明,δ_1 引入的系统误差是二级小量,可以忽略. 当规定 P 的取值范围为 0～180°,Δ 的取值范围为 0～360°并考虑到 δ_2 与 δ_P 的影响时,Δ 的计算公式如下:

$$\Delta = \begin{cases} 180° - (P_1 + P_2) + 2\theta, & (P_1 > P_2, P_1 + P_2 < 180°) \\ 540° - (P_1 + P_2) + 2\theta, & (P_1 < P_2, P_1 + P_2 > 180°) \\ 360° - (P_1 + P_2) + 2\theta, & (P_1 < P_2) \end{cases} \tag{11-3-40}$$

$$\theta = \delta_P + \delta_2 \tag{11-3-41}$$

由上式可以看出,θ 完全由仪器决定,与样品无关. 因此我们称 θ 为椭偏仪的仪器误差.

如果某一样品的 Δ 值已知,可利用该样品的测量数据 P_1 和 P_2 由式(11-3-41)确定 θ 的数值.

试利用厚度大于 5mm 的透明光学玻璃板作为样品,利用第一次反射的光束测量反射系数比,根据这时 $\Delta \approx 0$（为什么?）确定所用的椭偏仪的仪器误差,并利用测得的 θ 值对其他样品的测量结果进行修正.

【讨论问题】

（1）用反射型椭偏仪测量材料的折射率和薄膜厚度时，对样品的制备有什么要求？

（2）试分析在图 11-3-2 和图 11-3-3 中，如果介质 1 不是各向同性的或者对光有吸收，则对反射系数比的测量有什么影响？这时我们所用的测量公式是否依然成立？为什么？

（3）试例举椭偏测量中几种可能的误差来源并分析它们对测量结果的影响.

11.4　激光拉曼光谱实验

【实验目的】

（1）掌握拉曼光谱的基本实验方法；

（2）熟悉拉曼光谱计算机处理软件.

【实验装置】

1.仪器的结构

LRS-Ⅱ激光拉曼/荧光光谱仪的总体结构如图 11-4-1 所示.

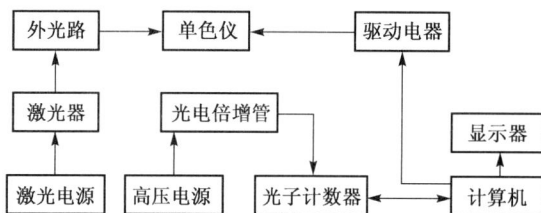

图 11-4-1　激光拉曼/荧光光谱仪的结构示意图

2.单色仪

单色仪的光学结构如图 11-4-2 所示. S_1 为入射狭缝，M_1 为准直镜，G 为平面衍射光栅，衍射光束经成像物镜 M_2 汇聚，经平面镜 M_3 反射直接照射到出射狭缝 S_2 上，在 S_2 外侧有一光电倍增管 PMT，当光谱仪的光栅转动时，光谱信号通过光电倍增管转换成相应的电脉冲，并有光子计数器放大、计数，进入计算机处理，在显示器的荧光屏上得到光谱的分布曲线.

3.激光器

本实验采用 50mW 半导体激光器，该激光器输出的激光为偏振光. 其操作步骤参照半导体激光器说明书.

4.外光路系统

外光路系统主要由激发光源（半导体激光器）、五维可调样品支架 S、偏振组件 P_1 和 P_2 以及聚光透镜 C_1 和 C_2 等组成（图 11-4-3）.激光器射出的激光束被反射镜 R 反射后，照射到样品上. 为了得到较强的激发光，采用一聚光镜 C_1 使激光聚焦，使在样品容器的中央部位形成激光的束腰. 为了增强效果，在容器的另一侧放一凹面反射镜 M_2.凹面镜 M_2 可使样品在该侧的散射光返回，最后由聚光镜 C_2 把散射光会聚到单色仪的入射狭缝上.

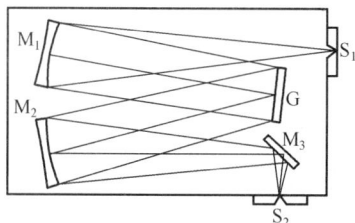

图 11-4-2　单色仪的光学结构示意图　　　　图 11-4-3　外光路系统示意图

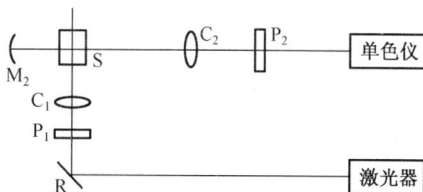

调节好外光路是获得拉曼光谱的关键,首先应使外光路与单色仪的内光路共轴.一般情况下,它们都已调好并被固定在一个钢性台架上.可调的主要是激光照射在样品上的束腰,束腰应恰好被成像在单色仪的狭缝上.是否处于最佳成像位置,可通过单色仪扫描出的某条拉曼谱线的强弱来判断.

5.偏振部件

做偏振测量实验时,应在外光路中放置偏振部件.它包括改变入射光偏振方向的偏振旋转器,还有起偏器和检偏器.

6.探测系统

拉曼散射是一种极微弱的光,其强度小于入射光强的 $1/10^{-6}$,比光电倍增管本身的热噪声水平还要低.用通常的直流检测方法已不能把这种淹没在噪声中的信号提取出来.

单光子计数器是利用弱光下光电倍增管输出电流信号自然离散的特征,采用脉冲高度甄别和数字计数技术将淹没在背景噪声中的弱光信号提取出来.与锁定放大器等模拟检测技术相比,它基本消除了光电倍增管高压直流漏电和各倍增极热噪声的影响,提高了信噪比;受光电倍增管漂移、系统增益变化的影响较小;它输出的是脉冲信号,不用经过 A/D 变换,可直接送到计算机处理.

在非弱光测量时,通常是测量光电倍增管的阳极电阻上的电压,测得的信号或电压是连续信号.当弱光照射到光阴极时,每个入射光子以一定的概率(即量子效率)使光阴极发射一个电子.这个光电子经倍增系统的倍增后在阳极回路中形成一个电流脉冲,通过负载电阻形成一个电压脉冲,这个脉冲称为单光子脉冲.除光电子脉冲外,还有各倍增极的热发射电子在阳极回路中形成的热发射噪声脉冲.热电子受倍增的次数比光电子少,因而它在阳极上形成的脉冲幅度较低.此外还有光阴极的热发射形成的脉冲.噪声脉冲和光电子脉冲的幅度分布如图 11-4-4

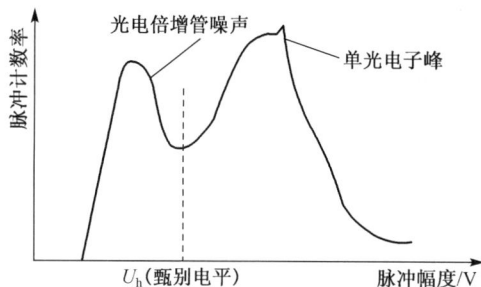

图 11-4-4　光电倍增管输出脉冲分布

所示. 脉冲幅度较小的主要是热发射噪声信号,而光阴极发射的电子(包括光电子和热发射电子)形成的脉冲幅度较大,出现"单光电子峰". 用脉冲幅度甄别器把幅度低于 U_h 的脉冲抑制掉,只让幅度高于 U_h 的脉冲通过就能实现单光子计数. 光子计数器中使用的光电倍增管其光谱响应应适合所用的工作波段,暗电流要小(它决定管子的探测灵敏度),响应速度快及光阴极稳定. 光电倍增管性能的好坏直接关系到光子计数器能否正常工作.

　　放大器的功能是把光电子脉冲和噪声脉冲线性放大,并有一定的增益,上升时间不大于 3ns,即放大器的通频带宽达 100MHz;有较宽的线性动态范围及低噪声,经放大的脉冲信号送至脉冲幅度甄别器.

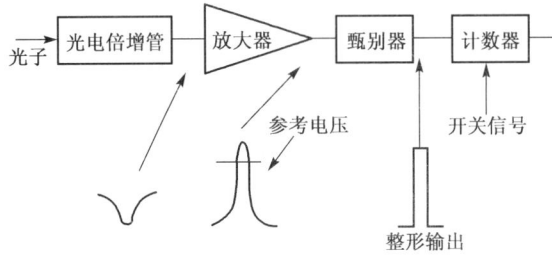

图 11-4-5　单光子计数器的框图

　　在脉冲幅度甄别器里设有一个连续可调的参考电压 U_h. 如图 11-4-6 所示,当输入脉冲高度低于 U_h 时. 甄别器无输出. 只有高于 U_h 时,甄别器才输出一个标准脉冲. 如果把甄别电平选在图 11-4-6 中的谷点对应的脉冲高度上,就能去掉大部分噪声脉冲而只有光电子脉冲通过,从而提高信噪比. 脉冲幅度甄别器应甄别电平的稳定、灵敏度高低、死时间大小、建立时间长短、脉冲对分辨率小于 10ns,以保证不漏计. 甄别器输出经过整形的脉冲.

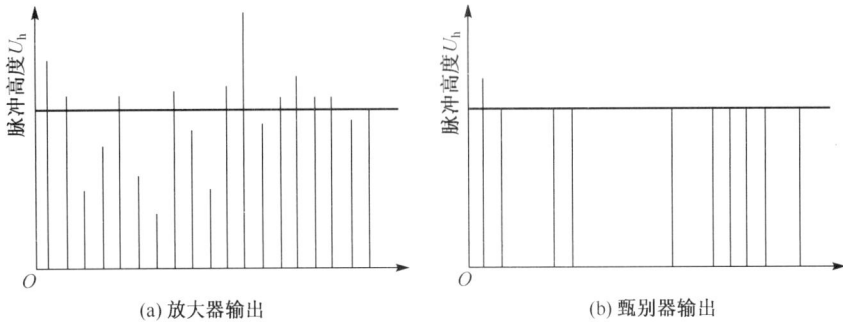

图 11-4-6　甄别器工作示意图

　　计数器的作用是在规定的测量时间间隔内将甄别器的输出脉冲累加计数. 在本仪器中此间隔时间与单色仪步进的时间间隔相同. 单色仪进一步,计数器向计算机送一次数,并将计数器清零后继续累加新的脉冲.

【实验原理】

　　激光拉曼光谱是激光光谱学中的一个重要分支,应用十分广泛. 例如,在化学方面应用于有机和无机分析化学、生物化学、石油化工、高分子化学、催化和环境科学、分子鉴定、分子结构等研究;在物理学方面应用于发展新型激光器、产生超短脉冲、分子瞬态寿命研究等,此外在相干时间、固体能谱方面也有广泛的应用.

当激光作用于试样时,试样物质会产生散射光. 在散射光中,除与入射光有相同频率的瑞利光以外,在瑞利光的两侧,还有一系列其他频率的光,其强度通常只为瑞利光的$10^{-6} \sim 10^{-9}$,这种散射光被命名为拉曼光. 其中波长比瑞利光长的拉曼光叫斯托克斯线,而波长比瑞利光短的拉曼光叫反斯托克斯线.

拉曼谱线的频率虽然随着入射光频率而变化,但拉曼光的频率和瑞利散射光的频率之差却不随入射光频率而变化,而与样品分子的振动转动能级有关. 拉曼谱线的强度与入射光的强度和样品分子的浓度成正比

$$\phi_k = \phi_0 S_k N H L 4\pi \sin^2(\alpha/2)$$

式中,ϕ_k 为在垂直入射光束方向上通过聚焦镜所收集的拉曼散射光的通量(W),ϕ_0 为入射光照射到样品上的光通量(W),S_k 为拉曼散射系数,等于$10^{-28} \sim 10^{-29}\,\text{mol/sr}$,$N$ 为单位 体积内的分子数,H 为样品的有效体积,L 为考虑折射率和样品内场效应等因素影响的系数,α 为拉曼光束在聚焦透镜方向上的半角度.

利用拉曼效应及拉曼散射光与样品分子的上述关系,可对物质分子的结构和浓度进行分析研究,于是建立了拉曼光谱法.

绝大多数拉曼光谱图都是以相对于瑞利谱线的能量位移来表示的,由于斯托克斯峰比较强,故可以比较小的位移为基础来估计 $\Delta\sigma$(以 cm^{-1} 为单位). 即

$$\Delta\sigma = \sigma_\gamma \pm \sigma$$

以四氯化碳的拉曼光谱为例:σ_γ 是瑞利光谱的波数,为 $18797.0\,\text{cm}^{-1}$;$\Delta\sigma$ 是四氯化碳的拉曼峰的波数间隔:218cm^{-1},324cm^{-1},459cm^{-1},762cm^{-1},790cm^{-1}(拉曼峰与瑞利峰间隔).

【实验步骤】

(1) 将四氯化碳倒入液体池内,调整好外光路,注意将杂散光的成像对准单色仪的入射狭缝上,并将狭缝开至 0.1mm 左右;

(2) 启动 LRS-Ⅱ/Ⅲ应用软件;

(3) 输入激光的波长;

(4) 扫描数据;

(5) 采集信息;

(6) 测量数据;

(7) 读取数据;

(8) 寻峰;

(9) 修正波长;

(10) 图形处理.

【注意事项】

(1) 光学零件表面有灰尘时不允许接触擦拭,可用吹气球小心吹掉.

(2) 每次测试结束后,应首先取出样品,再关掉电源.

参 考 文 献

波蒂斯·扬.1982.大学物理实验:伯克利物理实验.《大学物理实验》翻译组译.北京:科学出版社.

曹尔第.1992.近代物理实验.上海:华东师范大学出版社.

郭风珍,于长泰.1992.光纤传感技术与应用.浙江:浙江大学出版社.

霍剑青,王晓浦.1998.大学物理仿真实验 for Windows.北京:高等教育出版社.

刘隆鉴.1997.大学物理实验.成都:成都科技大学出版社.

南京大学近代物理实验室.1993.近代物理实验.南京:南京大学出版社.

钱难能.1992.当代测试技术.上海:华东师范大学出版社.

尚世铉.1993.近代物理实验技术.北京:高等教育出版社.

王庆有.2000.CCD应用技术.天津:天津大学出版社.

吴思诚,王祖铨.1995.近代物理实验.北京:北京大学出版社.

杨述武.2000.普通物理实验.北京:高等教育出版社.

袁希光.1986.传感器技术手册.北京:国防工业出版社.

附 录

附表 1 常用物理量表

物理量	符号、公式	数值	单位	不确定度 ($\times 10^{-8}$)
光速	c	299792458	m/s	精确
普朗克常量	h	$6.62606896(33) \times 10^{-34}$	J·s	0.05
约化普朗克常量	$\hbar = h/2\pi$	$1.054571628(53) \times 10^{-34}$	J·s	0.05
电子电荷	e	$1.602176487(40) \times 10^{-19}$	C	0.025
电子质量	m_e	$9.10938215(45) \times 10^{-31}$	kg	0.05
质子质量	m_p	$1.672621637(83) \times 10^{-27}$	kg	0.05
氘质量	m_d	$3.34358320 \times 10^{-27}$	kg	0.05
真空介电常数	ε_0	$8.854187817\cdots \times 10^{-12}$	F/m	精确
真空磁导率	μ_0	$4\pi \times 10^{-7} = 12.566370614\cdots \times 10^{-7}$	N/A^2	精确
精细结构常数	$\alpha = e^2/4\pi\varepsilon_0 hc$	$7.2973525376(50) \times 10^{-3}$		0.00068
里德伯能量	$hcR_\infty = m_e c^2 \alpha^2/2$	13.60569193	eV	0.025
引力常数	G	$6.67428(67) \times 10^{-11}$	m^3/(kg·s^2)	100
重力加速度(纬度45°海平面)	g	9.80665m/s^2	m/s^2	精确
阿伏伽德罗常量	N_A	$6.02214179(30) \times 10^{23}$	mol^{-1}	0.05
玻尔兹曼常量	k	$1.3806504(24) \times 10^{-23}$	J/K	1.7
斯特藩-玻尔兹曼常量	$\sigma = \pi^2 k^4/60h^3 c^2$	$5.670400(40) \times 10^{-8}$	W/(m^2·K^4)	7.0
玻尔磁子	$\mu_B = eh/2m_e$	$927.400915 \times 10^{-26}$	J/T	0.025
核磁子	$\Phi_N = eh/2m_p$	$5.05078324 \times 10^{-27}$	J/T	0.025
玻尔半径(无穷大质量)	$\alpha_4 = 4\pi\varepsilon_0 h^2/m_e e^2$	$0.52917720859 \times 10^{-10}$	m	0.00068
电子伏特	eV	$1.602176487(40) \times 10^{-19}$	J	0.025

附表 2 构成词头的十进倍数和分数单位

因数	词头名称 英文	词头名称 中文	符号	因数	词头名称 英文	词头名称 中文	符号
10^{24}	yotta	尧[它]	Y	10^{-1}	deci	分	d
10^{21}	zetta	泽[它]	Z	10^{-2}	centi	厘	c
10^{18}	exa	艾[可萨]	E	10^{-3}	milli	毫	m
10^{15}	peta	拍[它]	P	10^{-6}	micro	微	μ
10^{12}	tera	太[拉]	T	10^{-9}	nano	纳[诺]	n
10^{9}	giga	吉[咖]	G	10^{-12}	pico	皮[可]	p
10^{6}	mega	兆	M	10^{-15}	femto	飞[母托]	f
10^{3}	kilo	千	k	10^{-18}	atto	阿[托]	a
10^{2}	hecto	百	h	10^{-21}	zepto	仄[普托]	z
10^{1}	deca	十	da	10^{-24}	yocto	幺[科托]	y

附表3　部分城市的重力加速度值

地名	纬度 ϕ	重力加速度 $g/(\text{m/s}^2)$	地名	纬度 ϕ	重力加速度 $g/(\text{m/s}^2)$
北京	$39°56'$	9.80122	宜昌	$30°42'$	9.79312
张家口	$40°48'$	9.79985	武汉	$30°33'$	9.79359
烟台	$40°04'$	9.80112	安庆	$30°31'$	9.79357
天津	$39°09'$	9.80094	黄山	$30°18'$	9.79348
太原	$37°47'$	9.79684	杭州	$30°16'$	9.79300
济南	$36°41'$	9.79858	重庆	$29°34'$	9.79152
郑州	$34°45'$	9.79665	南昌	$28°40'$	9.79208
徐州	$34°18'$	9.79664	长沙	$28°12'$	9.79163
南京	$32°04'$	9.79442	福州	$26°06'$	9.79144
合肥	$31°52'$	9.79473	厦门	$24°27'$	9.79917
上海	$31°12'$	9.79436	广州	$23°06'$	9.78831

注：表中所列数值是根据公式 $g=9.78049(1+0.005288\sin^2\phi-0.000006\sin^2\phi)$ 算出的，其中 ϕ 为纬度.

附表4　水及部分固体的比热容简表

不同温度时水的比热容

温度/℃	0	5	10	15	20	25	30	40	50	60	70	80	90	99
比热容 $/[\text{J}/(\text{kg}\cdot\text{K})]$	4217	4202	4192	4186	4182	4179	4178	4178	4180	4184	4189	4196	4205	4215

部分固体的比热容

固体	比热容/$[\text{J}/(\text{kg}\cdot\text{K})]$	固体	比热容/$[\text{J}/(\text{kg}\cdot\text{K})]$
铝	908	铁	460
黄铜	389	钢	450
铜	385	玻璃	670
康铜	420	冰	2090

附表5　不同温度时干燥空气中的声速（单位：m/s）

温度/℃	0	1	2	3	4	5	6	7	8	9
60	366.05	366.60	367.14	367.69	368.24	368.78	369.33	369.87	370.42	370.96
50	360.51	361.07	361.62	362.18	362.74	363.29	363.84	364.39	364.95	365.50
40	354.89	355.46	356.02	356.58	357.15	357.71	358.27	358.83	359.39	359.95
30	349.18	349.75	350.33	350.90	351.47	352.04	352.62	353.19	353.75	354.32
20	343.37	343.95	344.54	345.12	345.70	346.29	346.87	347.44	348.02	348.60
10	337.46	338.06	338.65	339.25	339.84	340.43	341.02	341.61	342.20	342.58
0	331.45	332.06	332.66	333.27	333.87	334.47	335.07	335.67	336.27	336.87
−10	325.33	324.71	324.09	323.47	322.84	322.22	321.60	320.97	320.34	319.52
−20	319.09	318.45	317.82	317.19	316.55	315.92	315.28	314.64	314.00	313.36
−30	312.72	312.08	311.43	310.78	310.14	309.49	308.84	308.19	307.53	306.88

续表

温度/℃	0	1	2	3	4	5	6	7	8	9
−40	306.22	305.56	304.91	304.25	303.58	302.92	302.26	301.59	300.92	300.25
−50	299.58	298.91	298.24	397.56	296.89	296.21	295.53	294.85	294.16	293.48
−60	292.79	292.11	291.42	290.73	290.03	289.34	288.64	287.95	287.25	286.55
−70	285.84	285.14	284.43	283.73	283.02	282.30	281.59	280.88	280.16	279.44
−80	278.72	278.00	277.27	276.55	275.82	275.09	274.36	273.62	272.89	272.15
−90	271.41	270.67	269.92	269.18	268.43	267.68	266.93	266.17	265.42	264.66

附表6　部分固体的线膨胀系数

物质	温度范围/℃	$\alpha/(10^{-6}℃^{-1})$	物质	温度范围/℃	$\alpha/(10^{-6}℃^{-1})$
铝	0~100	23.8	铅	0~100	29.2
铜	0~100	17.1	锌	0~100	32
铁	0~100	12.2	铂	0~100	9.1
金	0~100	14.3	钨	0~100	4.5
银	0~100	19.6	石英玻璃	20~200	0.56
钢(0.05%碳)	0~100	12.0	窗玻璃	20~200	9.5
康铜	0~100	15.2			

附表7　20℃时部分金属的弹性(杨氏)模量[①]

金属	弹性(杨氏)模量/$(10^9 N/m^2)$	金属	弹性(杨氏)模量/$(10^9 N/m^2)$
铝	68.7	铬	240
铜	108	铝合金1100	68.7
金	75.6	不锈钢	196
银	73.6	合金钢	200
锌	88.3	钛合金	114
镍	206	碳钢 AISI120	207

①弹性(杨氏)模量的值与材料的结构、化学成分及其加工制造方法有关.因此,在某些情况下,其值可能与表中所列的平均值有所不同.

附表8　不同温度时水的黏滞系数

温度/℃	黏滞系数 η		温度/℃	黏滞系数 η	
	$(\mu Pa \cdot s)$	$(10^{-6} kgf \cdot s/mm^2)$		$(\mu Pa \cdot s)$	$(10^{-6} kgf \cdot s/mm^2)$
0	1787.8	182.3	60	469.7	47.9
10	1305.3	133.1	70	406.0	41.4
20	1004.2	102.4	80	355.0	36.2
30	801.2	81.7	90	314.8	32.1
40	653.1	66.6	100	282.5	28.8
50	549.2	56.0			

附表 9　在标准大气压下不同温度时水的密度

温度 t/℃	密度 ρ/(kg/m³)	温度 t/℃	密度 ρ/(kg/m³)	温度 t/℃	密度 ρ/(kg/m³)
0	999.87	18	998.62	36	993.71
1	999.93	19	998.43	37	993.36
2	999.97	20	998.23	38	992.99
3	999.99	21	998.02	39	992.62
3.98	1000.00	22	997.77	40	992.24
5	9999.99	23	997.57	41	991.86
6	999.97	24	997.33	42	991.47
7	999.93	25	997.07	45	990.25
8	999.88	26	996.81	50	988.07
9	999.81	27	996.54	55	985.73
10	999.73	28	996.26	60	983.21
11	999.63	29	995.97	65	980.59
12	999.52	30	995.68	70	977.78
13	999.40	31	995.37	75	974.89
14	999.27	32	995.05	80	971.80
15	999.13	33	994.72	85	968.65
16	998.97	34	994.40	90	965.31
17	998.90	35	994.06	100	958.35

注:纯水在 3.98℃ 时密度最大.